Das Buch der geheimen Verschlüsselungs- techniken

Nico Kuhn

DATA BECKER

Copyright	© by DATA BECKER GmbH & Co. KG Merowingerstr. 30 40223 Düsseldorf
Produktmanagement und Lektorat	Christian Strauch
Umschlaggestaltung	Inhouse-Agentur DATA BECKER
Layout und DTP	SatzWERK, Siegen (www.satz-werk.com)
Produktionsleitung	Claudia Lötschert
Druck	Media-Print, Paderborn
E-Mail	buch@databecker.de

ISBN 978-3-8158-2961-5

Wichtiger Hinweis

Die in diesem Buch wiedergegebenen Verfahren und Programme werden ohne Rücksicht auf die Patentlage mitgeteilt. Sie sind für Amateur- und Lehrzwecke bestimmt.

Inhaltsverzeichnis

5 Die trügerische Sicherheit schwacher Passwörter

6 Daten, Bilder, Videos vor neugierigen Augen verstecken 211

7 Wie Sie Ihre Festplatte und Dateien vor Fremden schützen

1

Fast so alt wie die Menschheit – einfache Verschlüsselungsverfahren

Früher, als an Telekommunikation noch gar nicht zu denken war, erreichten selbst die größten Feldherren ihre verstreuten Heere nur schwer. Oft mussten Boten eingesetzt werden, um entlegene Verbündete über Befehle, Strategie und neue Taktik zu informieren.

Stets bestand die Gefahr, dass die Boten samt Nachrichten dem Feind in die Hände fielen. Damit die Mitteilungen auch noch in den Händen des Gegners sicher waren, erfand man die Verschlüsselung von Nachrichten: Nach einem geheimen Verschlüsselungsverfahren sollte eine Botschaft in eine scheinbar sinnfremde Nachricht umgewandelt werden. Nur der Empfänger, der diesen Code ebenfalls kannte, sollte sie wieder entschlüsseln können. So entstand die Kryptografie als Kunst der Verschlüsselung.

1.1   Seit Jahrhunderten bekannt: einfache Verschlüsselungstechniken

Bevor in diesem Buch moderne Verschlüsselungsverfahren wie AES vorgestellt werden, sei Ihr Blick auf einige der einfachen und zum Teil schon sehr alten Verschlüsselungstechniken gerichtet. Sämtliche dieser Verschlüsselungstechniken sollten schon lange nicht mehr eingesetzt werden, denn sie sind längst nicht mehr sicher.

Trotzdem können Sie ihnen auch heute noch begegnen, etwa im Rätselteil Ihrer Tageszeitung. Sicher genügen diese Verfahren ebenso, um kleinere Geheimnisse vor völlig Ahnungslosen zu verbergen.

Das gemeinsam geteilte Geheimnis

Alle alten und aus heutiger Sicht ebenso einfachen Verschlüsselungstechniken zeichnet eines aus: Der (rechtmäßige) Empfänger einer verschlüsselten Nachricht muss über die eingesetzte Verschlüsselung genauso viel wissen wie der Absender, der sie zuvor verschlüsselte.

Er muss somit die verwendete Verschlüsselungstechnik als auch ein „gemeinsames, geteiltes Geheimnis" kennen, was überwiegend als Schlüssel bezeichnet wird. Das setzt voraus, dass sich beide Parteien zuvor über die Details ihres Verschlüsselungscodes einigen.

1.2 Alt wie Caesar, aber selbst von Obelix zu knacken

Grundsätzlich werden die alten Verschlüsselungsverfahren in Substitutions- und Transpositionschiffren unterschieden. Beide Grundprinzipien haben es bis in die modernen Verschlüsselungsalgorithmen wie AES geschafft, wenngleich statt von der Transposition heute eher von einer Permutation gesprochen wird.

Zunächst zur Substitution: Wer mit diesem grundlegenden Verfahren der Kryptografie einen Text verschlüsselt, führt nichts anderes als einen Buchstabenaustausch durch. Dazu ist es erforderlich, dass jedem Zeichen vorher ein anderes „Gegenzeichen" zugeordnet wird, mit dem man es bei der Durchführung des Verfahrens ersetzt. Häufig geschieht das mittels sogenannter Substitutionstabellen.

Was Satzzeichen sowie Groß- und Kleinschreibung betrifft, war man früher nicht so anspruchsvoll: Meist codierte man ausschließlich die Buchstaben eines Textes und ließ Leerzeichen sowie Interpunktion entfallen.

Caesars Verschlüsselung – für Liebesgrüße an Kleopatra?

Es gibt einige einfache Verschlüsselungstechniken, die allein auf Substitutionsverfahren basieren, also rein durch den Austausch von Buchstaben und sonstigen Zeichen verschlüsseln. So beispielsweise die berühmte Caesar-Verschlüsselung, die für die damaligen Verhältnisse – wir reden von dem Zeitraum um 50 v. Chr. – wohl recht clever und ausreichend war.

Für heutige Verhältnisse taugt Caesars Verschlüsselungsalgorithmus aber nur noch für Rätselhefte, ist er doch zu simpel konstruiert und zu leicht zu knacken. So ersetzt dieser Substitutionsalgorithmus jeden Buchstaben eines Klartextes lediglich durch den Buchstaben, der im Alphabet drei Stellen weiter rechts liegt. Statt *A* wird also *D* gesetzt, statt *B* der Buchstabe *E* […] und statt *Z* der Buchstabe *C*. Wurde jeder Buchstabe des Klartextes durch seinen überübernächsten Nachbarn ausgetauscht, ist der Chiffretext fertig.

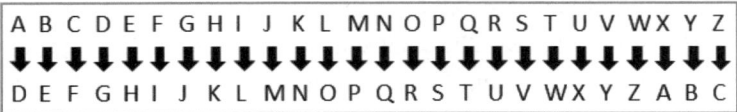

Diese Übersicht kann als einfache Substitutionstabelle aufgefasst werden.

Die Entschlüsselung erfolgt dann natürlich so: Jeder Buchstabe eines verschlüsselten Textes wird durch den Buchstaben des Alphabets ersetzt, der drei Stellen weiter links steht. Ein *D* im Chiffretext steht also für ein *A* im Klartext, ein *E* für ein *B* etc.

Natürlich baut die Caesar-Chiffre darauf, dass der Gegner den Algorithmus nicht kennt. Wüsste er, dass die Buchstaben eines Geheimtextes nur durch die Buchstaben drei Stellen weiter links im Alphabet ersetzt werden müssen, um den Klartext zu erhalten, wäre eine Nachricht geschwind entschlüsselt. Freilich kann man das Verfahren aber auch variieren und die Alphabete zueinander um sieben oder 20 Stellen verschieben, wobei die Zahl der Stellen dann das gemeinsam geteilte Geheimnis, also der Schlüssel wäre. Sicherer wird Caesars Chiffre dadurch aber nicht.

Substitution mit Schlüsselwort – aufwendiger, aber nicht viel sicherer als bei Caesar

Auf den ersten Blick minimal besser, aber tatsächlich genauso unsicher ist die sogenannte Substitution mit Schlüsselwort. Dazu denken Sie sich zunächst ein beliebiges Wort aus – es sollte nicht zu kurz sein und möglichst wenige sich wiederholende Buchstaben enthalten –, beispielsweise *Kaesekuchen*. Da für die Substitution mit Schlüsselwort Buchstaben nur jeweils einmal im Schlüsselwort auftauchen dürfen, streichen Sie nun die letzten beiden Es sowie das zweite K. Sie erhalten *Kaesuchn*, was nun den Anfang des Substitutionsalphabets darstellt. Alle anderen Buchstaben des Alphabets, die darin nicht enthalten sind, werden der Reihenfolge nach angehängt. Als Substitutionsalphabet erhalten Sie somit: *KAESUCHNBDFGIJLMOPQRTVWXYZ*.

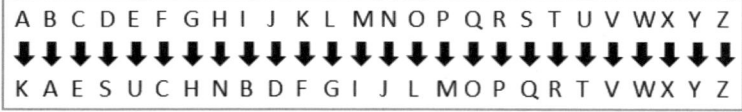

Der Beispielsatz *Caesar aß gern Käsekuchen* (*Caesar ass gern Kaesekuchen*) lautet nach der Substitution mit dem Schlüsselwort *Kaesekuchen* somit verschlüsselt: *Ekuqkp kqq hupj Fkuqaftenuj*.

Um einen mit diesem Substitutionsalphabet verschlüsselten Text wieder zu entschlüsseln, muss dem Empfänger das Schlüsselwort bekannt sein. (Und natürlich der Algorithmus – also die Vorgehensweise, wie aus dem Schlüsselwort das Substitutionsalphabet entwickelt wird.) Invers – und somit rückwärts – gelingt die Substitution nicht so elegant wie bei der Caesar-Chiffre, bei der die Entschlüsselung durch drei Schritte nach links vollzogen wird. Am besten entwickelt der Empfänger hierfür eine Grafik wie für die Verschlüsselung (s. o.) und sortiert das Substitutionsalphabet anschließend alphabetisch.

Das umgekehrte Substitutionsalphabet zur Entschlüsselung von Texten, die
per Substitution mit dem Schlüsselwort Kaesekuchen chiffriert wurden.

Auf den ersten Blick sieht diese Technik doch wesentlich besser und sicherer als die
Caesar-Chiffre aus. Tatsächlich ist die Substitution mit Schlüsselwort für die sogenannte
Häufigkeitsanalyse so anfällig wie die Chiffre des alten Caesars.

Banales Buchstabenzählen knackt Caesars Verschlüsselung & Co.

Mittels reiner Substitution chiffrierte Nachrichten sind leicht geknackt. Zum Fallstrick
werden ihnen die statistischen Eigenheiten der Sprache, in der man sie verfasste. So treten
die Buchstaben in einer Sprache mit unterschiedlichen Häufigkeiten auf. Im Deutschen ist
das E der mit Abstand am häufigsten verwendete Buchstabe, gefolgt von N und R.

Welche Buchstaben zu den häufigsten zählen, variiert aber von Sprache zu Sprache.
Wollen Sie einen verschlüsselten Text „knacken", sollten Sie deshalb wissen, in welcher
Sprache man die Originalnachricht verfasste. Dann müssen Sie nämlich nur noch die
Buchstabenverteilung des Chiffretextes mit der durchschnittlichen Buchstabenverteilung
der entsprechenden Sprache vergleichen. Bevor eine Substitutionschiffre in einem Beispiel
geknackt wird, folgen noch ein paar Worte zur Analyse von Buchstabenhäufigkeiten.

TIPP

Selbst ausprobieren: praktisches Lernprogramm CrypTool

Wenn es in diesem Buch um kryptografische Verfahren geht, werden Sie häufig auf
das sogenannte CrypTool verwiesen. Dabei handelt es sich um ein kostenfreies
Lehr- und Lernprogramm, das allerlei kryptografische Verfahren vorführt und für
diese häufig sogar selbstgewählte Eingabewerte zulässt. Neben den kryptografischen Verfahren zeigt das Programm auch einige Methoden der Kryptoanalyse,
mit der einige Verschlüsselungstechniken angegriffen, zum Teil auch gebrochen
werden können.

Seit 1998 kontinuierlich weiterentwickelt, war CrypTool ursprünglich für Mitarbei-
terschulungen der Deutschen Bank gedacht. Inzwischen wird CrypTool weltweit
und vor allem in Schulen und Universitäten eingesetzt.

TIPP

Als kostenfreie Open-Source-Anwendung lebt die Software vor allem von fleißigen Unterstützern, die das Programm beständig um Module und Funktionalitäten erweitern. So stand zur Drucklegung dieses Buches bereits eine Betaversion des komplett überarbeiteten CrypTool 2.0 zum Download bereit. Da diese Betaversion jedoch ausschließlich in englischer Sprache vorlag, bleibt sie in diesem Buch außen vor. Stattdessen beziehen sich die vielen Verweise dieses Buches auf die Version 1.4.21, die Sie in deutschsprachiger Ausgabe unter *https://www.cryptool.org/content/view/32/63/ lang,de/* bzw. *http://www.cryptool.org* herunterladen können.

Eine einfache Häufigkeitsanalyse durchführen

Eine Häufigkeitsanalyse können Sie selbst mit Papier und Stift oder – etwas zeitgemäßer und viel komfortabler – mit dem CrypTool durchführen:

1   Starten Sie dazu das Programm und öffnen Sie ein neues Texteingabefeld, indem Sie beispielsweise im *Datei*-Menü des Programms *Neu* auswählen oder schlicht auf den kleinen Button mit dem weißen Papiersymbol klicken.

2   Kopieren Sie nun den Text, dessen Buchstabenhäufigkeit Sie untersuchen möchten, in das Texteingabefeld.

3   Wählen Sie anschließend im *Datei*-Menü *Analyse*, *Werkzeuge zur Analyse* und zum Schluss entweder *Histogramm* oder *N-Gramm* aus. Ich bevorzuge Letzteres.

Haben Sie *Histogramm* gewählt, zeigt Ihnen CrypTool ein hübsches Diagramm. Damit fällt es leicht, die am häufigsten in einem Text auftretenden Buchstaben zu identifizieren. Zumindest das CrypTool in der Version 1.4.21 gab im Histogramm jedoch keine genauen Zahlenwerte für die einzelnen Häufigkeiten. Besser ist deshalb die Funktion *N-Gramm*, die ein Histogramm tabellarisch mit genauen Zahlenangaben für jeden Buchstaben aufführt.

TIPP

Für komplexe Knackversuche nützlich: Zeichenkombinationen zählen
Um die Häufigkeit von zweistelligen Zeichenkombinationen zu ermitteln, greifen Sie ebenfalls auf die *N-Gramm* Funktion von CrypTool zurück, wählen im Kästchen *Auswahl* jedoch *Digramm*. Ebenso können Sie die am häufigsten auftretenden Dreierbuchstabenpaare ermitteln, wenn Sie stattdessen *Trigramm* markieren. Sind selbst die „Dreier" nicht genug, berechnet CrypTool für Sie zudem die Häufigkeiten von Zeichenkombinationen beliebiger Länge, indem Sie in das letzte Kästchen die gewünschte Stellenzahl eingeben und das -*Gramm* entsprechend markieren.

Wichtig für die Verteilung: die Art des Textes

Die Buchstabenverteilung eines deutschen Textes variiert natürlich stets. Jeder schreibt anders, ebenso könnten viele Fremdwörter in einem Text dessen Buchstabenverteilung beeinflussen. Die tatsächliche Verteilung ist somit absolut vom konkreten Text abhängig. Das müssen Sie berücksichtigen, wenn Sie die „Normalverteilung" der Buchstaben einer bestimmten Sprache zu erstellen versuchen. Analysieren Sie beispielsweise die beiden Sätze „Fischers Fritze fischt frische Fische. Frische Fische fischt Fischers Fritze.", erhalten Sie eine Häufigkeitsverteilung der Buchstaben, die so aussieht[1]:

	Häufigkeit (in %)[2]	Häufigkeit[3]		Häufigkeit (in %)	Häufigkeit		Häufigkeit (in %)	Häufigkeit
F	15,2	10	C	12,1	8	R	9,1	6
I	15,2	10	E	12,1	8	T	6,1	4
S	15,2	10	H	12,1	8	Z	3,0	2

Ein solcher Zungenbrecher mit gerade mal neun verschiedenen Buchstaben ist freilich nicht für die deutsche Sprache repräsentativ und deshalb als Referenztext für eine ordentliche Buchstabenanalyse der deutschen Sprache völlig ungeeignet.

Längere Texte ohne Fremdwörter

Geeigneter schien mir für solch eine Analyse der Wikipedia-Eintrag über Otto von Bismarck, den ich am 14.12.2008 mit Strg+A inklusive der Navigationsleiste der deutschen Wikipedia-Webseite in Gänze markierte, kopierte und schließlich in ein neues Eingabefenster des CrypTools einfügte. In einem längeren Text über Bismarck wird man wohl nur wenige Fremdwörter finden. Und in den insgesamt 114.366 Zeichen (ohne Leerzeichen) fallen die paar Fremdwörter, die die Wikipedia-Seite zur Navigation nutzt, nicht so ins Gewicht. Die Histogrammanalyse des Textes ergab folgende Häufigkeitsverteilung[4]:

---

1 Berechnet mit CrypTool. Prozentangaben der Häufigkeit auf eine Stelle nach dem Komma gerundet.
2 Mathematisch korrekt wäre diese Spalte mit Relative Häufigkeit h_n überschrieben. Sie ist der Quotient aus der absoluten Häufigkeit eines Ereignisses (hier: eines Buchstabens in einem Text) und der Anzahl der Ereignisse (hier: die Zahl der Buchstaben eines Textes). Taucht ein Buchstabe wie E mit einer relativen Häufigkeit von ca. 15 % in einem Text auf, besteht der Text somit zu 15 % aus Es.
3 Hierbei handelt es sich mathematisch korrekt um die *Absolute Häufigkeit H_n*. Um sie für ein bestimmtes Ereignis (hier: einen Buchstaben) zu ermitteln, wird dessen Auftreten gezählt. Stecken insgesamt 17 Es in einem kurzen Text, beträgt die absolute Häufigkeit des Es in diesem Text *17*.
4 Berechnet mit CrypTool. Prozentangaben der Häufigkeit auf eine Stelle nach dem Komma gerundet. (Mit Ausnahme des Buchstaben Q, der als seltenster Buchstabe sonst aufgrund der Rundung mit einer relativen Häufigkeit von 0,0 % auftreten würde.)

	Häufigkeit (in %)	Häufigkeit		Häufigkeit (in %)	Häufigkeit		Häufigkeit (in %)	Häufigkeit
E	15,1	15.688	L	3,9	4.056	Z	1,4	1.417
N	9,4	9.708	U	3,9	3.997	W	1,2	1.224
I	8,7	9.071	C	3,6	3.724	V	1,1	1.127
R	8,1	8.353	G	3,0	3.097	P	1,1	1.112
S	7,0	7.254	M	2,8	2.932	J	0,2	186
T	6,0	6.215	O	2,8	2.894	Y	0,1	94
A	5,9	6.103	B	2,5	2.588	X	0,1	55
D	4,4	4.605	K	2,2	2.249	Q	0,02	16
H	4,3	4.473	F	1,4	1.465			

Wie Sie der Tabelle leicht entnehmen können, sind E, N, I, R und S darin am häufigsten vertreten.

Ein einfaches Beispiel: Caesars Verschlüsselung knacken

Ein einfaches Beispiel soll Sie in das Knacken per Häufigkeitsanalyse einführen. Ich habe hierfür einen Text von *http://www.bundestag.de* gewählt, nicht zuletzt um etwas politische Bildung zu betreiben. Der Chiffretext lautet:

Swbs rsf sfghsb Oituopsb rsg Pibrsghousg wgh rws Kovz rsg Pibrsgyobnzsfg crsf rsf Pibrsgyobnzsfwb. Rsf Jcfgqvzou tüf swbs Yobrwrohwb crsf swbs Yobrwrohsb ycaah jca Pibrsgdfägwrsbhsb, gc gwsvh sg rog Ufibrusgshn jcf. Rws Kovz sftczuh robb oiggqvzwßzwqv rifqv rws Opuscfrbshshb, ibr nkof cvbs jcfvsfwus Oiggdfoqvs ibr awh jsfrsqyhsb Ghwaanshhszb ozgc usvswa. Rsf Yobrwroh psböhwuh rws opgczihs Asvfvswh rsf Ghwaasb rsg Dofzoasbhg. Wb rsf 16. Kovzdsfwcrs sbhgdfoqv rog awbrsghsb 308 Opuscfrbshsb.

Sicher möchten Sie diesen Text nicht abtippen. Ich übernehme deshalb kurz die Analyse. Die Buchstabenverteilung in diesem Text lautet wie folgt:

	Häufigkeit (in %)	Häufigkeit		Häufigkeit (in %)	Häufigkeit		Häufigkeit (in %)	Häufigkeit
S	16,5	68	V	3,7	15	J	1,2	5
B	9,5	39	Z	3,2	13	N	1,2	5
R	9,3	38	A	2,9	12	K	1,0	4
G	7,5	31	I	2,9	12	T	0,7	3
F	7,0	29	U	2,7	11			
O	7,0	29	P	2,2	9			
W	6,6	27	Q	1,7	7			
H	6,3	26	Y	1,7	7			
C	3,7	15	D	1,2	5			

Es wird dem Chiffretext nun unterstellt, dass der zugehörige Klartext in deutscher Sprache verfasst wurde. Dann müsste der im Chiffretext am häufigsten auftretende Buchstabe, das S, eigentlich ein E sein.

Das E ist der fünfte Buchstabe im Alphabet. Wandern Sie davon vier Stellen nach links, enden Sie am „Anfang", also beim A. Analog für das eingesetzte Geheimtextalphabet bedeutet das: Gehen Sie vom S im Alphabet vier Stellen nach links, erhalten Sie den Buchstaben, mit dem das eingesetzte Geheimalphabet beginnt: das O. Die Umwandlung der Buchstaben müsste dann wie folgt geschehen:

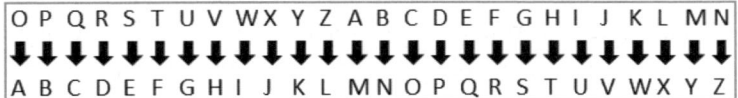

Tatsächlich: Wandeln Sie alle Buchstaben nach obigem Schema um, erhalten Sie diesen Klartext[5]:

Eine der ersten Aufgaben des Bundestages ist die Wahl des Bundeskanzlers oder der Bundeskanzlerin. Der Vorschlag für eine Kandidatin oder einen Kandidaten kommt vom Bundespräsidenten, so sieht es das Grundgesetz vor. Die Wahl erfolgt dann ausschließlich durch die Abgeordneten, und zwar ohne vorherige Aussprache und mit verdeckten Stimmzetteln also geheim. Der Kandidat benötigt die absolute Mehrheit der Stimmen des Parlaments. In der 16. Wahlperiode entsprach das mindestens 308 Abgeordneten.

---

5 Von *http://www.bundestag.de/parlament/funktion/wahl/index.html*, abgerufen am 5. Juni 2009.

Die Häufigkeitsanalyse stößt an ihre Grenzen

Analysieren Sie aber mal den sehr kurzen Beispielsatz einige Seiten zuvor, *Caesar aß gern Käsekuchen*, der mittels Substitution mit dem Schlüsselwort *Kaesekuchen* zum Chiffretext *Ekuqkp kqq hupj Fkuquftenuj* wurde. Lassen Sie diesen mit CrypTool analysieren, erhalten Sie die folgende Verteilung:

	Häufigkeit (in %)	Häufigkeit		Häufigkeit (in %)	Häufigkeit		Häufigkeit (in %)	Häufigkeit
U	20,8	5	F	8,3	2	N	4,2	1
K	16,7	4	J	8,3	2	T	4,2	1
Q	16,7	4	P	8,3	2			
E	8,3	2	H	4,2	1			

Nun strotzt der kurze Satz nicht vor Länge, geschweige denn vor unterschiedlichen Buchstaben. Wie Sie obiger Tabelle entnehmen können, tauchen U, K und Q im Chiffretext besonders häufig auf. Ziehen Sie die Standardverteilung der Buchstabenhäufigkeiten eines deutschen Textes heran, könnte man vermuten, dass sich hinter den Buchstaben U, K und Q des Chiffretextes eigentlich E, N, I, R oder S verbergen.

Nehmen wir einmal an, das U des Chiffretextes *Ekuqkp kqq hupj Fkuquftenuj* ist im Klartext eigentlich ein E. So ersetzen Sie alle Us des Chiffretextes zunächst durch ein E. Damit Sie später nicht mit dem Chiffretext durcheinander kommen, setzen Sie statt der restlichen Zeichen des Chiffretextes am besten Leerstellen oder Striche: --e--- --- -e-- --e-e----e-. K und Q sind die nächsten beiden Buchstaben, die im Chiffretext besonders häufig auftreten. Wie Sie sicher noch wissen, waren N, I, R und S im Bismarck-Text die Buchstaben, die nach dem E noch besonders häufig auftraten. Es liegt daher nahe, dass K und Q jeweils einem der vier Buchstaben entsprechen. Probieren Sie das doch einmal aus:

1. Wenn K dem N entspräche: -ne-n- n-- -e-- -ne-e----e-

2. Wenn K dem I entspräche: -ie-i- i-- -e-- -ie-e----e-

3. Wenn K dem R entspräche: -re-r- r-- -e-- -re-e----e-

4. Wenn K dem S entspräche: -se-s- s-- -e-- -se-e----e-

5. Wenn Q dem N entspräche: --en-- -nn -e-- --ene----e-

6. Wenn Q dem I entspräche: --ei-- -ii -e-- --eie----e-

7. Wenn Q dem R entspräche: --er-- -rr -e-- --ere----e-

8. Wenn Q dem S entspräche: --es-- -ss -e-- --ese----e-

Um dieses Beispiel nicht ewig weiterzuverfolgen: Da Sie in der glücklichen Lage sind, den Chiffretext bereits zu kennen, können Sie leicht nachvollziehen, dass von obigen Möglichkeiten nur die achte richtig ist. K ist nämlich weder einer der Buchstaben E, N, I, R oder S – sondern A, das im Klartext *Caesar aß gern Kaesekuchen* für einen deutschen Text ungewöhnlich häufig auftritt.

Für einen Angreifer, der den Klartext tatsächlich nicht kennt, wird es somit schwer, diesen kurzen Text zu knacken. Er müsste etliche Möglichkeiten verfolgen, bis er vielleicht den Klartext fände.

Knacken mit Computerunterstützung

Wäre der Text länger, stimmte seine Buchstabenverteilung wohl eher mit der Normalverteilung der Buchstaben im Deutschen überein. Geknackt wäre er dann schneller.

Mit dem CrypTool verschlüsselte ich erneut einen Text per Substitution, diesmal aber mit dem Schlüsselwort *BUNDESTAG*. Sie ahnen es bereits – auch dieser Text stammte von *http://www.bundestag.de*[6]. CrypTool sollte mir wieder die Arbeit beim Knacken abnehmen. Dafür enthält das Tool eine Funktion, die Sie über das *Datei*-Menü mit *Analyse/Symmetrische Verschlüsselung (klassisch)*, *Ciphertext-Only/Substitution* erreichen. Den Chiffretext sowie das Resultat der automatischen Analyse sehen Sie in dieser Abbildung:

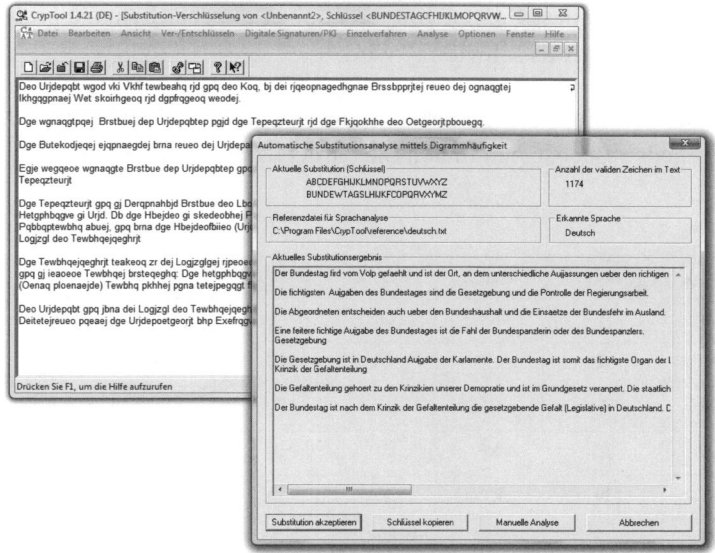

Fast, aber nicht hundertprozentig knackte CrypTool. Die falsch gewählten Buchstaben wie f statt w oder p statt k sind aber leicht zu ermitteln und zügig ausgetauscht.

---

6 Konkreter: von *http://www.bundestag.de/parlament/funktion/index.html*, abgerufen am 5. Juni 2009.

Verschlüsselung mittels Substitution – es geht auch sicher(er)

Die einfachen, sogenannten monoalphabetischen Substitutionsalgorithmen haben Sie bereits kennengelernt. Es sind solche Chiffriertechniken wie die Caesar-Verschlüsselung, die einen Buchstaben des Klartextes gegen genau einen Buchstaben eines sogenannten Chiffrealphabets tauschen. Dieses Chiffrealphabet kann wie bei der Caesar-Verschlüsselung das gewöhnliche, aber um drei Stellen nach links verschobene Alphabet sein (siehe Seite 17), oder aber etwas einfallsreicher generiert werden. Wie beispielsweise bei der monoalphabetischen Substitution mit Schlüsselwort (siehe Seite 17).

Homophone Substitutionsalgorithmen ersetzen einen Buchstaben des Klartextes hingegen durch jeweils mehrere Zeichenkombinationen. Das Geheimtextalphabet enthält dann beispielsweise zweistellige Kombinationen aller Buchstaben des gewöhnlichen Alphabets. Ein Klartextbuchstabe wie das *A* wird so beispielsweise durch *JK*, *FP*, *DZ* etc. ersetzt. Insgesamt existieren dann $26^2 = 676$ mögliche zweistellige Buchstabenkombinationen. Einer der 26 Buchstaben des Klartextalphabets kann deshalb durch je $676 : 26 = 26$ verschiedene Buchstabenkombinationen dargestellt werden. Indem man den Zeichenvorrat erhöht und beispielsweise noch Sonderzeichen und Zahlen einsetzt, erhöhen sich die möglichen Kombinationen entsprechend. Ebenso könnte sich das Geheimalphabet auch aus dreistelligen, vierstelligen etc. Buchstabenkombinationen zusammensetzen. Wichtig ist indes, dass Sie nur Kombinationen gleicher Länge einsetzen, da die Verschlüsselung sonst „etwas schwierig" wird.

Für die folgende Codiertabelle sollen die Buchstaben des Alphabets in zweistelliger Kombination genügen. Für jeden Buchstaben finden Sie darin ebenfalls nur zwei Substitutionskombinationen.

Klartext	Var. 1	Var. 2	Klartext	Var. 1	Var. 2	Klartext	Var. 1	Var. 2
A	GO	DI	J	RT	OP	S	YO	UI
B	TR	ZC	K	UF	VI	T	VG	FO
C	MV	SA	L	BB	IR	U	WN	LI
D	XM	XY	M	XF	GP	V	ER	OI
E	RE	JJ	N	MM	QW	W	VZ	UR
F	OS	VB	O	LN	NN	X	EE	LA
G	IE	LO	P	OZ	AM	Y	FA	LG
H	AS	DP	Q	KW	UJ	Z	WM	JU
I	GH	RR	R	DZ	SW			

Ein Beispiel: Der Klartext *Homophone Verschluesselungsalgorithmen sind – richtig angewendet - sicherer als monoalphabetische Chiffren.* soll mittels homophoner Substitution verschlüsselt werden. Dazu ersetzen Sie jeden Buchstaben des Klartextes durch eine der beiden korrespondierenden Buchstabenkombinationen aus obiger Tabelle. Welche der beiden Varianten Sie verwenden, ist gleichgültig. Sie sollten bei Buchstabenwiederholungen jedoch beide Varianten in gleichem Maße einsetzen. Die Verschlüsselung erzeugt so beispielsweise den folgenden Chiffretext:

ASNNGPLNAMASLNQWJJ

OIJJSWUIMVASIRREYOUIREIRLIMMLOYODIIRLOLNDZRRVGDPXFREMM

UIRRQWXY – SWGHMVDPFOGHIE GOQWLOURJJMMXYREFO –

YOGHSAASJJSWREDZ DIIRYO

GPNNMMNNGOIROZASDIZCREVGRRUISAASJJ SAASGHVBOSSWREMM.

Zur Entschlüsselung wäre die Codiertabelle idealerweise etwas anders aufgebaut, nämlich alphabetisch nach den Buchstabenkombinationen sortiert, um ein schnelles Entschlüsseln zu ermöglichen.

Nicht unknackbar

Eine Idee zum Knacken dieser Verschlüsselung: Da Sie hier jeden Klartextbuchstaben durch zwei Buchstaben des Alphabets ersetzen, sind die Wörter des Geheimtextes folglich doppelt so lang wie die des Klartextes. Zudem sind sie stets gerader Buchstabenlänge. Das ist einleuchtend, denn wenn Sie eine ungerade Zahl verdoppeln, ist das Ergebnis stets eine gerade.

Einem Angreifer fällt es somit nicht schwer, die Wörter des Geheimtextes in Buchstabenpaare abzugrenzen. Mittels Häufigkeitsanalyse könnte er dann das Auftreten der Buchstabenpaare untersuchen. Wie weit er daraus Schlüsse zu ziehen vermag, hängt von der Zahl der verwendeten Kombinationen je Klartextbuchstabe ab. Gibt es nur eine Zeichenkombination je Buchstabe, ist der Algorithmus nichts anderes als eine monoalphabetische Verschlüsselung: Die Kombination für das E wird dann besonders häufig auftreten, gefolgt von den Kombinationen für N, I, R und S etc.

Zwei Kombinationen pro Klartextbuchstabe, so wie in obigem Beispiel, erhöhen die Sicherheit ein wenig, wenngleich das E aufgrund seiner im Verhältnis sehr großen Häufigkeit noch immer leicht zu identifizieren ist. Füttern Sie CrypTool mit obigem Chiffretext und führen Sie eine *N-Gramm*-Häufigkeitsanalayse (siehe Seite 19) durch, bei der natürlich alle Digramme (Zweierkombinationen) betrachtet werden, erhalten Sie etwa folgendes Ergebnis:

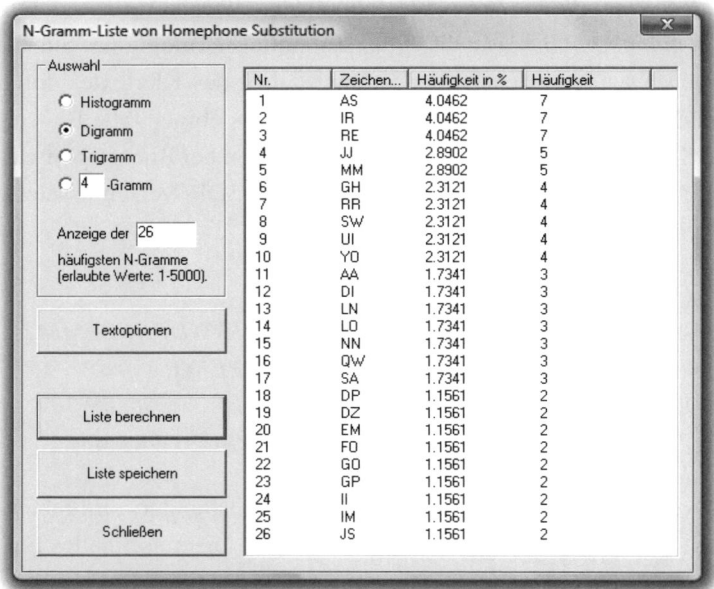

Wie Sie in der Abbildung sehen können, ist das E, das mit RE und JJ codiert wird, für einen Angreifer gar nicht so leicht zuzuordnen. Das liegt aber vor allem an der Kürze des untersuchten Textes. Wäre er länger, würden RE und JJ deutlicher herausstechen.

Steigt die Zahl der eingesetzten Kombinationen noch weiter, nimmt die Sicherheit entsprechend zu. Umso größer wird dann freilich die Codiertabelle – und umso umständlicher die Arbeit damit.

Grüppchenbildung – Polygramm-Substitution

In Polygramm-Substitutionsalgorithmen ersetzen Sie die Buchstaben des Klartextes in Gruppen durch Buchstabengruppen des Geheimalphabets. *GEHEIMTEXTALPHABET* zerlegen Sie dabei beispielsweise in *GEH*, *EIM*, *TEX*, *TAL*, *PHA* und *BET*. In einer Codiertabelle wird jenen Gruppen nun eine Gruppe des Geheimalphabets zugewiesen, sodass beispielsweise *GEH* im Rahmen der Verschlüsselung durch *FTU* substituiert wird. Welche Gruppen durch welche Buchstabengruppen ersetzt werden, legen Sie beliebig fest. Für das Beispiel wurde diese Codiertabelle herangezogen:

Klartext	Geheimtext	Klartext	Geheimtext	Klartext	Geheimtext
GEH	FTU	TEX	EXU	PHA	YIO
EIM	RWI	TAL	ABE	BET	FKW

Damit wird *GEHEIMTEXTALPHABET* entsprechend in *FTURWIEXUABEYIOFKW* gewandelt. Entschlüsselt wird analog, wobei der Empfänger natürlich die gleiche Codiertabelle benötigt.

Leider sind solche Substitutionstechniken sehr umständlich, müssten Sie doch für alle möglichen Buchstabenkombinationen einen jeweiligen Geheimtext festlegen. Die Codiertabelle wäre dann riesig und es gäbe sie wohl nur in Buchform.

Lange Zeit nicht zu knacken: die Vigenère-Chiffre

Polyalphabetische Substitutionsalgorithmen setzen sich aus mehreren monoalphabetischen Substitutionschiffren zusammen. Zu diesen Algorithmen zählt beispielsweise die Vigenère-Chiffre. Hierbei legt ein bestimmter Faktor fest, welche der mehreren verwendeten Substitutionschiffren für die Ver- und Entschlüsselung eines konkreten Buchstabens des Klartextalphabets eingesetzt werden. Ein solcher Faktor kann beispielsweise die Position des Buchstabens im Klartext sein – so wie bei der Vigenère-Chiffre, die auf den folgenden Seiten beleuchtet wird.

Die Vigenère-Verschlüsselung

Simple Substitutionschiffren wie die von Caesar oder die Substitutionen mit Schlüsselwort haben ein großes Problem: Die Häufigkeit, in der Buchstaben in einer Sprache auftreten, wird ihnen leicht zum Verhängnis. Diesem Verhängnis will die sogenannte Vigenère-Chiffre[7] entgehen, indem sie nicht nur ein Geheimalphabet verwendet, sondern bis zu 26.

Das Quadrat, das im Grunde nur eine große Tabelle mit insgesamt 676 Zellen ist, enthält in seiner Kopfzeile das gewöhnliche Klartextalphabet von *a* bis *z*. Jede folgende Zeile enthält ebenfalls alle Buchstaben *A* bis *Z*, jedoch um jeweils eine Stelle nach links verschoben. Die erste Zeile orientiert sich dabei am Tabellenkopf und beginnt entsprechend mit *B*. In der zweiten Zeile rücken alle Buchstaben wieder um eine Stelle nach links und sie beginnt mit *C* etc.

---

7   Benannt nach Blaise de Vigenère (1523-1596), einem französischen Diplomaten und Kryptografen.

Damit wird's gemacht: das Vigenère-Quadrat

Um die Ver- sowie Entschlüsselung per Vigenère-Chiffre zu erleichtern, wird dafür ein sogenanntes Vigenère-Quadrat herangezogen:

a	b	c	d	e	f	g	h	i	j	k	l	m	n	o	p	q	r	s	t	u	v	w	x	y	z
B	C	D	E	F	G	H	I	J	K	L	M	N	O	P	Q	R	S	T	U	V	W	X	Y	Z	A
C	D	E	F	G	H	I	J	K	L	M	N	O	P	Q	R	S	T	U	V	W	X	Y	Z	A	B
D	E	F	G	H	I	J	K	L	M	N	O	P	Q	R	S	T	U	V	W	X	Y	Z	A	B	C
E	F	G	H	I	J	K	L	M	N	O	P	Q	R	S	T	U	V	W	X	Y	Z	A	B	C	D
F	G	H	I	J	K	L	M	N	O	P	Q	R	S	T	U	V	W	X	Y	Z	A	B	C	D	E
G	H	I	J	K	L	M	N	O	P	Q	R	S	T	U	V	W	X	Y	Z	A	B	C	D	E	F
H	I	J	K	L	M	N	O	P	Q	R	S	T	U	V	W	X	Y	Z	A	B	C	D	E	F	G
I	J	K	L	M	N	O	P	Q	R	S	T	U	V	W	X	Y	Z	A	B	C	D	E	F	G	H
J	K	L	M	N	O	P	Q	R	S	T	U	V	W	X	Y	Z	A	B	C	D	E	F	G	H	I
K	L	M	N	O	P	Q	R	S	T	U	V	W	X	Y	Z	A	B	C	D	E	F	G	H	I	J
L	M	N	O	P	Q	R	S	T	U	V	W	X	Y	Z	A	B	C	D	E	F	G	H	I	J	K
M	N	O	P	Q	R	S	T	U	V	W	X	Y	Z	A	B	C	D	E	F	G	H	I	J	K	L
N	O	P	Q	R	S	T	U	V	W	X	Y	Z	A	B	C	D	E	F	G	H	I	J	K	L	M
O	P	Q	R	S	T	U	V	W	X	Y	Z	A	B	C	D	E	F	G	H	I	J	K	L	M	N
P	Q	R	S	T	U	V	W	X	Y	Z	A	B	C	D	E	F	G	H	I	J	K	L	M	N	O
Q	R	S	T	U	V	W	X	Y	Z	A	B	C	D	E	F	G	H	I	J	K	L	M	N	O	P
R	S	T	U	V	W	X	Y	Z	A	B	C	D	E	F	G	H	I	J	K	L	M	N	O	P	Q
S	T	U	V	W	X	Y	Z	A	B	C	D	E	F	G	H	I	J	K	L	M	N	O	P	Q	R
T	U	V	W	X	Y	Z	A	B	C	D	E	F	G	H	I	J	K	L	M	N	O	P	Q	R	S
U	V	W	X	Y	Z	A	B	C	D	E	F	G	H	I	J	K	L	M	N	O	P	Q	R	S	T
V	W	X	Y	Z	A	B	C	D	E	F	G	H	I	J	K	L	M	N	O	P	Q	R	S	T	U
W	X	Y	Z	A	B	C	D	E	F	G	H	I	J	K	L	M	N	O	P	Q	R	S	T	U	V
X	Y	Z	A	B	C	D	E	F	G	H	I	J	K	L	M	N	O	P	Q	R	S	T	U	V	W
Y	Z	A	B	C	D	E	F	G	H	I	J	K	L	M	N	O	P	Q	R	S	T	U	V	W	X
Z	A	B	C	D	E	F	G	H	I	J	K	L	M	N	O	P	Q	R	S	T	U	V	W	X	Y
A	B	C	D	E	F	G	H	I	J	K	L	M	N	O	P	Q	R	S	T	U	V	W	X	Y	Z

Mit diesem Vigenère-Quadrat könnte auch Julius Caesar verschlüsseln. Sicher erinnern Sie sich, dass der römische Feldherr jeden Buchstaben des Klartextes durch den im Alphabet drei Stellen weiter rechts stehenden Buchstaben austauschte. Sein Geheimalphabet war also im Vergleich zum gewöhnlichen Alphabet um drei Stellen nach links verschoben. Im Vigenère-Quadrat steht Caesars Geheimtextalphabet deshalb in der dritten Zeile, die mit dem Buchstaben *D* beginnt. Um einen Klartext zu chiffrieren, suchen Sie den Klartextbuchstaben in der Kopfzeile und ersetzen ihn durch denjenigen, der direkt darunter in der dritten Spalte steht. Für den Klartext *Nusskuchen* wandeln Sie das *N* also in ein *Q*, das *u* in ein *x*, die beiden *s* in je ein *v* etc. um. Den geheimen Wunsch nach *Nusskuchen* würde Caesar also mit dem Chiffretext *Qxvvnxfkhq* äußern.

Vigenère – ein Beispiel

Oben wurde es schon erwähnt: Caesar nutzte eines, die Vigenère-Chiffre aber bis zu 26 verschiedene Geheimalphabete. Dennoch ist sie wie Caesars Verschlüsselung nur eine Substitutionschiffre. Allerdings wird jeder Buchstabe des Klartextes mit einem anderen Geheimalphabet chiffriert. Das funktioniert mithilfe des Vigenère-Quadrats etwa so:

Damit der Empfänger die Botschaft dechiffrieren kann, muss er sich vorher mit dem Verschlüsseler darüber einig werden, welcher Buchstabe des Klartextes mit welcher Zeile des Vigenère-Quadrats korrespondiert. Am besten gelingt das mit einem Schlüsselwort. Wie auch bei den anderen Klassikern der Kryptografie ist also ein gemeinsam geteiltes Geheimnis notwendig. Analog zu Vigenères Berufsstand – er war Diplomat – soll das Schlüsselwort im folgenden Beispiel *Diplomatie* lauten. Der Klartext, den es mit der Vigenère-Chiffre zu verschlüsseln gilt, heißt: *Meine Verschluesselung knackt niemand!*

Hilfreich ist es dabei, das Schlüsselwort zunächst über den Klartext zu schreiben, sodass jeder Buchstabe des Schlüsselwortes genau über einem Buchstaben des Klartextes steht. Weil der Klartext in aller Regel viel länger als das Schlüsselwort ist, müssen Sie das Wort entsprechend oft wiederholen. Dies könnte dann beispielsweise so aussehen:

D	I	P	L	O	M	A	T	I	E	D	I	P	L	O	M	A
M	e	i	n	e	V	e	r	s	c	h	l	u	e	s	s	e
T	I	E	D	I	P	L	O	M	A	T	I	E	D	I	P	L
l	u	n	g	k	n	a	c	k	t	n	i	e	m	a	n	d

Um nun den ersten Buchstaben des Klartextes, im Beispiel ist es ein *M*, zu verschlüsseln, betrachten Sie den darüber stehenden Buchstaben des Schlüsselwortes: das *D*. Nun suchen Sie im Vigenère-Quadrat die Zeile, die mit einem *D* beginnt. Es ist die dritte Zeile, die zufällig das typische Caesar-Geheimalphabet enthält. Mit diesem Geheimalphabet aus der dritten Zeile verschlüsseln Sie nun das *M*. Dazu werfen Sie einen Blick in die Kopfzeile der Tabelle, suchen dort das *M* und lesen den Buchstaben ab, der in der dritten Zeile (aber gleichen Spalte) direkt darunter steht. Es ist der Buchstabe *P*. Caesar hätte das genauso gemacht, würde mancher vielleicht sagen. Doch wie geht es weiter?

Der zweite Buchstabe, *e*, ist an der Reihe. Darüber steht das *I* des geheimen Schlüsselwortes. Es weist Sie an, für die Verschlüsselung dieses *e*s das Geheimalphabet einzusetzen, welches im Vigenère-Quadrat mit dem Großbuchstaben *I* beginnt. Sie finden es in der achten Zeile. Wieder suchen Sie nun das *e* im Tabellenkopf und ersetzen es durch den in der gleichen Spalte, aber diesmal acht Zeilen darunter stehenden Wert. Es ist das *M*.

T I P P

Vigenère-Verschlüsselung mit CrypTool

Die Vigenère-Verschlüsselung ist schon recht aufwendig. Möchten Sie sie automatisieren, hilft Ihnen CrypTool (siehe Seite 19). Geben Sie in eines von dessen Textfenstern einfach den zu verschlüsselnden Klartext oder – andersherum – einen nach Vigenère chiffrierten Geheimtext ein. Wählen Sie im *Datei*-Menü des Tools anschließend *Ver-/Entschlüsseln*, dann *Symmetrisch (klassisch)* und schließlich *Vigenère*. In das aufklappende Fenster geben Sie jetzt nur noch das geheime Schlüsselwort ein und wählen zwischen *Verschlüsseln* und *Entschlüsseln*.

So fahren Sie nun fort: Den über einem Klartextbuchstaben stehenden Buchstaben des Schlüsselwortes ablesen; die Zeile im Vigenère-Quadrat suchen, die mit diesem Buchstaben des Schlüsselwortes beginnt; im Tabellenkopf den Klartextbuchstaben aufsuchen und den entsprechend darunter stehenden Buchstaben aus der herausgesuchten Zeile ablesen. Im Beispiel wird aus *Meine Verschluesselung knackt niemand!* mithilfe des Schlüsselwortes *Diplomatie* der Chiffretext *Pmxys Hekagktjpgeeecrj sclqwt gqipico!*

Insgesamt verwendet das Beispiel neun verschiedene Geheimalphabete aus den Zeilen 3, 8, 15, 11, 14, 12, 26, 19 und 4[8]. Um alle 26 möglichen und im Vigenère-Quadrat aufgeführten Alphabete zu nutzen, muss auch das geheime Schlüsselwort aus allen 26 Buchstaben des Alphabets zusammengesetzt sein. Von einem „Wort" kann dann natürlich nur

---

8   Da das Wörtchen *Diplomatie* zwar insgesamt aus zehn Buchstaben besteht, der Buchstabe *i* aber zweimal darin vorkommt, wurde die Zeile 8, die mit einem *I* beginnt, nur einmal gezählt. Folglich setzt das Beispiel nur neun verschiedene Geheimalphabete ein.

noch schwerlich die Rede sein. Viel eher wäre es ein geheimes Schlüsselalphabet wie beispielsweise *GLDZUVIWOMAYQECFRJXBSNTHKP*.

Beachten Sie zudem, dass sich wiederholende Buchstaben des Klartextes durchaus mit mehreren Geheimalphabeten (bzw. Zeilen des Quadrats) verschlüsselt werden. Das sehr häufig auftretende *n* ersetzen Sie beispielsweise einmal durch ein *y*, beim zweiten Mal durch ein *r* und später noch durch *c*, *g* und noch einmal *c* ersetzt.

Immer gleich wäre der zum *n* zugehörige Chiffrebuchstabe, wenn beispielsweise das Schlüsselwort nur aus einem einzigen Buchstaben bestünde. *Ooooo* ist also kein gutes Schlüsselwort. Und *Uhhh*, das zumindest aus zwei verschiedenen Buchstaben besteht, taugt ebenso nicht viel mehr. Grundsätzlich gilt somit: Je mehr verschiedene Buchstaben ein Schlüsselwort enthält, desto besser und sicherer ist ein Vigenère-verschlüsselter Text.

So ist es gedacht: die Entschlüsselung bei bekanntem Schlüsselwort

Bevor Sie erfahren, wie die Vigenère-Verschlüsselung geknackt wurde, wenden Sie sich am besten noch der herkömmlichen Entschlüsselung zu. Also jener, bei der das Schlüsselwort bekannt ist.

Grundsätzlich ist das Entschlüsseln nicht schwer. Erhalten Sie einen Vigenère-verschlüsselten Text und sind im Besitz des Schlüsselwortes, gehen Sie zunächst so ähnlich vor, als würden Sie verschlüsseln: Notieren Sie den Chiffretext und darüber das sich wiederholende Schlüsselwort. Um etwas Abwechslung ins Beispiel zu bringen, sei der Chiffretext diesmal *Fppczqs Uifeivp hmt xa hhvczqt*. Das geheime Schlüsselwort lautet hingegen weiterhin *Diplomatie*.

D	I	P	L	O	M	A	T	I	E	D	I	P	L	O	M	A
F	p	p	c	z	q	s	U	i	f	e	i	v	p	h	m	t
T	I	E	D	I	P	L	O	M								
x	a	h	h	v	c	z	q	t								

Um den zugehörigen Klartext zu erhalten, gehen Sie erneut Buchstabe für Buchstabe vor. Sicher wollen Sie vorn beginnen, in diesem Beispiel also mit dem *F*. In der Tabelle bzw. Ihrer Niederschrift steht über dem *F* ein *D* des Schlüsselwortes. Suchen Sie deshalb im Vigenère-Quadrat nach der Zeile, die mit *D* beginnt. Es ist die dritte. Lassen Sie Ihren Blick waagerecht bis zum *F* laufen, das in der dritten Zeile zufällig auch an dritter Stelle (bzw. in der dritten Spalte) steht. Mit den Augen oder Ihrem Zeigefinger folgen Sie der Spalte, in der das *F* steht, bis hoch zum Tabellenkopf. Wie Sie bereits erfahren haben, enthält dieser das Klartextalphabet. Im konkreten Beispiel steht ganz oben über dem *F* aus der dritten Zeile das *c*. *C* ist also der gesuchte erste Buchstabe des Klartextes. Analog gehen Sie mit dem Rest des verschlüsselten Textes vor. Dessen zweiter Buchstabe *p* wird mithilfe der achten Zeile (beginnt mit *I*) entschlüsselt. Folgen Sie dem *P* in dieser Zeile bis ganz nach oben, erhalten Sie ein *h* als Klartextausgabe. Der gesuchte Klartext beginnt also mit *Ch*. Und den Rest entschlüsseln Sie am besten selbst.

Und es geht doch: So knackte Babbage die Vigenère-Verschlüsselung

Noch lange Zeit nach ihrer Veröffentlichung galt die Vigenère-Verschlüsselung als unknackbar und erfreute sich großer Beliebtheit. Die klassische Häufigkeitsanalyse, die den einfachen Substitutionschiffren leicht gefährlich wurde, könne darauf nicht angewandt werden, meinte man. Sie funktioniere nur, wenn lediglich ein Geheimalphabet eingesetzt wird – also bei sogenannten monoalphabetischen Verschlüsselungsverfahren. Doch mit der Vigenère-Chiffre setzen emsige Geheimniskrämer ja bis zu 26 Geheimalphabete ein!

In der zweiten Hälfte des 19. Jahrhunderts, fast 300 Jahre, nachdem Vigenère die Verschlüsselung erfunden hatte, sollte es zwei Kryptografen aber dennoch unabhängig voneinander gelingen, die Verschlüsselung zu knacken. Einer der beiden war Charles Babbage, der zu seinen Lebzeiten noch allerlei anderes erfand. Seine berühmteste Erfindung waren zwei Maschinen, die heutzutage als Vorfahren des Computers gelten, zu seinen Lebzeiten aber nie fertiggestellt wurden.

Interessant sei an dieser Stelle allein, wieso Babbage die Vigenère-Chiffre knackte: Im Jahre 1854 rühmte sich ein britischer Zahnarzt mit der Erfindung einer neuen, unknackbaren Verschlüsselungstechnik. Babbage widersprach ihm: Diese Technik sei schon knapp 300 Jahre alt! Tatsächlich präsentierte der Zahnarzt nur die schon längst bekannte Vigenère-Chiffre. Entrüstet forderte er Babbage auf, „seine" Verschlüsselung zu knacken. Babbage folgte der Aufforderung und fand schon bald eine Methode, mit der er die lange als absolut sicher geglaubte Vigenère-Verschlüsselung brechen konnte.

Da Babbage das Verfahren zu Lebzeiten nie kundtat, strich Friedrich Wilhelm Kasiski die Lorbeeren ein. Er erfand 1863, nur wenige Jahre nach Babbage, das gleiche Verfahren, welches heute als Kasiski-Test bezeichnet wird. Dass Charles Babbage doch der Erste war, der die Vigenère-Verschlüsselung knackte, erfuhr man erst im 20. Jahrhundert, als man Notizen dazu in seinem Nachlass fand.

Vorüberlegungen

Bevor Sie die Vigenère-Verschlüsselung knacken, steht eine kurze Vorüberlegung an: Vergleichen Sie den Klartext des vorangegangenen Beispiels mit dem erzeugten Chiffretext, fällt auf, dass ein und derselbe Klartextbuchstabe im Chiffretext mit unterschiedlichen Buchstaben codiert ist. Klar, so funktioniert das Vigenère-Verfahren eben. Zum Beispiel tauchen die *n*s des Klartextes im Chiffretext als *y*, *r*, *c* oder *g* auf.

Das im Beispiel verwendete Schlüsselwort *Diplomatie* besteht aus insgesamt zehn, aber doch nur neun verschiedenen Buchstaben. Jeder Buchstabe steht hierbei für eine Zeile des Vigenère-Quadrats und somit für ein bestimmtes Geheimalphabet. Mit welchen Werten könnte das *n* also überhaupt codiert werden?

Buchstabe des Schlüsselwortes ...	D	I	P	L	O	M	A	T	I	E
... entspricht dem Geheimalphabet in Zeile ...	3	8	15	11	14	12	26	19	8	4
n würde somit ersetzt durch ...	q	v	c	y	b	z	n	g	v	r

Als *y*, *r*, *c* und *g* tauchte das *n* im Chiffretext auf. Wäre es beim gleichen Schlüsselwort *Diplomatie* ein anderer Klartext gewesen, in dem der Buchstabe *n* an einer anderen Stelle stünde, hätte *n* aber auch als *q*, *v*, *b*, *z*, oder *n* im Chiffretext erscheinen können.

Ein egomanisches Beispiel

Gewisse Buchstaben treten im Deutschen und in anderen Sprachen besonders häufig zusammen auf. Mit CrypTools *N-Gramm*-Funktionen und dem Bismarck-Text von Wikipedia sind die häufigsten dieser sogenannten Di- und Trigramme schnell gefunden: *en, ie, er, de, ch, ei, te, in* oder *si* sowie *sch, ich, ein, der, che, die, mar.*

Wie helfen Di- und Trigramme aber nun beim Knacken der Vigenère-Verschlüsselung? Überlegen Sie doch einmal, wie das Trigramm *ich* mit dem Schlüsselwort *Diplomatie* in einem Chiffretext codiert werden könnte. Stünden das *i* von *ich* sowie das *D* des Schlüsselwortes direkt untereinander, wäre die korrespondierte Buchstabenfolge im Chiffretext *LKW*. Wäre *ich* im Bezug auf das Schlüsselwort um eine Stelle nach rechts verschoben, käme indes *QRS* heraus. Wären es sogar fünf Stellen, tauchte *ich* als *UCA* auf. Es gibt insgesamt zehn verschiedene Möglichkeiten, das Trigramm *ich* mit dem Schlüsselwort *Diplomatie* zu codieren.

Treffen Sie nun auf die Vigenère-verschlüsselte Nachricht eines Egomanen, ist es wahrscheinlich, dass er in seinen Ausführungen häufiger das Wort *ich* verwendet. Natürlich muss es nicht zwingend sein *Ich* sein, über das er schreibt, ist *ich* doch zugleich Wortbestandteil vieler anderer, längerer Wörter.

Rückschlüsse auf den verwendeten Schlüssel

Aus der Überlegung heraus, dass bestimmte Buchstabengruppen häufiger in einem Text erscheinen, aber nur in so vielen Kombinationen verschlüsselt auftreten können, wie das Schlüsselwort unterschiedliche Buchstaben hat, kann man nun Rückschlüsse auf den verwendeten Schlüssel ziehen.

Dazu wird zunächst nur der Schlüsseltext betrachtet. Suchen Sie darin nach sich wiederholenden Buchstabengruppen. Um bei der Chiffrierung zufällig gebildete Gruppen weitestgehend auszuschließen, sollten es mindestens Tri- besser noch 4-Gramme sein. (Letztere bestehen aus vier Buchstaben.)

Haben Sie eine Buchstabengruppe entdeckt, die mehr als einmal im Text erscheint, zählen Sie die Buchstaben, die dazwischen liegen und notieren diesen „Abstand". Anschließend ist nach weiteren, sich wiederholenden Gruppen zu suchen, deren Abstände ebenfalls zu bestimmen und zu notieren sind.

Je mehr Gruppen Sie entdecken, desto besser. Ermitteln Sie nun für jeden notierten Abstand die ganzzahligen Teiler. Wenn Sie davon ausgehen, dass kaum ein Schlüsselwort länger als 15 Buchstaben sein wird, genügt die Suche nach ganzzahligen Teilern kleiner oder gleich 15. Haben Sie zum Beispiel eine Buchstabengruppe *LKW* entdeckt, die sich nach 32 Buchstaben noch einmal wiederholte, lauten die ganzzahligen Teiler: *1, 2, 4* und *8*. Die 32 ist durch keine andere Zahl kleiner oder gleich 15 ganzzahlig, also ohne Rest, teilbar. Analog verfahren Sie mit den anderen gemessenen Abständen – ermitteln Sie auch hier die ganzzahligen Teiler.

Wie lang kann das Schlüsselwort sein?

Noch einmal zurück zu den Teilern des Abstands zwischen den beiden *LKW*-Buchstabengruppen: Unter der Annahme, dass das Schlüsselwort nicht länger als 15 Zeichen ist, könnten Sie hierzu folgende Überlegungen treffen:

- Das Schlüsselwort besteht möglicherweise nur aus einem Buchstaben und wurde 32 Mal wiederholt, ehe es wieder die Buchstabengruppe *LKW* erzeugte. Dies ist allerdings recht unwahrscheinlich, da so schließlich nur ein Geheimalphabet eingesetzt würde, die Verschlüsselung also nicht stärker als die Caesar-Chiffre wäre.

- Die zweite Möglichkeit: Es besteht aus zwei Buchstaben und wiederholte sich bis zum zweiten Auftreten von *LKW* 16 Mal.

- Und die dritte bzw. vierte Möglichkeit: Es setzt sich aus vier bzw. acht Buchstaben zusammen, wiederholte sich bis zum zweiten *LKW* also 8 bzw. 4 Mal. Das scheint doch recht wahrscheinlich.

Gemeinsame Teiler sind mögliche Treffer

Die Teiler, die alle Abstände gemeinsam haben, sind potenzielle Angaben über die verwendete Schlüssellänge. Das ist ganz logisch, denken Sie an die eben getroffenen Überlegungen. Es sei einmal angenommen, dass sämtliche Abstände nur einen ganzzahligen Teiler gemein hätten: die 4. Ergo wird vermutet: Das Schlüsselwort ist lediglich vier Zeichen lang!

Die einzelnen Buchstaben des Schlüsselwortes ermitteln

Hier frohlockt der Kryptoanalyst, denn es bedeutet wenig Arbeit. Der Anfang vom Ende: Zuerst versuchen Sie, den ersten Buchstaben des Wortes zu ermitteln. Wenn das Schlüsselwort wirklich nur vier Zeichen lang ist, muss nach dem ersten Buchstaben jeder vierte folgende Buchstabe des Klartextes mit dem gleichen Geheimalphabet chiffriert sein. Diese Buchstaben picken Sie nun aus dem Text heraus – also den ersten, fünften, neunten, dreizehnten etc. So entsteht eine kleine Teilmenge der chiffrierten Nachricht. Damit führen Sie nun nichts anderes als eine Häufigkeitsanalyse (siehe Seite 19) durch. Dazu vergleichen Sie die Buchstabenverteilung dieser Teilmenge mit der Normalverteilung der Sprache, in der die Nachricht (vermutlich) verfasst wurde. Im Endeffekt haben Sie das Knacken der Vigenère-Chiffre so auf die Häufigkeitsanalyse einer Caesar-Chiffre heruntergebrochen. Und die ist ja leicht zu brechen (siehe Seite 22), sofern der Text genügend Buchstaben enthält.

Mit den restlichen Zeichen des unbekannten Schlüsselwortes verfahren Sie analog, indem Sie zunächst den zweiten, sechsten, zehnten etc. Buchstaben aussortieren und diese Teilmenge einer Häufigkeitsanalyse unterziehen. Um die restlichen Buchstaben des Schlüsselwortes zu ermitteln, verfahren Sie genauso.

Wenn die Nachricht ausreichend lang ist, sodass der Angriff auf die Caesar-Chiffre, die hinter einem jeden Buchstaben des Schlüsselwortes steckt, gelingt, ist ein Vigenère-verschlüsselter Text schnell geknackt.

Für immer ein Geheimnis? Die Beale-Buch-Verschlüsselung, die noch keiner knackte

Im Jahre 1885 weckte die Nachricht eines angeblich versteckten Schatzes die Gier vieler Amerikaner. Es war der Schatz des Herrn Beale, der irgendwo nahe des kleinen Ortes Lynchburg in Virginia (USA) versteckt sein und aus Tonnen von Gold, Silber und Juwelen bestehen sollte. Klar, dass sich viele auf die Suche machten.

Hinweise, wo dieser Schatz zu suchen sei, gab es nur indirekt, denn sie waren verschlüsselt. Angeblich konnte man aber den zweiten von drei Texten zufällig mittels der sogenannten Buch-Verschlüsselungstechnik und der amerikanischen Unabhängigkeitserklärung als Schlüssel entschlüsseln.

Viele halten Beales Schatz für erfunden oder gar einen Scherz. Dafür spricht auch, dass die Nachricht von dem Schatz über eine anonym veröffentlichte Broschüre verbreitet wurde. Für nur 50 Dollar-Cent bot sie gute Unterhaltung, verführte sie doch Etliche zur vergeblichen Suche nach dem Schatz.

Buch aufschlagen, Lösung finden?

Diese sogenannte Buch-Verschlüsselung, die (angeblich) in den Hinweisen zum Standort von Beales Schatz eingesetzt wurde, funktioniert wie folgt: Ein Satz oder – wie namensgebend – doch gleich ein ganzes Buch fungiert als Schlüssel. Dafür ist es zunächst notwendig, jedes Wort des Textes aufsteigend zu nummerieren. Das kann ganz schön viel Arbeit machen. Anschließend wird eine Tabelle erstellt, die sämtliche Buchstaben des Alphabets enthält. Diesen werden die Nummern der Wörter zugeordnet, die im Text oder Buch mit dem jeweiligen Buchstaben beginnen. Und das ist ganz schön lästig.

Ein kleines Beispiel:

[1]Würden [2]Sie [3]jeden [4]Buchstaben [5]dieses [6]Buches [7]nummerieren, [8]hätten [9]Sie [10]viel [11]zu [12]tun; [13]müssten [14]quasi [15]ordentlich [16]rackern. [17]Ich [18]möchte [19]mir [20]diese [21]Arbeit [22]nicht [23]machen. [24]Vielleicht [25]kennen [26]Sie [27]aber [28]jemanden [29]mit [30]zu [31]viel [32]Freizeit? [33]So [34]wie [35]herkömmliche [36]Jugendliche, [37]die [38]nach [39]einem [40]kurzen [41]Tag [42]in [43]öffentlichen [44]Schulen [45]eine [46]chronische [47]Langeweile [48]plagt.

[49]Nun [50]wundern [51]Sie [52]sich [53]bitte [54]nicht [55]über [56]diesen [57]merkwürdigen [58]Text. [59]Fürs [60]folgende [61]Beispiel [62]benötige [63]ich [64]schließlich [65]noch [66]ein [67]paar [68]Cs [69]und [70]Hs. [71]Wieso? [72]Das [73]werden [74]Sie [75]gleich [76]sehen.

Nach Zuordnung von Alphabet und Zahlen erhalten Sie beispielsweise eine solche Tabelle:

A	21, 27	K	25, 40	U	69
B	4, 6, 53, 61, 62	L	47	V	10, 24, 31
C	46, 68	M	13, 18, 19, 23, 29, 57	W	1, 34, 50, 71, 73
D	5, 20, 37, 56, 72	N	7, 22, 38, 49, 54, 65	X	
E	39, 45, 66	O	15	Y	

F	32, 59, 60	P	48, 67	Z	11, 30
G	75	Q	14	Ä	
H	8, 35, 70	R	16	Ö	43
I	17, 42, 63	S	2, 9, 26, 33, 44, 51, 52, 64, 74, 76	Ü	55
J	3, 28, 36	T	12, 41, 58		

Um nun einen kurzen Satz wie *Ich erfand den Schatz.* zu chiffrieren, suchen Sie für jeden Buchstaben des Klartextes in der Tabelle nach einer korrespondierenden Zahl.

I wird somit im Beispiel zur *17*, *c* zur *46*, statt *h* schreiben Sie *8* etc. Für besagten Beispielsatz und obige Tabelle, die wiederum aus dem noch weiter oben angegebenen Schlüsseltext entstand, ergibt sich folgende Zahlenfolge: *17 46 8 39 16 32 21 7 5 20 45 22 2 68 35 27 12 11*. Sie ergibt den Chiffretext.

Um die Nachricht zu entschlüsseln, benötigt der Empfänger den gleichen obigen Text und nummeriert ihn. Eine Tabelle benötigt er aber wohl nicht, kann man doch im Text bequem nach einer Zahl suchen und den korrespondierenden Buchstaben des Schlüsseltextes ermitteln.

Ohne Kenntnis des Schlüsseltextes ist es praktisch unmöglich, die chiffrierte Nachricht wieder in einen Klartext zu überführen. Zumindest, solange die Buchstaben mit immer anderen Zahlen codiert werden. Wäre ein Buchstabe hingegen mit der immer gleichen Zahl codiert, entstünde nichts anderes als eine monoalphabetische Verschlüsselung, die per Häufigkeitsanalyse leicht zu knacken wäre.

1.3 300 – Wie es wirklich war: So konnten die Spartaner ihre Feinde überlisten

Eine vom Prinzip her einfache Technik der Kryptografie ist die Transposition. Darunter versteht man die Änderung der Reihenfolge, in der Zeichen in einer Nachricht auftauchen. Für die Beschreibung ähnlicher Verfahren der modernen Kryptografie ist heutzutage aber eher der Begriff Permutation üblich.

Damit der Empfänger einer transpositionsverschlüsselten Nachricht diese wieder dechiffrieren kann, müssen sich beide – Sender und Empfänger – freilich ebenfalls vorher auf ein Verfahren einigen. Dies könnte eines der folgenden beiden sein.

Die Skytale als klassisches Transpositionsverfahren

Verschlüsselung mittels Transposition kannten schon die Spartaner, die damit ca. 500 Jahre vor Christus militärische Botschaften verschlüsselten. Dabei wurde die sogenannte Skytale genutzt, die häufig nichts anderes als ein Holzstab war. Und wer weiß – vielleicht wurde sie auch bei der Schlacht bei den Thermopylen gegen die Perser eingesetzt, die Gegenstand von Filmen wie Frank Millers 300 ist.

Die Verschlüsselung erfolgte eigentlich recht banal: Um die Skytale legte man spiralförmig ein beschreibbares Band und sicherte es vor Verrutschen. Das Band konnte beispielsweise aus Pergament bestehen. Entlang des Stabes wurde nun die Nachricht verfasst. Anschließend wurde das Band abgewickelt und dem Empfänger zugestellt.

Dieser musste das Band nun um eine Skytale gleichen Durchmessers legen, um die Nachricht zu entschlüsseln. Wichen die Durchmesser zu stark voneinander ab, konnte die Nachricht nicht entziffert werden. In gewisser Weise können Sie den Durchmesser der Skytale als gemeinsam geteiltes Geheimnis, also als Schlüssel betrachten.

Nachrichtentausch per Gartenzaun

Ein anderes bekanntes Transpositionsverfahren ist die sogenannte Gartenzaun-Chiffre. Hierbei wird keineswegs ein Band um eine Zaunlatte statt einer Skytale gelegt. Vielmehr funktioniert das Verfahren folgendermaßen:

Die zu verschlüsselnde Botschaft verteilt man so über zwei Zeilen, dass die Buchstaben an den ungeraden Stellen in der ersten Zeile stehen, die an den geraden Stellen hingegen in der zweiten. Danach werden die Buchstaben der ersten Folge aneinander gereiht. Anschließend wird ein Leerzeichen gesetzt und die Zeichen der zweiten Zeile werden ebenfalls aneinander gereiht angehängt – fertig. Das Wort *GEHEIMBOTSCHAFT* würde man zum Beispiel so verschlüsseln:

G		H		I		B		T		C		A		T
	E		E		M		O		S		H		F	

… und wird damit zu *GHIBTCAT EEMOSHF*.

Die Entschlüsselung ist dann einfach: Mit je einem Leerzeichen zwischen den Buchstaben wird zunächst der erste Teil der verschlüsselten Botschaft notiert, die zweite Hälfte dann um eine Stelle nach rechts versetzt darunter gesetzt.

2

Verschlüsselung im Computerzeitalter

Das Wort „Algorithmus" klingt nicht besonders einladend – eher abschreckend. Viele wird dieser Begriff an ihre Schulzeit und insbesondere den Mathematikunterricht erinnern. Und wem hat Mathe schon gefallen und Spaß bereitet? Den Wenigsten. Denken Sie, wenn Sie in diesem Buch von einem „Algorithmus" lesen, vielleicht lieber an „Verschlüsselungstechnik". Das klingt schon besser – eher nach „James Bond" – und wirkt deshalb für viele hoffentlich etwas aufregender.

Nachfolgend ein paar grundlegende Dinge, die selbst James Bond wissen müsste, wollte er sicher verschlüsselt kommunizieren.

2.1   Kryptografie, Kryptoanalyse und Kryptologie – was ist was?

Einige Kapitel dieses Buches behandeln die Verschlüsselung von Nachrichten. Letztlich sind Nachrichten natürlich nichts anderes als Texte, die aus den verschiedensten Ziffern, Buchstaben und (Sonder-)Zeichen bestehen. Häufig werden diese Nachrichten schlicht als „Klartext" bezeichnet. Im Englischen heißt der Klartext übrigens „plaintext" oder „cleartext".

Statt „verschlüsseln" finden Sie in diesem Buch häufig das Synonym „chiffrieren". Im Englischen heißt das Verb „to encrypt" oder „to encipher". Eine verschlüsselte Nachricht ist freilich kein Klartext mehr, sondern ein sogenannter Chiffretext (Engl.: ciphertext).

„Dechiffrieren" bedeutet hingegen „Entschlüsseln". Die Briten, Amerikaner und alle anderen Englischsprechenden bezeichnen den Vorgang mit „to decrypt" oder „to decipher", wobei die Entschlüsselung als solche die „decryption" ist.

Kryptografie – ein Geheimnis zu wahren?

Die Kryptografie (Engl.: cryptography) ist die Wissenschaft der Kryptografen (Engl.: cryptographers). Das sind jene, die sich um die Sicherung von Nachrichten bemühen. „Sichern" bedeutet unter den Kryptografen meist, dass eine Nachricht auf eine bestimmte Art und Weise verschlüsselt wird. Von diesen „Arten und Weisen" gibt es inzwischen eine ganze Menge: Es sind die sogenannten Algorithmen, die zur Verschlüsselung eingesetzt werden. Für den Begriff des Algorithmus gibt es viele Definitionen. Für dieses Buch soll es aber genügen, wenn ein Algorithmus nichts anderes als eine bestimmte und festgelegte Abfolge von Schritten darstellt. Ein Verschlüsselungsalgorithmus ist somit eine Folge von Schritten, die zur Chiffrierung (bzw. Dechiffrierung) einer Nachricht durchlaufen wird. An den Beispielen des DES- (siehe Seite 67) und RSA-Algorithmus (siehe Seite 105) sowie weiterer Algorithmen erhalten Sie an anderen Stellen im Buch einen grundlegenden Überblick über die wichtigsten Schritte dieser kryptografischen Algorithmen.

Zur Kryptografie gehört selbstverständlich nicht nur das Verschlüsseln von Nachrichten, sondern ebenso das Entschlüsseln von Chiffretext. Dabei ist jedoch das Geheimnis, mit dem die Nachricht ursprünglich verschlüsselt wurde, bekannt. In aller Regel ist dies ein geheimer Schlüssel, der die ursprüngliche Nachricht auf eine (hoffentlich) einzigartige Weise verändert. Er ist dann (hoffentlich) ebenfalls unbedingt nötig, um den entstandenen Chiffretext wieder in einen Klartext, also die Ursprungsnachricht, zu verwandeln.

Kryptoanalyse – ein Geheimnis zu lüften!

Der heutzutage bekannteste Sicherheitsguru Bruce Schneier beschreibt die Kryptoanalyse in seinem Buch „Applied Cryptography" kurz als „Wissenschaft der Wiederherstellung des Klartextes aus einer [verschlüsselten] Nachricht, ohne dabei den Schlüssel zu kennen".

Kryptoanalytiker wollen in der Regel keine Nachrichten verschlüsseln, sondern höchstens den Chiffretext anderer wieder in einen Klartext umsetzen. Dabei fehlt ihnen aber meist das Geheimnis, mit dem die Nachricht ursprünglich chiffriert wurde. Also im Allgemeinen der passende Schlüssel. Die Nachricht erhalten sie also nur, indem sie die Verschlüsselung knacken. Hierzu bedienen sie sich eigener oder einer der zahlreichen Standardmethoden, die in Grundzügen ab Seite 122 beschrieben sind.

Natürlich stehen Kryptoanalytiker ein bisschen in einem ungünstigen Licht. Dabei ist die Kryptoanalyse so nützlich, wie die Kryptografie schädlich sein kann – etwa indem sie die Spuren eines Verbrechens durch Verschlüsselungsalgorithmen verwischt oder verschwinden lässt. Tatsächlich trägt die Kryptoanalyse maßgeblich zur Sicherheit verschlüsselter Daten bei, indem Sie die verschiedensten Verschlüsselungsalgorithmen auf Lücken, Schwachstellen und eklatante Fehler untersucht. Nicht umsonst lautet die allseits verbreitete Empfehlung, nur Verschlüsselungsalgorithmen einzusetzen, die wie AES (siehe Seite 78) zahlreich kryptoanalytisch begutachtet wurden und dennoch keine (schweren) Sicherheitslücken aufweisen.

Kryptologie – alles unter einem Dach

Die Kryptologie beinhaltet sowohl die Kryptografie als auch die Kryptoanalyse und ist als solche im Grunde nur der Oberbegriff für alles, was mit Verschlüsselung, aber auch der Steganografie (siehe Seite 212) oder auch Steganoanalyse zu tun hat.

Alice und Bob – eine Chiffre-Lovestory

Alice und Bob kommunizieren rege. Beide legen Wert auf Privatsphäre oder haben sich tatsächlich heikle Dinge mitzuteilen. Denn Alice und Bob sind die Mustermanns der Kryptografie. Wenn ein kryptografisches Modell erklärt wird, geschieht das meist am Beispiel der Kommunikation zwischen den beiden. Alice und Bob stellen somit in gewisser Weise einen der vielen Standards der Kryptografie dar. Deshalb tauchen sie auch in diesem Buch immer wieder auf.

Beide sind natürlich nicht allein auf der Welt. Ohnehin macht die Kryptografie keinen Spaß, wenn Gefahren und Angreifer fehlen. Diese Rolle übernehmen die Fiktivfiguren Eve und Mallory. Der Name Eve wurde abgeleitet vom englischen Verb „to eavesdrop" – also „lauschen" oder „belauschen". Sie übernimmt die Rolle einer passiven Schnüfflerin, die Nachrichten nur mitlesen, aber nicht ändern will. Mallory leitet sich hingegen von „malicious" ab, dem englischen Wort für „bösartig" oder „hinterhältig". In den Modellbeschreibungen übernimmt Mallory deshalb die Rolle des aktiven Angreifers, der den Nachrichtenaustausch zwischen Alice und Bob unterbrechen oder die Nachrichten verändern will. Weitere wichtige Rollen spielen:

- Carol und Dave: Wenn Alice und Bob nicht genügen, nahen Carol und Dave herbei. Das geschieht immer dann, wenn Algorithmen oder Protokolle beschrieben werden, bei denen mehr als zwei Personen eine geheime Nachricht lesen sollen.

- Trent: Sein Name leitet sich von „Trusted" (Dt.: vertraut) ab. Ähnlich vertrauensvoll ist das Verhältnis der anderen zu ihm, denn er spielt regelmäßig die Rolle eines Dritten, der Nachrichten und Schlüssel für andere sicher verwahrt.

- Wendy und Walter: Beide spielen hin und wieder die Rolle von Gefängniswärtern, wenn Alice und Bob zur Veranschaulichung eines Protokolls einmal im Gefängnis einsitzen.

Der entscheidende Unterschied: symmetrische und asymmetrische Kryptografie

Moderne Verschlüsselungsverfahren können in zwei Kategorien eingeordnet werden: Es gibt symmetrische und asymmetrische Algorithmen. Wo liegt nun der Unterschied?

- **Symmetrische Algorithmen** verwenden für die Ver- als auch Entschlüsselung den gleichen Schlüssel – so wie alle alten Verschlüsselungstechniken auch[1]. Sendet Alice also eine symmetrisch chiffrierte Nachricht an Bob, benötigt der zum Entschlüsseln den Schlüssel, den auch Alice einsetzte. Beide müssen sich demnach irgendwie über den zu verwendenden Schlüssel einigen. Dazu könnten sie sich persönlich treffen oder miteinander telefonieren. Hierbei besteht jedoch stets die Gefahr, dass beide abgehört werden und der Schlüssel noch in die Hände eines Dritten gelangt.

- **Asymmetrische Algorithmen** haben das Problem des Schlüsselaustauschs vor Kurzem gelöst – das heißt: vor etwas mehr als 30 Jahren. Bezogen auf die lange Geschichte der Kryptografie scheint „vor Kurzem" jedoch durchaus angebracht. Eigentlich ist es aber kein Wunder, dass sie erst im anbrechenden Computer-Zeitalter entdeckt wurden: Ihre mathematischen Grundlagen sind kompliziert und basieren auf sogenannten Einwegfunktionen mit Falltür. Grundsätzlich benötigen Alice und Bob keinen gemeinsamen Schlüssel mehr, um sich gegenseitig chiffrierte Botschaften zu übermitteln. Jeder besitzt stattdessen ein sogenanntes Schlüsselpaar, das aus einem öffentlich zugänglichen und einem geheimen privaten Schlüssel besteht. Will Alice eine geheime Nachricht an Bob senden, verschlüsselt sie sie mit seinem öffentlichen Schlüssel. Die Entschlüsselung nimmt Bob hingegen mit seinem anderen, privaten Schlüssel vor. Wie das genau funktioniert, erfahren Sie später noch.

---

1   Die Caesar-, Vigenère-Chiffren etc. zählen deshalb sämtlich zu den symmetrischen Verschlüsselungsalgorithmen. Etwas anderes gab es damals noch nicht.

2.2   Ein jeder kann eine Verschlüsselungsmethode entwickeln, die er selbst nicht brechen kann

Die im ersten Kapitel vorgestellten, aber längst nicht mehr sicheren Verschlüsselungstechniken zeigen es schon: Jeder kann ein Verschlüsselungsverfahren entwickeln, das er selbst nicht knacken kann. Ganz gleich, ob er von Kryptografie nur wenig Ahnung hat oder ein Experte ist. So war Caesar vermutlich nicht bewusst, dass seine Caesar-Chiffre nun wirklich einfach zu brechen ist – er kannte die Häufigkeitsanalyse einfach nicht.

Ziel eines Kryptografen muss es sein, ein Verfahren zu entwickeln, das kein anderer brechen kann. Gut, an Vigenères Verschlüsselung brachen sich einige die Zähne ab. Sie galt lange Zeit als unknackbar. Dennoch gelang es Babbage eher beiläufig, das Verfahren knapp 300 Jahre nach seiner Entstehung zu knacken.

Wie schwer es heutzutage ist, einen sicheren Verschlüsselungsalgorithmus zu entwickeln, zeigte der Wettbewerb, mit dem das **N**ational **I**nstitute of **S**tandards and **T**echnology (NIST) seit 1997 nach einem neuen symmetrischen Verschlüsselungsstandard (AES) suchte. Von den 15 Vorschlägen, die überwiegend von renommierten Kryptografen eingingen, kamen nur fünf in die finale Auswahlrunde. Alle anderen flogen vorher raus und wiesen zum Teil deutliche Sicherheitsmängel auf. Die einzige deutsche Einsendung, Magenta, war eine Entwicklung der Sicherheitsabteilung der Deutschen Telekom. Bereits während der Präsentation des Algorithmus stießen die Kryptografen Ross Anderson und Adi Shamir auf eine theoretische Sicherheitslücke, die sie später noch praktisch nachweisen konnten.

Security by Obscurity – kein gutes Prinzip

Security by Obscurity – also frei übersetzt Sicherheit durch Unklarheit – ist nach herrschender Meinung kein gutes Konzept, um Verschlüsselungsalgorithmen sicher oder versteckte Daten geheim zu halten. Dahinter steckt nämlich nichts anderes als die Geheimhaltung der Arbeitsweise eines Algorithmus.

Trauen Sie keinem geheimen Verschlüsselungsverfahren

In der Vergangenheit gelang es jedoch immer wieder, die Geheimnisse vieler geheimer Algorithmen offenzulegen. Die Verschlüsselungsalgorithmen des GSM-Mobilfunknetzes, A5/1 und A5/2, waren solche (ursprünglich) geheimen Verfahren. Indem Kryptoanalysten aber das Verhalten der in die Handys eingebauten Verschlüsselungschips untersuchten, kamen sie dem Aufbau der Algorithmen schnell auf die Schliche. Letztlich entdeckte man sogar einige Schwachstellen und konnte die Algorithmen knacken.

Viele DRM-Systeme oder beispielsweise der Kopierschutz von DVDs wurden ebenso nach dem Security by Obscurity-Prinzip entwickelt –wie sie genau funktionieren, darf keiner wissen. Wenn Sie die Raubkopierszene aber auch nur beiläufig verfolgen, wissen Sie schon, wie erfolglos DRM-Systeme und Kopierschutzmechanismen den Kampf gegen engagierte Raubkopierer bestreiten.

Lesen Sie also irgendwo von einem supersicheren, weil supergeheimen Verschlüsselungsalgorithmus, lassen Sie besser die Finger davon.

Unabhängig davon können solch geheimnisumwobene Algorithmen Hintertüren enthalten, die besonders in autoritären Regimen nachteilig für die Nutzer der Verschlüsselung sein können. Ein Beispiel ist die beliebte Onlinetelefoniesoftware Skype, die Ihre Gespräche zwar verschlüsselt überträgt, aber deren Programmierer keine genauen Angaben über den verwendeten Verschlüsselungsalgorithmus machen wollen; geschweige denn, den Programmquellcode zur öffentlichen Einsichtnahme bereitstellen. Würden Sie dieser Verschlüsselung vertrauen? Hoffentlich sind Sie kein Chinese, denn zumindest die chinesische Regierung ist in der Lage, die verschlüsselten Skype-Verbindungen, die über das eigens für Chinesen angebotene TOM-Skype aufgebaut werden, zu belauschen.

Das Kerkhoffsche Prinzip: geheim soll allein der Schlüssel sein

Im Gegensatz dazu steht das Kerckhoffsche Prinzip[2], dem praktisch alle populären Verschlüsselungsalgorithmen folgen: Es verlangt, dass die Sicherheit des Algorithmus allein durch die Geheimhaltung des individuellen Schlüssels erzeugt wird. Der Algorithmus hingegen soll keinerlei Geheimnisse bergen, sondern soll öffentlich einsehbar sein, sodass Kryptografen ihn weltweit nach Belieben „auseinander nehmen" und auf Schwachstellen untersuchen können. DES, AES und RSA wurden nach Kerckhoffs Prinzip entwickelt. Eine Entscheidung, die der Sicherheit der Algorithmen bislang nicht schadete, sondern – ganz im Gegenteil – das Vertrauen in diese Verschlüsselungstechniken stark erhöhte.

Sicherer, weil jeder nach Schwachstellen suchen kann

Schließlich werden Verschlüsselungsalgorithmen nicht nur für ein paar Personen entwickelt, sondern für eine Vielzahl. Entsprechend viele Daten chiffrieren diese Personen mit dem Algorithmus, was wiederum bei potenziellen Angreifern ein großes Interesse erzeugt. Bleibt die Funktionsweise des eingesetzten Algorithmus geheim, entdeckt kei-

---

2 Benannt nach dessen Erfinder Auguste Kerckhoff von Nieuwenhof, einem niederländischen Kryptologen, der das Prinzip erstmals 1883 in einer Schrift zur militärischen Anwendung der Kryptografie äußerte.

ner potenzielle Fehler, die die Sicherheit des Algorithmus reduzieren. Außer vielleicht ein Angreifer, der den Algorithmus einer Kryptoanalyse unterzieht. Dann ist es jedoch zu spät.

Die sogenannte Caesar-Chiffre genügt dem Kerckhoffschen Prinzip deshalb nicht. Sie erinnern sich: Caesar tauschte die Buchstaben seiner Nachrichten immer gegen den Buchstaben des Alphabets, der drei Stellen weiter rechts steht. Damit Geheimes wirklich geheim blieb, durfte er Details seines Verfahrens nicht weitergeben. Wenn man die Caesar-Chiffre etwas variiert und die Zahl der Stellen als geheimen Schlüssel definiert, klappt's auch mit Kerckhoff. Trotzdem ist die sehr einfache Caesar-Substitution dann immer noch sehr anfällig für Brute-Force-Angriffe (siehe Seite 123).

2.3   Wie uns Kryptografie schützt und hilft

Die Kryptografie gilt allgemein als die Wissenschaft der Verschlüsselung. Tatsächlich werden kryptografische Verfahren heutzutage für weit mehr als die bloße Verschlüsselung von Nachrichten verwendet. Sie bilden die Grundlage für nahezu sämtliche Sicherheitsmechanismen, die den sicheren Handel und sicheren Nachrichtenaustausch über große Computernetzwerke wie das Internet überhaupt erst ermöglichen. Ohne Kryptografie wäre das Internet ein Pfuhl des Verbrechens: Kriminelle könnten Kreditkarten- oder Login-Daten für Onlinebenutzerkonten ohne Weiteres abfangen und missbrauchen. Weiterhin gäbe es keine Möglichkeit, private Daten vor unbefugten Dritten zu schützen.

Die gefährlichste Sicherheitslücke sitzt vor dem Monitor

Vielleicht denken Sie nun, dass das Internet auch mit Kryptografie ein Pfuhl des Verbrechens ist. Schließlich werden Kreditkarten-, Konto- und Login-Daten tagtäglich von Kriminellen mitgeschnitten, ausgelesen und missbraucht. Und private Daten, die Sie über einen sicheren Kanal – beispielsweise über eine SSL-Verbindung – an Dritte übermitteln, können trotzdem in die Hände unbefugter Dritter gelangen. So, wie es häufiger bei den viel diskutierten Datenskandalen von Telekom und Co. der Fall war. Tatsächlich ist die Kryptografie eben kein Allheilmittel, das wie von Geisterhand sämtliche Daten sichert. Kryptografische Verfahren können vielmehr nur ein Glied in einer Kette verschiedener Sicherheitstechniken und -faktoren sein – einer Kette, die auch aus dem „Faktor Mensch" besteht und – wie so vieles andere – an der schwächsten Stelle bricht.

Vier angestrebte Ziele

In der Welt der modernen Informationstechnologie unterstützen kryptografische Verfahren das Erreichen von vier Zielen: Privatsphäre, Integrität, Authentifikation und das Schaffen von Beweiskraft.

Privatsphäre dank Kryptografie

Die Verschlüsselung von Nachrichten und Dateien als Mittel, um gegenüber Dritten eine Privatsphäre zu schaffen, ist die wohl bekannteste Aufgabe der Kryptografie. Zugleich ist dies das wohl älteste Einsatzgebiet. Der Hang und Drang zur Geheimhaltung existiert schon seit Menschengedenken – lange bevor das erste Mal an Computer und andere Informationstechnologien zu denken war.

Sie entscheiden, wer lesen darf

Eines der wichtigsten Merkmale der durch Kryptografie geschützten Privatsphäre ist, dass der Verschlüsselnde selbst darüber entscheidet, wer an seiner Privatsphäre teilhaben darf. Dafür werden in der Regel symmetrische Verfahren wie der AES-Algorithmus genutzt. Bei deren Anwendung können nur Empfänger mit dem passenden Schlüssel die chiffrierte Nachricht entschlüsseln. Wird hingegen ein asymmetrisches Verfahren eingesetzt, sind sogar nur die Empfänger der verschlüsselten Nachricht in der Lage, diese auch zu entschlüsseln. In beiden Fällen besteht natürlich die Voraussetzung, dass der Verschlüsselungsalgorithmus frei von Designfehlern ist und der Schlüssel eines symmetrischen Verfahrens nicht versehentlich an Dritte gelangt bzw. man bei Anwendung eines asymmetrischen Verfahrens nicht versehentlich den Falschen mit einer Nachricht beglückt.

Integrität: Der Fingerabdruck schützt vor Verfälschung

Vielleicht können Sie sich unter dem Begriff der Integrität zunächst nur recht wenig vorstellen. Dabei ist er schnell erklärt: Er beschreibt den Zustand von Richtigkeit und Vollständigkeit, aber auch Glaubwürdigkeit vorhandener Daten. Wollen Sie sicherstellen, dass eine Nachricht auf dem Weg vom Absender zum Empfänger nicht verfälscht, gekürzt, verlängert oder gar komplett ausgetauscht wurde, prüfen Sie deren Integrität.

Die Kryptografie stellt für diese Aufgabe unter anderem sogenannte Hash-Funktionen bereit. Das sind Algorithmen, die aus einer Nachricht eine Art Fingerabdruck generieren, der zusammen mit der Nachricht und Informationen über den verwendeten Hash-Algorithmus an den Empfänger gesendet wird. Dieser nimmt sich sogleich die erhaltene Nachricht, nutzt den Hash-Algorithmus, mit dem der Sender den ursprünglichen Fingerabdruck erzeugte, und vergleicht den erhaltenen mit dem von ihm erzeugten Hash-Wert. Stimmen beide überein, kann er sich der Integrität der Nachricht recht sicher sein.

Authentifizierung – Sind Sie die Person, für die Sie sich ausgeben?

Um über das sonst recht anonyme Internet (Kauf-)Verträge abschließen zu können, müssen beide Parteien – oder zumindest der Mittler – eindeutig identifizierbar sein. Eine sichere Authentifizierung ist natürlich ebenso in anderen sicherheitskritischen Bereichen gefragt. Etwa bei der Zugriffskontrolle oder beim Austausch geheimer Informationen über das Internet, wenn die Identität des Gegenübers eine wichtige Rolle spielt. Für den Empfänger einer Nachricht soll schließlich gewährleistet sein, dass der Absender tatsächlich die Person war, die der Empfänger als Absender vermutet. Dritten soll es schlicht nicht möglich sein, sich fälschlich für einen anderen (Absender) auszugeben.

Nichts für Lügner und Leugner – Verbindlichkeit in einer Welt der schnellen Meinungsänderung

Unterschriften spielen in der Papierwelt eine gewichtige Rolle. Sie haben Beweiskraft, bestätigen etwa den Abschluss eines abgeschlossenen Vertrags. Ohne Unterschrift ist ein Großteil der (schriftlichen) Verträge schließlich nichtig.

In der Welt des digitalen Warenkorbs und elektronischen Zahlungsverkehrs ist die eigenhändige Unterschrift jedoch überholt. Mit technischen Mitteln wie digitalen Signaturen[3] schafft man heutzutage stattdessen die nötige Rechtsverbindlichkeit von Transaktionen und Verträgen, die über das Internet abgeschlossen werden. Kryptografische Verfahren müssen an dieser Stelle gewährleisten, dass ein Sender – oder Unterzeichner – später nicht abstreiten kann, ein Dokument abgesandt respektive signiert zu haben. Es muss eine gewisse „Unleugbarkeit" des Absendevorgangs oder der digitalen Unterschrift geschaffen werden. Im Englischen nennt man dies „non-repudiation".

---

3   Um digitale Signaturen auch in Deutschland den gewöhnlichen handschriftlichen Unterschriften gleichzusetzen, wurde eigens das Signaturgesetz verabschiedet, das detaillierte Anforderungen an digitale Unterschriften und deren Kontrollinstanzen stellt.

2.4 Wie die USA sichere Verschlüsselungs-algorithmen zunächst künstlich ausbremsten

In den USA galten kryptografische Verfahren lange Zeit als Waffe (bzw. Munition) und unterlagen deshalb Exportbeschränkungen: Ohne entsprechende Lizenz durften kryptografische Anwendungen außerhalb der Vereinigten Staaten nicht verkauft werden, ansonsten machte man sich des Waffenschmuggels schuldig. Wer damals einen Verschlüsselungsalgorithmus oder Software, die diesen einsetzt, außerhalb der USA verkaufen wollte, benötigte unter anderem das Einverständnis der NSA (**N**ational **S**ecurity **A**gency), die den Algorithmus zuvor prüfte. Aber selbst wenn eine Genehmigung einmal vorlag, musste sie gegebenenfalls mit jeder neuen Version der Software oder für jeden neuen Nicht-US-Kunden erneuert werden.

Diese Exportbeschränkungen waren Kinder des Kalten Krieges[4]. Ihr Ziel war es, einen Technologietransfer in die Sowjetunion oder deren Brüderstaaten weitestgehend zu unterbinden oder wenigstens zu lähmen. Mit dem Fall der Berliner Mauer und dem Ende der Sowjetunion wurden diese Einschränkungen obsolet. Dennoch dauerte es bis kurz nach dem Jahrtausendwechsel, bis man sie weitestgehend aufhob.

2.5 Wo uns Kryptografie im PC-Alltag begegnet

In der IT wird die Kryptografie in allerlei Bereichen eingesetzt, zumeist jedoch recht unauffällig. Wer nicht weiß, weshalb in der Adressleiste des Browsers plötzlich ein *https://* statt nur *http://* steht, macht sich aber vermutlich ohnehin kaum Gedanken darüber. Nachfolgend exemplarisch einige Einsatzgebiete kryptografischer Verfahren, die an anderen Stellen des Buches zum Teil etwas ausführlicher aufgegriffen werden:

- **Datenträgerverschlüsselung**: Leistungsfähige Prozessoren ermöglichen es seit einigen Jahren auch Privatanwendern, externe Festplatten, USB-Sticks oder sämtliche Laufwerke eines Computers komplett und „on the fly" zu verschlüsseln. Damit schützen sie die darauf gespeicherten Daten, sollte der Datenträger verloren gehen

---

4 Problematisch wurden die US-Exportbeschränkungen noch lange vor Ende des Kalten Krieges für Ronald Rivest, Adi Shamir und Leonard Adleman. Bevor sie ihren RSA-Algorithmus 1976 das erste Mal der Öffentlichkeit vorstellten, erhielt das IEEE, das die Präsentation des RSA veranstalten sollte, Post von der NSA: Die anberaumte Vorstellung des RSA-Algorithmus wäre bereits als ein Verstoß gegen die Exportbeschränkungen zu werten, würde ein „Export" doch allein schon durch die Präsentation vor ausländischen Wissenschaftlern vollzogen, die der Präsentation beiwohnten. Später hieß es, dass jener NSA-Mitarbeiter ohne Zuständigkeit gehandelt hatte, als er diesen Brief schrieb. So durften Rivest, Shamir und Adleman den Algorithmus dann doch noch vorstellen – Gott sei Dank!

oder das Notebook gestohlen werden. Raubkopierer und Verbrecher nutzen die Komplettverschlüsselung von Datenträgern hingegen zur Verschleierung von Beweisen, sollte man sie doch einmal erwischen. Zu diesen Personengruppen gehören Sie aber hoffentlich nicht.

- **E-Mail-Verschlüsselung**: Seit gefühlten Ewigkeiten gibt es schon die Möglichkeit, E-Mails verschlüsselt oder digital signiert zu versenden. Doch kaum jemand macht davon Gebrauch. Das liegt wohl daran, dass die dafür nötige Software in der Regel nur separat erhältlich ist. Zwar sind Lösungen wie OpenPGP grundsätzlich kostenfrei im Netz erhältlich, aber die Installation und vor allem die Einrichtung sind immer noch mit einem gewissen Aufwand verbunden. Wie Sie künftig ohne langes Herumfummeln E-Mails verschlüsseln und digital signieren können, wird ab Seite 162 gezeigt.

- **Onlinebanking**: Der Onlinezugriff aufs Bankkonto erfolgt heutzutage überwiegend per Browser. Dass neben der Authentifizierung per PIN und TAN auch mindestens noch eine verschlüsselte Datenübertragung per SSL erfolgt, versteht sich von selbst.

- **Verschlüsselung im restlichen WWW**: Ohne SSL-Verschlüsselung wäre das Onlineshopping ganz schön unsicher. Persönliche Daten, Konto- und Kreditkartennummern könnte dann jeder lesen (und weiterverwenden), der den Datenverkehr zwischen Ihrem PC und dem Server des Shopbetreibers abfangen kann. Da Datenpakete in der Regel über lange Wege und viele Internetknotenpunkte wandern, ist die Gefahr groß.

- **Zugangsschutz**: Benutzerkonten und Passwörter gibt es schon seit Computergedenken. Damit ein Computer einen Benutzer tatsächlich authentifizieren kann, muss er ihn natürlich irgendwie identifizieren. Am einfachsten gelingt das noch mit einem Passwort, das freilich in irgendeiner Form im Computer gespeichert sein muss, damit er es mit eingegebenen Kennwörtern vergleichen kann. Wie Passwörter sicher im PC verwahrt werden und welche anderen Möglichkeiten es gibt, sich zu authentifizieren – kryptografische Verfahren sind immer im Spiel.

1 2 1 8

3

Die hohe Kunst der Top-Verschlüsselungstechniken

Ein paar Grundgedanken zur modernen Kryptografie haben Sie im vorherigen Kapitel kennengelernt. Nun wird es konkreter. In diesem Kapitel werden ein paar der bekanntesten und beliebtesten Vertreter symmetrischer und asymmetrischer Verschlüsselungsverfahren kurz vorgestellt.

3.1   Was Sie über Bits und Bytes als Grundlage der modernen Verschlüsselung wissen müssen

Weil moderne Verschlüsselungsverfahren keine Buchstaben und Zeichen mehr vertauschen oder anders anordnen, sondern die kleinsten Dateneinheiten eines Computers, die Bits, durcheinanderwirbeln, kommen Sie um eine kurze Einführung in Bits, Bytes und ASCII-Codes nicht herum. In aller Kürze:

Zeitgenössische Computerelektronik unterscheidet auf der kleinsten Ebene nur zwischen „Strom ein" oder „Strom aus" – also zwischen den Zuständen *1* und *0*. Ein solcher Zustand ist nichts anderes als ein Signal und wird in Form eines sogenannten Bits gespeichert. Acht Bits ergeben hingegen nach landläufiger Definition ein Byte, das beispielsweise als ASCII-Code[1] für ein ganz konkretes Zeichen wie beispielsweise R stehen kann.

TIPP

So geht's mit dem Windows-Taschenrechner

Damit die Umrechnung von Dezimalzahlen in die binäre oder hexadezimale Zahlendarstellung nicht zur Qual wird, sei Ihnen der Windows-Taschenrechner ans Herz gelegt. Sie finden ihn im Startmenü über *Alle Programme/Zubehör*, wo er als *Rechner* geführt wird. Im Standardmodus ist der Windows-Rechner im Zusammenhang mit diesem Buch jedoch nicht zu gebrauchen. Nur der sogenannte wissenschaftliche Modus ermöglicht die Eingabe von Binär- und Hexadezimalzahlen sowie den Einsatz der etwas spezielleren Modulo- und XOR-Rechenoperationen. Um in den wissenschaftlichen Modus zu wechseln, klicken Sie im *Datei*-Menü des Rechners einfach auf *Ansicht* und wählen *Wissenschaftlich*. Das Programmfenster sollte sich sogleich deutlich vergrößern und wesentlich mehr Funktionen anbieten.

Eine Zahl, wie beispielsweise *113*, können Sie auf verschiedene Arten bilden. Rechnen Sie beispielsweise *11,3 * 10*, lautet das Ergebnis *113*. Ebenso kann die *113* als Summe etliche Summanden entstehen: *100 + 13 = 113*. Oder *90 + 20 + 3* ergibt ebenfalls *113*.

---

1   Weitere Informationen zum ASCII-Code folgen ab Seite 60.

Aber auch *64 + 32 + 16 + 1* ergibt *113*, wobei jeder der Summanden inklusive der *1* eine sogenannte Zweierpotenz darstellt. *64* ist nämlich nichts anderes als 2^6, *32* ist 2^5, *16* = 2^4 und *1* nichts anderes als 2^0. Ziehen Sie ruhig einen Taschenrechner zurate, wenn Sie mir – insbesondere bezüglich der 2^0 – nicht glauben.

Was die einzelnen Stellen einer binären Zahl darstellen

Die Binärdarstellung von Zahlen[2] zeigt im Grunde nichts anderes an als jene Zweierpotenzen, die als Summand in einer Rechnung erscheinen müssen, um in deren Ergebnis die darzustellende Zahl als Summe zu erhalten. Dabei wird sukzessive für jede der ersten paar Zweierpotenzen geprüft und angegeben, ob sie als Summand zur gesuchten Zahl beiträgt oder nicht. Ist eine Zweierpotenz ein solcher Summand, steht an ihrer Stelle eine *1*. Ist sie keiner, schreibt man eine *0*. Ein Bit, das nur den Wert 0 oder 1 haben kann, entscheidet somit, ob eine bestimmte Zweierpotenz hinzuaddiert wird (bei 1) oder unbeachtet bleibt (bei 0).

Bitfolgen arbeiten Sie in diesem Buch immer von rechts nach links ab. Das äußerst rechte (auch: niedrigwertigste) Bit steht hierbei für den Ausdruck 2^0. Nehmen Sie eine beliebige Zahl „hoch 0", so ist das Ergebnis stets *1*. Das nächstfolgende, also links davon stehende Bit gibt für 2^1 = 2 Auskunft: Ist die 2 (bzw. 2^1) ein Summand in der Gleichung, deren Summe den darzustellenden Wert ergibt? Wenn ja, steht dort eine *1*; wenn nicht, dann eine *0*. So setzen sie weiter von rechts nach links fort. Werfen Sie am besten einmal einen Blick auf die Zahl *113*. Oder vielmehr auf deren Binärcode *01110001*:

Bitfolge	0	1	1	1	0	0	0	1
Bit	7.	6.	5.	4.	3.	2.	1.	0.
Bildungsformel	2^7	2^6	2^5	2^4	2^3	2^2	2^1	2^0
Dezimalwert	128	64	32	16	8	4	2	1

Lesen Sie den Binärcode von rechts nach links, verrät er, dass 2^0 *(= 1)*, 2^4 *(= 16)*, 2^5 *(= 32)* und 2^6 *(= 64)* Summanden der auch als Summe begreifbaren Dezimalzahl *113* sind. Berechnen Sie *1 + 16 + 32 + 64*, lautet das Ergebnis *113*.

Etwas ausführlicher können Sie vorgehen, indem Sie alle acht Zweierpotenzen von 2^0 bis 2^7 addieren und jeweils mit dem Wert des entsprechenden Bits multiplizieren. Überall dort, wo das Bit den Wert *0* trägt, multiplizieren Sie die entsprechende Zweierpotenz natürlich mit *0*, was für diesen Ausdruck dann eine *0* ergibt. (Null mal eine Zahl ergibt

---

2　Tatsächlich kann jede ganze (und positive) Zahl als Summe von Zweierpotenzen dargestellt werden.

Null.) Im konkreten Beispiel sieht das wie folgt aus: Addieren Sie $0*2^7 + 1*2^6 + 1*2^5$ $+ 1*2^4 + 0*2^3 + 0*2^2 + 0*2^1 + 1*2^0 = 0 + 64 + 32 + 16 + 0 + 0 + 0 + 1$, erhalten Sie als Ergebnis *113*.

TIPP

Alles verstanden?

Dann versuchen Sie doch einmal herauszufinden, welche Dezimalzahlen (von 0 bis 255, nur ganzzahlig und positiv) hinter den Binärcodes *01010101*, *11101110* und *00111011* stecken.

Missverständnisse per Anhang vermeiden

Um die Zahlen verschiedener Zählsysteme unterscheidbar zu halten, wird ihnen häufig ein tief gestellter Zusatz angehängt. Beispielsweise ein *B* für *binär*, sodass statt *01110001* schlicht 01110001_B geschrieben wird. Oder statt einem *B* wird die Basis der Zahl, bei Binärzahlen ist es die *2*, angefügt. Etwa so: 01110001_2.

Dezimalzahlen erhalten den Anhang *D* oder ebenfalls nur ihre Basis – bei Dezimalzahlen die *10* – und stehen demnach in Form von beispielsweise 113_D bzw. 113_{10} niedergeschrieben. Persönlich gefällt mir die Angabe der Basen besser, da ein *D* im Trödel auch gern einmal als Dualzahl – und somit als eine Binärzahl – fehlgedeutet wird.

Diesen Anhängen, welche die Basis einer Zahl angeben, werden Sie fortan im Rest des Buches immer wieder begegnen. Nämlich immer dann, wenn Missverständnisse entstehen könnten, also Ausdrücke wie *10* gar nicht die Zahl „Zehn" (10_{10}), sondern die Binärfolge „Eins-Null" (10_2) ausdrücken. Um Verwechslungen zu vermeiden, hängt an solchen Stellen stets die Basis an.

So wird eine Dezimalzahl blitzschnell in eine Binärzahl gewandelt

Es ist nicht so schwer, eine Bitfolge – und somit eine Binärzahl wie 01110001_2 – in eine Dezimalzahl wie 113_{10} umzuwandeln. Doch wie wird aus einer Dezimalzahl eine Binärzahl? Mit etwas Übung können Sie die noch relativ kleinen Zahlen wie 113_{10} schnell in Zweierpotenzen und somit in eine Bitfolge zerlegen. Bei größeren Zahlen gelingt das den meisten jedoch nicht mehr so leicht. Aber dafür gibt es ja ein recht einfaches Umwandlungsverfahren, das Sie am besten am Beispiel der 119_{10} einmal durchexerzieren:

> **T I P P**
>
> ### So geht's mit dem Windows-Taschenrechner
>
> Möchten Sie eine Dezimalzahl in ihre Binärdarstellung umwandeln, gelingt das mit dem Windows-Taschenrechner sehr zügig und ohne die vielen Rechenschritte, die Sie bei der „manuellen" Vorgehensweise vollziehen müssen. Vorausgesetzt, Sie verwenden den Windows-Taschenrechner im wissenschaftlichen Modus, geben Sie zunächst einfach die Dezimalzahl ein. Ändern Sie dann die Auswahl von *Dez* in *Bin*, um die Binärdarstellung schnell zu erhalten.

Um eine Dezimalzahl in ihre Darstellung im Binärcode zu überführen, teilen Sie sie zunächst durch 2 – also durch die Basis des Binärcodes:

119 : 2 = 59 Rest *1*

Im konkreten Beispiel geht das Teilen nicht ganz auf. Normalerweise würden Sie vermutlich eine 59,5 als Ergebnis notieren, dürfen dies bei der Umwandlung in den Binärcode aber nicht. Stattdessen wird nur ganzzahlig dividiert und ein Rest gebildet. Da bei der Umwandlung in den Binärcode die *2* als Teiler eingesetzt wird, kann der Rest freilich nur kleiner als *2*, also *1* oder *0* sein.

Das Umwandlungsverfahren ist mit *59* Rest *1* nicht beendet, sondern muss bis zum Ergebnis *0* (unabhängig vom Rest) weiter durchgeführt werden. Im konkreten Beispiel müssen Sie noch jeweils sechsmal durch 2 dividieren, um letztendlich *0* Rest *1* zu erhalten. Die Rechenschritte lauten wie folgt:

59 : 2 = 29   Rest *1*

29 : 2 = 14   Rest *1*

14 : 2 = 7   Rest *0*

7 : 2 = 3   Rest *1*

3 : 2 = 1   Rest *1*

1 : 2 = 0   Rest *1*

Nun gilt es, aus den Ergebnissen des Verfahrens die Binärdarstellung abzuleiten: Beginnen Sie beim letzten Rechenschritt (*1 : 2 = 0* Rest *1*) und notieren Sie den Rest der Division. Hier war es der Rest *1*. Betrachten Sie anschließend den vorletzten Rechenschritt. Auch dessen Ergebnis wies als Rest die Zahl *1* auf, die Sie nun links von der *1* aus dem letzten Schritt notieren. Fahren Sie von unten nach oben weiter fort und notieren Sie dabei den jeweiligen Rest jeweils links von den vorher notierten Werten.

Haben Sie sich bis zum ersten Rechenschritt „hochgearbeitet", steht sie schon da, die Binärdarstellung der Dezimalzahl *119*. Sie lautet: *1110111*. Führen Sie am besten noch kurz eine Probe durch:

Bitfolge	0	1	1	1	0	1	1	1
Bit	7.	6.	5.	4.	3.	2.	1.	0.
Bildungsformel	2^7	2^6	2^5	2^4	2^3	2^2	2^1	2^0
Dezimalwert	128	64	32	16	8	4	2	1

Addieren Sie $0 * 2^7 + 1 * 2^6 + 1 * 2^5 + 1 * 2^4 + 0 * 2^3 + 1 * 2^2 + 1 * 2^1 + 1 * 2^0 = 0 + 64 + 32 + 16 + 0 + 4 + 2 + 1$, erhalten Sie als Ergebnis 119_{10}.

Wenn Sie das Binärsystem und die Umwandlung von Dezimalzahlen in Binärzahlen (und umgekehrt) verinnerlichen konnten, sind Sie für den Rest dieses Buches ganz gut gerüstet. Ich habe mir Mühe gegeben, die Zahlen der Rechenbeispiele stets möglichst klein sowie positiv (also ohne negatives Vorzeichen) und ganzzahlig (also ohne Komma) zu halten – um das Rechnen zu erleichtern, den Überblick zu gewährleisten und nichts unnötig zu verkomplizieren[3]. Dringend benötigt wird in diesem Buch auch die hexadezimale Zahlendarstellung, die im Folgenden noch näher erläutert wird.

Von 0 bis F – die hexadezimale Zahlendarstellung

Neben dem Binärcode greift die Informatik ebenso gern auf eine oktale (zur Basis 8) und hexadezimale (zur Basis 16) Zahlendarstellung zurück. Im Gegensatz zur Binärdarstellung gibt es nicht nur zwei Zustände 0 und 1, sondern insgesamt 8 (oktal) bzw. 16 im hexadezimalen System. Für jeden dieser Zustände steht je ein Zeichen (Zahlen und Buchstaben für die Zustände 10 bis 16). Ein paar Beispiele für das hexadezimale System, das u. a. im Rechenbeispiel für den AES-Algorithmus benötigt wird:

---

3   Um etwas über Oktalzahlen sowie die Binärdarstellung von Festkomma- und Gleitkommazahlen etc. zu erfahren, konsultieren Sie bitte andere Quellen. Diese Dinge mögen zwar in der Informatik grundlegend und mit der Dezimal- und Binärdarstellung eng verknüpft sein, werden in diesem Buch aber nicht benötigt und deshalb außen vor gelassen.

TIPP

So geht's mit dem Windows-Taschenrechner

Eine Dezimalzahl wandeln Sie mit dem Windows-Taschenrechner im wissenschaftlichen Modus in eine Binärzahl um, indem Sie die Zahl eingeben und die linke Auswahl unter dem Eingabefeld von *Dez* auf *Bin* ändern. Möchten Sie die Dezimalzahl lieber in hexadezimaler Schreibweise sehen, ändern Sie die Auswahl analog schlicht auf *Hex*[4]. Gleichsam geschwind verläuft die Umwandlung einer Binär- in eine Hexadezimalzahl: Erst *Bin* auswählen und die Nullen und Einsen eintippen, danach *Hex* wählen und den Windows-Taschenrechner sogleich in die hexadezimale Zahlendarstellung umwandeln lassen.

Die Zahl 10_{10} stellen Sie binär als 1010_2 ($1 * 2^3 + 0 * 2^2 + 1 * 2^1 + 0 * 2^0 = 10_{10}$) dar. Im hexadezimalen System ist es das *a*, das für die Dezimalzahl 10_{10} bzw. den Binärwert 1010_2 steht.

Tatsächlich wird jeder Zustand, der im Binärsystem aus 4 Bits dargestellt werden kann (zum Beispiel 1010_2), im hexadezimalen Zahlensystem durch nur ein einziges Zeichen symbolisiert. Der Zeichenvorrat beginnt dabei bei *0* und endet bei *f* für die dezimale 15_{10}. Um Missverständnisse zu vermeiden, existiert für hexadezimale Zahlenwerte ebenfalls ein tief gestellter Anhang: die $_{16}$. So sieht's genau aus:

Dez	4 Bit	Hex	Dez	4 Bit	Hex	Dez	4 Bit	Hex
0_{10}	0000_2	0_{16}	6_{10}	0110_2	6_{16}	12_{10}	1100_2	c_{16}
1_{10}	0001_2	1_{16}	7_{10}	0111_2	7_{16}	13_{10}	1101_2	d_{16}
2_{10}	0010_2	2_{16}	8_{10}	1000_2	8_{16}	14_{10}	1110_2	e_{16}
3_{10}	0011_2	3_{16}	9_{10}	1001_2	9_{16}	15_{10}	1111_2	f_{16}
4_{10}	0100_2	4_{16}	10_{10}	1010_2	a_{16}			
5_{10}	0101_2	5_{16}	11_{10}	1011_2	b_{16}			

Wie Sie der Tabelle entnehmen können, ist das Hexadezimalzeichen für die Werte 0 bis 9 zunächst mit dem des Dezimalwertes identisch. Ab der dezimalen 10 setzt das Hexadezimalsystem jedoch mit dem ersten Buchstaben des Alphabets, dem *a*, bis zum *e* fort. Und welchen Sinn hat das? Ganz einfach: So sind die Dezimalzahlen bis 15 ebenfalls noch durch ein einziges (einstelliges) Zeichen darstellbar[5].

---

4 Für die in diesem Buch nicht behandelte Oktalschreibweise existiert entsprechend die vierte Auswahloption *Okt*.

5 Natürlich gibt es mehr Buchstaben als nur a, b, c, d und e, sodass noch mehr Dezimalzahlen durch Buchstaben codiert werden könnten. Das hexadezimale Zahlensystem ist jedoch nur auf 16 Ziffern (0 bis 15) ausgelegt.

Der Vorteil liegt auf der Hand: Statt ein Zeichen mit 8 Bit darzustellen, können Sie die 8 Bit in je zwei 4-Bit-Teile aufspalten und für jeden dieser 4-Bit-Codes das entsprechende Hexadezimalzeichen setzen. Aus den 8 Bit 01110001_2 werden so die beiden 4-Bit-Teile 0111_2 und 0001_2, was den Hexadezimalzeichen (siehe obige Tabelle) 7_{16} und 1_{16} entspricht – also 71_{16}.

Besonders nützlich wird die hexadezimale Zahlendarstellung beispielsweise bei der Beschreibung des AES-Algorithmus (siehe Seite 78). Zwar ist er in diesem Buch schon mit der kürzesten (!) vom Standard her erlaubten Schlüssellänge 128 Bit dargestellt, doch sind 128 Bit in der Binärdarstellung eben stolze 128 Zeichen. In hexadezimaler Schreibweise ist der Schlüssel hingegen nur $128 : 4 = 32$ Zeichen lang – eine Länge, in der Bitfolgen schon eher in eine Zeile passen.

Und wie werden Buchstaben und Sonderzeichen dargestellt?

Zahlen können im Binärsystem mithilfe von Zweierpotenzen als Bitfolge dargestellt werden. Doch wie sieht es mit Buchstaben und all den anderen Zeichen aus? Diesen werden in bestimmten Standards sogenannte Zeichen-Codes, Zahlenwerte, zugewiesen.

Identifiziert ein Computer eine Bitfolge 01110001_2 als 113 und erhielt aufgrund einer vorherigen Definition die Anweisung, diese 113 beispielsweise in ein Zeichen des ASCII-Codes zu übersetzen, wird für den Endbenutzer sichtbar nur das kleine q dargestellt. Denn die dezimale 113 steht im ASCII-Code für eben jenen, kleingeschriebenen Buchstaben q.[6]

Der ASCII-Code wurde 1967 als Standard veröffentlicht und soll für die Beispiele in diesem Buch genügen. Er ist eigentlich ein 8-Bit-Code, doch da das höchstwertige Bit (das für $2^7 = 128$ steht) im ASCII-Code stets 0 ist, müssen die ersten sieben Bits zur Codierung genügen. Damit definiert der Code insgesamt 128 Zeichen, wobei die ersten 33 davon Steuerbefehle für Uralt-Computer darstellen und nur die letzten 95 tatsächlich „druckbar" sind. Auf die in der deutschen Sprache so beliebten Umlaute und andere Sonderzeichen verzichtet der ASCII-Code großzügig – pardon: grosszuegig –, da er ohnehin nur für alte englische Standardtastaturen gedacht war. Der Vorrat der druckbaren ASCII-Zeichen sieht demnach wie folgt aus:

---

6 Siehe auch die ASCII-Code-Tabelle, die so – und meist sogar etwas umfangreicher – in beinahe jedem Schultafelwerk abgedruckt ist.

Dez	Zeichen	Dez	Zeichen	Dez	Zeichen	Dez	Zeichen	Dez	Zeichen	Dez	Zeichen
32	[7]	48	0	64	@	80	P	96	`	112	p
33[8]	!	49	1	65	A	81	Q	97	A	113	q
34	"	50	2	66	B	82	R	98	b	114	r
35	#	51	3	67	C	83	S	99	c	115	s
36	$	52	4	68	D	84	T	100	d	116	t
37	%	53	5	69	E	85	U	101	e	117	u
38	&	54	6	70	F	86	V	102	f	118	v
39	'	55	7	71	G	87	W	103	g	119	w
40	(	56	8	72	H	88	X	104	h	120	x
41	)	57	9	73	I	89	Y	105	i	121	y
42	*	58	:	74	J	90	Z	106	j	122	z
43	+	59	;	75	K	91	[	107	k	123	{
44	,	60	<	76	L	92	\	108	l	124		
45	-	61	=	77	M	93	]	109	m	125	}
46	.	62	>	78	N	94	^	110	n	126	~
47	/	63	?	79	O	95	_	111	o	127	_

Verschiedene Zeichen-Codes im Kurzüberblick

Vom ASCII-Code oder zumindest den ASCII-Zeichen haben Sie bestimmt schon gehört. Oder zumindest gelesen. Denn auch in modernen Windows-Versionen fragen System-anwendungen wie der Editor (Notepad.exe) noch, ob man eine Datei – oder vielmehr die darin enthaltenen Zeichen – nicht im ASCII-Code speichern will. Davon kann ich nur abraten. Denn mit den läppischen 95 druckbaren Zeichen, die der ASCII-Code zur Ver-fügung stellt, können Sie kaum einen deutschen Satz mit den richtigen Zeichen nieder-schreiben, da er unter anderem nicht einmal Umlaute wie ä, ö und ü definiert – vom ß oder den Sonderzeichen anderer Sprachen ganz zu schweigen.

---

7 Das ASCII-Zeichen mit dem Dezimalwert 32 ist das Leerzeichen.
8 In der fortlaufenden Nummerierung der ASCII-Zeichen beginnt der druckbare Zeichenvorrat an der 34. Stelle. Da ab 0 gezählt wird und das erste ASCII-Zeichen somit mit der Dezimalzahl *0* beschrieben ist, steht aber für das erste druckbare Zeichen *!* der Dezimalwert *33*.

TIPP

Die in den ASCII- und Unicode-Zeichencodes definierten Sonderzeichen schnell einfügen

Indem Sie die linke [Alt]-Taste gedrückt halten und die entsprechende Dezimalzahl über den Nummernblock Ihrer Tastatur (und **nur** über den Nummernblock) eingeben, können Sie übrigens das für die Dezimalzahl stehende Zeichen darstellen, ohne das Symbol auf der Tastatur suchen und antippen zu müssen. Für die paar Zeichen des ASCII-Codes ist diese Vorgehensweise selbstverständlich Unsinn. Aber für die paar Tausend Zeichen des Unicodes, die Sie sonst nur durch die *Symbol einfügen*-Funktion einer Textverarbeitung erreichen, macht die Tastenkombination mit [Alt] und dem Nummernblock viel Sinn.

Das hübsche Symbol , das als Operand für die XOR-Funktion (siehe Seite 64) eingesetzt wird, ist beispielsweise ein Sonderzeichen, das in den stark begrenzten Zeichenbereich von ASCII nicht mehr reinpasste, sondern nur durch den Unicode codierbar ist. Über die [Alt]-Taste und [8][8][5][3] auf dem Nummernblock Ihrer Tastatur fügen Sie es in einem Unicode-kompatiblen Programm Ihrer Wahl ein.

Zwar existiert mit dem ANSI-Code noch eine erweiterte Fassung des ASCII-Codes, die zusätzlich das höchstwertige Bit nutzt und so insgesamt 256 Zeichen (davon 223 tatsächlich druckbar) codiert, doch ist selbst das noch viel zu wenig, um ohne Abstriche beim Zeichenvorrat international einsetzbar zu sein.

Für die Codierung internationaler Zeichensätze taugt aber der sogenannte Unicode. Er wurde zunächst als 16-Bit-Code definiert und codierte ein Zeichen wie als Unicode-Zeichen *U+2295*, was in einer 16-Bit-Darstellung etwa so aussieht: 00100010.10010101_2.

Die Verwendung von 16 Bit pro Zeichen ermöglichte die Codierung von insgesamt 65.536 Zeichen. Da dieser „Universalcode" aber nicht nur lateinische Buchstaben, sondern möglichst alle vorhandenen Schriftzeichen – insbesondere die asiatischer Schriftsprachen – enthalten sollte, genügte selbst dieser große Zeichenraum nicht mehr. Inzwischen verwendet man den Unicode mit 17 Bereichen à 65.536, sodass inzwischen $17*65.536 = 1.114.112$ verschiedene Zeichen codiert werden können[9].

---

9   Zur Drucklegung dieses Buches war die Unicode Version 5.0 aktuell, die im Jahr 2007 erschien und deren Zeichensatz Sie beispielsweise auf der offiziellen Webseite des Standards (*http://www.unicode.org*) einsehen können.

T I P P

Ausflug in die Statistik – oder: 2 hoch irgendwas?!?

Die Schlüssellänge spielt in der Kryptografie eine gewichtige Rolle. Generell gilt eine einfache Faustregel: Je länger der Schlüssel ist und aus je mehr Bits er demnach besteht, desto besser. Denn umso mehr verschiedene Schlüssel gibt es. Verwenden Sie beispielsweise nur einen 2-Bit-Schlüssel, gibt es insgesamt lediglich vier verschiedene Schlüssel: *00*, *10*, *01* und *11*. Es wäre ein Leichtes, eine Nachricht zu entschlüsseln, die mit solch einem Schlüssel chiffriert wurde. Das einfache Durchprobieren aller möglichen vier Schlüssel würde genügen und wäre ein sogenannter Brute-Force-Angriff (siehe Seite 123) auf den Algorithmus. Wie viele mögliche Schlüssel es bei einer bestimmten Länge der Schlüssel gibt, ermitteln Sie geschwind mit einer Formel der mathematischen Kombinatorik – den sogenannten Variationen. Die Berechnungsformel für alle „Variationen mit Wiederholungen" lautet schlicht *nk*, wobei *n* als Basis und *k* als Exponent bezeichnet wird.

Die Basis entspricht der Zahl der Möglichkeiten, die für eine Stelle stehen. Praktisch alle modernen Verschlüsselungsalgorithmen arbeiten mit Bitschlüsseln, die nur aus einer Folge von Einsen und Nullen bestehen. Wie beispielsweise *1001111001*, einem Schlüssel aus 10 Bit. Für jede Stelle gibt es dabei nur zwei mögliche Werte: entweder 1 oder eben 0. Die Anzahl der Stellen setzen Sie hingegen in den Exponenten. Damit nehmen Sie die Zahl der möglichen Werte pro Stelle also „hoch" der Anzahl der Stelle. Für die Bitfolge *1001111001*, die pro Stelle zwei verschiedene Werte 1 oder 0 erlaubt und insgesamt aus 10 Stellen besteht, ergibt sich somit 2^{10}. Das bedeutet: Es existieren 2^{10} verschiedene zehnstellige Zeichenfolgen, die nur aus Nullen und Einsen bestehen. Die betrachtete Folge *1001111001* ist eine davon.

Leichter nachvollziehen lässt es sich mit dem Dezimalsystem, also allen Ziffern von 0 bis 9: Da es jeweils von 0 bis 9 – somit zehn – verschiedene Werte pro Stelle gibt, wird 10 als Basis eingesetzt. Abhängig von der Zahl der Stellen ist der Exponent ausgeprägt. Als Beispiel dient 10^1: Es gibt zehn verschiedene Werte von 0 bis 9 und eine Stelle. 10^1 besagt hierbei, dass es zehn verschiedene Möglichkeiten gibt. Prüfen wir dies kurz: 0, 1, 2, 3, 4, 5, 6, 7, 8, 9. Tatsächlich – es sind zehn. Mit zehn verschiedenen Möglichkeiten pro Stelle, aber nun schon zwei Stellen ergeben sich schon 100 verschiedene Kombinationen: 0;0, 0;1, 0;2, 0;3, 0;4, 0;5, 0;6, 0;7, 0;8, 0;9, 1;0, […] 9;0, 9;1, 9;2, 9;3, 9;4, 9;5, 9;6, 9;7, 9;8, 9;9. Fazit: tatsächlich 100 mögliche Kombinationen.

Geniale und zentrale Funktion der (De-)Chiffrierung: das XOR-Gatter

In der Kryptografie spielt die XOR-Funktion eine grundlegende Rolle: Regelmäßig werden beim Chiffrieren und Dechiffrieren Bits „ge-XOR-t". Doch was verbirgt sich dahinter? Statt „Funktion" beschreibt der Begriff des „Gatters" die XOR-Funktion wahrscheinlich noch etwas besser.

In der Kryptografie hat solch ein XOR-Gatter meist nur zwei Eingänge: Durch den einen betritt ein Bit des zu verschlüsselnden Textes das Gatter, durch den anderen hingegen ein Bit des Schlüssels. Beide Bits werden nun „ge-XOR-t" und es wird eine Ausgabe erzeugt. War eines der beiden Bits eine 1 und das andere eine 0, so gibt das Gatter eine 1 aus. Waren jedoch beide eine 1 oder beide eine 0, so ist die Ausgabe des Gatters „0". Mit dem hübschen mathematischen XOR-Symbol $\oplus$ kann man dies wie folgt darstellen:

$0 \oplus 1 = 1$

$1 \oplus 0 = 1$

$1 \oplus 1 = 0$

$0 \oplus 0 = 0$

In der Darstellung steht einer der Eingänge links und der andere rechts vom -Symbol. Dem Gleichheitszeichen folgt dann freilich das Ergebnis, das durch das XOR-Gatter ausgegeben wird.

Das XOR-Gatter hat eine tolle Eigenschaft, die es überhaupt erst für die Kryptografie tauglich macht: Wenn Sie einen Klartext K mit einem Schlüssel S durch das XOR-Gatter jagen, erhalten Sie eine Ausgabe C – wie Chiffretext. Formal sieht das so aus:

$K \oplus S = C$

Möchten Sie den Chiffretext C wieder in den Klartext wandeln (also entschlüsseln), werden C und der Schlüssel S dem XOR-Gatter zugeführt. Als Ergebnis erhalten Sie den Klartext K:

$C \oplus S = K$

Warum das so ist? Nun, mathematisch gesehen ist XOR so ähnlich wie die Addition zweier Binärwerte. Nur mit dem Unterschied, dass XOR keine Überläufe produziert, sollte die Summe zweier 8-Bit-Zahlen den mit 8 Bit darstellbaren Wert von maximal 255_{10} überschreiten.

TIPP

So geht's mit dem Windows-Taschenrechner

Eine XOR-Verknüpfung zweier Binärzahlen können Sie mit dem Windows-Taschenrechner im wissenschaftlichen Modus bequem durchführen. Schalten Sie dazu zunächst das Zahlensystem auf *Bin* um und geben Sie anschließend die erste Binärzahl ein. Drücken Sie nun den Button *Xor* und geben danach den zweiten binären Wert ein, erhalten Sie das Ergebnis der Verknüpfung mittels Enter oder einen Klick auf den Button =.

Das XOR-Gatter lernen Sie an anderen Stellen des Buches, insbesondere beim Verschlüsseln mittels eines One-Time-Pads noch näher kennen.

Hilfreiche Unordnung: der Begriff der Entropie

Befragen Sie Google oder klassischere Nachschlagewerke, finden Sie Entropie in erster Linie als Begriff der Physik definiert. Mit dieser physikalischen Definition kann die Kryptografie nicht besonders viel anfangen. Hier steht Entropie als ein Maß für die Unordnung, die durch verloren gegangene Informationen entsteht. Je höher die Entropie von Informationen ist, desto höher ist ihr Zahlenwert. Dieser kann alle Werte von 0 bis unendlich einnehmen, wobei die 0 für keinerlei Unordnung, sondern die absolute Ordnung einer Information steht.

Vielleicht wird der Begriff noch etwas deutlicher, wenn Sie die „Unordnung" durch „Zufälligkeit" ersetzen: Je zufälliger der Inhalt einer Information ist, desto höher ist dessen Entropie. Sind in der Information stattdessen gewisse Strukturen und Gesetzmäßigkeiten erkennbar, ist deren Entropie eher niedrig. Kann jemand den Inhalt einer Information vollständig voraussagen, ohne die eigentliche Information gelesen zu haben, besitzt sie gar keine Entropie (bzw. eine Entropie in Höhe von 0).

Wie gut sind Schlüssel und Verschlüsselung?

Welche Rolle spielt die Entropie in der Kryptologie? Nun, sie stellt eines der Maße der Güte von Schlüsseln und Algorithmen dar. Wie Sie an anderer Stelle noch über die Problematik der Zufallsgeneratoren (siehe Seite 129) lesen werden, nützt die Verschlüsselung mit 128 Bit nichts, wenn die Schlüsselerstellung in gewissem Maße vorhersehbar ist.

Denken Sie beispielsweise an ein Programm, das einen 64-Bit-Schlüssel erzeugen soll, es sich aber mit der Schlüsselerstellung sehr einfach macht: Wird vom Benutzer ein neuer Schlüssel angefordert, liest es das aktuelle Datum aus – wie beispielsweise

15.08.08 –, wandelt dieses in eine Binärdarstellung um und füllt den Rest mit Nullen auf. Die Codierung könnte dabei beispielsweise so aussehen: 00001111_2 für die 15_{10}, 00001000_2 für die 8_{10} des Monats August und noch einmal 00001000_2 für die Jahresangabe 08 (also 2008). Und der vollständige, mit diesem sehr „faulen" Programm erzeugte Schlüssel wäre:

$$00000000.00000000.00000000.00000000.00000000.00001111.00001000.00001000_2$$

(oder hexadezimal: $00.00.00.00.00.0f.08.08_{16}$). Diesen Schlüssel hätte das Programm am 15. August 2008 natürlich den ganzen Tag über ausgegeben. Immer wieder den gleichen. Und ebenso gleich für alle Personen, die dieses Programm an diesem Tag nutzen. Ein cleverer Kryptoanalyst kennt vielleicht nicht die Kriterien, nach dem das Programm die Schlüssel erzeugt. Erhascht er jedoch mehrere mit diesem Programm generierte Schlüssel, wird er das Muster wohl recht schnell herauslesen. Es liegt also ein klares Muster der Schlüsselerstellung vor, sodass auch künftig mit dem Programm erzeugte Schlüssel für einen Kryptoanalysten leicht berechenbar sind und deren Entropie deshalb sehr gering ist.

Symmetrische Blockchiffren verschlüsseln Daten in Häppchen

Die modernen symmetrischen Verschlüsselungsalgorithmen wie DES und AES (Rijndael) oder Bruce Schneiers Twofish sind sogenannte Blockchiffren. Diese spezielle Bezeichnung beruht auf der Art und Weise, wie die Algorithmen lange Daten zerlegen und letztlich verschlüsseln:

Sowohl für die Ver- als auch Entschlüsselung teilt ein Blockchiffrenalgorithmus die als Bits vorliegenden Daten in kleine Häppchen auf, die er anschließend in einer Blockform anordnet. Wie groß die Häppchen respektive Blöcke sind, bestimmt die sogenannte Blocklänge. Moderne Blockverschlüsseler nutzen heutzutage Blocklängen von 128, 160, 192, 224 oder 256 Bit.

Für Daten wie eine Achterbahn: das Rundenprinzip

Symmetrische Verschlüsselungsverfahren sollen leistungsstark, aber zugleich klein und flott sein. Deshalb arbeiten sie in aller Regel nach dem sogenannten Rundenprinzip: Statt unzählige leicht variierte Rechenoperationen in einer Kette nacheinander auszuführen, durchlaufen die zu verschlüsselnden Daten mehrere Runden mit jeweils nur drei bis vier immer gleichen Funktionen.

Einen Schlüssel kennt der Nutzer, mit mehreren Rundenschlüsseln wird gearbeitet

Wie die alten Verschlüsselungstechniken arbeiten Blockchiffren auf Basis eines Geheimnisses, das Verschlüsseler und Entschlüsseler teilen. Weil die etablierten Algorithmen nach Kerckhoffs Prinzip entwickelt wurden, ist dieses Geheimnis allein der Schlüssel.

Aber nutzen Blockchiffren nur einen Schlüssel? Nein, im Verborgenen arbeiten sie mit mehreren Schlüsseln. Zumeist wird für jede Runde ein sogenannter Rundenschlüssel aus dem ursprünglichen Schlüssel abgeleitet. Wie diese Ableitung der Teilschlüssel genau erfolgt, ist von Verschlüsselungsalgorithmus zu Verschlüsselungsalgorithmus verschieden. Regelmäßig findet der Ableitungsvorgang aber vor der eigentlichen Verschlüsselung statt und wird als Schlüsselexpansion (Engl.: key expansion) bezeichnet.

3.2 DES: der erste Verschlüsselungsstandard für jedermann

Anfang der 1970er Jahre waren Computer noch rar. Doch der Bedarf nach digitaler Rechenkraft wuchs. Einige Unternehmen benötigten aber nicht nur Rechenleistung, sondern zugleich Verfahren zur Geheimhaltung ihrer Daten. So entstand der Bedarf an Sicherheits- und Verschlüsselungstechnik. Da es keinen einheitlichen Standard gab, entwickelten viele auf Sicherheits-IT spezialisierte Firmen aneinander vorbei.

Rufe nach einem einheitlichen Verschlüsselungsstandard wurden laut, insbesondere in den USA. Zuständig für Standards war in den USA damals das US-amerikanische National Bureau of Standards (kurz: NBS), das heute unter dem Namen National Institute of Standards and Technology (kurz: NIST) operiert. Da kein Algorithmus zur Hand war, der als Standard in Frage kam, entschied man sich für eine Ausschreibung. Folgende Anforderungen wurden dabei gestellt:

■ Der Algorithmus musste sehr sicher sein.

■ Er musste bis ins letzte Detail spezifiziert und allgemein verständlich sein.

■ Er sollte Kerckhoffs Prinzip beachten, die Sicherheit des Algorithmus also allein durch die Geheimhaltung des Schlüssels und nicht etwa durch einen geheim gehaltenen Aufbau des Algorithmus entstehen.

■ Ein jeder sollte frei auf den Algorithmus zugreifen können, ihn also benutzen dürfen.

- Der Algorithmus musste für verschiedene Anwendungen adaptierbar sein.

- Die Kosten für eine Implementierung in elektronische Geräte sollten verhältnismäßig niedrig sein.

- Er sollte effizient eingesetzt werden können.

- Der Algorithmus musste validierbar sein

- Zu guter Letzt sollte er (in andere Länder) exportiert werden können

Die erste Anfrage setzte das NBS am 15. Mai 1973 in das Federal Register, dem US-Äquivalent zum Deutschen Bundesanzeiger. Daraufhin bekundeten zwar viele ihr Interesse an dem gesuchten Verschlüsselungsalgorithmus, doch keiner lieferte einen vernünftigen Vorschlag. Erst auf eine erneute Anfrage am 27. August 1974 erreichte das NBS eine vielversprechende Einsendung: Lucifer – ein Algorithmus, der Anfang der 1970er Jahre von mehreren IBM-Mitarbeitern entwickelt wurde.

Der Teufel und die National Security Agency

Um Lucifer zu bewerten, nahm das NBS die Hilfe der Kryptoanalysten der NSA (**N**ational **S**ecurity **A**gency) in Anspruch. Als der Geheimdienst Verbesserungsvorschläge machte, sorgte dies allerdings bei vielen für Unmut. Nur IBM schien sich nicht daran zu stören und setzte sie offiziell widerspruchslos um. Ob es sich dabei tatsächlich um Anregungen zur Verbesserung des Algorithmus handelte (und nicht etwa um eine kurzfristig eingebaute Hintertür für den Geheimdienst) und ob IBM diese Änderungen wirklich so gern vollzog, wurde lange spekuliert. Besonders beunruhigt Kryptografen die Tatsache, dass man die Schlüssellänge auf Drängen der NSA von (effektiv) 112 Bits auf 56 Bits reduzierte. Die Sicherheit der mit DES verschlüsselten Daten beschnitt dies drastisch. Allen Verschwörungstheorien zum Trotz: Die ganze Wahrheit kennen wohl nur die NSA und die Lucifer-Entwickler von IBM. Letztere dürfen sie aber vermutlich nicht verbreiten.

Noch bevor IBM Lucifer als DES-Kandidaten vorschlug, beantragte das Unternehmen einen Patentschutz für den Algorithmus. Das stand den Anforderungen der NBS entgegen – schließlich sollte der Algorithmus für jedermann frei verfügbar und für unterschiedliche Anwendungen adaptierbar sein. Ein großes Hindernis sollte das Patent jedoch nicht darstellen, denn IBM erklärte sich schnell bereit, jedermann ein uneingeschränktes Nutzungsrecht einzuräumen.

T I P P

Diese Änderungen nahm IBM auf Drängen der NSA an Lucifer vor

Damit aus IBMs Lucifer einmal der erste **D**ata **E**ncryption **S**tandard (DES) werden konnte, mussten die IBM-Ingenieure die Wünsche und Anregungen der US-amerikanischen NSA berücksichtigen und den Algorithmus entsprechend anpassen. Einige der auf den ersten Blick augenscheinlich wichtigsten Änderungen betrafen die Schlüssellänge, die von 112 Bits auf 56 Bits reduziert werden musste. Statt 2^{112} gab es damit nur noch 2^{56} mögliche Schlüssel, die in einer Brute-Force-Attacke geprüft werden mussten. Zweifellos ist auch 2^{56} noch eine sehr große Zahl möglicher Schlüssel – sie ist jedoch ebenso zweifellos wesentlich kleiner als 2^{112}.

Eine andere Änderung betraf die Blockgröße. Eigentlich verschlüsselte Lucifer Klartext in 128 Bit großen (Block-)Häppchen, durfte als künftiger Data Encryption Standard jedoch nur noch 64 Bit große Blöcke bearbeiten. Diese Entscheidung war wohl vor allem dem technischen Stand der 1970er Jahre geschuldet, sollte DES doch auch von Anfang an auf Hardware eingesetzt werden, die für heutige Verhältnisse eher schwächlich ist.

Bereits am 17. März 1975 konnte das NBS die Details des Algorithmus dann im Federal Register veröffentlichen. Gleichzeitig bat man um Rückmeldungen zum Design des Algorithmus, die das NBS aber vor allem in Form von Kritik bezüglich des NSA-Engagements erhielt. Viele fürchteten eine Hintertür und Sicherheitslücke, die DES-verschlüsselte Daten zumindest für die NSA zugänglich machte. Ob diese wirklich bestand (bzw. besteht), weiß man heute immer noch nicht so genau.

Der größte Fehler der NSA – und ein Segen für alle

Angeblich bezeichnet die NSA den DES-Algorithmus inoffiziell als einen ihrer größten Fehler. Oder zumindest das, was aus DES geworden ist. So wird gemunkelt, dass DES lediglich als eine Hardwareverschlüsselung geplant war. Nur einige Firmen sollten entsprechende Hardwarelösungen anbieten dürfen. Mehr nicht. Doch das NBS veröffentlichte in den Dokumentationen des Algorithmus so viele Details, dass ein jeder DES als reinen Software-Verschlüsselungsalgorithmus umsetzen konnte. Die komplette Funktionsweise war im Federal Register und in anderen Dokumenten dargelegt, sodass emsige Programmierer das DES-Konstrukt nur in eine Programmiersprache übersetzen mussten. Natürlich gab es Mitte der 1970er Jahre nicht besonders viele emsige Programmierer, geschweige denn zahlreiche taugliche Programmiersprachen. Doch das änderte sich im Laufe der folgenden drei Jahrzehnte, in denen DES auf der ganzen Welt eingesetzt wurde.

Dieser „Fehler" gilt heute als großer Durchbruch der Kryptografie für jedermann, denn DES wurde so zum ersten öffentlich zugänglichen Algorithmus des Computerzeitalters. Gleichzeitig hat DES die Kryptografengemeinde belebt oder gar erst entstehen lassen: Beschäftigte man sich vor DES vor allem auf Regierungsebene mit kryptografischen Verfahren, bilden sie heute ein einträgliches Geschäft für eine Vielzahl von Firmen.

Kurz und knapp: so funktioniert DES

DES ist eigentlich ziemlich simpel. Im Grunde begnügt sich dieser **D**ata **E**ncryption **S**tandard mit drei einfachen Verfahren: einmal der XOR-Operation, die Sie mindestens schon auf Seite 44 kennengelernt haben. Zum Zweiten mit der Substitution, in deren Rahmen bestimmte Bits anhand von festgelegten Substitutionstabellen ausgetauscht werden. Zu guter Letzt verwendet der Algorithmus allerlei Permutationsverfahren, die einfach nur die Reihenfolge der Bits einer Bitfolge ändern. Einige Umrisse der Funktionsweise von DES finden Sie auf den folgenden Seiten.

T I P P

Was sind Feistelchiffren?
DES zählt zu den sogenannten Feistelchiffren, die nach ihrem Erfinder Horst Feistel benannt sind. Auffälliges Merkmal dieser Feistelchiffren ist, dass sie einen Block in zwei Hälften teilen: Je Runde bearbeiten sie nur eine Hälfte und XOR-verknüpfen sie anschließend mit der unbearbeiteten Hälfte. Anschließend folgt ein Tausch der Hälften. Der Vorteil dieses Aufbaus ist, dass Feistelchiffren sehr leicht umkehrbar sind und eine verschlüsselte Nachricht somit ohne besonderen Zusatzaufwand wieder entschlüsselt werden kann.

So werden Nachrichten zu Klartextblöcken

DES verschlüsselt Klartexte – als typischer Vertreter der sogenannten Blockchiffren – in Blöcke zu je 64 Bit. Bei einer ASCII-Codierung, wobei das Alphabet sowie einige Sonderzeichen mit 8 Bit codiert werden, passen somit 8 Buchstaben bzw. Sonderzeichen in einen Block. Das Wort *Standard*, in binären ASCII-Code umgewandelt, ergibt beispielsweise diese Bitfolge:

01010011.01110100.01100001.01101110.01100100.01100001.01110010.01100100$_2$.

Oder in hexadezimaler Schreibweise: *53.74.61.6e.64.61.72.64*$_{16}$.

Aus einem Schlüssel werden viele Rundenschlüssel

Ganz wichtig ist in symmetrischen Verschlüsselungsverfahren stets der Schlüssel – ist er doch das Geheimnis, das nur die verschlüsselnden Parteien kennen dürfen. In DES darf er laut Spezifikation nur 64 Bit lang sein, doch werden davon effektiv nur 56 Bit genutzt. Jedes achte Bit des Schlüssels fällt für die Ver- und Entschlüsselung von DES nämlich heraus und wird allenfalls zur Fehlerkontrolle (etwa bei der Übertragung) eingesetzt.

Trotzdem wird DES zunächst mit einem 64-Bit-Schlüssel gefüttert. Eine erste Schlüssel-permutation kürzt den Schlüssel dennoch sogleich auf die relevanten 56 Bit, indem sie jedes achte Bit des Schlüssels einfach ignoriert. Zugleich ordnet sie die Bits ein erstes Mal neu an (deshalb Permutation). In mehreren Schritten entstehen anschließend aus dem einen eigentlichen Schlüssel insgesamt 16 Rundenschlüssel, die sogar nur je 48 Bit lang sind. Diese Länge genügt, da DES in jeder Runde effektiv immer nur eine Hälfte des Datenblocks bearbeitet.

Aus einem beliebig gewählten Schlüssel $d1.63.1b.ca.f7.25.c3.5b_{16}$ erzeugt DES bei-spielsweise die folgenden Rundenschlüssel:

Runde	Rundenschlüssel	Runde	Rundenschlüssel
1	$ba.87.58.24.3f.c3_{16}$	9	$4d.b9.c2.ca.a2.f0_{16}$
2	$e3.78.d3.7e.31.01_{16}$	10	$32.ec.ef.91.eb.29_{16}$
3	$3d.e7.e0.e2.41.6e_{16}$	11	$f9.65.02.b2.1e.10_{16}$
4	$d2.55.9b.44.bb.8a_{16}$	12	$60.1f.bd.d9.23.36_{16}$
5	$7d.83.55.f4.14.79_{16}$	13	$d5.b0.17.35.6a.88_{16}$
6	$07.d8.8f.4b.9a.6a_{16}$	14	$27.8e.f2.70.30.57_{16}$
7	$3b.21.f6.14.fd.38_{16}$	15	$fe.70.a6.97.a0.ae_{16}$
8	$bc.4c.a9.29.1c.74_{16}$	16	$05.9f.67.03.67.8b_{16}$

Die mysteriösen, da unnützen Permutationen zu Beginn und am Ende eines DES-Durchlaufs

Etwas merkwürdig ist die sogenannte Initialpermutation des Klartextes, die nur die Anordnung der Zeichen ändert. Während eine solche Neuanordnung in den alten Trans-positionschiffren schon als Verschlüsselungstechnik genügte, ist sie bei DES nur eine Vorbereitungsmaßnahme. Über deren Sinn grübelt man aber seit der Veröffentlichung des DES, wird doch am Ende der DES-Verschlüsselung noch einmal eine abschließende

Permutation durchgeführt, die die Initialpermutation aufhebt. In manchen Umsetzungen des DES werden beide Permutationen einfach ausgelassen. Streng genommen dürfen diese Umsetzungen dann eigentlich nicht mehr als Data Encryption Standard bezeichnet werden, verzichten sie doch auf einen Teil des Standards.

Halbe Blöcke, halbe Arbeit?
Die Aufspaltung des Klartextes in zwei Hälften

Vor der eigentlichen Bearbeitung der 64 Bit großen Klartextblöcke in 16 Runden teilt DES diese in je eine linke und eine rechte Hälfte, sodass beide Hälften effektiv nur 32 Bit groß sind. Und warum? Ganz einfach: In jeder Runde wird nur die jeweils rechte Hälfte bearbeitet. Die linke bleibt hingegen unberührt. Da linke und rechte Hälfte nach jeder Runde getauscht werden, vollzieht sich die Verschlüsselung natürlich trotzdem über alle Daten.

Die eigentlichen Verschlüsselungsoperationen – Runde für Runde

DES bearbeitet jeden 64-Bit-Datenblock in 16 Runden, die sich nur durch die eingegebenen Daten, also die jeweilige rechte Blockhälfte und den Rundenschlüssel unterscheiden. Die grundsätzlichen Verfahrensschritte indes sind immer die gleichen:

- **Expansionsfunktion**: Der erste Schritt einer DES-Runde wird durch die Expansionsfunktion vollführt. Sie wandelt die 32 Bit lange rechte Hälfte in eine 48-Bit-Ausgabe um, „expandiert" sie also. Wie das geschieht? Eigentlich ganz ähnlich wie bei den Permutationsfunktionen, die im DES-Algorithmus die Bitfolgen in eine neue Reihenfolge bringen, nur dass die von der Expansionsfunktion ausgegebene Bitfolge einige Bits des Eingabewertes (der zugeführten rechten Hälfte) doppelt enthält. Die zusätzlichen 16 Bit entstehen also allein durch Wiederholungen. So ist das erste Bit des Ausgabewertes eigentlich das 32. Bit des Eingabewertes. Doch auch die vorletzte Stelle der von dieser Funktion ausgegebenen Bitfolge wird durch das 32. Bit des Eingabewertes besetzt.

- **Verknüpfung mit dem Rundenschlüssel**: Der Expansion der rechten Blockhälfte auf genau 48 Bit folgt eine XOR-Verknüpfung mit dem jeweiligen Rundenschlüssel, der im Gegensatz zum eigentlichen Schlüssel nur 48 Bit groß ist. Aufgeblähte rechte Blockhälfte und Rundenschlüssel passen somit genau aufeinander.

- **Substitution mittels S-Boxen**: DES verwendet insgesamt acht verschiedene S(ubstitutions)-Boxen. Sie sind allesamt statisch, also von vornherein durch den Standard festgelegt und bei jeder Anwendung von DES gleich[10]. Als sogenannte 6-4-S-Boxen nehmen Sie 6 Bit als Eingabewert auf, geben aber nur 4 Bit aus. Die per Expansionsfunktion von 32 auf 48 Bit aufgeblähte rechte Blockhälfte wird so auch gleich wieder komprimiert. Alle acht werden dabei in jeder Runde nacheinander eingesetzt – das erste 6-Bit-Teilstück wird der ersten S-Box zugeführt, das zweite der zweiten etc. Exemplarisch sei an dieser Stelle einmal die zweite S-Box des DES-Standards dargestellt – aufgrund akuten Platzmangels aber nur in dezimaler[11] Form, wie sie ebenfalls in der offiziellen Beschreibung des Algorithmus, FIPS 46-3, zu finden ist[12]:

	0	1	2	3	4	5	6	7	8	9	10	11	12	13	14	15
0	15	1	8	14	6	11	3	4	9	7	2	13	12	0	5	10
1	3	13	4	7	15	2	8	14	12	0	1	10	6	9	11	5
2	0	14	7	11	10	4	13	1	5	8	12	6	9	3	2	15
3	13	8	10	1	3	15	4	2	11	6	7	12	0	5	14	9

---

10 Die Werte der vordefinierten S-Boxen können Sie der offiziellen Beschreibung des DES-Standards (FIPS 46-3) entnehmen, die Sie als PDF-Dokument unter der URL *http://csrc.nist.gov/publications/fips/fips46-3/fips46-3.pdf* finden.
Die S-Boxen sind dort im Appendix 1 auf den Seiten 17 und 18 in dezimaler Schreibweise beschrieben.

11 Mit dieser dezimalen Form kann der in ein Computerprogramm umgesetzte Algorithmus natürlich nichts anfangen. Stattdessen verwendet er sie in binärer Form.

12 In jeder Zelle der Tabelle steht ein 4-Bit-Ausgabewert. Der 6-Bit-Eingabewert ist die Positionsangabe der Zelle, deren Inhalt dann als Ausgabewert genutzt werden soll. Für die Angabe der Zeilennummer genügen hierbei zwei Bit – 00_2, 01_2, 10_2 und 11_2 für 0_{10} bis 3_{10}. Sie wird stets durch das erste und das letzte Bit des Eingabewertes angegeben. Die 16 Spalten sind hingegen mit 4 Bit codiert – von 0000_2 bis 1111_2, also 0_{10} bis 15_{10}. In welcher Spalte der DES-Algorithmus zu suchen hat, wird durch die mittleren vier Bits des Eingabewertes bestimmt.
Erhält die S-Box beispielsweise den Eingabewert 101010_2, betrachten Sie zunächst das erste und letzte Bit: **1**0101**0**$_2$. Beide Bits zusammen ergeben 10_2, was den Binärcode für 2_{10} darstellt. Der gesuchte Ausgabewert steht somit in Zeile 2. Anschließend bestimmen die vier mittleren Bits die Spalte: 101010_2 – 0101 ist der Binärcode für die Dezimalzahl 5_{10} und somit Spalte 5. Der gesuchte Ausgabewert steht demnach in der fünften Spalte (0101_2), und zwar in der zweiten Zeile (10_2). Schauen Sie in die abgebildete zweite S-Box, finden Sie dort 4_{10}.

T I P P

Was ist eine S-Box?

Statt S-Box könnte man wohl auch Substitutions-Box schreiben, denn nichts anderes als Substitution ist ihre Aufgabe: Als eine der wichtigsten Komponenten eines symmetrischen Verschlüsselungsalgorithmus soll sie eine Binärzahl durch eine andere substituieren. Wie das geschieht, ist je nach Algorithmus unterschiedlich. Lange keimte das Misstrauen gegenüber dem **D**ata **E**ncryption **S**tandard (DES), vor allem aufgrund der acht merkwürdig aufgebauten S-Boxen, aus deren Aufbau sich kein Kryptograf so recht einen Reim machen konnte. Andere Algorithmen werden durch schwach konstruierte S-Boxen hingegen erst für die lineare und differenzielle Kryptoanalyse anfällig. Kryptografen müssen also viel Zeit und Hirnschmalz investieren, um für den jeweiligen Algorithmus sichere S-Boxen aufzustellen[13].

Abhängig vom Zeitpunkt der Generierung unterscheiden Kryptografen zwischen statischen und dynamischen S-Boxen: Statische sind immer gleich aufgebaut und durch den Algorithmus vorgegeben. Erhält die dritte S-Box des DES-Algorithmus beispielsweise die Eingabe 110100_2, so gibt sie stets 0010_2 aus – ganz gleich, wann, wo, von wem oder mit welchen Klartexten und Schlüsseln der DES-Algorithmus eingesetzt wird.

Dynamische S-Boxen werden hingegen erst während der Laufzeit und in Abhängigkeit vom verwendeten Schlüssel erstellt. Eine immer gleiche Klartexteingabe erzeugt in dynamischen S-Boxen somit stets ein anderes Ergebnis – vorausgesetzt, die jeweils verwendeten Schlüssel sind auch verschieden voneinander. RC4 (siehe Seite 91) ist einer der Algorithmen, die dynamische S-Boxen verwenden.

- **P-Pox Permutation als letzte Neuanordnung einer Runde**: Nachdem die S-Box-Substitution die zu verarbeitenden Daten einer Runde wieder auf 32 Bit zusammengekürzt hat, folgt noch diese Permutation, die nichts aufbläht oder reduziert, sondern ganz schlicht nur noch einmal neu anordnet.

- **Abschließendes XOR und Hälftentausch**: Beendet wird eine jede Runde zunächst mit einer XOR-Verknüpfung der linken und rechten Hälfte des Datenblocks. Es ist der einzige Zeitpunkt, an dem die linke Hälfte in einer Runde benötigt wird. Werden die Daten, die DES vor seiner ersten Runde der linken Hälfte zuordnete, deshalb vernachlässigt? Keineswegs, denn im allerletzten Schritt einer Runde vertauscht DES die beiden Hälften, sodass auch die ehemals linke Hälfte in insgesamt 8 von 16 Runden mit den vorangehend beschriebenen und immer gleichen Verfahrensschritten kräftig bearbeitet wird.

---

13 Don Coppersmith, einer der IBM-Mitarbeiter, die den als Grundlage für DES verwendeten Algorithmus Lucifer entwickelt haben, gab Jahre nach der Entwicklung des Algorithmus einmal zu den S-Boxen Auskunft: Es dauerte Monate, um die S-Boxen für Lucifer bzw. DES mithilfe der damaligen Computertechnik zu berechnen.

Genial einfach: Entschlüsseln mit DES

Wer die vorangegangenen Seiten noch einmal überfliegt, mag sich wundern: Wie sieht dann erst die umgekehrte Version der Verschlüsselung, die Entschlüsselung aus? Die Antwort lautet: praktisch genauso. Tatsächlich geht DES beim Entschlüsseln wie bei der Verschlüsselung vor, setzt die Rundenschlüssel aber in umgekehrter Reihenfolge ein: also den letzten Rundenschlüssel zuerst und den eigentlich ersten zuletzt.

Warum DES nie wirklich sicher war und es heute erst recht nicht mehr ist

Schon als DES in den 1970er Jahren vorgestellt wurde, kritisierten Experten die mit 56 Bit doch recht kurze – und für das heutige Verständnis viel zu kurze – Schlüssellänge. Dabei sollte DES ursprünglich einen viel längeren Schlüssel nutzen, nur die NSA wollte das nicht.

Schnell ging man deshalb davon aus, dass die NSA im Besitz eines Supercomputers war, der eine DES-Verschlüsselung innerhalb von wenigen Tagen knacken konnte, sofern DES keine Schlüssel einsetzte, die länger als 56 Bit waren.

Die Netzgemeinde knackte DES in wenigen Stunden

Seit 1997 wurden außerdem mehrere DES-Challenges veranstaltet, in denen die Internet-gemeinde mithilfe von Known-Plaintext-Attacken (siehe Seite 127) DES-Verschlüsselungen knacken sollte. Im Rahmen der dritten DES-Challenge, die am 18. Januar 1999 gestartet wurde, fand man den Schlüssel in 22 Stunden und 15 Minuten. Hierbei handelte es sich allerdings nicht um eine „Einzeltat", sondern um das Werk eines großen Rechnerverbundes der Electronic Frontier Foundation (*http://www.eff.org*) und allerlei Privat-PCs.

Heute, zehn Jahre später, ist die Leistungsfähigkeit von Privat-PCs enorm gestiegen. Zwar würde ein einzelner Privat-PC wohl immer noch nicht genügen, um einen Known-Plaintext-Angriff auf DES durchzuführen – ein kleiner Rechnerverbund aber schon. DES sollte deshalb nach Möglichkeit nicht mehr eingesetzt werden.

Triple-DES und Co.: Weiterentwicklungen und Zwischenlösungen

Als DES mit verstreichender Zeit und wachsender Rechenleistung (der angreifenden Computer) zunehmend unsicherer wurde, aber der Ablösestandard AES (**A**dvanced **E**ncryption **S**tandard) noch nicht in Aussicht war, wurde improvisiert. Zahlreiche DES-

Varianten entstanden, die DES auf unterschiedlichste Weisen veränderten. Eine der bekannteren Varianten ist der sogenannte Triple-DES oder 3-DES.

Besonders interessant ist die Triple-DES-Variante von Ralph Merkle und Martin Hellman, die eine dreifache Verschlüsselung mit drei verschiedenen Schlüsseln vorschlagen. Dabei wird ein Klartext zunächst mit dem ersten Schlüssel DES-verschlüsselt, daraufhin aber mit dem zweiten wieder entschlüsselt – oder vielmehr wird diese Entschlüsselung „versucht", denn der ursprüngliche Klartext entsteht beim Einsatz eines ganz anderen Schlüssels freilich nicht. Zu guter Letzt erfolgt eine neue Verschlüsselung mit dem dritten Schlüssel.

Triple-DES ist nicht dreifach, sondern nur etwa doppelt so sicher wie der gewöhnliche DES. Dafür aber dreimal so aufwendig. Seit der Einführung des flinken AES-Standards steht eine bessere Alternative zur Verfügung.

3.3   Internationaler Champion und aktueller Standard: AES

DES war gestern. Heute ist AES (**A**dvanced **E**ncryption **S**tandard) der allgemein anerkannte Standard, zumindest was symmetrische Verschlüsselung betrifft. Dabei heißt der Algorithmus eigentlich Rijndael. Die Namensänderung bzw. den wesentlich bekannteren "Rufnamen" verdankt dieser Algorithmus dem Wettbewerb, den das US-amerikanische **N**ational **I**nstitute of **S**tandards and **T**echnology (kurz: NIST) 1997 ausrief: Ein neuer Verschlüsselungsalgorithmus wurde gesucht, der DES als Standard ablösen sollte.

Damals war's: das AES-Auswahlverfahren

Für die Auswahl des DES-Nachfolgers nahm sich das NIST viel Zeit. Am 2. Januar 1997 startete man ein mehrjähriges Verfahren, in dessen Verlauf zunächst Vorschläge angenommen und schließlich in mehreren Runden aussortiert werden sollten.

Um die Zahl ganz exotischer Algorithmen klein zu halten und tatsächlich einen DES-Nachfolger zu finden, der den Vorgänger in allen Belangen (= Einsatzgebieten) würdig vertreten konnte, stellte das NIST einige Anforderungen:

- Es waren nur Blockchiffren erwünscht, die Blockgrößen von mindestens 128 Bit und Schlüssellängen von 128, 192 oder 256 Bit unterstützen mussten. Der neue Standard sollte so wesentlich sicherer als sein Vorgänger DES sein.

- Doch nicht nur sicherer, auch effizienter musste der neue Algorithmus sein. Effizienter als DES bzw. Triple-DES, der dreimal langsamer als DES ist.

- Zudem war ein weltweiter, lizenzfreier Einsatz gefordert. Dass er wie DES in gewisser Weise Open Source sein musste, verstand sich von selbst.

Insgesamt 15 Kandidaten konnte das NIST am 20. August 1998 benennen. Sogleich forderte man die Kryptografengemeinde auf, diese auf Herz und Nieren zu testen. Einige Einsendungen schieden schnell aus – so auch die einzige deutsche: Magenta, ein von der Deutschen Telekom entwickelter Algorithmus, der bereits während seiner ersten Präsentation geknackt wurde.

Die finale Auswahlrunde erreichten per Pressemitteilung vom 9. August 1999 schließlich nur fünf: MARS, RC6, Rijndael, Serpent und Twofish. Daraufhin wurde die Kryptografiegemeinschaft nochmals um genauere Untersuchung der Algorithmen gebeten. Einsendeschluss war der 15. Mai 2000. Danach evaluierte das NIST sämtliche eingegangenen Informationen, bis man sich schließlich am 2. Oktober 2000 für Rijndael entschied[14], eine Erfindung der beiden Belgier Joan Daemen und Vincent Rijmen. Dass tatsächlich ein „ausländischer" Algorithmus den neuen US-Verschlüsselungsstandard begründen sollte, überraschte einige.

WLAN, Skype und ganze Datenträger: AES im Einsatz

Eines der wichtigsten Einsatzgebiete von AES ist wohl das als Verschlüsselungsmethode des WPA2-WLAN-Verschlüsselungsstandards. Verwendeten die Vorgängerstandards WEP und WPA noch RC4, chiffriert die neuste Funknetzwerkverschlüsselung nun eben mit AES. Leider benötigt die AES-Verschlüsselung mehr Ressourcen als RC4, sodass ältere WLAN-Hardware mit schwächeren Prozessoren nur selten mit WPA2 (AES) kompatibel ist.

Angeblich wird AES auch zur Verschlüsselung von IP-Telefonaten im Skype-Netzwerk genutzt. Überprüfen können Außenstehende dies aber nur schlecht, schließlich ist Skype keine Open-Source-Anwendung.

Ein weiteres Einsatzgebiet findet AES bei der Verschlüsselung von Datenträgern oder ganzen PC-Systemen. So setzen beispielsweise die Windows-Verschlüsselung Bit-Locker (siehe Seite 230) und die kostenlose Verschlüsselungslösung TrueCrypt (siehe Seite 231) AES zur Chiffrierung von Festplatten etc. ein.

---

14 Die Pressemeldung, die Rijndael zum Gewinner des AES-Wettbewerbs kürte, finden Sie auch heute noch im Internet, unter der URL *http://www.nist.gov/public_affairs/releases/g00-176.htm*.

So funktioniert AES

Als direkter Nachfolger von DES gehört AES alias Rijndael zu den symmetrischen Verschlüsselungsalgorithmen. Ungleich DES gehört dieser Standard jedoch nicht zu den sogenannten Feistelchiffren.

Unterschiede zu Rijndael

AES ist nicht gleich Rijndael, sondern eigentlich nur eine abgespeckte Version dieses Algorithmus, den Daemen und Rijmen als AES-Kandidaten vorschlugen. Denn AES arbeitet nur mit einer Blockgröße von 128 Bit, unterstützt dafür aber Schlüssel der Längen 128, 192 oder 256 Bit. Die Anzahl der Runden, in denen der Algorithmus Daten verschlüsselt, steigt proportional mit der gewählten Schlüssellänge: 10, 12 oder 14 Runden sind entsprechend möglich.

> **TIPP**
>
> **Welche Schlüssellänge sollte man wählen?**
> AES ist selbst in seiner „kleinsten" Variante mit einem 128-Bit-Schlüssel noch relativ sicher. Wenn Ihr PC leistungsstark genug ist und nicht jede Millisekunde zählt, können Sie aber ruhig zur sichersten Variante mit einem 256-Bit-Schlüssel greifen.

Pro Runde bearbeitet der Algorithmus die Bytes eines Blocks (bzw. Zustand) mit vier Operationen – *SubBytes Substitution*, *MixColumns Permutation*, *Diffusion* und *Schlüsselverknüpfung*, wobei die *Diffusion* in der letzten Runde entfällt.

Genau wie bei DES und vielen anderen Blockchiffren kommt dabei ein spezieller, in jeder Runde wechselnder Rundenschlüssel zum Einsatz. Diese (mindestens) 10 Rundenschlüssel werden im Rahmen der Schlüsselexpansion erzeugt. Folgendes Schaubild vermag den AES-Algorithmus oberflächlich veranschaulichen:

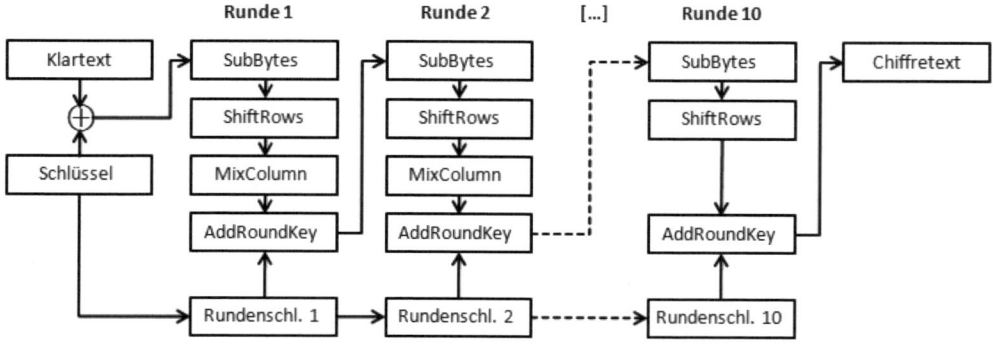

Die Aufteilung der Nachricht in Klartextblöcke

Blockchiffren wie AES und DES teilen die zu verschlüsselnden Daten in viele kleine Blöcke auf. DES verwendete hierbei 64 Bit große Blöcke, AES setzt nun auf 128 Bit. ASCII-codiert würden in einen 128-Bit-Block entsprechend 128 : 8 = 16 Zeichen passen. Einen albernen Klartext wie *Geheime Codes!!!*[15] könnte man somit bequem in einem Durchgang verschlüsseln.

So erzeugt AES aus einem Schlüssel mehrere Rundenschlüssel

Wichtiger als die Blockgröße ist die Schlüssellänge: AES erlaubt 128-, 192- und 256-Bit-Schlüssel und entfernt sich so deutlich vom 1970er-Relikt DES, der gerade einmal 56-Bit-Schlüssel gestattete.

Ein Schlüssel allein genügt jedoch längst nicht. Denn eigentlich ist der Schlüssel, den Sie sich zum Chiffrieren Ihres geheimen Textes ausdenken oder mittels eines Schlüsselgenerators erstellen, nur eine Art Initialschlüssel. Tatsächlich verwendet AES für jede Runde, in der ein Zustand (alias *state* oder Zustand) bearbeitet wird, einen jeweils anderen Rundenschlüssel. Diese Rundenschlüssel werden im Rahmen der sogenannten Schlüsselexpansion aus dem von Ihnen angegebenen Schlüssel erzeugt.

Die Schlüsselexpansion spuckt nicht einen Rundenschlüssel nach dem anderen aus, sondern erzeugt sie wortweise – aus Teilstücken zu je vier Byte. Aus *f5.73.ab.09.c4. dd.d3.28.69.4b.9a.12.e5.ff.2a.09*$_{16}$ wird so *f5.73.ab.09*$_{16}$, *c4.dd.d3.28*$_{16}$, *69.4b.9a.12*$_{16}$, *e5.ff.2a.09*$_{16}$. Es sind also vier, jeweils vier Byte bzw. 128 : 4 = 32 Bit große Teilschlüssel entstanden, die auch als Wörter bezeichnet werden. Dabei basiert jedes Wort auf den vorherigen, sodass die Rundenschlüssel aufeinander aufbauend vom ursprünglichen Schlüssel abgeleitet werden.

Grundlage eines neuen Wortes – und somit eines weiteren Bausteins der Rundenschlüssel – ist das jeweils direkt vorangegangene Wort. Für die ersten vier Wörter, also den ersten Rundenschlüssel, bildet der eigentliche Schlüssel die Grundlage zur Herleitung. Mit folgenden vier Operationen erzeugt AES die benötigten Rundenschlüssel: *Rotword*, *Subword* und *Rcon* wenden AES nur auf das jeweils erste Wort eines Rundenschlüssels an. Einzig die letzte Operation, *XOR mit dem Vorgänger*, durchläuft alle Wortbausteine eines Rundenschlüssels.

---

15 Mehr als ein Ausrufezeichen zu setzen, ist eigentlich schlechter Stil, füllte den Klartext an dieser Stelle aber bequem auf 16 Zeichen auf ;o).

- *Rotword*: Diese Operation macht eigentlich nichts anderes, als die ersten 8 Bit bzw. das erste Byte des Wortes an dessen Ende anzuhängen. Aus $e5.ff.2a.09_{16}$ wird dann beispielsweise $ff.2a.09.e5_{16}$.

- *Subword*: Für jedes Byte des Wortes sucht der Algorithmus nun den entsprechend zugehörigen Wert in einer speziell definierten S-Box auf. Diese S-Box finden Sie auf Seite 78.

- *Rcon*: Der nach *Subword* erhaltene Wert wird in der Operation *Rcon* mit einer soge-nannten Rundenkonstante XOR-verknüpft. Für jede der zehn Runden existiert jeweils eine andere vordefinierte Konstante. Die für Runde 1 lautet $01.00.00.00_{16}$.

- *XOR mit dem Vorgänger*: Abschließend wird das Wort mit dem Wort gleicher Stelle des Vorgängerrundenschlüssels ge-XOR-t. Für die Wörter 2 bis 4 ist dieses XOR-en sogar die einzige Operation, aus denen sie sich ableiten.

Aus dem Schlüssel $f5.73.ab.09.c4.dd.d3.28.69.4b.9a.12.e5.ff.2a.09_{16}$ entstünden bei-spielsweise folgende Rundenschlüssel:

	Wort 1	**Wort 2**	**Wort 3**	**Wort 4**
Schlüssel	$f5.73.ab.09_{16}$	$c4.dd.d3.28_{16}$	$69.4b.9a.12_{16}$	$e5.ff.2a.09_{16}$
Rundenschlüssel 1	$e2.96.aa.d0_{16}$	$26.4b.79.f8_{16}$	$4f.00.e3.ea_{16}$	$aa.ff.c9.e3_{16}$
Rundenschlüssel 2	f6.4b.bb.7c	d0.00.c2.84	9F00216E	35FFE88D
Rundenschlüssel 3	e4.d0.e6.ea	34.d0.24.6e	ab.d0.05.00	9e.2f.ed.8d
Rundenschlüssel 4	f9.85.bb.e1	cd.55.9f.8f	66.85.9a.8f	f8.aa.77.02
Rundenschlüssel 5	45.70.cc.A0	88.25.53.2f	ee.a0.c9.a0	16.0a.be.a2
Rundenschlüssel 6	02.de.f6.e7	8a.fb.a5.c8	64.5b.6c.68	72.51.d2.ca
Rundenschlüssel 7	93.6b.82.a7	19.90.27.6f	7d.cb.4b.07	0f.9a.99.cd
Rundenschlüssel 8	ab.85.3f.d1	b2.15.18.be	cf.de.53.b9	c0.44.ca.74
Rundenschlüssel 9	ab.f1.ad.6b	19.e4.b5.d5	d6.3a.e6.6c	16.7e.2c.18
Rundenschlüssel 10	6e.80.00.2c	77.64.b5.f9	a1.5e.53.95	b7.20.7f.8d

So funktioniert AES: die Rundenoperationen

Noch bevor AES mit der ersten Runde beginnt, wird der Klartext mit dem eigentlichen Schlüssel XOR-verknüpft. Der erste Zustand entsteht, der fortan in zehn Runden mit den folgenden vier Operationen immer weiter – und immer wieder – bearbeitet wird:

- *Die Substitutionsoperation SubBytes*: In diesem ersten Schritt ersetzt der Algorithmus jedes Byte des Blocks durch einen Eintrag aus untenstehender S-Box[16]. Die erste Hexadezimalziffer des Eingabe-Bytes beschreibt die Zeile, die zweite gibt die Spalte an. Wo sich Zeile und Spalte schneiden, steht die Ausgabe. Wird die Sub-Bytes-Operation beispielsweise mit $d2_{16}$ gefüttert, gibt sie $b5_{16}$ aus. Für 16_{16} entsprechend 47_{16} etc. Und so sieht die S-Box aus[17]:

	0	1	2	3	4	5	6	7	8	9	a	b	c	d	e	f
0	63	7c	77	7b	f2	6b	6f	c5	30	01	67	2b	fe	d7	ab	76
1	ca	82	c9	7d	fa	59	47	f0	ad	d4	a2	af	9c	a4	72	c0
2	b7	fd	93	26	36	3f	f7	cc	34	a5	e5	f1	71	d8	31	15
3	04	c7	23	c3	18	96	05	9a	07	12	80	e2	eb	27	b2	75
4	09	53	2c	1a	1b	6e	5a	a0	52	3b	d6	b3	29	e3	2f	84
5	53	d1	00	ed	20	fc	b1	5b	6a	cb	be	39	4a	4c	58	cf
6	d0	ef	aa	fb	43	4d	33	85	45	f9	02	7f	50	3c	9f	a8
7	51	a3	40	8f	92	9d	38	f5	bc	b6	da	21	10	ff	f3	d2
8	cd	0c	13	ec	5f	97	44	17	c4	a7	7e	3d	64	5d	19	73
9	60	81	4f	dc	22	2a	90	88	46	ee	b8	14	de	5e	0b	db
a	e0	32	3a	0a	49	06	24	5c	c2	d3	ac	62	91	95	e4	79
b	e7	c8	37	6d	8d	d5	4e	a9	6c	56	f4	ea	65	7a	ae	08
c	ba	78	25	2e	1c	a6	b4	c6	e8	dd	74	1f	4b	bd	8b	8a
d	70	3e	b5	66	48	03	f6	0e	61	35	57	b9	86	c1	1d	9e
e	e1	f8	98	11	69	d9	8e	94	9b	1e	87	e9	ce	55	28	df
f	8c	a1	89	0d	bf	e6	42	68	41	99	2d	0f	b0	54	bb	16

- *Permutation per ShiftRows*: Den Begriff Permutation kennen Sie ja bereits. Er steht synonym für „Vertauschen". Nichts anderes führt AES in dieser sogenannten Shift-Rows-Transformation aus: Systematisch werden die Bytes eines Blocks verschoben: Die erste Zeile des 4x4-Blocks bleibt unverändert. In der zweiten Zeile rutschen die Einträge um eine Stelle nach links, in der zweiten Zeile hingegen um zwei und in der

---

16 Ein paar allgemeinere Sätze zu den S-Boxen, die in vielen Verschlüsselungsalgorithmen verwendet werden, finden Sie auf Seite 74.

17 Das Original finden Sie in der offiziellen Dokumentation des AES-Standards (FIPS-197), die unter der URL *http://csrc.nist.gov/publications/fips/fips197/fips-197.pdf* kostenlos als PDF-Dokument verfügbar ist.

dritten um drei Stellen. Die ehemals vorderen Einträge verschwinden dabei nicht, sondern werden in der jeweiligen Zeile hinten angehängt.

■ *MixColumn mischt die Spalten*: Diese Rundenoperation sorgt für Diffusion, also für ein „Streuen" der Bytes innerhalb eines Blocks. Dafür werden die Spalten des Blocks mit einem Polynom multipliziert, das durch den Standard vorgegeben ist. Die mathematischen Details dieser Operation sind komplex und kompliziert und sollen deshalb an dieser Stelle auch nicht weiter interessieren. Weil die MixColumn-Berechnungen selbst für einen Computer sehr aufwendig sind, spart man sich in der IT-Praxis die Berechnungen und verwendet stattdessen Tabellen, die für jede mögliche Kombination das passende Ergebnis beinhalten. Die MixColumn-Operation ist nicht nur aufgrund ihrer Komplexität etwas Besonderes, sondern stellt zugleich die einzige Operation dar, die nur in den Runden 1 bis 9 ausgeführt wird und in Runde 10 entsprechend ausbleibt.

■ *AddRoundKey verknüpft state und Rundenschlüssel*: Im letzten Rundenschritt wird der Block schlussendlich noch einmal mit dem aktuellen Rundenschlüssel XOR-verknüpft. Anschließend beginnt für den Block die nächste Runde – mit dem nächsten Rundenschlüssel.

Die Entschlüsselung – nicht so leicht wie mit DES

Feistelchiffren wie DES sind leicht umkehrbar. Doch AES gehört nicht zu den Algorithmen, die nach Feistels Modell entstanden. Tatsächlich weicht das Entschlüsselungsverfahren in vielen Punkten deutlich vom ursprünglichen Algorithmus ab. So muss beispielsweise die Zeilenverschiebung ShiftRows in anderer Richtung erfolgen. Und auch die SubBytes-Operation fußt auf einer anderen, invertierten S-Box.

Vorgerechnet: ein Beispiel

Abhängig von der Schlüssellänge sind es mindestens zehn Runden, die der Algorithmus durchlaufen muss, um einen Klartextblock einigermaßen sicher zu chiffrieren. Folgende Abbildung zeigt am Beispiel des Klartextes *47.65.68.65.69.6d.65.20.43.6f.64.65.73. 21.21.21$_{16}$* und des Schlüssels *f5.73.ab.09.c4.dd.d3.28.69.4b.9a.12.e5.ff.2a.09$_{16}$* eine im Detail durchexerzierte AES-Verschlüsselung. Die Darstellung ist an die des Tools Rijndael-Inspektor angelehnt, das Bestandteil von CrypTools (siehe Seite 19) ist.

Klartext als *State*:

47	69	43	73
65	6d	6f	21
68	65	64	21
65	20	65	21

Schlüssel:

f5	c4	69	e5
73	dd	4b	ff
ab	d3	9a	2a
09	28	12	09

Runde 1

Start:

b2	ad	2a	96
16	b0	24	de
c3	b6	fe	0b
6c	08	77	28

SubBytes:

37	95	e5	90
47	e7	36	1d
2e	4e	bb	2b
50	30	f5	34

ShiftRows:

37	95	e5	90
e7	36	1d	47
bb	2b	2e	4e
34	50	30	f5

MixColumns:

d3	10	e8	49
00	d4	9d	39
e1	05	f4	4f
6d	19	67	53

⊕ Rundenschlüssel:

e2	26	4f	aa
96	4b	00	ff
aa	79	e3	c9
d0	f8	ea	e3

Runde 2

Start:

31	36	a7	e3
96	9f	9d	c6
4b	7c	17	86
bd	e1	8d	b0

SubBytes:

c7	05	5c	11
90	db	5e	b4
b3	10	f0	44
7a	f8	5d	e7

ShiftRows:

c7	05	5c	11
db	5e	b4	90
f0	44	b3	10
e7	7a	f8	5d

MixColumns:

f4	d6	34	c4
86	0f	19	47
d5	5d	86	46
ac	e1	08	09

⊕ Rundenschlüssel:

f6	d0	9f	35
4b	00	00	ff
bb	c2	21	e8
7c	84	6e	8d

Runde 3

Start:

02	06	ab	f1
cd	0f	19	b8
6e	9f	a7	ae
d0	65	66	84

SubBytes:

77	6f	62	a1
bd	76	d4	6c
9f	db	5c	e4
70	4d	33	5f

ShiftRows:

77	6f	62	a1
76	d4	6c	bd
5c	e4	9f	db
5f	70	4d	33

MixColumns:

77	2d	a2	6d
20	9b	4d	85
58	f8	fc	e4
0d	61	cf	f8

⊕ Rundenschlüssel:

e4	34	ab	9e
d0	d0	d0	2f
e6	24	05	ed
ea	6e	00	8d

Runde 4

Start:

93	19	09	f3
f0	4b	9d	aa
be	dc	f9	09
e7	0f	cf	75

SubBytes:

dc	d4	01	0d
8c	b3	5e	ac
ae	86	99	01
94	76	8a	9d

ShiftRows:

dc	d4	01	0d
b3	5e	ac	8c
99	01	ae	86
9d	94	76	8a

MixColumns:

69	c4	35	99
8c	ff	dd	15
fa	2f	70	13
74	0b	ed	12

⊕ Rundenschlüssel:

f9	cd	66	f8
85	55	85	aa
bb	9f	9a	77
e1	8f	8f	02

Runde 5

Start:

90	09	53	61
09	aa	58	bf
41	b0	ea	64
95	84	62	10

SubBytes:

60	01	ed	ef
01	ac	6a	08
83	e7	87	43
2a	5f	aa	ca

ShiftRows:

60	01	ed	ef
ac	6a	08	01
87	43	83	e7
ca	2a	5f	aa

MixColumns:

62	d5	05	8b
7b	3a	3c	75
9c	93	19	de
04	7e	19	83

⊕ Rundenschlüssel:

45	88	ee	16
70	25	a0	0a
cc	53	c9	be
a0	2f	a0	a2

6

27	5d	eb	9d
0b	1f	9c	7f
50	c0	d0	60
a4	51	b9	21

cc	4c	e9	5e
2b	c0	de	d2
53	ba	70	d0
49	d1	56	fd

cc	4c	e9	5e
c0	de	d2	2b
70	d0	53	ba
fd	49	d1	56

55	78	26	2d
3a	c9	72	8b
f0	f2	f5	e0
1e	48	18	df

$\oplus$

02	8a	64	72
de	fb	5b	51
f6	a5	6c	d2
e7	c8	68	ca

7

57	f2	42	5f
e4	32	29	da
06	57	99	32
f9	80	70	15

5b	89	2c	cf
69	23	a5	57
6f	5b	ee	23
99	cd	51	59

5b	89	2c	cf
23	a5	57	69
ee	23	6f	5b
59	99	cd	51

64	47	03	34
6d	24	fe	a1
54	da	e9	e3
92	2f	cd	da

$\oplus$

93	19	7d	0f
6b	90	cb	9a
82	27	4b	99
a7	6f	07	cd

8

f7	5e	7e	3b
06	b4	35	3b
d6	fd	a2	7a
35	40	ca	17

68	58	f3	e2
6f	8d	96	e2
f6	54	3a	da
96	09	74	f0

68	58	f3	e2
8d	96	e2	6f
3a	da	f6	54
f0	96	09	74

96	5d	3f	4e
d7	8c	24	b4
9a	c0	fd	b9
f4	93	08	ee

$\oplus$

ab	b2	cf	c0
85	15	de	44
3f	18	53	ca
d1	be	b9	74

9

3d	ef	f0	8e
52	99	fa	f0
a5	d8	ae	73
25	2d	b1	9a

27	df	8c	19
00	ee	2d	8c
06	61	e4	8f
3f	d8	c8	b8

27	df	8c	19
ee	2d	8c	00
e4	8f	06	61
b8	3f	d8	c8

3b	62	52	9b
6f	30	5d	72
c9	b6	7f	98
08	a6	ae	c1

$\oplus$

ab	19	d6	16
f1	e4	3a	7e
ad	b5	e6	2c
6b	d5	6c	18

10

90	7b	84	8d
9e	d4	67	0c
64	03	99	b4
63	73	c2	d9

60	21	5f	5d
0b	48	85	fe
43	7b	ee	8d
fb	8f	25	35

60	21	5f	5d
48	85	fe	0b
ee	8d	43	7b
35	fb	8f	25

$\oplus$

6e	77	a1	b7
80	64	5e	20
00	b5	53	7f
2c	f9	95	8d

Der verschlüsselte Geheimtext:

0e	56	fe	ea
c8	e1	a0	2b
ee	38	10	04
19	02	1a	a8

Wie ist diese Abbildung zu lesen? Natürlich von oben nach unten und von links nach rechts. Die Blöcke unter Start sind die Zustände, mit denen eine Runde beginnt. Unter SubBytes finden Sie den Zustand, nachdem die SubBytes-Operation auf den Block angewandt wurde. Analog befinden sich unter ShiftRows und MixColumns die Ergebnisse nach diesen Operationen. Das Ergebnis der letzten Operation, der Schlüsselverknüpfung mit dem jeweiligen Rundenschlüssel, zeigt die Abbildung explizit nicht, doch ist es ja stets der Startzustand der nächsten Runde. Ganz am Abbildungsende finden Sie dann auch den erzeugten Chiffretext:
0e.c8.ee.19.56.e1.38.02.fe.a0.10.1a.ea.2b.04.a8$_{16}$.

3.4 Einfach nur alle Daten nacheinander verschlüsseln? Gefährlich!

In den Beschreibungen von DES oder AES war jeweils nur von einem Block die Rede. In der Praxis verschlüsseln die Algorithmen freilich viel größere Daten, die sie dazu in etliche 64- oder 128-Bit-Blöcke aufspalten müssen. Dabei wird nur selten einfach ein Block nach dem anderen verschlüsselt. Um die Sicherheit zu erhöhen und bestimmte Angriffsverfahren zu vereiteln, sind die Blöcke häufig untereinander verknüpft. Wie die Verknüpfung erfolgt, beschreiben sogenannte Modes of Operation oder einfacher: Betriebsmodi. Diese sollen im Idealfall folgende Voraussetzungen erfüllen:

- Gibt es im Klartext mehrere Wiederholungen, sollen diese im Chiffretext keine Muster bilden.

- Die Klartexteingaben sollen zufällig durcheinander gemischt werden.

- Manipulationen des Chiffretextes, die sich (nach der Entschlüsselung) in unbemerkten Fehlern im Klartext auswirken, sollen sie verhindern.

- Die Verschlüsselung mehr als einer Nachricht (mit dem gleichen Schlüssel) soll möglich sein.

- Effizienz ist ebenso gefordert: Der Betriebsmodus darf die Verschlüsselung und Entschlüsselung nicht unnötig ausbremsen oder den Chiffretext unnötig aufblähen.

Simpel und gefährlich: der Electronic Codebook Mode

Der einfachste Modus heißt **E**lectronic **C**odebook **M**ode (ECM). Hierbei wird wirklich nur jeder Block nacheinander (oder parallel) verschlüsselt, also nicht verknüpft. In Summe ergeben die nacheinander verschlüsselten und angereihten Blöcke dann den Chiffretext. Grundsätzlich wird ein bestimmter Klartext so bei gleichem Schlüssel immer in den gleichen Chiffretext gewandelt.

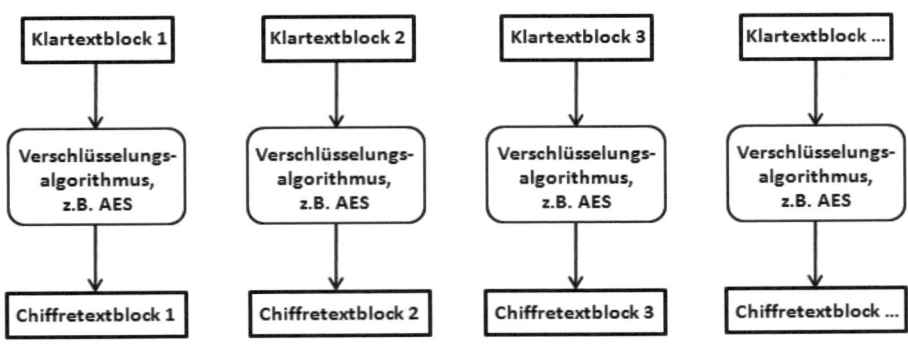

Da Dateien und E-Mails häufig fest definierte Dateiköpfe verwenden, die sich immer wieder gleichen, könnte ein Angreifer gewisse Muster erkennen. Oder denken Sie an die Standardfloskeln *Sehr geehrte Frau XX* und *Sehr geehrter Herr XY*. Sollte er herausfinden, dass der Chiffretext *2E.A2.93.3A.4F.D4.9B.01.AB.2D.19.8A.23.B1.ED.27*$_{16}$ dem Klartext *53.65.68.72.20.67.65.65.68.72.74.65.20.44.61*$_{16}$ ("Sehr geehrte Da"men ...) entspricht, könnte er in jeder weiteren, mit dem gleichen Schlüssel chiffrierten Nachricht nach diesem Chiffretext suchen – und ihn entsprechend durch den bereits bekannten Klartext ersetzen.

Zugleich wäre damit die Grundlage für einen sogenannten Known-Plaintext-Angriff (siehe Seite 127) gelegt. Noch gefährlicher sind sogenannte Replay-Angriffe (siehe Seite 126), die der Electronic Codebook Mode in besonderem Maße ermöglicht. Ein Vorteil des ECM ist allerdings die schon erwähnte Parallelität: Mehrere Blöcke können gleichzeitig ver- oder entschlüsselt werden. Zudem ist die Entschlüsselung einer chiffrierten Nachricht sehr einfach – das Verfahren wird einfach umgedreht.

Angekettet: Cipher Block Chaining Mode (CBC)

Im Namen dieses Modus steckt das englische Wort „Chaining", also „verketten". Tatsächlich ist dessen Besonderheit, dass er die zu verschlüsselnden Blöcke miteinander XOR-verknüpft, sodass der jeweils nachfolgende Block direkt vom vorhergehenden abhängig ist. In einem Schema sieht das etwa so aus:

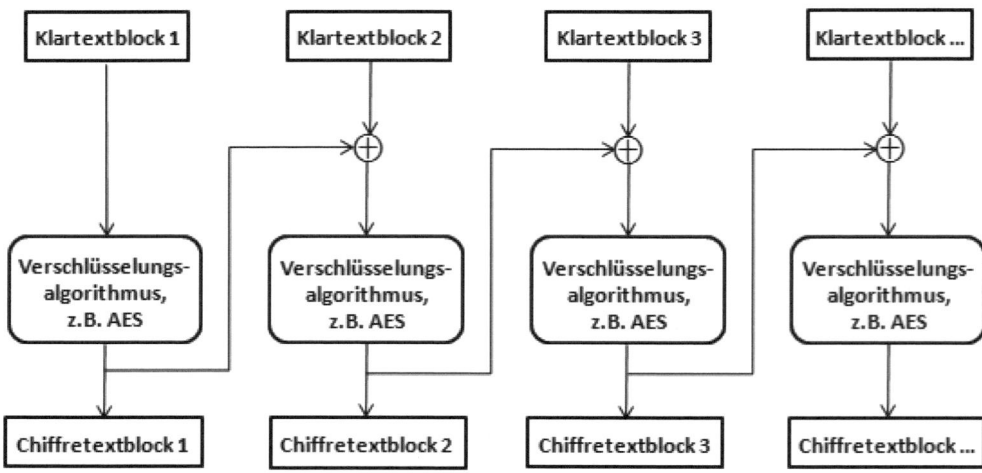

Wird eine Nachricht nach obigem Schema verschlüsselt, erzeugt ein Algorithmus wie AES natürlich auch wieder nur für den gleichen Klartext (und bei gleichem Schlüssel) den immer wieder gleichen Chiffretext. Schließlich ist der erste Block von identischen Nachrichten ebenfalls … identisch. Wenn Nachrichten mit den immer gleichen Anfängen verschlüsselt werden, kann das problematisch sein.

Die Entschlüsselung erfolgt hier, indem der Algorithmus den ersten verschlüsselten Block einer Nachricht zunächst in einen Zwischenspeicher kopiert. Anschließend wird der eigentliche erste Block entschlüsselt und ergibt sofort den Klartext. Nachdem der zweite Block dechiffriert wurde, wird er mit dem ersten, noch im Zwischenspeicher befindlichen Block XOR-verknüpft. Erst danach liegt auch für den zweiten Block der Klartext vor. Analog fährt die Entschlüsselung fort, wobei stets der vorangegangene Chiffreblock mit dem aktuellen dechiffrierten Block XOR-verknüpft werden muss, um den jeweiligen Klartext zu erhalten.

Damit nicht immer das Gleiche rauskommt: der Initialisierungsvektor

Obige Problematik umgeht ein sogenannter Initialisierungsvektor. Er sorgt zugleich dafür, dass ein Algorithmus im CBC-Modus aus den immer gleichen Klartextblöcken stets andere Chiffretexte erzeugt. Eingesetzt wird er nur zum XOR-en mit dem ersten Block, sodass der Verschlüsselungsalgorithmus gleich im ersten Durchgang einen mit dem Initialisierungsblock verketteten Klartextblock verschlüsselt. Vorausgesetzt, der Initialisierungsvektor wird stets neu und (pseudo-)zufällig erzeugt[18], verschlüsselt der Algorithmus den immer gleichen Klartext stets zu einem anderen Chiffretext.

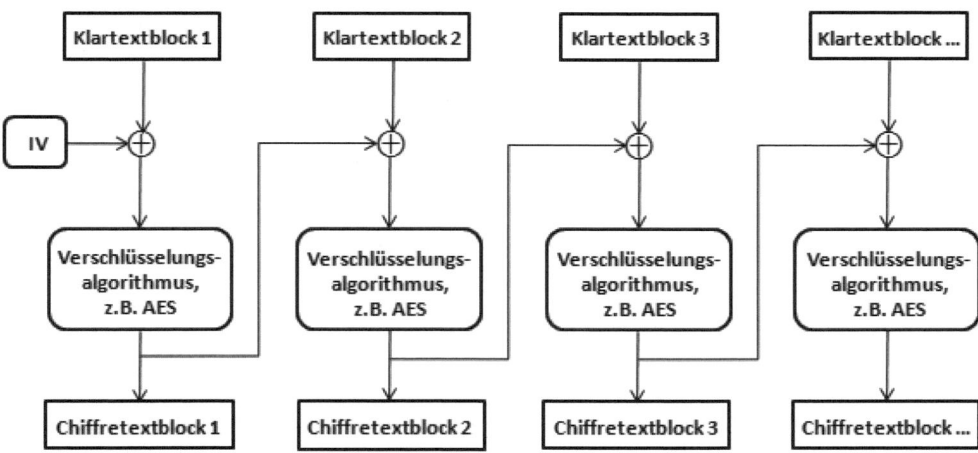

Weil der Initialisierungsvektor den Klartext – und somit auch den Chiffretext – maßgeblich verändert, wird er vom Empfänger natürlich ebenfalls zum Dechiffrieren benötigt. Ganz im Gegensatz zum Schlüssel muss ihn aber keiner geheim halten oder verstecken: Er kann als Klartext übertragen werden.

---

18 Es gibt noch weitere Möglichkeiten, einen Initialisierungsvektor auch ohne Pseudozufallsgenerator (siehe Seite 129) zu erzeugen. Sie bleiben in diesem Buch jedoch außen vor.

Die Entschlüsselung erfolgt wie oben erwähnt, nur muss der erste Block nach dessen Dechiffrierung noch mit dem Initialisierungsvektor XOR-verknüpft werden, der zur Verschlüsselung eingesetzt und – hoffentlich – mit übertragen wurde.

Problematisch ist bei diesem Modus, dass ein Übertragungsfehler die gesamte Nachricht verändert. Da die Ver- bzw. Entschlüsselung eines Blocks immer vom vorherigen abhängt, pflanzen sich kleine Fehler bis ans Ende der Nachricht fort. Hingegen fallen sogenannte Replay-Attacken schnell auf, wenn je Nachricht wirklich stets ein anderer Initialisierungsvektor zum Einsatz kommt.

Eine Verschlüsselungstechnik, die den AES-Algorithmus im CBC-Modus verwendet, ist beispielsweise Vistas BitLocker-Systemverschlüsselung (siehe Seite 230). Zusätzlich existieren sogenannte CBC-MACs, eine Mischung aus Hash-Algorithmus und symmetrischem Verschlüsselungsverfahren im CBC-Modus, die der Authentifikation von Nachrichten dienen.

Weitere Operationsmodi

Es gibt noch weitere Operationsmodi für Blockchiffren, nicht nur den einfachen ECB und schon recht patenten CBC. Sie sollen in diesem Buch aber außen vor bleiben.

3.5   Der unknackbare Code – das One-Time-Pad

Normalerweise – und das werden die vielen Seiten dieses Buches zu den verschiedensten Verschlüsselungsalgorithmen bestätigen – verwenden kryptografische Algorithmen Schlüssel, deren Länge (viel) kürzer ist als die Nachricht. Das ist beim sogenannten One-Time-Pad anders, denn hier kommen Schlüssel zum Einsatz, die genauso lang sind wie die Nachricht selbst.

Eigentlich geht das One-Time-Pad auf die Idee eines Kryptologen namens Gilbert Venam zurück und wird deshalb hin und wieder auch als Venam-Chiffre bezeichnet. Doch erst von Joseph O. Mauborgne wurde diese Idee in ein konkretes Verfahren umgesetzt und als One-Time-Pad benannt. Diese Bezeichnung etablierte sich, sodass auch in diesem Buch die Venam-Chiffre nachfolgend nur noch als One-Time-Pad beschrieben wird.

So funktioniert's

Die Funktionsweise ist wirklich ganz kurz und bündig erklärt: Jedes Bit des Klartextes wird mit einem Bit des absolut zufällig generierten Schlüssels XOR-verknüpft. Da er so lang sein muss wie der Klartext, gibt's für jedes Klartext-Bit auch ein Schlüssel-Bit. Fertig ist der Chiffretext. In einem kleinen Beispiel veranschaulicht, sieht das Ganze folgendermaßen aus:

Wenn Sie den Satz *Das One-Time-Pad ist absolut sicher.* als ASCII-Code darstellen, erhalten Sie in hexadezimaler Darstellung folgende Zeichenkette:

44.61.73.20.4f.6e.65.2d.54.69.6d.65.2d.50.61.64.20.69.73.74.20.61.62.73.6f.6c.75.74.2 0.73.69.63.68.65.72.2e$_{16}$.

Einen starken (pseudo-)zufälligen Schlüssel für das One-Time-Pad erzeugen Sie beispielsweise mit einem Zufallsdatengenerator von CrypTool. Das Tool spuckte mir für dieses Beispiel Folgendes aus:

7c.18.cd.dd.76.48.5c.f9.ab.9f.4e.8f.1a.32.fb.34.c1.87.e6.78.18.e5.76.a1.c9.b7.85.a1$_{16}$.

Die XOR-Verknüpfung ist mit hexadezimalen Werten natürlich nicht so hübsch, die Zeichenketten in binärer Darstellung sind für dieses Buch aber schon etwas zu lang. So seien nur die ersten 68 Bit von Klartext, Schlüssel und Chiffretext abgebildet:

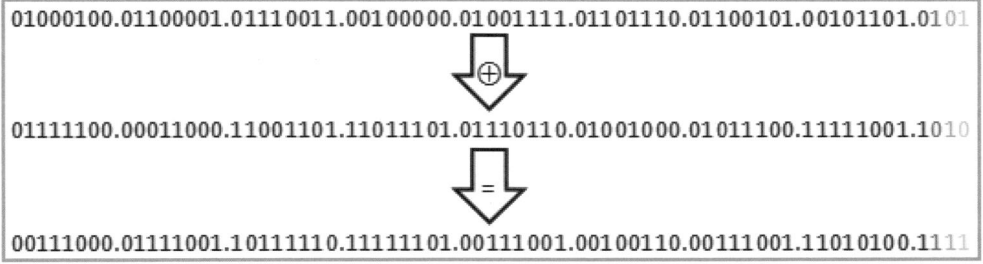

Die Entschlüsselung erfolgt analog, indem der Chiffretext mit dem Schlüssel noch einmal XOR-verknüpft wird.

Für viele Anwendungen in der Praxis untauglich

Den Anforderungen von Privatverschlüsselern ist das One-Time-Pad nicht gewachsen. Warum? Darum: Damit das One-Time-Pad wirklich sicher ist, darf ein Schlüssel niemals ein zweites Mal eingesetzt werden. Für jede Nachricht ist also ein immer neuer Schlüssel zu ermitteln. Und zu übermitteln. Da das One-Time-Pad ein symmetrisches Verfahren darstellt, benötigt ihn nämlich auch der Empfänger. Aber wie gelänge der Austausch am besten?

- Vielleicht per USB-Stick oder DVD, die Sie postalisch an den Empfänger senden? Das wäre umständlich, teuer und zugleich langsam.

■ Sie könnten den Schlüssel auch übers Internet übertragen, müssten dann aber dessen Übertragung absichern. Etwa indem Sie den Schlüssel mit einem anderen Verschlüsselungsalgorithmus als AES chiffrieren. Sowohl der Schlüssel als auch die damit chiffrierte Nachricht wären dann natürlich nur noch so sicher wie die AES-Verschlüsselung selbst. Zudem hat diese Vorgehensweise etwas von „doppelt gemoppelt".

Für kurze, sehr wichtige Nachrichten ist das One-Time-Pad noch brauchbar, aber den Inhalt ganzer Festplatten würde damit kaum einer verschlüsseln. Schließlich ist ja der Schlüssel genauso groß wie die Daten selbst, wodurch sich der Speicherplatzbedarf einer verschlüsselten Nachricht effektiv verdoppelt. Freilich müsste der Schlüssel zudem getrennt vom Chiffretext – also auf einer zweiten Festplatte oder einem zweiten USB-Stick – hinterlegt sein.

Genau wie bei vielen anderen Algorithmen spielt die „Zufälligkeit" des Schlüssels eine große Rolle. Beim One-Time-Pad, das auch statistischen Analysen nach bestimmten Mustern und Häufigkeiten widerstehen soll, ist die rein zufällige Verteilung der Schlüsselelemente aber natürlich noch etwas wichtiger. Wie Sie spätestens auf Seite 129 erfahren werden, tun sich Computer mit der Generierung von Zufällen aber recht schwer. Die Generierung des Schlüssels sollte deshalb also sehr genau beobachtet und bedacht sein.

Möglich, wenn einer schlampt: Angriff auf das One-Time-Pad

Den unknackbaren Code gibt es in Form des One-Time-Pads tatsächlich, allerdings ist dieser nur absolut sicher, wenn der Anwender dessen spezielle „Regeln" penibel befolgt. Die lauten: 1. Der Schlüssel muss wirklich rein zufällig verteilt sein. 2. Er darf kein zweites Mal zur Verschlüsselung eines anderen Klartextes eingesetzt werden.

3.6 Mit dem Strom verschlüsseln: Stromchiffren

Die Sicherheit von mit einer Stromchiffre verschlüsselten Daten steht und fällt mit einem sogenannten Schlüsselstrom, der von ihr erzeugt wird. Je zufälliger seine Zusammensetzung, desto schwerer sind damit verschlüsselte Nachrichten zu knacken. Im günstigsten Fall operiert eine Stromchiffre wie ein One-Time-Pad. Dafür gibt der Keystream Generator einen Schlüssel(-strom) aus, der so lang wie die Nachricht selbst ist und keine Wiederholungen enthält.

Ronald Rivests RC4

RC4 wurde von Ronald Rivest entwickelt und heißt eigentlich Rivest Cipher 4 oder – etwas inoffiziell – Ron's Code 4. Die 4 im Namen lässt darauf schließen, dass es bereits Vorgänger gab. Tatsächlich existiert noch ein RC2-Algorithmus, der aber als Blockchiffre ein etwas anderes Einsatzgebiet hat. RC1 und RC3 wurden hingegen nie in Gänze veröffentlicht. Rivests neuster Algorithmus heißt RC5 und ist wie RC2, DES oder AES erneut eine Blockchiffre.

Rivest entwickelte RC4 1987 als einen proprietären Algorithmus für RSA Data Security[19]. In Absprache mit der US-Regierung wurde ihm damals eine Sonderexportgenehmigung erteilt: Sofern der eingesetzte Schlüssel nicht länger als 40 Bits war, erteilte man die Exportgenehmigung für Produkte, die RC4 (oder RC2) verwendeten, besonders schnell und unkompliziert[20].

Der Aufbau von RC4 und dessen Funktionsweise war lange Zeit geheim. Nur wer eine Verschwiegenheitserklärung unterschrieb (Engl.: **n**on-**d**isclosure **a**greement, kurz: NDA) und entsprechende Lizenzzahlungen leistete, erhielt die RC4-Spezifikationen und durfte den Algorithmus verwenden. Dass RC4 in diesem Buch überhaupt beschrieben werden kann, liegt an der anonymen Veröffentlichung des Algorithmus im Internet, die 1994, sieben Jahre nach der Entwicklung, erfolgte. Trotz Veröffentlichung bestand der Patentschutz auf den Algorithmus aber weiterhin, sodass immernoch Lizenzgebühren an RSA Data Security zu zahlen waren, wollte man RC4 in einer Software einsetzen – und einem Rechtsstreit mit RSA Data Security aus dem Wege gehen. Tatsächlich versuchte RSA kurz nach der unfreiwilligen Veröffentlichung, die weitere Verbreitung der Spezifikationen über Rechtsmittel zu unterbinden. Um Rechtsstreitigkeiten zu entgehen, wurde RC4 damals häufig auch als ARCFOUR oder ARC4 bezeichnet.

Alt, aber noch im Einsatz

1984 entwickelt, 1994 anonym veröffentlicht – RC4 ist schon recht alt. Warum ist RC4 auch heute noch aktuell? Nun, er ist beispielsweise die Grundlage der WEP-und WPA-WLAN-Verschlüsselung. Grund genug, diesen sehr einfachen Algorithmus einmal näher zu betrachten.

---

19 RSA Data Security wurde einst von den drei Erfindern des RSA-Verfahrens, Ronald Rivest, Adi Shamir und Leonard Adleman, gegründet und zählt im Bereich der Anbieter kommerzieller Kryptografielösungen zu den bekanntesten Firmen.
20 So ist wohl auch der Einsatz in früheren Microsoft Office-Versionen zu erklären, wo RC4 bis zur Version mit 40-Bit-Schlüsseln zur Dokumentenverschlüsselung verwendet wurde.

TIPP

Was ist eigentlich ... eine Nonce?

Nonce steht als Abkürzung für Number used once (in etwa: Zahl, die nur einmal benutzt wird). Im Sinne der Kryptografie handelt es sich um eine Zeichenfolge, die nur einmal eingesetzt wird – beispielsweise zur Verschlüsselung oder um Replay-Angriffe (siehe Seite 126) zu verhindern. Häufig sind es kryptografische Pseudozufallsgeneratoren (siehe Seite 129), die Nonces generieren.

Auch der Schlüsselstrom von RC4 ist im Idealfall eine Nonce, wird also nur einmal zum Ver- bzw. Entschlüsseln einer Nachricht eingesetzt. Weil die WEP-Verschlüsselung das Nonce-Prinzip ignoriert und Schlüsselströme mehrfach verwendet, ist sie so leicht zu knacken.

Wie jede andere Stromchiffre trennt RC4 strikt zwischen einem sogenannten Schlüsselstrom (Engl.: keystream) und dem Klartext. Die einzige Operation, die auf den Klartext angewendet wird, ist eine XOR-Verknüpfung mit dem Schlüsselstrom. Im Grunde arbeiten RC4 und andere deshalb genau wie das One-Time-Pad, nur dass sie keinen wirklich zufälligen Schlüssel einsetzen, sondern während der Verschlüsselung einen pseudozufälligen Schlüsselstrom aufbauen.

Erzeugung eines Schlüsselstroms

Der Aufbau dieses pseudozufälligen Schlüsselstroms ist die eigentliche Aufgabe des Algorithmus. Dazu nutzt RC4 einen ganz gewöhnlichen symmetrischen Schlüssel, der praktisch beliebiger Länge sein kann – je länger er aber ist, umso sicherer ist er auch. Außerdem soll er nur einmal, also zur Ver- oder Entschlüsselung nur einer Nachricht eingesetzt werden. Ein mehrfacher Einsatz des Schlüssels auf verschiedene Nachrichten würde die Sicherheit der Verschlüsselung gefährden. Eben ganz so wie beim One-Time-Pad.

Zunächst erzeugt der Algorithmus zwei $16 * 16 = 256$ Zellen umfassende S-Boxen. Eine füllt er mit den Zahlen von 0_{10} bis 255_{10}, die andere mit den Bytes des Schlüssels, wobei je ein Byte pro Zelle gesetzt wird und sich der Schlüssel in der S-Box gegebenenfalls mehrfach wiederholt. Dieser erste Schritt wird als „Initialisierung" bezeichnet. Beide S-Boxen werden anschließend auf Basis des Schlüssels miteinander verknüpft, wobei eine völlig neue Anordnung der Zellen der ersten S-Box entsteht, die vollständig vom Schlüssel abhängig ist.

Diese erste S-Box ist nun die Grundlage des Schlüsselstromgenerators: Noch bevor das erste Byte des Schlüsselstroms erzeugt wird, vertauscht RC4 erneut zwei Zellen der S-Box. Welche das sind, bestimmt ein Zähler, der aufsteigend die Zahl der Schlüsselstrom-Bytes (mod 256) zählt, sowie ein einfaches Verfahren, das in Abhängigkeit von der S-Box eine Zahl von 0 bis 255 ermittelt. Aus der Summe der Zahlenwerte (mod 256) beider vertauschter Zellen ermittelt RC4 nun die Zelle, die das eigentliche Byte des Schlüsselstroms enthält.

Dieses Byte wird anschließend mit dem ersten Byte der Nachricht XOR-verknüpft. Wohlgemerkt: Die XOR-Verknüpfung erfolgt je Byte, also immer in Schüben von 8 Bit.

Auch bevor jedes der folgenden Schlüsselstrom-Bytes ausgegeben wird, vertauscht RC4 je zwei Zellen der S-Box. So wird die S-Box im Verlaufe der Verschlüsselung (aber auch Entschlüsselung) beständig weiterentwickelt und kann für beliebig große Daten verwendet werden. Der Algorithmus enthält ebenso keine Hexerei – jeder Schlüssel erzeugt also die gleiche S-Box und infolgedessen den gleichen Schlüsselstrom.

Wie beim One-Time-Pad erfolgt die Ver- als auch Entschlüsselung auf die gleiche Weise durch XOR des Schlüsselstroms mit dem Klar- bzw. Chiffretext.

3.7 Mysterium Hash: die Rechenkunst mit nicht umkehrbaren Funktionen

Der Unterschied zwischen „Verschlüsseln" und „Hashen" ist schnell gefunden: Mit einem Verschlüsselungsalgorithmus verwandeln Sie Klar- in Chiffretext. Die Länge des Chiffretextes (oder die Dateigröße der verschlüsselten Datei) entspricht dabei in der Regel der Länge des Klartextes. Besitzen Sie den nötigen Schlüssel, können Sie den Verschlüsselungsvorgang rückgängig machen und das Original wiederherstellen. (Ohne Entschlüsselungsmöglichkeit wäre die Verschlüsselung auch recht sinnfrei.)

Hashes sind hingegen sogenannte Einwegfunktionen. Sie wandeln einen beliebig großen Datensatz in einen Hash-Wert mit fest definierter Länge um. Ein MD5-Hash ist in der dafür üblichen hexadezimalen Darstellung beispielsweise stets 32 Zeichen respektive 128 Bit lang – ganz gleich, wie umfangreich das Ausgangsmaterial war. So lautet der MD5-Hash von *Streng geheim* etwa

ff.0a.11.fd.5f.7c.20.a0.07.03.5b.bd.ac.71.05.99$_{16}$,

der einer 700 MByte großen Datei meines PCs hingegen

32.d0.23.a7.d8.9a.68.dc.c8.c6.37.80.51.73.49.c6$_{16}$.

Primärer Zweck eines Hashes ist die Prüfung der Integrität einer Nachricht oder Datei. Wurde sie nur leicht verändert, soll der von der veränderten Datei ermittelte Hash-Wert ein ganz anderer sein als jener der Originalnachricht.

Einwegfunktionen – nur von Mathematikern zu finden, trotzdem für jeden zu verstehen

Grundsätzlich sollen Einwegfunktionen so beschaffen sein, dass sie eine Eingabe mit geringem Rechenaufwand geschwind in ein Ergebnis überführen. Die Umkehrung, bei der aus dem Ergebnis die ursprüngliche Eingabe abgeleitet wird, soll aber praktisch unmöglich sein – oder zumindest nicht mit vertretbarem Rechenaufwand. Um so eine Einwegfunktion zu finden, bedarf es freilich einigem an Know-how.

In der Literatur werden Einwegfunktionen häufig anhand der Suche nach einer Telefonnummer in einem Telefonbuch veranschaulicht: Sie kennen den Namen einer Person, suchen diesen Namen im alphabetisch geordneten Telefonbuch auf und finden so geschwind die gewünschte Telefonnummer. In umgekehrter Richtung, wenn Sie also eine Telefonnummer einem Namen zuordnen wollen, ist der Aufwand wesentlich höher.

Wie funktioniert eine Hash-Funktion?

Egal, wie umfangreich die Ausgangsdaten sind, die mit einer bestimmten Hash-Funktion erzeugten Hashes haben immer die gleiche Länge.

So einfach wie obige Faustregel ist die Funktionsweise von Hash-Funktionen leider nicht. Tatsächlich sind sie richtig kompliziert, für einen Computer aber immer noch zügig zu berechnen. Ich erspare Ihnen und mir deshalb eine detaillierte Erläuterung von MD5 oder einer anderen Hash-Funktion und beschränke mich hier auf einen groben und vereinfachten Überblick.

MD5 im Groben

Zunächst wird die zu hashende Nachricht oder Datei so erweitert, dass ihre Länge ein Vielfaches von 512 Bit (64 Byte) beträgt. Die Erweiterung, das sogenannte Padding, enthält ebenfalls eine Information über die Länge der gesamten Nachricht.

Im Anschluss wird die Nachricht in 512 Bit große Datenblöcke aufgeteilt. Ein jeder Block wird dann separat in etlichen Durchläufen mit einem 128 Bit großen „state" (Zustand) verknüpft. Jedes Bit des Zustands wird so von je 4 Bit des Blocks beeinflusst. Der Anfangszustand (state) des Hash-Algorithmus besteht im Übrigen aus vier fest definierten Variablen: $A = 01.23.45.67_{16}$, $B = 98.ab.cd.ef_{16}$, $C = fe.dc.ba.98_{16}$ und $D = 76.54.32.10_{16}$. Im Grunde könnte man also sehr vereinfacht sagen, dass der Ursprungswert eines jeden MD5-Hashes $01.23.45.67.98.ab.cd.ef.fe.dc.ba.98.76.54.32.10_{16}$ (genau hinsehen) ist. Erst die Verknüpfung mit den Datenblöcken verändert den Zustand so, dass nach Bearbeitung des letzten Blocks ein (weitestgehend) einmaliger „Fingerabdruck" einer Nachricht oder Datei entsteht.

Achtung, Kollisionsgefahr! Die größte Sorge der Kryptografen

Praktisch alles kann durch eine Hash-Funktion gejagt werden. Dabei entsteht eine Art Fingerabdruck der Datei, der zwar nicht 100-prozentig einmalig, aber trotzdem nur sehr schwer zu fälschen ist.

Kann zwei unterschiedlichen Datensätzen trotzdem ein und derselbe Hash-Wert zugeordnet werden, sprechen die Kryptografen von einer „Kollision". Selbst wenn die Länge eines Hashes wie beim MD5-Verfahren 32 Zeichen bzw. 128 Bit beträgt, sind Kollisionen freilich nicht unmöglich – wenngleich doch sehr unwahrscheinlich.

Passwörter werden als Hash gespeichert

Gut, dass es nur sehr schwer ist, Kollisionen für die etwas besseren Hash-Algorithmen mutwillig zu erzeugen. So können Passwörter wie das Ihres Windows-Benutzerkontos als Hashes gespeichert werden. Damit wird verhindert, dass ein Angreifer Ihre Passwörter im Klartext auslesen kann. Stattdessen wird aus dem von Ihnen bei einem Login eingegebenen Passwort ebenfalls der Hash gebildet und mit dem gespeicherten Hash vergleichen. Stimmen beide überein, haben Sie wohl das richtige Passwort eingetippt – alles aber unter der Maßgabe, dass Kollisionen nicht mit vertretbarem Rechenaufwand gefunden werden können.

Andernfalls wären als Hash hinterlegte Passwörter kein sicherer Zugangsschutz mehr. Schließlich würde es einem Angreifer dann genügen, einen Hash auszulesen und einen anderen Datensatz zu suchen, der mittels des Algorithmus den gleichen Hash erzeugt. Sie müssten dann nicht mehr das Originalkennwort kennen, sondern könnten den anderen Datensatz in die Passwortabfrage eingeben. Da die Zugangssoftware nur die Hashes des Eingabewertes mit dem des gespeicherten Wertes vergleicht, wird der Zugriff gewährt – gut, dass moderne Hash-Algorithmen gegen solche Angriffe relativ sicher sind.

Rainbow Tables knacken gehashte Passwörter

Leider ist die Hash-Funktion für Windows-Passwörter nicht mehr besonders sicher. Und auch MD5-Hashes sind mit den sogenannten Rainbow Tables schnell geknackt. Mehr dazu erfahren Sie an anderer Stelle des Buches ab Seite 184.

Angriffe auf den populären MD5-Algorithmus

MD5 wurde im April 1992 von Ron Rivest als Internetmemo veröffentlicht. Der Algorithmus ist zwar noch weit verbreitet, aber – wie Sie sogleich lesen müssen – längst nicht mehr sicher.

Zwei (un)gleiche Schwestern

Erfolgreich angegriffen wird eine Hash-Funktion, wenn es gelingt, absichtlich eine Kollision zu erzeugen. Eine Kollision tritt auf, wenn zwei verschiedene Eingabewerte den gleichen Hash-Wert erzeugen. Nun, dies gelang für MD5 schon mehrfach. Und das nicht nur in akademischen Veröffentlichungen, sondern sogar richtig praxistauglich. Auf der Webseite *http://www.mathstat.dal.ca/~selinger/md5collision/* finden Sie beispielsweise zwei EXE-Dateien, *hello.exe* und *erase.exe*, die beide den gleichen MD5-Hash-Wert (*CDC47D670159EEF60916CA03A9D4A007*) haben. In Inhalt respektive Funktionsweise unterscheiden sich beide aber:

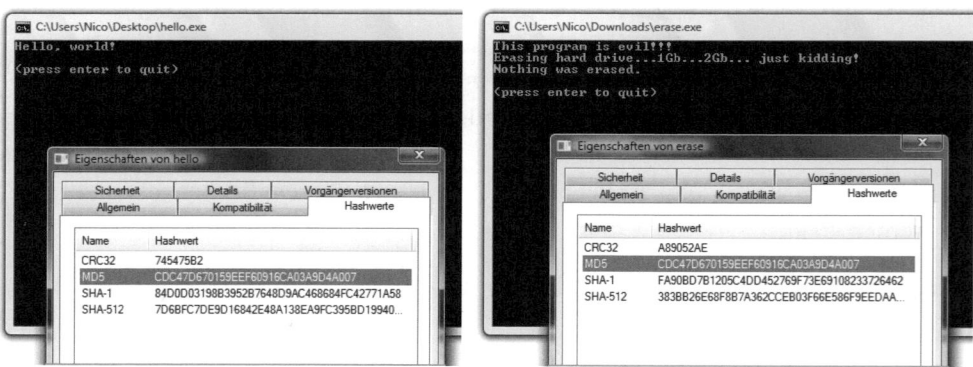

Wie funktioniert's: MD5 teilt eine Nachricht (oder gern auch Programmdatei) in Blöcke auf, bearbeitet diese nacheinander und entwickelt daraus einen Hash-Wert. Aufgrund einer Schwäche im Design ist es jedoch möglich, einige in der Mitte liegende Blöcke zu verändern, ohne dass sich der eigentliche Hash-Wert der Nachricht oder Datei verändert. Die Autoren der *hello.exe* bzw. *erase.exe* konnten berechnen, welche dieser „mittigen Blöcke" in ihren Programmdateien keine Rolle spielen und ohne Einfluss auf den Hash-Wert verändert werden können.

Sicherheit im Web gefährdet: geknackte SSL-Zertifikate

Ein weiterer Angriff, der Ende 2008 auf der 25C3-Konferenz in Berlin veröffentlicht wurde, versetzte MD5 im professionellen Bereich wohl endgültig den Todesstoß. Eigentlich wurde damit sogar der SSL-Standard angegriffen, sofern er denn noch mit Zertifikaten mit MD5-Hash arbeitet. In groben Zügen:

Per MD5-Kollisionsberechnung konnte ein Herausgeberzertifikat einer Zertifizierungs-stelle (siehe Seite 119) erstellt werden, das alle Browser wie der Mozilla Firefox oder Microsofts Internet Explorer als vertrauenswürdig akzeptierten. Sinn und Zweck dieses Herausgeberzertifikats ist es, für beliebige Webseiten SSL-Zertifikate zu erstellen, die sofort vom Browser akzeptiert werden – ohne dass eine lästige Warnmeldung wie auf Seite 144 erscheint. Dafür braucht man folgende Zutaten:

- Einen speziell präparierten Zertifikatsantrag[21], der neben den normalen Bestandteilen zusätzliche Daten enthält, die später eine Kollision herbeiführen sollen. Diesen Antrag sendeten die Angreifer elektronisch an den RapidSSL-Zertifizierungsdienst (*http://www.rapidssl.com*), der daraufhin automatisch ein MD5-gehashtes Zertifikat ausstellte.

- Für jene Kollisionsdaten gleich noch die Seriennummer, die das vom Zertifikatheraus-geber ausgestellte Zertifikat voraussichtlich haben wird. Es war also nötig, diese Seri-ennummer zu erraten. Da RapidSSL die Seriennummern nacheinander aufsteigend vergibt (und nicht etwa zufällig erstellt), konnte man recht schnell ein Zertifikat erstel-len, dessen vorausgesagte Seriennummer mit der tatsächlichen übereinstimmte.

- 200 PlayStation-3-Konsolen, deren spezielle Cell-Prozessoren dann in einem Rech-nerverbund (Cluster) die Kollisionsberechnung durchführten.

Und wo liegt die Gefahr? Wie bereits erwähnt, wurde mit diesem Angriff das Herausge-berzertifikat des RapidSSL-Dienstes gefälscht. Den Autoren war es so möglich, Zertifi-zierungsanträge (CSR) von beliebigen Webservern im Namen von RapidSSL selbst zu verarbeiten, für diese Server also vermeintliche RapidSSL-Zertifikate auszustellen.

Da RapidSSL eine Marke von VeriSign ist bzw. als Zertifikate-Reseller für Equifax (gehört ebenfalls zu VeriSign) fungiert, sind dessen Herausgeberzertifikate in fast allen Browsern integriert. Damit zertifizierte SSL-Zertifikate werden im Rahmen der PKI-Vertrauenskette (siehe Seite 119) folglich ebenfalls von den Browsern akzeptiert. Das könnten Phisher nutzen und für ihre Phishingwebseiten eine SSL-Verschlüsselung ein-setzen, die eigentlich auf einem gefälschten Herausgeberzertifikat beruht. Vorausgesetzt,

---

21 Im englischen Sprachraum ist dieser Antrag als **C**ertificate **S**igning **R**equest (kurz: CSR) bekannt. Es ist eine Datei, die von der SSL-Software des Servers erzeugt wird, für den der Zertifikatherausgeber ein SSL-Zertifikat ausstellen soll.

die Phishingseite wäre nicht so dilettantisch aufgebaut wie die meist schlechten Kopien großer Bank-Webseiten, könnte eine zusätzliche SSL-Verschlüsselung selbst erfahrene Nutzer foppen. Für Webseitenbetreiber, die eine SSL-Verschlüsselung einsetzen, lautet die Moral von der Geschicht indes: MD5-Hashes taugen für SSL-Zertifikate nichts mehr.

Ablösung für MD5: die SHA-Familie

Ron Rivests MD5-Hash-Algorithmus ist das bekannteste Hash-Verfahren, sollte aber aufgrund mehrerer erfolgreicher Knackversuche (siehe oben) langsam einmal abgelöst werden.

Nicht minder beliebt sind die Algorithmen der sogenannten SHA-Familie. Sie werden im Web als Nachfolger von MD5 gehandelt, wobei häufig auf SHA-1 zurückgegriffen wird. Doch dieser Algorithmus ist auch gar nicht mehr so viel sicherer. Ein Blick auf die SHA-Familie:

- **SHA-0**: Der ursprünglich 1994 veröffentlichte SHA-Hash-Algorithmus enthielt einen Fehler, der erst 1995 nachträglich korrigiert wurde. Eigentlich wurde zur Fehlerkorrektur nur eine kleine Änderung vorgenommen, nämlich ein sogenannter Linksshift hinzugefügt, der sich jedoch maßgeblich auf die Sicherheit des Algorithmus auswirken soll. Das sagen zumindest die Kryptografie-Experten.

- **SHA-1**: Der fehlerkorrigierte SHA-0 heißt – SHA-1! Dieser Algorithmus spuckt Hashes mit einer Länge von 160 Bit aus und kann für Daten mit einer Größe von bis zu zwei Millionen GByte verwendet werden. Leider ist dieser Algorithmus nicht mehr ganz sicher: Seit 2005 sind vor allem chinesische Wissenschaftler damit beschäftigt, die Sicherheit von SHA-1 immer weiter zu zerlegen. Bereits länger empfiehlt das NIST daher, die Algorithmen der SHA-2-Familie zu verwenden.

- **SHA-2**: Diesen Hash-Algorithmus gibt es als solchen eigentlich gar nicht. Vielmehr bezeichnet SHA-2 gleich eine Algorithmenfamilie, die die Hash-Algorithmen SHA-224, SHA-256, SHA-384 sowie SHA-512 enthält. Es sind die derzeit wohl sichersten Hash-Algorithmen. Wenn Sie die Wahl haben, sollten Sie einen von ihnen verwenden.

- **SHA-3**: Zum Zeitpunkt der Drucklegung des Buches ist die Suche nach einem neuen Standardalgorithmus in vollem Gange. Bis 2012 will das NIST diesen neuen Standard gefunden haben. Dazu schrieben die Amerikaner einen Wettbewerb aus, so wie damals auf der Suche nach dem symmetrischen Chiffre-Standard AES. Allerlei Einsendungen gingen ein. Auch eine, an der der Kryptografie-Guru Bruce Schneier mit einem Team arbeitete. Dieser Algorithmus heißt Skein. Vielleicht schafft es Schneier ja mit diesem Algorithmus, eine seiner Entwicklungen als Standard zu etablieren.

So nutzen Sie Hashes, um sich im Internet vor Viren und anderer Schadsoftware zu schützen

Jeder Internetnutzer stößt ständig auf irgendwelche Downloads. Nicht zuletzt enthält auch dieses Buch allerlei Empfehlungen für Programme, die Sie nur im Internet finden.

Doch nicht alle Downloads im Internet sind harmlos. Je weiter Sie sich von den großen Downloadportalen wegbewegen, in die kleinen Seitenstraßen und dunklen Gassen des Netzes, desto wahrscheinlicher erwischen Sie einen virenversuchten Download.

Manchmal läuft während der Übertragung einer Datei unbemerkt etwas schief: Bytes oder noch größere Teile einer *Setup.exe* fehlen, sodass die Installation nicht gelingen mag. Liegt's dann an Ihrem PC oder der heruntergeladenen Datei, von der Sie nicht wissen, dass sie eigentlich beschädigt ist?

Hash-Funktionen können in beiden Situationen helfen. Häufig gibt der Anbieter eines Programms auf seiner Webseite neben dem Download-Link auch einen Hash der Originaldatei an. Haben Sie den Download abgeschlossen, können Sie den Hash-Wert der heruntergeladenen Datei ermitteln und mit dem auf der Webseite angegebenen Wert vergleichen. Stimmen beide überein, wurde die Datei beim Herunterladen weder beschädigt noch von einem Dritten verändert. Letzteres ist vor allem dann relevant, wenn der eigentliche Dateidownload über einen anderen Webserver läuft, dem Sie nicht vertrauen.

Wozu dient der Hash hier also? Er beweist, dass eine Datei bei der Übertragung nicht verfälscht, verändert oder beschädigt wurde. Mehr leider nicht. Wer zusätzlich noch sicherstellen will, dass eine Nachricht oder Datei tatsächlich von einer bestimmten Person stammt – und nicht etwa von Mallory –, muss auf sogenannte MACs (siehe Seite 100) oder digitale Signaturen (siehe Seite 162) zurückgreifen. Für beide bilden Hash-Funktionen die Grundlage.

Unter Windows einfach und schnell Hashes berechnen

Im Netz gibt es allerlei Webseiten, die den Hash eines Textes ermitteln. In der Praxis ist das jedoch nur wenig relevant, denn oft müssen die Hashes von Dateien ermittelt und verglichen werden, die sich nicht so einfach zur Hash-Berechnung auf eine Webseite laden lassen. (Und selbst wenn, nie auf eine Webseite hochgeladen werden sollten!) Hierfür ist also eine Software nötig.

Besonders empfehlenswert erscheint mir dafür das kleine und kostenlose HashTab (*http://beeblebrox.org/hashtab/*). Es integriert sich als zusätzliche Registerkarte *Hashwerte* in das *Eigenschaften*-Fenster einer jeden Datei. Um den Hash einer Datei zu ermitteln, klicken Sie also nur mit der rechten Maustaste auf die Datei, wählen *Eigenschaften* und das Register *Hashwerte*. Mit der Standardeinstellung generiert HashTab zunächst nur eine CRC32-Prüfsumme sowie den MD5- und SHA-1-Hash der Datei. Indem Sie mit der rechten Maustaste in die Auflistungsbox klicken, erreichen Sie per *Einstellungen* ein Konfigurationsfenster, in dem noch weitere Hash-Algorithmen zur Auswahl stehen. Je mehr Hash-Werte Sie zur Anzeige markieren, desto länger dauert das Hashen einer Datei. Beschränken Sie sich daher vielleicht auf die gebräuchlichsten Hash-Algorithmen wie MD5, SHA-1 und SHA-512.

Als kleines Extra vergleicht HashTab den Hash der gerade ausgewählten Datei
auf Wunsch auch mit dem einer anderen, um etwaige Manipulationen einer
vermeintlichen 1:1-Dateikopie aufzudecken.

MACs: wenn Hashes noch etwas mehr leisten sollen

Laden Sie eine Datei herunter und erhalten dabei neben dem Download-Link noch zusätzlich den Hash der Datei – beispielsweise als MD5-Hash –, können Sie nach abgeschlossenem Download den auf der Webseite angegebenen Hash mit jenem vergleichen, den Sie von der heruntergeladenen Datei erzeugten.

Was aber, wenn die Datei schon im Vorfeld verändert wurde, also bereits kompromittiert auf dem Webserver liegt und die Webseite ebenfalls so verändert wurde, dass sie den Hash der veränderten Datei aufführt? Angeschmiert! Hashes sind nämlich nur ein Werkzeug zur Validierung von Daten, nicht aber zur Authentifizierung des Absenders oder Erstellers.

Hier schreiten die sogenannten MACs (**M**essage **A**uthentification **C**ode) ein. Genau wie Verschlüsselungsalgorithmen nutzen MAC-Algorithmen einen geheimen Schlüssel.

Einen MAC selbst erzeugt Alice mittels eines MAC-Algorithmus, der die Nachricht sowie den geheimen Schlüssel als Eingabewerte nutzt. Beides, die Nachricht und den berechneten MAC-Code, sendet Alice nun an Bob. Er kennt den geheimen Schlüssel für das MAC-Verfahren ebenfalls. Für die von Alice übermittelte Nachricht erzeugt er damit nun selbst einen MAC und vergleicht ihn mit jenem, den er von Alice erhielt. Stimmen sie überein, stammt die Nachricht tatsächlich von Alice – vorausgesetzt, kein Dritter kennt den geheimen Schlüssel für die MAC-Funktion. Vor Replay-Angriffen (siehe Seite 126), bei denen ein Angreifer wie Eve eine aufgezeichnete Nachricht von Alice noch einmal an Bob sendet und so für Verwirrung sorgen kann, schützen MACs in ihrer einfachsten Form jedoch nicht.

Blockchiffren als MAC-Funktion missbraucht: CBC-MAC

Warum das Rad neu erfinden, wenn ein symmetrischer Verschlüsselungsalgorithmus wie DES oder AES mit nur leichter Abwandlung als MAC-Funktion eingesetzt werden kann? Voraussetzung dafür ist lediglich, dass der Algorithmus im CBC-Modus arbeitet, also jenem **C**ipher **B**lock **C**haining Mode, den Sie auf Seite 85 etwas ausführlicher beschrieben finden.

Wie funktioniert's? Nun, zunächst verschlüsseln Sie die Nachricht, die authentifiziert werden soll, mit einem selbstgewählten Blockchiffre im CBC-Modus. Das könnte DES oder AES sein. Als Schlüssel für den gewählten Algorithmus verwenden Sie den geheimen MAC-Schlüssel, den Sie zuvor mit Ihrem Kommunikationspartner verabredet haben. Von dem dadurch entstehenden Chiffretext behalten Sie jedoch nur den allerletzten Block. Er ist der MAC – **M**essage **A**uthentification **C**ode. Mehr nicht.

Senden Sie nun die Nachricht mit dem MAC-Code an den Empfänger, kann er sie erneut mit dem gewählten Algorithmus im CBC-Modus verschlüsseln. Stimmt der allerletzte Block mit dem von Ihnen beigefügten MAC-Code überein, kann er sich recht sicher sein, dass die Nachricht einerseits unverändert übermittelt wurde und sie zum anderen von Ihnen stammt – sofern der Schlüssel für den Algorithmus nicht aus Ihrer beider Hände gelang.

3.8 Die Kryptografierevolution des 20. Jahrhunderts: die asymmetrische Verschlüsselung

Von der Antike bis in die 1970er konnten zwei Kommunikationspartner verschlüsselte Nachrichten nur austauschen, wenn sie sich zuvor auf einen Schlüssel einigten: Wollte Caesar eine geheime Nachricht an einen seiner Truppenführer senden, musste dieser zuvor über den verwendeten (Caesar-)Algorithmus informiert werden. Und im Zweiten Weltkrieg, als die Geheimhaltung des deutschen Funkverkehrs vor allem auf der Enigma fußte, führten Kriegsschiffe und U-Boote Codebücher mit, die die täglich wechselnden Schlüssel für die nächsten Monate enthielten.

Wie mühselig. Und wie gut, dass die 1970er dieses scheinbar unumstößliche Prinzip der Kryptografie gründlich durcheinander brachten. Denn ohne die kryptografischen Erfindungen und Entwicklungen der letzten Jahrzehnte wäre eine sichere Kommunikation über das Internet, in dem mit einer Unmenge von völlig fremden Teilnehmern (und Servern) kommuniziert wird, in der heutigen Form nicht möglich.

Ideengeber – der asymmetrische Schlüsseltausch nach Diffie-Hellman und Merkle

Die 1970er waren für Kryptografie-Fans wohl eine spannende Zeit: Einerseits verabschiedete man den **D**ata **E**ncryption **S**tandard (DES) – den ersten frei verfügbaren Verschlüsselungsalgorithmus. Und andererseits entwickelten Whitfield Diffie[22] und Martin Hellman[23] zusammen mit Ralph Merkle die Grundlage der asymmetrischen Kryptografie.

Whitfield Diffie auf der Suche nach einer Revolution

Schon früh erkannte Whitfield Diffie, dass der traditionell vorher stattfindende Schlüsselaustausch für die Kryptografie ein großer Hemmschuh ist: Wollten Alice und Bob verschlüsselt kommunizieren, mussten sie vorher einen geheimen Schlüssel vereinbaren. Ein anderer Ansatz sollte die Kryptografie maßgeblich revolutionieren, war sich Diffie

---

22 Whitfield Diffie, geboren am 5. Juni 1944, gilt als eine der treibenden Kräfte der asymmetrischen Kryptografie. Nach seiner gemeinsam mit Martin Hellman verfassten Veröffentlichung „New Directions in Cryptography" war er als Sicherheitsexperte für das US-Unternehmen Northern Telecom tätig. Seit 1991 arbeitet er für Sun Microsystems. Ein Kurzporträt des wohl berühmtesten Mitarbeiters dieser Firma finden Sie unter *http://research.sun.com/people/diffie/*.

23 In Martin Hellman, geboren am 2. Oktober 1945, erwuchs dessen Interesse für die Kryptografie etwa zeitgleich mit Diffie. Als Professor der Universität Stanford lehrte und forschte er von 1971 bis 1996 im Bereich der Kryptografie. Nach dem Erscheinen der „New Directions in Cryptography" veröffentlichte er nur noch kleinere Beiträge. Der Diffie-Hellman-Schlüsseltausch bleibt somit seine wichtigste Erfindung.

Anfang der 1970er Jahre sicher. Deshalb begann er nach einem Verfahren zu suchen, das keinen gemeinsam geteilten Schlüssel voraussetzte.

Der zweite Mann – Martin Hellman

Wann auch immer Martin Hellman Anfang der 1970er mit Kollegen über sein Interesse an der Kryptografie sprach, erhielt er die immer gleichen Reaktionen:

- Der NSA, die die Entwicklung streng geheimer kryptografischer Verfahren damals beinahe allein betrieb, stand jährlich ein Budget von mehreren Milliarden zur Verfügung. Wie könne er da noch etwas entdecken, was nicht schon längstens bekannt wäre?

- Und selbst wenn er wirklich neue Erkenntnisse erlangen würde, könne er sich sicher sein, dass die NSA sie sofort der Geheimhaltung unterwerfen würde.

Was trieb diese Leute zu solchen Aussagen? Hellman war wie Diffie ebenfalls auf der Suche nach einem Verfahren, mit dem man den lästigen Schlüsselaustausch umgehen könnte. Noch wusste er aber nichts von Diffies Bemühungen und Diffie nichts von ihm. Bis 1974, als Whitfield Diffie durch Zufall von Hellman erfuhr und mit ihm Kontakt aufnahm. Beider gemeinsame bahnbrechende Veröffentlichung, „New Directions in Cryptography"[24] (November 1976), war da schon nicht mehr weit.

Der Schlüsseltausch nach Diffie-Hellman

Wichtig ist die Publikation der „New Directions in Cryptography" nicht nur, weil sie als Ideengeber für RSA, den ersten asymmetrischen Verschlüsselungsalgorithmus fungierte. Sie enthielt auch eine erste (asymmetrische) Lösung des Schlüsseltauschproblems – den Schlüsseltausch nach Diffie-Hellman. Er basiert auf dem Problem des diskreten Logarithmus und funktioniert so:

Alice und Bob möchten ihren Nachrichtenverkehr künftig symmetrisch verschlüsseln. Dafür benötigen beide aber einen gemeinsamen Schlüssel. Da ein persönliches Treffen zum Schlüsseltausch ausgeschlossen ist, bleibt nur der Weg über ein Kommunikationsnetz, welches von Mallory abgehört wird. Gut, dass beide den Schlüsseltausch nach Diffie-Hellman kennen:

Zunächst denken sich Alice und Bob eine Primzahl p und eine natürliche Zahl g aus. Dabei können sich beide per unverschlüsselter Datenübertragung absprechen, denn p und g müssen sie nicht geheim halten. Für dieses Beispiel sei $p = 11$ und $g = 6$.

---

24 Eine digitale Version des Dokuments finden Sie beispielsweise als PDF-Datei unter der URL *http://www.cs.berkeley.edu/~christos/classics/diffiehellman.pdf*.

Nun wählt Alice nur für sich eine Zufallszahl a, Bob entscheidet sich hingegen für eine Zufallszahl b. Die jeweilige Zufallszahl des anderen erfahren beide nicht. Sie sind die geheimen Komponenten des Diffie-Hellman-Schlüsseltauschs. In diesem Beispiel sei Alices $a = 3$, Bobs $b = 8$.

TIPP

Modulo

Die moderne asymmetrische Verschlüsselung ist stark von der sogenannten Modulo-Funktion abhängig, der mancher mit Sicherheit bereits in der Schule begegnet ist. Dabei handelt es sich um eine mathematische Funktion, deren Ergebnis schlicht der Rest der Division zweier Zahlen ist. Nichts anderes als eine Division mit Rest, sozusagen. So ist *7 mod 3* beispielsweise *1*, da *7 : 3 = 2* mit dem Rest *1* ergibt. Alternativ schreibt man: *7 = 1 (mod 3)*.

Alice berechnet jetzt eine Zahl A, die sie durch die Gleichung $A = g^a \bmod p$ erhält. Sie setzt entsprechend ein: $A = 6^3 \bmod 11 = 216 \bmod 11 = 7$.. Bob berechnet hingegen eine Zahl B, die er mit der Formel $B = g^b \bmod p$ ermitteln kann. Konkret: $B = 6^8 \bmod 11 = 1679616 \bmod 11 = 4$. Die jeweils ermittelten Zahlen A und B tauschen beide nun untereinander aus. Sie müssen ebenfalls nicht geheim bleiben.

Alice berechnet mit dem erhaltenen B nun eine weitere Zahl K, die letztlich der gemeinsame Schlüssel sein wird. Sie nutzt dafür die Formel $K = B^a \bmod p$. Im Beispiel: $K = 4^3 \bmod 11 = 64 \bmod 11 = 9$. Bob nutzt hingegen Alices A, um für sich $K = A^b \bmod p$ auszurechnen. Er erhält $K = 7^8 \bmod 11 = 5764801 \bmod 11 = 9$.

Im Ergebnis besitzen nun beide den gleichen Schlüssel K, den sie für eine symmetrische Verschlüsselung einsetzen können. (Natürlich sind die verwendeten Zahlen in der Praxis viel größer, sodass auch tatsächlich ein „richtiger" Schlüssel ausgetauscht wird.)

TIPP

Das Problem des diskreten Logarithmus

Betrachten Sie einmal die mathematische Funktion $f(x) = y = a^x$ *(mod n)*. Die Variable *x* ist an dieser Stelle ein sogenannter Exponent, *a* eine Basis. Das Problem des sogenannten diskreten Logarithmus besteht darin, dass es sehr schwer ist, den Exponenten *x* zu berechnen, wenn alle anderen Werte gegeben sind, also $x = \log_a y \bmod n$ zu ermitteln. Für sehr große Zahlen, wie sie in der Praxis beim Diffie-Hellman-Verfahren zum Einsatz kommen, ist die Berechnung enorm aufwendig.

Mallory-in-the-Middle

Leider ist Diffie-Hellmans Schlüsseltausch in seiner Reinform anfällig für einen Man-in-the-Middle-Angriff[25]. Dabei könnte ein Bösewicht wie Mallory den Datenverkehr abfangen und die von beiden ausgetauschten Zahlen p, g, A und B so manipulieren, dass Alice und Bob zwei unterschiedliche Ks berechnen, die aber auch Mallory kennt. Im Anschluss könnte Mallory den symmetrisch verschlüsselten Datenverkehr mitlesen und verändern. Er müsste die Daten dann jeweils nur abfangen, entschlüsseln und vor der Weitergabe an den anderen mit dem Schlüssel (K) des anderen wieder verschlüsseln. Mittels digitaler Signaturen und einer sogenannten Public Key Infrastructure kann dieser Angriff aber verhindert werden. Zu beiden später mehr.

Die erste asymmetrische Verschlüsselung: der RSA-Algorithmus

Diffie, Hellman und Merkle entwickelten das Konzept des asymmetrischen Schlüsseltauschs. Einen Algorithmus zur asymmetrischen Verschlüsselung konnten Sie aber nicht vorweisen, so gern sie das auch wollten. Tatsächlich sorgte allein schon der Diffie-Hellman-Schlüsseltausch Mitte der 1970er für Kopfschütteln. Allerlei Mathematiker fanden es zudem unmöglich, diese Idee in einem Verschlüsselungsalgorithmus zu realisieren. Zunächst schien es, als ob sie recht behalten würden.

Angestachelt von der Herausforderung, die die Veröffentlichung des Diffie-Hellman-Schlüsseltauschs, aber keines asymmetrischen Verschlüsselungsverfahrens stellte, begaben sich Ronald Rivest, Adi Shamir und Leonard Adleman auf die Suche nach einem Algorithmus, der nicht nur einen asymmetrischen Schlüsseltausch, sondern ebenfalls eine asymmetrische Verschlüsselung unterstützte.

Das Grundprinzip – der doppelte Schlüssel

Grundsätzlich besitzt jeder Kommunikationspartner in der asymmetrischen Kryptografie zwei Schlüssel – ein sogenanntes Schlüsselpaar. Es besteht aus einem öffentlichen und einem privaten, also geheimen Schlüssel. Während der öffentliche Schlüssel frei in aller Welt herumgereicht werden kann, ist der geheime Schlüssel – der Name deutet es an – unbedingt unter Verschluss zu halten. Allerdings allein vom Besitzer des Schlüssels, denn eine Übertragung des privaten Schlüssels an einen Kommunikationspartner ist weder zur Ver- noch zur Entschlüsselung nötig.

---

25 Ein ausführliches Beispiel eines Man-in-the-Middle-Angriffs finden Sie auf Seite 125.

Verschlüsselt wird eine Nachricht nämlich nur mit dem öffentlichen Schlüssel des Empfängers, der die Nachricht wiederum mit seinem privaten Schlüssel dechiffriert. Das Schlüsselpaar des Senders kommt bei der asymmetrischen Verschlüsselung überhaupt nicht zum Tragen – ein Ansatz, der sich gründlich von den klassischen Verschlüsselungstechniken unterscheidet. Wie die Ver- und Entschlüsselung in der asymmetrischen Kryptografie konkret funktionieren kann, zeigt Ihnen gleich noch ein kleines Zahlenbeispiel zum RSA-Algorithmus.

Auf der Suche nach einer Falltür

Sowohl Hash-Funktionen als auch asymmetrische Verschlüsselungsalgorithmen basieren auf dem Prinzip der Einwegfunktionen. Das sind Funktionen, die in eine Richtung sehr leicht, in die andere Richtung aber nur sehr schwer bis gar nicht ausgeführt werden können. Hash-Funktionen zählen dabei zu den reinen Einwegfunktionen: Sie komprimieren eine Nachricht oder Datei auf nur wenige Zeichen – den sogenannten Hash. In anderer Richtung funktionieren die Hash-Funktionen hingegen nicht. Aus den wenigen Zeichen eines Hashes lässt sich die häufig wesentlich längere Originalnachricht also nicht wiederherstellen.

Das ist bei asymmetrischen Verschlüsselungsalgorithmen anders. Grundsätzlich verschlüsselt man eine Nachricht zwar ebenfalls mit einer Einwegfunktion, doch muss der Empfänger zugleich eine Möglichkeit haben, die Einwegfunktion rückgängig zu machen. Wie soll das gehen, bei einer *Einweg*funktion? Mit einer sogenannten Falltür (Engl.: trapdoor): Sie ist ein Parameter der Einwegfunktion, mit der diese leicht umgekehrt werden kann. Wo die Falltür steckt, weiß aber nur der Empfänger einer Nachricht, nicht jedoch der verschlüsselnde Absender.

Dass es solche Einwegfunktionen mit Falltür geben muss, darüber waren sich Rivest, Shamir und Adleman sicher. Nur kannte sie keiner. Bis Ronald Rivest eines Abends auf die passende Lösung stieß, die wenig später als RSA-Algorithmus für Furore sorgte.

TIPP

Die Anerkennung erhält, wer zuerst veröffentlicht
In der Wissenschaft gilt eine Regel: Öffentliche Anerkennung für eine neue Entdeckung gebührt dem, der sie zuerst veröffentlicht. Und nicht dem, der sie zwar zuerst entdeckt, aber geheim hält. Dieser Grundsatz sollte 1997 auf die Probe gestellt werden, als das britische **G**overnment **C**ommunications **H**eadquarter (kurz: GCHQ), das britische Äquivalent zum US-Nachrichtendienst NSA, die Entdeckung der asymmetrischen Kryptografie für sich in Anspruch nahm.

Bereits einige Jahre vor Diffie, Hellman und Co. hatten dort James Ellis und Patterson Cocks das Problem des Schlüsseltauschs gelöst: Während Ellis die theoretische Grundlage schuf, aber eine konkrete mathematische Funktion schuldig blieb, konnte der junge Mathematiker Patterson Cocks, der Ende 1973 erst ein paar Wochen im Dienste der GCHQ gestanden hatte, innerhalb kürzester Zeit eine Lösung liefern. Sie basierte auf Primzahlen und deren Faktorisierung – dem mathematischen Problem, auf dem auch der ein paar Jahre später in den USA vorgestellte RSA-Algorithmus basiert.

So funktioniert die Verschlüsselung nach dem RSA-Verfahren

Das RSA-Verschlüsselungsverfahren vertraut der Tatsache, dass zwei über hundert Stellen große Primzahlen zwar leicht miteinander multipliziert werden können, deren Produkt sich aber nur schwer wieder in seine Primfaktoren zerlegen lässt. Die Multiplikation ist also sehr einfach, die als Faktorisierung bezeichnete Umkehrfunktion hingegen selbst für leistungsstarke Computer eine harte Nuss.

T I P P

Das Faktorisierungsproblem

Wenn p und q zwei Primzahlen sind, so ist ein n, das mit der Formel $n = p * q$ berechnet wird, das Produkt zweier Primzahlen. Kennt man nun nur n, will aber auch die Werte der beiden Primzahlen p und q wissen, muss man n faktorisieren. Für kleine ns wie die Zahl *33* ist das recht einfach: Sie kann leicht in ihre sogenannten Primfaktoren *3* und *11* zerlegt werden. Doch für wesentlich größere ns mit teilweise Hunderten von Stellen ist die Faktorisierung keinesfalls eine leichte Aufgabe – auch für Computer nicht.

Um das asymmetrische Verschlüsselungsverfahren nach Ronald Rivest, Adi Shamir und Leonard Adleman (RSA) verstehen zu können, müssen Normalsterbliche auf ein sehr abstraktes Modell mit sehr kleinen Zahlen zurückgreifen. Wohlgemerkt: Zahlen, keine Bitfolgen. Mit Bits haben asymmetrische Verfahren wie RSA nämlich nur wenig zu tun. Die Verschlüsselung erledigen sie allein über Rechenoperationen mit natürlichen Zahlen, so wie Sie sie aus dem Mathematikunterricht kennen. Na gut, die allereinfachste Schulmathematik verwenden RSA & Co. nicht. Anhand der folgenden Seiten können Sie die grundlegende Arbeitsweise des RSA-Algorithmus aber sicher dennoch nachvollziehen.

Ein Schlüsselpaar wird benötigt

Symmetrische Verfahren nutzen einen Schlüssel zum Ver- und Entschlüsseln. Asymmetrische Algorithmen wie RSA greifen hingegen auf ein sogenanntes Schlüsselpaar zurück, das aus einem öffentlichen und einem privaten Schlüssel besteht.

Wichtigster Bestandteil von RSA und im engeren Sinne der wichtigste Grundbaustein des RSA-Schlüsselpaares sind zwei Primzahlen. Sie bleiben beide geheim, dürfen also keinesfalls an Dritte weitergegeben werden. Ein Primzahlenpaar könnte beispielsweise *17* und *11* sein. In der Literatur sowie der ursprünglichen Veröffentlichung des Algorithmus werden beide mit den Variablen *p* und *q* bezeichnet. Im Beispiel könnte man *p* und *q* mit *p = 17* und *q = 11* festlegen. Ein *p* und ein *q* allein genügen jedoch nicht. So werden für den öffentlichen und den privaten Schlüssel noch die folgenden Werte benötigt:

T I P P

Primzahlen

Eigentlich sollte sich jeder etwas unter dem Begriff der Primzahlen vorstellen können, sind sie doch ein wichtiger Teil jeder mathematischen Schulausbildung. Kurzum handelt es sich dabei um natürliche Zahlen, die ohne Rest nur durch 1 und sich selbst geteilt werden können. Die kleinste Primzahl ist die 2, gefolgt von 3, 5, 7, 11 und 13 etc. Selbst 72878612225803702023 8293 ist eine Primzahl – und zugleich ebenfalls noch eine der kleineren. Weil Primzahlen in der heutigen Kryptografie eine wichtige Rolle spielen und angesichts der immer leistungsfähigeren Angreifer-PCs stets größere Primzahlen zur sicheren Verschlüsselung (wie etwa beim RSA-Verfahren) gewählt werden müssen, sind Mathematiker aus aller Welt bemüht, immer größere Primzahlen zu finden. Die zur Drucklegung dieses Buches größte Primzahl ist die Zahl $2^{43.112.609-1}$, eine Zahl von 12.978.189 Ziffern Länge. (Konkret handelt es sich dabei um eine sogenannte Mersenne-Primzahl.) Gefunden hat sie kein einsamer Mathematiker, sondern ein User des GIMPS-Netzwerks (*http://www.mersenne.org*), dessen Benutzer die Rechenzeit ihrer Computer für die Suche nach immer größeren Primzahlen zur Verfügung stellen.

- Eine Variable *n*, das sogenannte RSA-Modul, ist als Produkt der beiden Primzahlen *p* und *q* definiert. Im Beispiel wäre *n = p * q = 17 *11 = 187.*

- Nicht viel schwerer als *n* ist *φ(n)* zu berechnen. Sie erhalten es durch Multiplikation von *(p-1) * (q-1)*. Im Beispiel mit *p = 17* und *q = 11* ist

$$\varphi(n) = (p\text{-}1) * (q\text{-}1) = (17\text{-}1) * (11\text{-}1) = 16 * 10 = 160.$$

- Weiterhin wird ein Wert für die Variable *e* benötigt. Grundsätzlich kann dieser zwar frei gewählt werden, er muss jedoch teilerfremd[26] zu dem Produkt aus *(p - 1)* und *(q - 1)*[27] sein. Da *(p - 1) * (q - 1)* in diesem Beispiel *160* ist, fallen *1, 2, 4, 5, 8* etc. heraus. Schließlich ergibt *160* geteilt durch eine dieser Zahlen ein ganzzahliges Ergebnis. Der Wert *e = 3* eignet sich hingegen prima[28].

- Schlussendlich ist eine Zahl *d* gesucht, die letztlich ein Teil des privaten Schlüssels ist. Formal erhält man *d* mithilfe der Formel *e * d = 1 (mod φ(n))*, also *e * d = 1 (mod ((p - 1) * (q - 1)))*. Mathematisch Ungeübte mögen an dieser Stelle aufschrecken und tatsächlich ist die Berechnung von *d* recht kompliziert, selbst wenn man die vorher ermittelten Werte einsetzt: *3 * d = 1 (mod ((17-1) * (11-1)))*. Fasst man den Ausdruck innerhalb der Klammern zu *16 * 10 = 160* zusammen, ergibt sich *3 * d = 1 (mod 160)*. Es wird also ein *d* gesucht, das zunächst mit *3* multipliziert wird. Das entstandene Produkt muss im Anschluss bei der Division durch *40* den Rest *1* ergeben. Ohne Computerunterstützung macht die Berechnung von *d* keinen Spaß und soll deshalb an dieser Stelle außen vor bleiben. Glauben Sie mir hier einfach: *d = 107*.

Sämtliche Zutaten für ein Paar aus öffentlichem und privatem Schlüssel sind nun vorhanden. Aber welche Variable gehört eigentlich zu welchem Schlüssel? Der öffentliche Schlüssel setzt sich aus *e* und *n* zusammen. Im Beispiel waren das *e = 3* und *n = 160*. Der private Schlüssel, der geheim gehalten werden muss, besteht hingegen aus *d* und *n*, in diesem Beispiel: *d = 107*. Auf *p* und *q* sowie *φ(n)* kann man fortan verzichten. Mitunter wird gar empfohlen, alle drei Werte sicher zu löschen. Schließlich basiert die Sicherheit RSAs allein darauf, dass aus einem sehr großen *n* nicht die beiden Primzahlen *p* und *q* abgeleitet (bzw. faktorisiert) werden können. Entdeckt ein Angreifer *p* und *q* aber auf einer Festplatte, kann er sich die Faktorisierung sparen.

Huhu Bob. – Alice verschlüsselt und verschickt eine Nachricht

Alice möchte eine Nachricht an Bob senden. Und zwar schlicht: *Huhu Bob*. Natürlich soll die Nachricht per RSA verschlüsselt sein. Dafür benötigt Alice zunächst Bobs öffentlichen Schlüssel. Sie findet ihn auf einem Schlüsselserver im Internet. Rein zufäl-

---

26 Zwei Zahlen sind teilerfremd zueinander, wenn es außer der 1 keine natürliche Zahl gibt, die beide Zahlen teilt. Man spricht dann auch davon, dass beide Zahlen zueinander „relativ prim" sind. Um zwei Zahlen auf Teilerfremdheit zu prüfen, berechnen Sie einfach den größten gemeinsamen Teiler beider Zahlen. Lautet er *1*, sind beide teilerfremd. Online gelingt das beispielsweise auf der Webseite *http://www.mathe power.com/ggt.php*.

27 Dieses Produkt wird auch gern als J(n) oder (n) bezeichnet. Stoßen Sie im Zusammenhang mit dem RSA-Algorithmus irgendwo auf einen der beiden Ausdrücke, ist also *(p-1) * (q-1)* gemeint.

28 Tatsächlich ist *e = 3* in der Praxis ein Quasi-Standardwert. Der andere ist *e = 65537*, für obiges Beispiel aber zu groß.

lig entsprechen die darin enthaltenen Werte jenen, die Sie just im Beispiel vorfanden: Bobs öffentlicher Schlüssel sei somit $e = 3$ und $n = 187$.

Sowohl die Ver- als auch die Entschlüsselung per RSA erfolgt als Potenzberechnung mit natürlichen Zahlen. Nicht mit Bits oder gar Bytes. In der Konsequenz muss Alice die Buchstaben und Zeichen ihrer Nachricht zunächst in natürliche Zahlen umwandeln. Wie groß die Zahlen sein dürfen, hängt vom Wert des n ab: Nur Zahlen, die kleiner als n sind – im Beispiel ist $n = 187$ –, können in einem RSA-Verschlüsselungsschritt chiffriert werden. Natürlich ist es sehr wohl möglich, die Verschlüsselung vieler Zahlen nacheinander auszuführen.

In diesem Beispiel sollen sämtliche Zeichen von Alices Nachricht in den ASCII-Code umgewandelt werden. Das dazu nötige Hilfemittel kennen Sie bereits – es ist die ASCII-Tabelle. Jedem ASCII-Zeichen ist dort eine Dezimalzahl zugewiesen. Das große B finden Sie beispielsweise unter der Nummer 66. Mit diesen Dezimalzahlen kann Alice arbeiten, sie also zur Potenzberechnung im Rahmen des RSA-Algorithmus verwenden. Doch vorher noch eine kleine Tabelle mit allen Zeichen jener Nachricht und deren zugehörigen Dezimalwerten:

Zeichen	Dezimal	Binär	Zeichen	Dezimal	Binär
H	72_{10}	01001000_{16}	B	66_{10}	01000010_{16}
u	117_{10}	01110101_{16}	o	111_{10}	01101111_{16}
h	104_{10}	01101000_{16}	b	98_{10}	01100010_{16}
(Leerzeichen)	32_{10}	00100000_{16}	.	46_{10}	01000110_{16}

Bobs öffentlicher Schlüssel besteht aus $n = 187$ und $e = 3$. Mehr Informationen hat Alice nicht. Sie weiß aber, dass sie nur Zahlen verschlüsseln kann, die kleiner als das n in Bobs Schlüssel sind. Das ist hier aber kein Problem, denn ihre Nachricht verfasste sie schließlich im uralten ASCII-Code, der ohnehin nur 128 verschiedene Zeichen kennt. So kann sie jedem Zeichen bequem eine Dezimalzahl zuordnen, die höchstens 127 beträgt und somit immer noch kleiner als $n = 187$ ist (siehe obige Tabelle).

Rasante Verschlüsselung mit einer Formel

Alice verschlüsselt nun den ersten Buchstaben ihres Textes *Huhu Bob.* – es ist das große *H*, im ASCII-Code als Dezimalzahl *72* codiert. Dazu verwendet sie die Chiffrierformel des RSA-Algorithmus: $c = m^e \bmod n$. Die beiden Variablen e und n sind die Bestandteile von Bobs öffentlichen Schlüssel, $n = 187$ und $e = 3$. Die Variable m steht indes für die als Zahl codierte Nachricht (Engl. Message). Mit dem Windows-Taschenrechner im wissenschaftlichen Modus berechnet sie also $72^3 mod 187$. Das Ergebnis, also der zum Klartext *H* korrespondierende Chiffretext, lautet: *183*. Analog verfährt sie mit dem Rest der Nachricht. Konkret erhält sie:

Klartext	$c = m^e$ mod n	Chiffretext	Klartext	$c = m^e$ mod n	Chiffretext
H	72^3 mod 187	183	B	66^3 mod 187	77
u	117^3 mod 187	145	o	111^3 mod 187	100
h	104^3 mod 187	59	b	98^3 mod 187	21
u	117^3 mod 187	145	.	46^3 mod 187	96
(Leerzeichen)	32^3 mod 187	43			

So entsteht der Chiffretext *183 145 59 145 43 77 100 21 96*, den Alice nun an Bob sendet.

Bob liest die nur für ihn bestimmte Chiffrenachricht

Bob erhält die Nachricht, die Alice mit seinem öffentlichen Schlüssel chiffrierte. Um sie zu entschlüsseln, kramt er seinen privaten Schlüssel hervor: *d = 107* stand darin. Mit der Entschlüsselungsformel $m = c^d mod n$ beginnt er sogleich mit der Dechiffrierung. Das *m* auf der linken Seite der Gleichung soll einmal das Ergebnis, die entschlüsselte Nachricht sein. Die Variable *c* stellt hingegen den Chiffretext dar, *d* ist eben jener bereits zitierte Teil des privaten Schlüssels und *n = 187* das Produkt aus *p* * *q*, ein Teil von Bobs öffentlichem Schlüssel.

Wie bei der von Alice durchgeführten Verschlüsselung muss Bob die an ihn adressierte Nachricht peu-à-peu entschlüsseln. Er setzt 85, die erste Dezimalzahl der Nachricht, für *c* ein und füllt die restlichen offenen Variablen mit den gegebenen Werten: $m = 183^{107} mod 187$. Mit dem Windows-Rechner im wissenschaftlichen Modus gelingt die Rechnung recht schnell: Er tippt die *183* ein, klickt auf *x^y*, gibt eine *107* ein, drückt auf den Button *Mod* und tippt schließlich eine *187* ein. Mit = bzw. (Enter) erhält er das Ergebnis *m* – es lautet *72*.

Mithilfe einer ASCII-Tabelle überführt Bob jene erhaltene *72* schnell in ein *H*. Auch die anderen „Chiffre-Dezimalzahlen" der Nachricht „entschlüsselt" er mittels obiger Gleichung. Als dezimale ASCII-Codes interpretiert, ergeben sie Alice Nachricht an Bob: *Huhu Bob.*

Die Grundlage der digitalen Unterschrift: Signieren mit RSA

Mit RSA boten Ronald Rivest, Adi Shamir und Leonard Adleman nicht nur eine Lösung für den Schlüsselaustausch und die asymmetrische Verschlüsselung. Ihr Algorithmus ermöglichte außerdem das digitale Signieren von Nachrichten und Dateien.

Mathematisch betrachtet gibt es zwischen der digitalen Signierung per RSA und der asymmetrischen Verschlüsselung per RSA keinen Unterschied. Das Vorgehen ist aber ein anderes:

Wahrlich Web 2.0: Bob schüttet sein Herz per E-Mail aus

Angenommen, Bob möchte Alice seine Liebe offenbaren, indem er ihr eine E-Mail-Nachricht *Ich liebe Dich! Bob.* sendet. Bob weiß, dass Alice sehr misstrauisch ist. Gleichzeitig will er sicherstellen, dass sie seine Offenbarung ernst nimmt und nicht als Fälschung von Mallory abtut, ihrem schelmischen Kameraden. Deshalb signiert er diese Nachricht.

Dazu generiert er zunächst einen Hash der Nachricht, wobei er die Hash-Funktion Mini-Hashi einsetzt, die nur für dieses Beispiel erfunden wurde, um die Zahlen klein zu halten. Als Hash-Wert der Nachricht *Ich liebe Dich! Bob.* gibt diese schlicht 5_{10} aus. Eine besonders gute Hash-Funktion ist MiniHashi also nicht.

Um die digitale Signatur der Nachricht zu erzeugen, muss Bob nun nur noch den Hash-Wert mit seinem privaten Schlüssel verschlüsseln. Er lautete $d = 107$. Bobs öffentlicher Schlüssel bestand hingegen aus $e = 3$ und $n = 187$. Die Formel, die Bob (oder seine Signiersoftware) nun nutzt, lautet $s = h^d \bmod n$. Das kleine s sei hierbei die Signatur, h der zuvor ermittelte Hash. Mit entsprechenden Werten eingesetzt: $s = 5107 \bmod 187 = 113$. Diesen Signaturwert *70* sowie eine kurze Information über den verwendeten Hash-Algorithmus MiniHashi hängt er seiner Liebesbotschaft an.

Alice prüft die Liebesbekundung

Alice erhält die Nachricht, sieht die Signatur *Hash:MiniHashi;Wert:113* und will es immer noch nicht glauben: Kam das wirklich von Bob? Prompt prüft sie das mit Bobs öffentlichem Schlüssel, der noch auf ihrer Festplatte liegt.

Dazu nutzt sie die Formel $h = s^e \bmod n$, wobei h der MiniHashi-Hash ist, den die Nachricht haben müsste, wenn Bob sie tatsächlich signiert hat. Es sei somit $h = 113^3 \bmod 187 = 5$. Anschließend ermittelt sie noch mit MiniHashi den Hash-Wert der erhaltenen Nachricht. Da sie niemand geändert hat, gibt MiniHashi auch Alice den Hash-Wert *5* aus. Weil der tatsächliche und entschlüsselte Hash-Wert übereinstimmen, ist Alice nun gewiss: Bob liebt sie.

Und im wirklichen Einsatz?

Eine MiniHashi-Funktion gibt es nicht, sehr wohl aber MD5, SHA-1 und Co. Sie erzeugen mindestens 128 Bit lange Hash-Werte, die einen wirklichen Rückschluss auf die Integrität der übersandten Nachricht geben. Wie in obigem Trivialbeispiel werden diese Hashes anschließend mit dem privaten Schlüssel des Absenders verschlüsselt.

Der Empfänger lädt dessen Schlüssel nur noch von einem Schlüsselserver herunter, entschlüsselt den chiffrierten Hash und kann ihn anschließend mit dem Hash der erhaltenen Nachricht vergleichen.

Soll eine Nachricht nicht nur signiert, sondern zugleich verschlüsselt werden, funktioniert's in dieser Reihenfolge: Erst wird die Botschaft chiffriert, dann vom Chiffretext der Hash-Wert gebildet und erst dieser signiert. Auf Empfängerseite prüft die Software analog zunächst die Signatur der noch chiffrierten Nachricht, bevor sie die Botschaft entschlüsselt.

Um Replay-Angriffe (siehe Seite 126) zu vermeiden, wird zusätzlich zum Hash noch ein Zeitstempel mit Datum und Uhrzeit des Absendens in die Signatur einbezogen.

T I P P

DSA und DSS – Signaturstandards für alle

Nicht nur symmetrische Algorithmen wie DES oder AES werden standardisiert. Auch für andere kryptografische Verfahren, die möglicherweise für einen ganz anderen Einsatzzweck entworfen wurden, können Standards definiert werden. So geschehen beispielsweise 1994, als das NIST (**N**ational **I**nstitute of **S**tandards and **T**echnology) in den USA den **D**igital **S**ignature **S**tandard (kurz: DSS) definierte.

Kern dieses Standards ist der **D**igital **S**ignature **A**lgorithm (kurz: DSA) – ein asymmetrischer Algorithmus, der auf dem Problem des diskreten Logarithmus basiert. Er wurde von der NSA entwickelt, findet seine Grundlage aber in den Signaturverfahren von Schnorr und ElGamal. [29]

Bereits 1991 wurde DSA vorgestellt, erntete aber erneut allerlei missgünstige Kommentare. Man stieß sich daran, dass der US-amerikanische Geheimdienst abermals die Finger im Spiel hatte – ja, im Grunde sogar alleiniger Entwickler war, wenn man von Schnorrs und ElGamals Vorarbeiten absieht.

---

29 Taher ElGamal ist ein US-amerikanischer Informatiker, geboren am 18. August 1956 in Ägypten.

Insbesondere Claus-Peter Schnorr[30] war nur wenig von DSA angetan und warf den Amerikanern vor, den Patentschutz seines Schnorr-Signaturverfahrens verletzt zu haben. Weiterhin erschien der Industrie DSA als ein weiteres Verfahren völlig überflüssig. Denn schon lange vor der Veröffentlichung hatte sich das RSA-Verfahren bereits zum inoffiziellen Signaturstandard gemausert. Fast jedes Unternehmen, das Daten digital unterschrieb, verwendete RSA. Warum nicht dieses Verfahren zum offiziellen Standard erkoren wurde, verstanden viele nicht.

Fehlende Beweise: ein mathematisches Problem, das asymmetrischer Verschlüsselung zum Verhängnis werden kann

Asymmetrische Verfahren haben ein Problem: Ein mathematischer Durchbruch, der die Faktorisierung von Primzahlen oder die Berechnung des diskreten Logarithmus beträchtlich vereinfacht, könnte viele kryptografische Verfahren gefährden.

TIPP

Welche Größe sollte n haben?

Wie sicher eine RSA-Verschlüsselung ist, entscheidet die Länge bzw. Größe des RSA-Moduls n. Um die nächsten Jahre einigermaßen sicher über die Runden zu kommen, sollten Sie ein RSA-Modul n wählen, das mindestens 2.048 Bit (über 600 Dezimalstellen) lang ist. 1.024 Bit (etwa 300 Dezimalstellen) lange Module sind nicht mehr empfehlenswert, da es bereits 2007 gelang, eine 1.039-Bit-Zahl zu faktorisieren – wenngleich auch mit großem Rechenaufwand.

Einen solchen Durchbruch hielt Whitfield Diffie vor über 20 Jahren aber für unwahrscheinlich.[31] Schließlich basieren RSA und Co. auf nur ganz einfachen mathematischen Grundlagen wie Multiplikation, Exponentiation und Faktorisierung – allesamt seit Jahrhunderten bekannt und erforscht, ohne dass nennenswerte neue Entdeckungen gemacht wurden.

---

30 Claus-Peter Schnorr ist ein deutscher Informatiker, geboren am 4. August 1943 in Völklingen.
31 Nachzulesen in „The first ten years of public key cryptography" (1988), beispielsweise abrufbar unter *http://ieeexplore.ieee.org/iel1/5/246/00004442.pdf*.

Weiterhin wächst mit der Leistungsfähigkeit von PCs ebenso die Fähigkeit, umfangreiche mathematische Berechnungen durchzuführen und entsprechend große Zahlen (bzw. Schlüssel) einzusetzen. Es bedürfe laut Diffie schon eines dramatischen mathematischen Durchbruchs, um die Grundfesten der asymmetrischen Kryptografie zu erschüttern oder gar umzustoßen.

Also: Wenn Whitfield Diffie sich vor über 20 Jahren keine Sorgen machte (und heute auch noch nicht), können Sie hoffentlich auch entspannt bleiben – und beruhigt Programme wie PGP einsetzen.

RSA-Kryptoanalyse: so knacken Sie ganz einfach RSA-verschlüsselte Botschaften

Ausgangspunkt des RSA-Knackens ist das Faktorisieren der großen Zahl *n*, die ein Produkt zweier Primzahlen ist. Denn wenn Sie sich an die vorangegangenen Seiten erinnern, fußt die Sicherheit des RSA-Algorithmus allein auf der schweren Faktorisierbarkeit dieses Produkts *n*.

Für sehr große Zahlen *n* ist die Faktorisierung sehr langwierig bis unmöglich, wenngleich immer leistungsfähigere Computer mit vertretbarem Rechenaufwand auch immer größere *n* faktorisieren können. Um RSA mit den heute empfohlenen 2.048- bzw. 4.096-Bit-Schlüsseln zu brechen, wäre aber der bereits erwähnte mathematische Durchbruch nötig – und den hält Diffie ja für unwahrscheinlich.

Kleinere Zahlen, wie sie in den Aufgabenstellungen hier erscheinen, können Sie jedoch recht flink faktorisieren. Dabei hilft Ihnen eine Funktion von CrypTool (siehe Seite 19). Sie erreichen sie über *Einzelverfahren* im *Datei*-Menü des Tools, dann *RSA-Kryptosystem* und schließlich *Faktorisieren einer Zahl*. Sie könnten damit nun einmal versuchen, die Primzahl *400.018.163.953* zu zerlegen. Später benötigen Sie noch *e*, den anderen Teil des öffentlichen Schlüssels. Hier sei er *e = 65537*.

Haben Sie ein *n* in dessen Primfaktoren zerlegt, können Sie sogleich *(p-1) * (q-1)* berechnen. Im Beispiel der Abbildung ist:

*(p-1) * (q-1) = (581683-1) * (687691-1) = 581682 * 687690 = 400.016.894.580.*

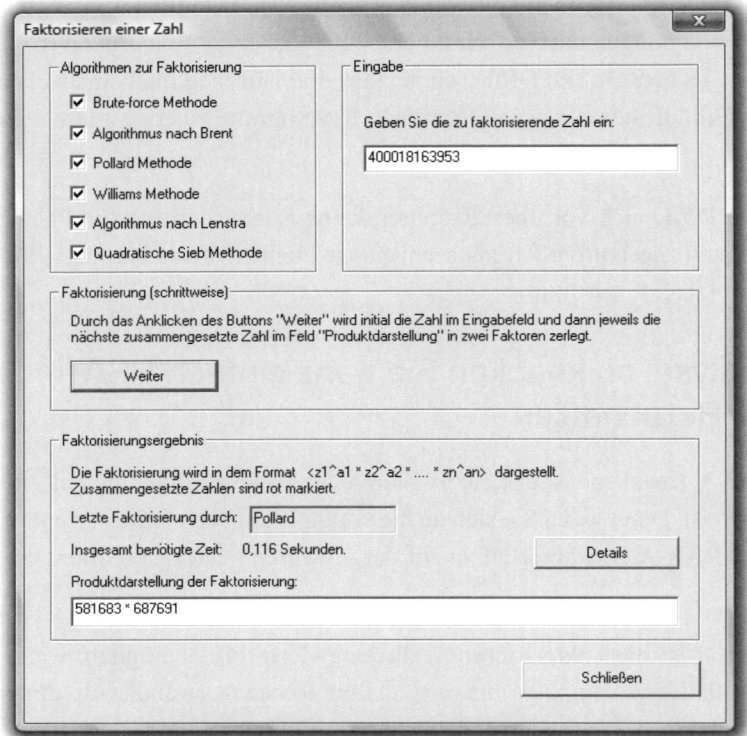

Für diese Abbildung wurde die Zahl 400.018.163.953 in ihre Primfaktoren zerlegt: Schon nach 0,116 Sekunden konnte ein durchschnittlicher PC die beiden Primzahlen 581683 und 687691 als Faktoren der Zahl ermitteln.

Typischerweise ist die Zahl e Teil des öffentlichen Schlüssels, den Sie bereits kennen. Zum Knacken einer RSA-Verschlüsselung benötigen Sie aber das d, das Teil des privaten Schlüssels des Empfängers ist. Zur Erinnerung: e und d stehen mit $(p-1)*(q-1)$ in einem Verhältnis, gilt doch: $e*d = 1 \bmod (p-1)*(q-1)$. Nun kennen Sie an dieser Stelle e auch schon als $(p-1)*(q-1)$. In diesem Beispiel sind es nämlich $e = 65537$ und $(p-1)*(q-1)$ $= 400.016.894.580$. Um d zu erhalten, können Sie nun noch einmal CrypTool einsetzen, greifen aber auf die Funktion *RSA-Demo* zurück. Geben Sie hier zunächst die beiden Primzahlen ein, die Sie durch Faktorisierung der Primzahl n ermittelt haben, in diesem Beispiel also $p = 581683$ und $q = 687691$. Weiterhin tragen Sie den öffentlichen Schlüssel e ein. Standardeinstellung ist hierfür $2^{16}+1$, was *65537* entspricht und somit für dieses Beispiel nicht geändert werden muss.

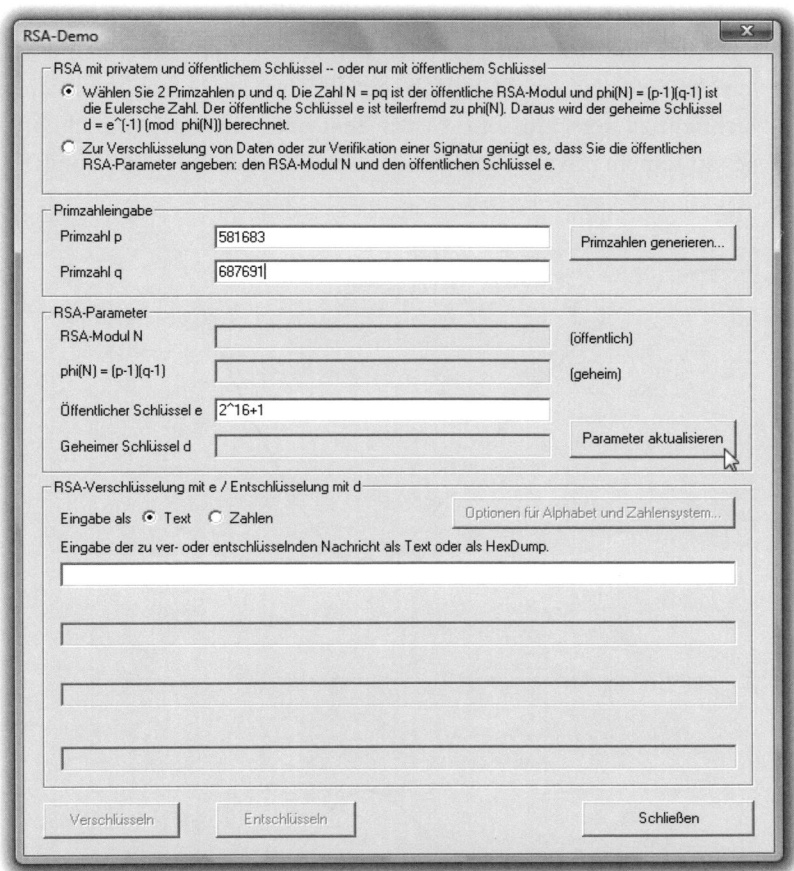

Klicken Sie nun noch auf den Button *Parameter aktualisieren*, wird *d* sogleich berechnet. In diesem Beispiel hat es den Wert *298231922213*. Schon ist RSA – zumindest mit diesen sehr „kleinen" Zahlen – geknackt.

In der Praxis sind die verwendeten Zahlen natürlich viel länger (bis zu 4.096 Bit), sodass CrypTool sowie selbst Supercomputer schnell an ihre Grenzen stoßen – und RSA immer noch sicher ist.

Verschlüsselungsachterbahn: asymmetrische Kryptografie mit elliptischen Kurven

Der RSA-Algorithmus setzt auf Primzahlen und die Schwierigkeit der Primfaktorzerlegung großer Zahlen, die Elliptic Curve Cryptography (ECC) arbeitet hingegen mit diskreten Logarithmen und sogenannten elliptischen Kurven.

Am Prinzip der asymmetrischen Kryptografie ändern die elliptischen Kurven nichts: Nach wie vor besitzen Alice und Bob einen privaten und einen öffentlichen Schlüssel. Möchte Alice eine verschlüsselte Nachricht an Bob senden, nutzt sie seinen öffentlichen Schlüssel, um die Nachricht zu verschlüsseln. Ist der Text oder die Datei einmal chiffriert, kann nur Bob sie mit seinem privaten Schlüssel entschlüsseln. Für Kenner von RSA ist das nichts Neues.

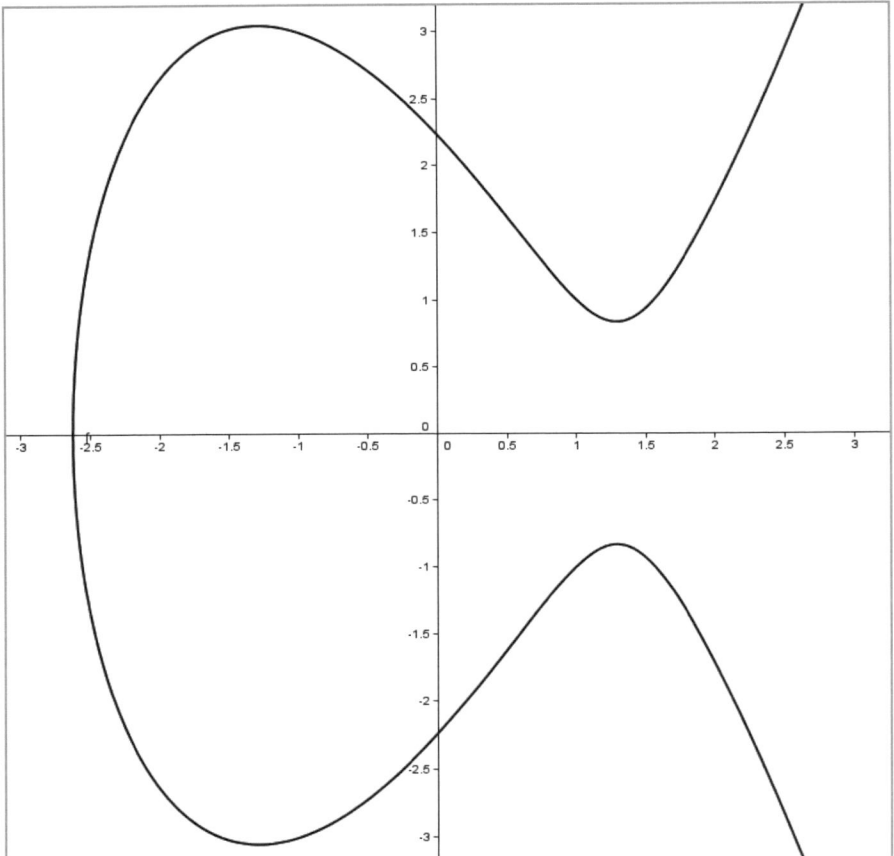

Keine Ahnung, was eine elliptische Kurve ist? So sieht eine aus.

Verglichen mit dem RSA-Algorithmus bietet die Kryptografie mittels elliptischer Kurven aber einen entscheidenden Vorteil: Die Schlüssel können bei gleicher Sicherheit viel kürzer sein. Allgemein geht man davon aus, dass ein 160-Bit-ECC-Schlüssel die gleiche Sicherheit bietet wie ein 1.024-Bit-RSA-Schlüssel. Entsprechend kleiner ist der Rechenaufwand bei vergleichbarer Sicherheit. Besonders Systeme mit geringer Speicherkapazität und niedriger Rechenleistung profitieren davon, so beispielsweise Smartcards.

Ein Nachteil des ECC-Algorithmus besteht darin, dass die Sicherheit stark von der gewählten elliptischen Kurve abhängt. Einige Kurven gelten als leichter zu knacken als andere – nicht umsonst sollte ECC deshalb nur von Experten mit genügend Erfahrung und fundiertem mathematischem Wissen implementiert werden.

PKI – die Strukturen, die den asymmetrischen Schlüsseltausch möglich machen

Asymmetrische Verschlüsselungsverfahren sind eine tolle Sache, so ganz allein aber noch nicht ganz praxistauglich. Folgende Fragen lassen die Verfahren nämlich offen:

- Wie können Alice und Bob überhaupt ihre öffentlichen Schlüssel mit anderen austauschen, ohne sie allen möglichen potenziellen Empfängern zuschicken zu müssen?

- Wie kann Alice sicher sein, dass sie wirklich Bobs Schlüssel erhielt – und nicht etwa Mallorys?

- Wenn es sich Alice oder Bob noch einmal anders überlegen und das Absenden einer signierten Nachricht bestreiten – haben sie eine Chance? Ja, haben sie, denn schließlich könnte sich jeder als Alice oder Bob ausgeben und in ihrem Namen ein Schlüsselpaar erzeugen. Wie kann also gewährleistet werden, dass Alice oder Bob sich nicht mehr verleugnen können?

- Was geschieht, wenn einer der Teilnehmer seinen privaten Schlüssel verliert – etwa durch einen Plattencrash? Oder schlimmer noch: Wenn der private Schlüssel gestohlen wird?

Die Lösung für diese Problemchen heißt **P**ublic **K**ey **I**nfrastructure (kurz: PKI). Neben Alice und Bob spielt zusätzlich eine zentrale Instanz eine gewichtige Rolle, die sogenannte **C**ertificate **A**uthority (kurz: CA) oder Zertifizierungsstelle. Sie sollte eine unabhängige Institution sein, die von keinen bösen Buben missbraucht werden kann. Das könnte beispielsweise eine Behörde sein, ist in der Praxis aber meist ein großes Unternehmen wie VeriSign (*http://www.verisign.com*). Im Alice-und-Bob-Modell übernimmt Trent typischerweise diese Rolle.

Alice und Bob sprechen bei Trent vor

Bevor Alice und Bob in jener PKI aktiv werden, registrieren sie ihre öffentlichen Schlüssel bei Trent. Beispielsweise, indem sie persönlich bei Trent vorsprechen. Trent signiert beider öffentliche Schlüssel dann mit seiner digitalen Unterschrift. Zudem händigt er beiden je ein sogenanntes Zertifikat aus. Es enthält jeweils Alices (bzw. Bobs) öffentlichen Schlüssel, Trents digitale Unterschrift dieses Schlüssels (bzw. der ganzen Nachricht) und die Bestätigung, dass jener öffentliche Schlüssel tatsächlich Alice (bzw. Bob) gehört. Typischerweise wird Trent dieses Zertifikat nur für einen begrenzten Zeitraum ausstellen – es enthält also ein Verfallsdatum.

> **TIPP**
>
> ### Formalie: der Zertifikatstandard X.509
>
> Damit digitale Zertifikate untereinander kompatibel sind, wurde der Zertifikatstandard X.509 entwickelt. X.509 gibt es bislang in drei Versionen: Version 1 (X.509v1) enthält dabei alle grundlegenden Angaben, die ein Zertifikat zwingend enthalten muss. Die Versionen 2 und 3 erweitern den Standard nur um weitere Angaben.

Sowohl Alice als auch Bob besitzen nun ein Zertifikat für ihre öffentlichen Schlüssel. Solange Trent bei allen anderen als vertrauenswürdiger Zertifikataussteller anerkannt ist, beweisen die Zertifikate die tatschliche Zuordnung zwischen öffentlichem Schlüssel und der realer Person.[32] Mallory kann also nicht mehr so einfach seinen öffentlichen Schlüssel als den von Alice ausgeben. Alice und Bob können nun anhand des Zertifikats des jeweils anderen (und Trents Signatur) prüfen, ob hinter einem öffentlichen Schlüssel wirklich derjenige steckt, für den er sich ausgibt. Da sie Trent uneingeschränkt vertrauen, vertrauen sie schließlich auch den Zertifikaten, die Trent ausstellte. Eine Vertrauenshierarchie mit Trent an der Spitze ist entstanden.

Auch Trent muss sich ausweisen

Endgültig verifizieren können sie dies aber nur, wenn die digitale Unterschrift des Zertifikats auch wirklich von Trent stammt. Um dies zu prüfen, nutzen sie wiederum Trents öffentlichen Schlüssel, den er bereitwillig – vielleicht auf seiner Webseite – verbreitet. In der Praxis sind die öffentlichen Schlüssel der größten Zertifizierungsstellen schon in sogenannten Herausgeber- oder CA-Zertifikaten in Browser, E-Mail-Programme etc. eingebaut und müssen nicht erst heruntergeladen werden.

Weil eine übergeordnete Stelle – also Trent bzw. eine professionelle Certificate Authority – für die Public Key Infrastructure notwendig ist, wird PKI auch als hierarchisches System bezeichnet.

---

32 Sie könnte aber Identitätsnachweise fälschen und sich bei Trent, dem Zertifikataussteller, als Alice ausgeben. Folglich stellt er Mallory ein Zertifikat aus, das ihren öffentlichen Schlüssel als jenen Alices ausgibt.

Trents Zusatz-Service

Ein weiteres „Feature" der PKI-Struktur ist dieses: Sollten Alice oder Bob einmal ihren privaten Schlüssel verlieren oder er von Mallory gestohlen werden, können sie ihr Zertifikat von Trent auf eine sogenannte Sperrliste (Engl.: Certificate **R**evocation **L**ist – CRL) setzen lassen. Auf der listet Trent alle Zertifikate auf, für die er nicht mehr bürgen mag. E-Mail-Programme etc. prüfen dann vor dem Senden einer E-Mail, ob das genutzte Zertifikat des Empfängers vielleicht auf jener Liste aufgeführt wird und deshalb nicht mehr vertrauenswürdig ist. Ist dies der Fall, brechen Sie den Sendevorgang ab.

Wer traut wem – das Web of Trust

Ein anderes Modell ist das sogenannte Web of Trust, das von Phil Zimmermann für PGP erfunden wurde. Es ist kein hierarchisches, sondern ein dezentrales System. Die Grundidee dabei ist, dass jeder für jeden anderen bürgt und so mehrere Vertrauensketten entstehen. Ein Beispiel:

Alice möchte eine E-Mail an Carol senden, kennt sie aber nicht persönlich. Carol ist aber eine alte Freundin von Bob, Bob wiederum der dickste Kumpel von Alice. Alice fragt nun Bob, ob sie Carol vertrauen kann. „Klaro", antwortet der. Alice vertraut nun Carol, weil sie Bob vertraut und er wiederum für Carol bürgt. So entsteht hier eine kurze Vertrauenskette, die ganz ohne Trent auskommt.

Alice, Bob und Carol bürgen für sich gegenseitig mit Zertifikaten

Technisch wird eine solche Vertrauenskette (vereinfacht) im Web of Trust-Modell folgendermaßen umgesetzt: Sowohl Alice als auch Bob und Carol lagern ihren Schlüssel an zentraler Stelle, etwa auf einem Schlüsselserver. Möchte Bob sein Vertrauen zu Carol öffentlich bekunden, sucht er ihren Schlüssel im Verzeichnis des Servers auf. Über ein Menü kann er nun angeben, wie sehr er Carol – oder vielmehr deren Schlüssel – vertraut. Die Abstufungen reichen von 1 (unbekannt) bis 5 (absolut vertrauenswürdig).

Da Bob dabei war, als Carol den Schlüssel erstellte und auf einen Schlüsselserver lud, entscheidet er sich mit ruhigem Gewissen für 5 – Carols Schlüssel sei absolut vertrauenswürdig, sagt er. Im Hintergrund geschieht nun Folgendes: Bobs Signiersoftware fügt seine Einschätzung und Carols öffentlichen Schlüssel zusammen, signiert beides mit Bobs privatem Schlüssel und lädt das Resultat auf den Schlüsselserver.

Ein jeder, der jetzt Carols Schlüssel auf dem Server einsieht, sieht zusätzlich Bobs Bewertung bezüglich dessen Vertrauenswürdigkeit. Möchte Alice nun erfahren, inwiefern Carols öffentlichem Schlüssel zu trauen ist, prüft sie die Signatur des von Bob erstellten Zertifikats mit seinem öffentlichen Schlüssel. Da es daran nichts zu bemängeln gibt und Alice wiederum Bob vertraut, ist sie nun endlich von Carols Vertrauenswürdigkeit überzeugt.

Nicht vor Betrügern gefeit

In der Praxis taugen natürlich nur die Zertifikate von Teilnehmern, die Alice (oder einer ihrer Bekannten) wirklich kennt. So wie Bobs, zum Beispiel. Hätte hingegen nur der ihr und Bob völlig unbekannte Dave den öffentlichen Schlüssel einer Eve zertifiziert, sagt das für sie nur wenig aus. Schließlich könnte hinter Dave auch Mallory stecken, der mit seinem Zertifikat nur einem weiteren Bösewicht ungerechtfertigte Vertrauenswürdigkeit zuschustern will.

3.9   Diese Angriffe müssen Sie fürchten!

Was bedeutet es eigentlich, wenn ein Verschlüsselungsalgorithmus erfolgreich angegriffen und „geknackt" wurde? Vieles, wie sich herausstellt. Tatsächlich begnügen sich Kryptoanalytiker schon damit, wenn ein Algorithmus nur zum Teil bzw. nur unter bestimmten Bedingungen überlistet wurde. Im Vordergrund steht also nicht, dass ein Lauscher namens Eve einen verschlüsselten Text abfangen und mithilfe der gefundenen Sicherheitslücke sofort entschlüsseln kann. Als gebrochen gilt ein Algorithmus bereits, wenn er mit einer Methode bezwungen werden kann, die etwas weniger Aufwand als einer der stupiden Brute-Force-Angriffe erfordert, bei denen schlichtweg sämtliche möglichen Schlüssel auf eine Nachricht angewandt werden.

So sind Kryptoanalytiker schon zufrieden, wenn sie einen Algorithmus unter der Bedingung einer verringerten Rundenzahl knacken können. Wenn ein Kryptoanalytiker einen Verschlüsselungsalgorithmus nur 8 Runden durchlaufen lässt und ihn bei dieser Rundenzahl knacken kann, obwohl der Algorithmus in der Praxis mindestens 16 Runden durchläuft, ist das häufig schon ein beachtenswerter Erfolg.

Als die Erfinder des Rijndael-Algorithmus (alias AES) ihr Verfahren vorstellten, zeigten sie gleich noch, wie sich Rijndael knacken lässt, wenn er nur in 6 statt 10 bis – je nach Schlüssellänge – 14 Runden ausgeführt wird. Trotz dieser sehr theoretischen Schwachstelle gilt AES bis heute als ungeknackt. Für DES gibt es ebenfalls viele erfolgreiche Angriffe, wenn er mit verminderter Rundenzahl ausgeführt wird. Inzwischen ist ein Brute-Force-Angriff gegen DES aufgrund der kurzen Schlüssellänge aber schon so effektiv, dass andere Angriffsverfahren praktisch irrelevant sind.

Manche Angriffe sind zudem sehr hypothetisch und benötigen eine zunächst unrealistisch hohe Speichermenge oder Rechenkraft. Doch wer nicht gerade an seinem ersten PC sitzt, weiß, wie schnell die Leistungsfähigkeit von Computerhardware über die Jahre steigt und sogenannte Brute-Force-Angriffe für manche alten Algorithmen immer gefährlicher werden:

3.10 Sind asymmetrische Verschlüsselungsalgorithmen sicherer als symmetrische?

Schlicht: Nein. Durch ihre spezifischen Eigenschaften machen sich asymmetrische und symmetrische Verschlüsselungsalgorithmen sowieso nur sehr selten Konkurrenz, denn sie operieren in ganz unterschiedlichen Einsatzgebieten. Meist kommt heutzutage der eine ohnehin nicht ohne den anderen aus: Symmetrische Algorithmen sind schnell, leiden aber unter dem Schlüsselaustauschproblem; asymmetrische chiffrieren hingegen nur sehr langsam, gewährleisten aber einen Schlüsseltausch ohne Risiko. Hybride Verfahren setzen hingegen beide gleichzeitig ein.

Statt sie bezüglich ihrer Sicherheit zu vergleichen, sollten Sie sie also lieber abgleichen! Ein hybrides Verschlüsselungssystem ist nur so stark wie sein schwächster Algorithmus. Nutzt ein hybrides Verschlüsselungsverfahren zwar RSA mit einem starken 4.096-Bit-Schlüssel zur asymmetrischen Verschlüsselung, als symmetrische Variante jedoch nur DES, wird sich ein Angreifer in jedem Fall dem schwächlichen DES zuwenden.

Brute-Force-Angriffe

Ein Brute-Force-Angriff ist eine einfache Sache, erfordert jedoch viel Zeit und Rechenleistung. Mit brachialer Gewalt probiert man alle möglichen Schlüsselkombinationen durch, bis eine passt. Es ist der aufwendigste aller Angriffe, gleichzeitig aber auch der einzige, der wirklich jedem modernen Verschlüsselungsalgorithmus zu Leibe zu rücken vermag.

Für alle anderen Angriffsarten ist Brute-Force stets ein Maßstab. Wie gut ein neuer Angriff auf ein Verfahren ist, misst sich nämlich daran, wie deutlich er von dem Aufwand abweicht, der für einen Brute-Force Angriff zu betreiben ist.

Unheimlicher, gar unrealistischer Aufwand

Um einen Chiffretext per Brute-Force zu entschlüsseln, müsste man ihn nacheinander mit sämtlichen denkbaren Schlüsseln entschlüsseln und stets prüfen, ob dabei eine sinnvolle Klartextnachricht entsteht. Zur Erinnerung: Verwendet der Algorithmus (nur) 128-Bit-Schlüssel, müsste man bis zu 2^{128} entschlüsseln und prüfen. Ohne vernünftiges Knackprogramm, das sinnvolle von unsinnigen Texten unterscheiden kann, ist das nicht ansatzweise realistisch durchführbar.

Eines darf man freilich nicht vergessen: Die Anzahl der verschiedenen Möglichkeiten, die sich beispielsweise aus einem 128-Bit-Schlüssel ergeben, muss nicht zwangsläufig vollständig geprüft werden, um mittels Brute-Force einen „Volltreffer" zu landen. Schließlich könnte schon der zweite oder gar erste versuchte Schlüssel der richtige sein. Dass mit einem Brute-Force-Angriff in der Regel deutlich weniger Schlüssel geprüft werden müssen, als sie ein Algorithmus zulässt, beschreibt das sogenannte Geburtstagsparadoxon.

Das Geburtstagsparadoxon und die daraus abgeleitete Birthday Attack!

Wie viele Personen müssen in einem Raum sein, damit mit einer 50-prozentigen Wahrscheinlichkeit eine der Personen an einem vorgegebenen Tag Geburtstag hat – vielleicht sogar mit Ihnen den gleichen Geburtstag teilt? Die Antwort lautet: 183.

Und wie viele müssen in einem Raum zusammenkommen, damit die Wahrscheinlichkeit, dass mindestens zwei von ihnen am gleichen Tag Geburtstag feiern, über 50 % liegt? Nur 23! Die mathematische Herleitung dieses sogenannten Geburtstagsparadoxons sei Ihnen an dieser Stelle erspart. Nur so viel sei schon gesagt: Es hat erhebliche Auswirkungen auf die Sicherheit kryptografischer Verfahren.

Auswirkungen am Beispiel von Hash-Funktionen

Regelmäßig wird das Geburtstagsparadoxon in der Kryptografie für den sogenannten Geburtstagsangriff herangezogen, im Englischen auch als „Birthday Attack" bezeichnet. Opfer des Geburtstagsangriffs sind Hash-Funktionen. Dazu sei das Geburtstagsparadoxon einmal auf die Hash-Funktionen umgemünzt:

Es ist viel einfacher, zwei zufällige Nachrichten zu finden, die denselben Hash-Wert haben, als zu einem vorgegebenen Text einen weiteren zu finden, der denselben Hash-Wert aufweist. Gibt eine Hash-Funktion einen 128 Bit langen Hash-Wert aus, sind aber keinesfalls 2^{128} Versuche nötig, um mit hoher Wahrscheinlichkeit eine Kollision zu finden. Nach dem Geburtstagsparadoxon genügt vielmehr schon eine Anzahl von Versuchen, die der Wurzel von 2^{128} entspricht – also 2^{64} Versuche.

Hash-Funktionen müssen deshalb so geschaffen sein, dass sie noch sicher sind, wenn ihr Hash-Wert effektiv nur noch halb so lang ist. Eine Hash-Wert-Länge von 160 Bit sollten Sie heutzutage mindestens einsetzen.

Man-in-the-Middle: Lauscher in der Leitung

Im Alice-und-Bob-Modell ist Eve die passive Lauscherin, die die Korrespondenz der beiden heimlich verfolgt. Kann Sie nur verschlüsselte Nachrichten zwischen den beiden abfangen, steht ihr ihre Zurückhaltung im Weg.

Mallory ist nicht so zimperlich. Er greift mit einem sogenannten Man-in-the-Middle-Angriff gern direkt in die Kommunikation zwischen Alice und Bob ein. In einem sehr einfachen Szenario der asymmetrischen Verschlüsselung könnte das so aussehen: Alice und Bob wollen ihre E-Mails künftig asymmetrisch verschlüsseln, müssen dazu aber zunächst ihre öffentlichen Schlüssel austauschen, da sie von einer Public Key Infrastructure (siehe Seite 119) noch nie etwas gehört haben.

1 Alice sendet ihren öffentlichen Schlüssel zunächst an Bob, doch Mallory fängt diese Nachricht ab. Er ersetzt Alices Schlüssel sogleich durch seinen eigenen und sendet die nun veränderte Nachricht an Bob. Bob erhält somit Mallorys statt Alices öffentlichen Schlüssel – ohne es zu bemerken. Alices eigentlichen Schlüssel speichert Mallory aber. Er braucht ihn später noch.

2 Bob will Alice antworten und schickt ihr seinen öffentlichen Schlüssel. Auch diese Nachricht fängt Mallory ab, ersetzt diesmal Bobs Schlüssel durch seinen eigenen und speichert nun Bobs eigentlichen Schlüssel – für „später".

3 „Später" ist, wenn Alice eine verschlüsselte Nachricht an Bob senden will. Im guten Glauben, die Nachricht eigentlich mit Bobs öffentlichem Schlüssel zu verschlüsseln, verwendet sie aber tatsächlich Mallorys öffentlichen Schlüssel. Dass Mallory diesen Schlüssel im zweiten Schritt heimlich austauschte, haben schließlich weder Bob noch sie bemerkt. Mallory fängt auch diesen, nun verschlüsselten Text ab. Weil Alice ihn mit seinem öffentlichen Schlüssel chiffrierte, kann er ihn mit seinem privaten Schlüssel entschlüsseln. Schnell chiffriert Mallory ihn nun mit Bobs eigentlichem (öffentlichen) Schlüssel. Daraufhin leitet er die Nachricht geschwind an Bob weiter, damit keiner den Schwindel bemerkt.

4   In umgekehrter Richtung, wenn Bob eine chiffrierte E-Mail an Alice versendet, funkt Mallory ganz analog dazwischen: Da Bob seine Nachricht unwissentlich mit Mallorys öffentlichem Schlüssel chiffriert, kann Mallory sie einfach abfangen und mit seinem privaten Schlüssel entschlüsseln. Um weiterhin unbemerkt zu bleiben, verschlüsselt er die Nachricht erneut mit Alices öffentlichem Schlüssel und leitet sie dann an sie weiter.

Obiger Angriff wäre vermeidbar, würden Alice und Bob eine Public Key Infrastructure (siehe Seite 119) nutzen und ihre öffentlichen Schlüssel in Form von Zertifikaten von Trent signieren lassen.

Replay-Angriffe – wenn eine Nachricht unbemerkt wiederholt wird

Damit Mallory einen Replay-Angriff erfolgreich durchzuführen vermag, muss er die Verschlüsselung eines Chiffretextes gar nicht brechen. Es genügt, wenn er etwa eine Nachricht von Alice an Bob aufzeichnet und sie später noch einmal sendet:

Vielleicht ist Bob ein Onlinehändler, Alice eine Kundin. Mallory ist ihr rachsüchtiger Ex-Freund. Als Mallory eine verschlüsselte E-Mail von Alice an Bob abfängt, kennt er deren Inhalt nicht. Er vermutet aber, dass es sich um eine Bestellung handelt. Und tatsächlich: „Hiermit bestelle ich zehn Teile der Reizwäschekollektion von Vigenères Secret. Ziehen Sie den dafür fälligen Betrag bitte per Lastschrift von meinem Konto ein. Alice." steht darin. Mallory, der den Inhalt der E-Mail nach wie vor nicht kennt, möchte Alice eins auswischen. Im Abstand von je einer Stunde sendet er die aufgezeichneten Datenpakete zwei Tage lang immer wieder an Bob. Der denkt sich nichts dabei und nimmt so sämtliche Bestellungen an.

Solch einfache Replay-Angriffe umgeht man mit Zeitstempeln, die aus dem Datum sowie der sekundengenauen Uhrzeit des Versendens bestehen und ebenfalls verschlüsselt in die Nachricht integriert werden. Mallory kann dann so viele Nachrichten wiederholen wie er will – Bob wird ob des immer gleichen Versendezeitpunkts stutzig werden.

Gut informiert: Angriffe mit bekanntem Klar- oder Chiffretext

Allein für Verschlüsselungsverfahren sind die folgenden vier, beinahe schon „klassischen" Angriffstechniken relevant. Zusätzlich zu den erwähnten existieren freilich noch weitere, die in eine ähnliche Kerbe schlagen, sowie zahlreiche Unterformen. Sie bleiben an dieser Stelle aber einmal außen vor.

Angriff, wenn nur der Chiffretext bekannt ist (Ciphertext-only Attack)

Ein Ciphertext-only-Angriff ist wohl die Angriffsart, an die man zuerst denkt: Von einer oder mehreren Nachrichten ist dem „Angreifer" allein der Chiffretext bekannt. Was genau verschlüsselt wurde oder gar mit welchem Schlüssel, soll mit diesem Angriff herausgefunden werden. Keine leichte Aufgabe, das steht fest – hat ein Kryptoanalytiker doch hier außer dem Chiffretext meist keine weiteren Informationen.

Angriff bei bekanntem Klartext (Known Plaintext Attack)

Bei diesem im Englischen als Known Plaintext Attack bezeichneten Angriff kennt der Analyst nicht nur ein paar mit dem gleichen Schlüssel chiffrierte Geheimtexte – er kennt ebenfalls die dazugehörigen Klartexte. Vielleicht hat er die Datenpakete einer verschlüsselten E-Mail von Alice an Bob abgefangen und die ausgedruckte E-Mail später in Bobs (realem) Papierkorb entdeckt. Nun kann er den Chiffretext der verschlüsselten E-Mail mit dem Klartext vergleichen. Ziel ist es dabei, den für die Chiffrierung eingesetzten Schlüssel herauszufinden. Vielleicht findet er aber gar eine andere Möglichkeit, mit der er die verschlüsselte Botschaft ohne Kenntnis des Schlüssels dechiffrieren kann.

Häufig setzt ein Known-Plaintext-Angriff aber gar nicht voraus, dass Analyst bzw. Angreifer den Klartext wirklich kennen. Aufgrund immer gleicher Datei-Header oder Standard-Floskeln in E-Mails etc. können sie Mutmaßungen darüber anstellen, welcher Klartext insbesondere hinter den ersten oder letzten verschlüsselten Datenpaketen stecken mag.

Angriff, wenn der Klartext ausgewählt werden kann (Chosen-Plaintext Attack)

Wie bei einem Known-Plaintext-Angriff kennt der Analyst sowohl einige Chiffretexte als auch deren zugehörige Klartexte, denn – und das ist hier neu – er kann die Klartexte selbst festlegen.

Hierbei geht es nicht mehr darum, den oder die Schlüssel zu finden, mit dem ein Klartext verschlüsselt wurde. Vielleicht erfordert der Verschlüsselungsalgorithmus gar keinen Schlüssel, weil dessen Entwickler Kerckhoffs Prinzip ignorierte und die Sicherheit seines Verschlüsselungsalgorithmus nicht durch einen geheimen Schlüssel erzeugt, sondern durch die Geheimhaltung des Algorithmus selbst. Sollte der Algorithmus hingegen doch einen Schlüssel erfordern, so wird ihn der Analyst selbst angeben (können), da er hier schließlich in der Lage ist, beliebigen Klartext selbst zu dechiffrieren.

Kurz & bündig: Mit dieser Attacke soll einem Verschlüsselungsalgorithmus dessen Funktionsweise entlockt werden. Da der Kryptoanalyst den Klartext nach Belieben wählt, kann er ihn auch frei ändern, sodass die Auswirkungen der Änderungen und etwaige Muster zum Vorschein treten. Allgemein wird bei diesem Angriff aber von einer gewissen Mindestgröße der Eingabedaten ausgegangen, sodass der zu untersuchende Algorithmus also keine Eingaben von einem oder zwei Bit Länge akzeptiert, sondern beispielsweise mindestens eine 128 Bit lange Eingabe verlangt (bzw. kürzere Eingaben bis zur 128-Bit-Mindestgrenze mit beliebig gewählten Bits selbstständig auffüllt).

Denkbar wäre ein solcher Angriff bei der Analyse einer „Verschlüsselungsbox", die einen Brief im Klartext einliest und einen DIN-A4-Zettel voller Chiffretext ausspuckt, ohne dass deren genaue Funktionsweise bekannt wäre.

Angriff, wenn der Klartext ausgewählt und peu à peu veränderbar ist (Adaptive Chosen Plaintext Attack)

Der Adaptive Chosen-Plaintext-Angriff ist ein Sonderfall der Chosen-Plaintext Attack. Hierbei ist es dem Kryptoanalysten möglich, den eingesetzten Klartext auf Basis der vorangegangenen Analysen minimal zu verändern, um die Auswirkungen auch jeder noch so kleinen Änderung nachzuvollziehen. Im Gegensatz zu den Annahmen bei der Chosen-Plaintext Attack setzt diese Angriffsmethodik darauf, dass der untersuchte Algorithmus auch sehr kleine Eingaben mit wenigen Daten akzeptiert.

Seitenkanalattacken: wie minimale Spannungsänderungen in einem Mikrochip geheime Schlüssel verraten

Seitenkanalangriffe, im Englischen als Side-Channel Attacks bezeichnet, sind ganz besonders clevere Verfahren. Sie erfordern wohl eher Kenntnisse auf dem Gebiet der Elektrotechnik als der Mathematik. Im Gegensatz zu den anderen Angriffsarten zielen sie nicht auf Schwachstellen in den Algorithmen, sondern auf deren konkrete Umsetzung, also deren Implementierung ab. Einige bekanntere Seitenkanalangriffe sind:

- **Timing Attacks (Zeitangriffe)**: Mittels hochpräziser Werkzeuge wird hier die Zeit gemessen, die für die Verschlüsselung eines gewählten Klartextes benötigt wird. Hierbei macht man sich zunutze, dass insbesondere die Berechnung der sehr komplexen Rechenoperationen von asymmetrischen Verfahren wie RSA je nach Eingabewert und verwendetem Schlüssel stark variiert. Durch Ausprobieren und beständig minimales Verändern des Klartextes (Adaptive Chosen Plaintext Attack) kann eine Implementierung so schon innerhalb von ein paar Stunden geknackt und beispielsweise ein nur in einer Smartcard gespeicherter privater RSA-Schlüssel bestimmt werden. Softwareimplementierungen wurden mit diesem Angriffsverfahren ebenfalls schon geknackt.

- **Power Analysis (Stromangriffe)**: Bei diesem Angriff wird der Energieverbrauch eines Prozessors der kryptografischen Implementierung überwacht. Je nach Prozessorbefehl variiert einer Ver- oder Entschlüsselung leicht und lässt sich mit einem Oszilloskop messen. Daraus kann ein Angreifer anschließend Rückschlüsse auf die durchgeführten Rechenoperationen ziehen. Betroffen sind neben asymmetrischen Verfahren auch symmetrische Algorithmen wie AES.

- **Fault Analysis (Fehlerangriffe)**: Durch bewusste Falschbedienung oder Beschädigung wird versucht, aus den von der Krypto-Implementierung zurückgegebenen Fehlermeldungen auf den Schlüssel zu schließen. Indem die Rechenergebnisse von absichtlich beschädigten Smartcards mit unbeschädigten Pendants verglichen werden, kann man teilweise Rückschlüsse auf den gespeicherten Schlüssel ziehen.

Schwachstelle Zufallszahlengenerator

Computer können zwar vieles, aber am schnöden Zufall scheitern sie. Das ist leicht nachvollziehbar, wenn Sie die kleinsten Bestandteile eines Computers betrachten: Kleine Schaltkreise kennen nur die Zustände Ein (1) oder Aus (0). Dazwischen gibt es nichts.

Dabei sind Zufallsdaten für die Kryptografie enorm wichtig – schließlich sollen Schlüssel von AES und Co. so zufällig zusammengesetzt sein wie möglich. Auch asymmetrische Verfahren verwenden zufällig ausgewählte Primzahlen für die geheimen Primfaktoren p und q.

Gut – es gibt durchaus Möglichkeiten, Zufallsdaten mit spezieller Zusatzhardware zu erzeugen. So existieren Steckkarten, auf denen winzige Spuren radioaktiven Materials aufgebracht sind. Mehrere Sensoren erfassen darauf den (zufällig) stattfindenden Zerfall der radioaktiven Teilchen. Aus den Messergebnissen entstehen letztlich die Zufallsdaten. Das Wörtchen „radioaktiv" macht allerdings verständlich, dass sich diese Lösung noch nicht einmal im kommerziellen Bereich durchsetzen konnte.

Häufig setzen Zufallsgeneratoren aber auch einfach nur auf Ihre Unterstützung. Sie fangen beispielsweise Ihre Tastatureingaben oder Mausbewegungen ab und ziehen diese zur Generierung zufälliger Daten heran. Problematisch hierbei ist, dass Sie selbst bei schnellem Tippen und Herumfuchteln mit der Maus nur vergleichsweise wenige Zufallsdaten erzeugen.

Pseudozufallsgeneratoren

Pseudozufallsgeneratoren (Engl.: **P**seudo **R**andom **N**umber **G**enerators - PRNG) produzieren keine Zufallswerte. Sie sind Algorithmen, die aus einem Eingabewert (hier: Seed) eine viel längere Folge von „pseudozufälligen" Ausgabewerte ableiten. Pseudozufällig sind diese Ausgabewerte dann, wenn Sie anhand des Ausgabewertes nicht vorhersagen können, wie der eingegebene Seed lautete.

Auch an den Seed werden Anforderungen gestellt: Er darf nicht in die Hände eines Dritten gelangen, muss also wie ein symmetrischer Schlüssel geheim bleiben. Zudem sollte zumindest der Seed aus Zufallsdaten bestehen. Häufig werden deshalb ein paar Mausbewegungen abgefangen und diese als Seed eingesetzt. Um eine hohe Sicherheit zu gewährleisten, sollte ein Seed ebenso nur einmal zur Erzeugung einer Pseudozufallsfolge eingesetzt werden.

RC4 als einfacher PRNG

Ein einfacher und relativ starker Pseudozufallsgenerator ist RC4 (siehe Seite 91). Benutzt man einen zufällig erzeugten Seed als Schlüssel, berechnet RC4 daraus fortlaufend beliebig viele Pseudozufallsdaten. Leider wurde inzwischen von mehreren Kryptoanalytikern nachgewiesen, dass die mit RC4 generierten Pseudozufallsdaten mithilfe statistischer Tests von richtig zufällig erzeugten Daten unterschieden werden können. Das soll Sie an dieser Stelle aber nicht weiter beschäftigen.

So hacken Profis Ihren PC: lineare und differenzielle Kryptoanalyse

Stupide Brute-Force-Verfahren befriedigen keinen der Kryptoanalytiker, die überwiegend einen mathematischen Hintergrund haben. Viel lieber rücken sie dem Konzept und dem mathematischen Modell zu Leibe, das hinter einem Verschlüsselungsalgorithmus steckt. Zwei relativ neue Angriffstechniken sind die lineare und die differenzielle Analyse. Viele ältere Algorithmen sind dafür sehr anfällig. Neuere müssen schon so konstruiert sein, dass sie beiden Analyseverfahren widerstehen.

Die differenzielle Analyse

Die differenzielle Kryptoanalyse ist relativ neu und zählt zu den Chosen-Plaintext-Angriffen. Erst 1990 wurde sie von Biham und Shamir vorgestellt. Aber was verbirgt sich dahinter?

Im Grunde werden lediglich zwei beinahe identische Klartexte mit dem gleichen, aber unbekannten Schlüssel chiffriert. Der Unterschied zwischen beiden Klartexten ist minimal und gezielt gesetzt. Interessant sind für den Kryptoanalytiker die daraus entstehenden Unterschiede zwischen den beiden erzeugten Chiffretexten, die er zum Gegenstand statistischer Untersuchungen macht.

Ist ein Verschlüsselungsalgorithmus für diesen Angriff anfällig, erzeugen manche Differenzen zwischen den Klartexten mit höherer Wahrscheinlichkeit Änderungen in den Chiffretexten als andere. Nach der Untersuchung einer Vielzahl von Klartext/Chiffretext-Paaren kann dann der eingesetzte Schlüssel bestimmt werden.

Die lineare Analyse

Nur unwesentlich jünger als die differenzielle Kryptoanalyse ist die lineare, die der japanische Kryptoanalytiker Mitsuru Matsui 1992 als Angriff gegen DES erfand. Sie zählt ebenfalls zu den Chosen-Plaintext-Angriffen und basiert auf einer „linearen Annäherung" an den Algorithmus. Das heißt: Mit (linearen) Gleichungen wird versucht, die Funktionsweise des Algorithmus zu beschreiben. Für die Entstehung solcher Gleichungen sind extrem viele Klartext/Chiffretext-Paare zu untersuchen.

3.11 Gibt es Hintertüren für den Geheimdienst?

Eine gute Frage. Zumindest bei DES (**D**ata **E**ncryption **S**tandard), dem ersten wirklichen Verschlüsselungsstandard für jedermann, war man sich einige Jahre nach der Einführung ziemlich sicher, dass zumindest der amerikanische Geheimdienst über einen Supercomputer verfügt(e), der einen DES-verschlüsselten Text innerhalb kürzester Zeit knacken kann. Wie schnell diese Maschine war oder ist, weiß außerhalb der NSA & Co. natürlich keiner.

Da die Funktionsweise moderner Verschlüsselungsalgorithmen wie AES oder RSA völlig offen liegt und man für ihre Entwicklung keinerlei Geheimdienst zurate zog, sind Hintertüren darin sehr unwahrscheinlich. Allerdings wäre es gut möglich, dass die Wissenschaftler der NSA oder anderer Geheimdienste inzwischen Verfahren entdeckt haben, die etwa das Faktorisierungsproblem sehr schnell lösen können. Aber auch das ist eigentlich unwahrscheinlich.

Ein Traum für den Staat: der zentrale Schlüsseldienst

Lange Zeit wollten die USA Hintertüren ganz offiziell verbauen – in jeden Verschlüsselungsalgorithmus. Im englischsprachigen Raum ist diese Idee als Key Escrow bekannt, was in etwa mit Schlüsselhinterlegung übersetzt werden könnte. Dabei soll ein Dritter, beispielsweise eine Behörde, eine Kopie des für die Verschlüsselung verwendeten Schlüssels oder einen „Zweitschlüssel" erhalten.

Treuhänder Staat

Im Alice-Bob-Modell müsste also Alice eine Kopie ihres Schlüssels, mit dem sie Nachrichten an Bob sendet, zusätzlich an Trent übergeben. Trent ist als Staatsdiener (Behörde) dazu angehalten, den Schlüssel treuhänderisch aufzubewahren. Und er versucht nicht etwa, heimlich Alices Nachrichten an Bob zu entschlüsseln und mitzulesen. Erst wenn die Polizei oder der Geheimdienst auf Alice und/oder Bob aufmerksam werden – mindestens einer der beiden also „etwas auf dem Kerbholz hat" – wird Trent per Aufforderung des Staates aktiv und übergibt die aufbewahrte Schlüsselkopie an die Ermittler.

Solange für die Ermittler gewisse Hürden bestehen, welche die beliebige Inanspruchnahme von Trents „Schlüsseldienst" verhindern, also gewisse Formalien sowie eine solide Beweisführung nötig sind, um die Schlüssel zu erhalten, klingt diese Idee noch ganz akzeptabel. Doch ändern sich die Befugnisse und Hürden des Staates beinahe jährlich. Wie Sie sicher selbst schon bemerkt haben, nehmen diese Befugnisse tendenziell zu und die Hürden werden niedriger.

Was Terroristen aus Furcht vor Hintertüren nutzen

Vorbehalte gegenüber Standardsoftware zur Verschlüsselung bestehen schon, seit die ersten Softwarepakete erschienen. Hauptsächlich die US-amerikanischen Geheimdienste sollen hier und da Hintertüren haben, um verschlüsselte Dokumente doch noch öffnen oder verschlüsselte Kommunikation doch noch abhören zu können.

Besonders stark verbreitet ist die Angst um versteckte Hintertüren wohl unter den Al Quaida-Terroristen und deren Unterstützern. Um sich sicher und unbehelligt über das Netz auszutauschen, setzt ein Teil der Al Quaida mindestens seit 2007 auf eine eigenentwickelte Kryptografie-Komplettlösung: „Mujahideen Secrets". Seit 2008 gibt es das Softwarepaket auch in einer Version 2, die „die fünf besten Verschlüsselungsalgorithmen" und Datenkompressionstools beinhaltet und dabei für die symmetrische Verschlüsselung Schlüssel mit 256 Bit und für die asymmetrische Verschlüsselung Schlüsselpaare mit 2.048 Bit einsetzt. Die „fünf besten Verschlüsselungsalgorithmen" scheinen in den Augen der Programmierer übrigens die fünf Finalisten des AES-Wettbewerbs (siehe Seite 78) zu sein: Rijndael alias AES, RC6, Mars, Serpent und TwoFish.

... kann uns nur recht sein

Haupteinsatzgebiete sind wohl E-Mail- und Dateiverschlüsselung. Open-Source-Anwendungen sind „Mujahideen Secrets" 1 & 2 freilich nicht. Aber wer hätte das von Terroristen auch erwartet. Tatsächlich werden potenzielle Anwender dieses Programms eher belächelt: Sicherheitslücken, die bei möglicherweise falscher Implementation der Verschlüsselungsalgorithmen entstanden sind, lassen sich mangels offen gelegtem Sourcecode nur schwer aufspüren. Zudem scheint eine „glaubhafte Bestreitbarkeit" (Plausible Deniability - siehe Seite 220) für Terroristen nur schwer gegeben, wenn eine Verknüpfung zur *MujahideenSecrets2.exe* auf dem Desktop liegt.

3.12 Die Zukunft der Verschlüsselung: alles geknackt oder noch viel sicherer?

Die Geschichte wiederholt sich immer wieder: Ein Algorithmus wird entwickelt und lange nicht geknackt, gilt dann als sicher und wird verwendet. Bis er schließlich doch irgendwann entzaubert wird. So wie beispielsweise die Vigenère-Verschlüsselung von Seite 29, die vor Hunderten von Jahren als unknackbar galt. Oder DES, der aufgrund zu kurzer Schlüssellänge heutzutage schon von einem kleinen Rechnerverbund geknackt werden kann.

Moderne Algorithmen wie AES, RSA und Co. gelten noch als sicher. Aber wie lange? Schon seit Jahren geistert das Konzept von Quantencomputern durch die Wissenschaft. Diese sollen auf den Gesetzen der Quantenmechanik beruhen und zigtausendfach leistungsfähiger sein als heutige Rechnersysteme. Vermutlich wären AES, RSA und Co. dann sogar per Brute-Force-Angriff relativ schnell zu knacken. Bis es so weit ist, könnten aber noch Jahrzehnte vergehen. Wenn das Konzept des Quantencomputers überhaupt sinnvoll umgesetzt werden kann …

Etwas weiter fortgeschritten ist man aber in der sogenannten Quantenkryptografie, die heute schon einen Schlüsselaustausch per Photonenübertragung ermöglicht.

Verschlüsseln mit Photonen: die Quantenkryptografie

Aktuell scheint die sogenannte Quantenkryptografie ein vielversprechendes Forschungsfeld. Sie basiert auf der Quantenmechanik und überträgt Informationen in Form von Photonen. Wie das One-Time-Pad wird die Quantenkryptografie als absolut sicheres Verfahren bezeichnet. Und wie asymmetrische Verschlüsselungsverfahren ist sie recht umständlich und langsam, sodass bisherige Ansätze sie nur für die Übertragung eines symmetrischen Schlüssels vorsehen. Ohne großartig in die Physik abzutauchen, ein paar Worte dazu:

Bewegen sich Photonen, vibrieren sie in eine bestimmte Richtung: hoch oder runter, nach links oder rechts, wahrscheinlicher noch in einem bestimmten Winkel – sie sind dann „unpolarisiert". Vibriert aber eine Gruppe von Photonen in die gleiche Richtung, sind diese Photonen polarisiert. In der Quantenkryptografie ist es dem Absender möglich, die Polarisation eines Photons festzulegen.

Der Empfänger kann die Polarisierung eines Photons mit einem Polarisationsdetektor ermitteln. Ist das Messinstrument so ausgerichtet wie das polarisierte Photon, das auf den Detektor auftrifft, erfährt man die Polarisation des Photons. Ist es anders polarisiert, als das Messinstrument ausgerichtet, erhält man einen Zufallswert zurück. Dabei erfährt der Messende nicht, ob er die richtige Polarisation oder doch nur einen Zufallswert ermittelt hat. Er notiert lediglich den Wert, den er vom Messinstrument erhielt.

Insgesamt verwendet die Quantenkryptografie im folgenden Beispiel vier Polarisationen: vertikal, horizontal, linksdiagonal und rechtsdiagonal. In einem Modell könnten diese Stellungen mit den Zeichen | (vertikal), - (horizontal), \ (linksdiagonal) und / (rechtsdiagonal) dargestellt werden.

Alice und Bob schießen mit Photonen

Wie können Alice und Bob die Quantenkryptografie nun zum Schlüsselaustausch nutzen? Vielleicht so:

1 Alice sendet Bob eine Reihe von Photonen, die jeweils zufällig in einer der vier genannten Ausrichtungen polarisiert sind. Also vertikal (|), horizontal (-), linksdiagonal (\) oder rechtsdiagonal (/). Alice könnte beispielsweise diese Photonenfolge an Bob senden: -||-\/\-|-

2 Bob versucht nun, die Ausrichtung der Photonen mit seinen Detektoren zu messen. Er kann dabei aber nur zwei Arten von Detektoren verwenden: die +-Detektoren, die horizontal und vertikal ausgerichtete Photonen durch ihren Filter lassen und erkennen, oder die X-Detektoren, welche die diagonal polarisierten Photonen registrieren. Zur Erinnerung: Trifft ein Photon, das anders polarisiert ist als der Detektor, auf einen der Detektoren, erzeugen Letztere einen Zufallswert. Gleichzeitig kann Bob beide Detektoren übrigens nicht einsetzen, er muss sich also stets für einen von beiden entscheiden. Bob stellt seine Detektoren nun nach Belieben ein. Da immer eine 50-prozentige Chance besteht, dass ein Photon die gleiche Polarisation wie der verwendete Detektor hat, auf den es auftrifft, wird er mit hoher Wahrscheinlichkeit einige richtige Messungen durchführen. Vielleicht nutzt Bob seine Detektoren in folgender Reihenfolge: XX++X+X+++. Als Alices Photonenfolge eintrifft, erhält er vielleicht das folgende Ergebnis: \\|-\-\-|-. Er weiß nicht, welche der Photonen richtig und welche falsch (Zufallswert) gemessen wurden.

3 Bob teilt Alice nun mit, in welcher Reihenfolge er die Detektoren konfiguriert hat. Diese Mitteilung muss nicht geschützt sein und könnte somit ebenso über eine unsichere Telefonleitung erfolgen. Alice prüft diese mit der von ihr gesendeten Photonenfolge und nennt ihm die richtig gesetzten Detektoren. In diesem Beispiel war es das dritte, vierte, fünfte, siebte, achte, neunte und zehnte Photon, das richtig erkannt wurde. Photon Eins, Zwei und Sechs hatten eine andere Polarisation als der Detektor, sodass der Detektor einen falschen bzw. zufälligen Wert ausgab.

4 Alice und Bob betrachten nun nur noch die Polarisationen, die von Bob richtig erkannt wurden. Im Beispiel sind dies |-\\-|-. Über einen vorher festgelegten Code wandeln Alice und Bob diese Photonen daraufhin in eine Bitfolge um. Vielleicht definierten sie vertikal (|) und linksdiagonal (\) polarisierte Photonen als 1_2, horizontal und rechtsdiagonal polarisierte Photonen hingegen als 0_2. So ergäbe sich im Beispiel die Bitfolge 1011010_2, die nun als Schlüssel für eine symmetrisch verschlüsselte Datei oder Nachricht verwendet werden könnte.

Wie Eve überführt wird

Was macht die Quantenkryptografie so sicher? Nun, Eve kann die Photonen unterwegs nicht unbemerkt abfangen. Ein Abhören bzw. Messen der Teilchen würde die Übertragung stören und von Alice und Bob bemerkt.

1 Wie Bob weiß Eve nicht, mit welcher Polarisation Alice die Photonen abschickte. Sie kann ihre Detektoren deshalb ebenfalls nur zufällig einstellen. Die Wahrscheinlichkeit, dass sie einen richtigen Detektor wählt, liegt genauso hoch wie jene von Bob – bei etwa 50 %.

2 Sendet Alice ein |-Photon los und trifft es an Eves Lauschposten auf einen X-Detektor, wird seine Polarisation verändert. Künftig fließt es als /-Photon durch den Rest der Leitung an Bob. Vielleicht hat Bob für dieses Photon einen +-Detektor vorgesehen. Ohne Eves Lauschen hätte der Detektor das „richtige Photon" erwischt. Nun trifft es aber als / ein und erzeugt einen Zufallswert, der in diesem Beispiel einmal - sei. So registriert Bob dieses Photon horiziontal ausgerichtet.

3 Beim telefonischen Abgleich mit Alice erfreut es Bob, dass er den ersten Detektor richtig setzte. „Aber lass uns noch prüfen, ob keiner gelauscht hat!", meint Alice. Dafür wählen beide zufällig einige der Messergebnisse aus, die Bobs richtig gesetzte Detektoren ermittelt haben. Auch das erste Messergebnis ist dabei. Alice teilt ihm mit, dass sie das Photon als | losschickte. Entsetzen macht sich breit, als Bob ihr von seinem Messergebnis berichtet: -. Beide wissen nun, dass sie belauscht wurden.

Vergleichen Alice und Bob eine größere Anzahl von Messergebnissen miteinander, ist es sehr unwahrscheinlich, dass alle wegen Eves Lauscherei nun falsch polarisierten Photonen einen Zufallswert ausgeben, der zufällig der ehemals richtigen Polarisation entspricht. Irgendein Messergebnis wird Eves Lauschangriff schon verraten.

Weil Alice und Bob die Messergebnisse über eine ungesicherte Leitung vergleichen, dürfen sie die betrachteten Werte natürlich nicht mehr als Teil eines Schlüssels o. Ä. verwenden.

Hoher Aufwand für absolute Sicherheit

Die Übertragung der Teilchen erfolgt heutzutage noch per separater Glasfaserleitung. Eine gleichzeitige Nutzung mit anderen Technologien ist derzeit nicht möglich, was den praktischen Nutzen der Quantenkryptografie doch sehr klein hält. Bislang gibt es nur wenige Versuchsstrecken.

Der Datendurchsatz von quantenkryptografischen Leitungen ist zudem nicht besonders hoch. Wie bei der relativ langsamen asymmetrischen Verschlüsselung wird die Quantenkryptografie deshalb bislang vor allem zur Übermittlung von Schlüsseln für andere kryptografische Verfahren eingesetzt, beispielsweise den symmetrischen AES-Algorithmus. Die damit geschützte Nachricht ist dann natürlich wieder nur so sicher wie AES selbst.

Angriffe trotzdem nicht unmöglich?

Im Gegensatz zu beispielsweise asymmetrischen Verfahren basiert die Quantenkryptografie nicht auf mathematischen Annahmen (und Hoffnungen), sondern auf physikalischen Gesetzmäßigkeiten. So sind es auch Physiker, die sich kryptoanalytisch mit der Quantenkryptografie beschäftigen. Einige Ideen, die Quantenkryptografie zu überlisten, gibt es schon. Manches wies man bereits unter Laborbedingungen nach. Ist der erste richtige Angriff nicht mehr weit?

Verschlüsselung im Alltag

Kryptografische Verfahren finden Sie überall. Ganz klassisch und offensichtlich sind sie jedoch meist nur bei Dateiverschlüsselern wie TrueCrypt oder vielleicht bei WLAN-Verschlüsselungstechniken, wie sie gleich noch im Folgenden kurz be- und angeleuchtet werden.

Nicht so offensichtlich arbeiten aber asymmetrische Zertifikatprüfer an allen Ecken und Enden des Betriebssystems, um beispielsweise die Authentizität und Integrität von Windows-Treibern sicherzustellen. Und auch ganz schnöde Dinge wie Word- und PDF-Dokumente können mit einem Passwortschutz versehen und verschlüsselt werden, dem hoffentlich ein starker Verschlüsselungsalgorithmus zugrunde liegt …

4.1 Gegen Lauscher in der Leitung: Verbindungsverschlüsselungen

Webserver stehen auf der ganzen Welt. Selbst wenn Sie vorrangig deutschsprachige Webseiten besuchen, müssen die nicht unbedingt auf einem deutschen Webserver liegen. Ihr Internetzugang ist schließlich nicht regional gebunden, Daten kann er über den ganzen Erdball senden.

Je länger die Reise Ihrer Datenpakete, desto mehr Lauscher könnten sie an Knotenpunkten mitlesen. Weil der Datenverkehr des Internets standardmäßig unverschlüsselt erfolgt, ist das nicht besonders schwer. Nun ist es natürlich recht unwahrscheinlich, dass sich am anderen Ende der Welt jemand (zufällig) für Ihren Datenverkehr interessiert. Realer ist da die Gefahr im eigenen Heimnetzwerk, das heutzutage mehr und mehr drahtlos ist.

Abgehört oder kompromittiert – WLAN-Verschlüsselungstechniken im Überblick

Netzwerkverbindungen per Netzwerkkabel sind so einfach: Sie stecken das Netzwerkkabel in den Rechner sowie in die Gegenstelle (beispielsweise einen Router) und sind prompt verbunden. (Natürlich ist es in der Praxis oft nicht so trivial, muss der Router doch auch bei Kabelnetzwerken speziell konfiguriert sein etc.) WLAN-Netzwerke sind nicht ganz so einfach einzurichten. Zwar ist die Software von WLAN-Routern und WLAN-Netzwerkkarten inzwischen sehr benutzerfreundlich geworden, doch ist das Zustandekommen einer drahtlosen Netzwerkverbindung noch das geringste Problem. Die Sicherheit des WLAN-Netzes bereitet vielen Otto-Normal-Nutzern nämlich leider kein Kopfzerbrechen.

Sollte es aber, denn ganz konkret bergen Drahtlosnetzwerke zwei Gefahren:

- Jemand belauscht Ihren Datenverkehr, indem er mit einem beliebigen WLAN-fähigen Gerät[1] Ihre „umherfliegenden" Datenpakete „abfängt" und mit einer speziellen Software auswertet. Besonders interessant sind dabei Benutzernamen und Passwörter, die unverschlüsselt[2] über das Internet übertragen werden.

- Jemand verbindet sich mit Ihrem Netzwerk und treibt darüber – und somit unter Ihrer Internetbenutzerkennung – verbotenen Schabernack. Im Rahmen eines Ermittlungsverfahrens wird dann Ihre IP-Adresse ins Visier genommen. Die Anfrage bei Ihrem Internetprovider, der die IP-Adresse Ihren Kundendaten zuordnen kann, ist für die Ermittler dann nur noch Formsache.

Vor beiden Szenarien schützt nur ein mit einem sicheren Verschlüsselungsalgorithmus geschütztes WLAN-Netzwerk. Die Betonung liegt auf sicher! Die WEP-Verschlüsselung, die 1999 als erster WLAN-Verschlüsselungsstandard eingeführt wurde, ist dabei längst nicht mehr als sicher zu bezeichnen. Keine Verschlüsselung ist indes sogar überhaupt keine gute Idee: Nicht nur, dass Ihr Datenverkehr so mit Ausnahme von SSL-verschlüsselten Datenverbindungen völlig ungeschützt in alle Richtungen der Nachbarschaft gefunkt wird – auch kann sich jeder Angreifer ungefragt mit Ihrem Netzwerk verbinden. Ein MAC-Filter, wie er auch schon in vielen älteren WLAN-Routern integriert ist, schützt ebenso praktisch überhaupt nicht.

In Anbetracht ihrer Sicherheit aufsteigend geordnet sind WEP, WPA und WPA2 die gängigen Verfahren, um ein Netzwerk abzusichern.

---

1 Tatsächlich ist es nicht ganz so einfach, denn die gängige WLAN-Lauschsoftware funktioniert nicht mit allen WLAN-Netzwerkkarten. Aber mit vielen. Und wer wirklich lauschen will, findet schnell heraus, welche Geräte das Mitschneiden drahtlosen Datenverkehrs unterstützen.
2 Unverschlüsselt im Sinne von „ohne SSL-Verschlüsselung" übertragen.

TIPP

Und MAC-Filter?

Um Unbefugten die Verbindung mit einem WLAN-Netzwerk unmöglich zu machen, bieten viele WLAN-Router sogenannte MAC-Filter. In diesen Filtern können die MAC-Adressen[3] der eigenen WLAN-Geräte angegeben werden. Wird der Filter aktiviert, dürfen nur die per MAC-Eingabe freigeschalteten Geräte eine Verbindung mit dem Netzwerk aufbauen. Allen anderen wird die Verbindungsherstellung versagt. Leider bietet solch ein MAC-Filter keine echte Sicherheit, denn die MACs vieler Geräte können mit kostenlos im Internet erhältlichen Tools nach Belieben verändert werden. Andere Programme können wiederum aus den per WLAN übertragenen Datenpaketen die MAC-Adressen Ihrer Geräte auslesen. Insgesamt stellt es für jeden nicht ganz ahnungslosen Angreifer kein Problem dar, sein eigenes Gerät per MAC-Adressänderung als eines der Ihren auszugeben und den Filter somit auszutricksen.

WEP (Wired Equivalent Privacy)

Der WEP-Standard (IEEE 802.11) basiert auf der RC4-Stromchiffre und wurde leider schon längst geknackt: Mit frei erhältlicher Software sowie handelsüblicher WLAN-Hardware kann jeder die WEP-Schlüssel WEP-verschlüsselter WLAN-Netzwerke sogar in nur wenigen Minuten[4] auslesen.

Warum das so einfach geht? Die RC4-Stromchiffre in WEP verwendet Schlüssel mit 64, 128 oder 256 Bit. Weil nicht jeder Datenfunken mit dem immer gleichen Schlüssel chiffriert werden soll, wird ein Sitzungsschlüssel (Session Key) eingesetzt, der aus einem 24-Bit-Initialisierungsvektor (siehe Seite 87) und dem eigentlichen WEP-Schlüssel besteht. Weil nur 2^{24} = etwa 16,7 Millionen verschiedene Initialisierungsvektoren existieren, häufen sich trotzdem schnell Datenpakete, die mit dem gleichen Schlüssel (aus Initialisierungsvektor und WEP-Schlüssel zusammengesetzt) chiffriert wurden. Aufgrund des Geburtstagsparadoxons (siehe Seite 124) ist es sehr wahrscheinlich, dass die mit gleichem Schlüssel versehenen Datenpakete sogar noch schneller auftreten – nicht erst alle 16,7 Millionen Datenpakete. Die neusten WEP-Cracker benötigen ungefähr 40.000 Datenpakete bzw. in einem gut ausgelasteten Netzwerk nur ein paar Minuten, um einen WEP-Schlüssel zu knacken.

---

3 Sowohl kabelgebundene als auch kabellose WLAN-Geräte besitzen eine sogenannte MAC-Adresse, die für diese Geräte eine eindeutige Kennzeichnung ermöglichen soll. Die entsprechende Adresse finden Sie meist an der Rück- oder Unterseite des Gerätes (z. B. eines Notebooks) aufgeklebt.

4 Voraussetzung dafür ist jedoch, dass innerhalb dieses Zeitraums auch genügend Datenpakete abgefangen werden, die eine Software dann automatisch analysiert. In der Praxis gelingt das nur zügig, wenn in dem entsprechenden WLAN-Netzwerk viele aktive Nutzer angemeldet sind, die den Zugang rege in Anspruch nehmen.

WPA (Wi-Fi Protected Access)

WPA galt lange Zeit als wesentlich sichererer Nachfolger von WEP, wurde inzwischen aber auch (mehr oder weniger) geknackt und sollte deshalb nach Möglichkeit nicht mehr eingesetzt werden. Hierzu ist zu wissen, dass WPA eigentlich nur eine Interimslösung ist: Als die ersten Lücken in der Sicherheit von WEP klafften, begann die Entwicklung des Standards IEEE 802.11i. Das Standardisierungsverfahren dauerte jedoch recht lang, zudem sah 802.11i AES statt RC4 als Verschlüsselungsalgorithmus vor und würde so nicht auf der alten WEP-WLAN-Hardware einsatzfähig sein. So wurde WPA aus der Taufe gehoben.

Einiges Grundsätzliches teilt WPA mit WEP, beispielsweise das verwendete RC4. Anderes unterscheidet sich: So wird das zwischen WLAN-Basisstation und WLAN-Client verwendete Passwort nicht direkt für die Verschlüsselung eingesetzt, sondern bildet nur die Grundlage für eine Schlüsselexpansion, die einige Unterschlüssel erzeugt. Auch wurde die Länge des Initialisierungsvektors auf 48 Bit verdoppelt, wobei sich der Wert der ersten 16 Bit mit jedem weiteren Datenpaket um 1 erhöht und (nur) die restlichen 32 Bit zufällig erzeugt werden. Die Wahrscheinlichkeit, zwei mit dem gleichen Schlüssel chiffrierten Datenpakete abzufangen, ist so deutlich geringer – WPA also sicherer.

WPA2

Wer kann, sollte diesen WLAN-Verschlüsselungsstandard verwenden. Im Gegensatz zu WPA ist er nicht nur ein warmer WEP-Aufguss, sondern setzt auf einen ganz anderen Algorithmus – und zwar AES. Es handelt sich bei WPA2 nämlich um jenen IEEE 802.11i Standard, der schon kurz nach der Veröffentlichung WEPs in Entwicklung war, aber kurzfristig von WEP vorweggenommen wurde. Leider benötigt WPA2 aufgrund des Einsatzes von AES in der Regel neuere, leistungsfähigere WLAN-Hardware und kann deshalb nur selten per Update auf bereits vorhandener WLAN-Hardware verfügbar gemacht werden.

Eine SSL-Verbindung bedeutet nicht automatisch Sicherheit für Ihre Daten

Seriöse Onlineshops verwenden zur Datenübertragung zwischen Kunden und dem Shopserver eine sogenannte SSL-Verschlüsselung.

Ob die Daten, die Sie auf einer Webseite eingeben, beim Klick auf *OK* oder *Abschicken* SSL-verschlüsselt an den Shopbetreiber gesendet werden, erkennen Sie an dem *https://*, das der Webseitenadresse in der Browseradressleiste statt dem üblichen *http://* vorsteht.

In neueren Browserversionen wird die Adressleiste zudem farblich hervorgehoben, sobald Sie eine Webseite SSL-verschlüsselt besuchen. Doch auch für andere Netzwerkdienste, wie beispielsweise E-Mail per POP und IMAP oder FTP-Zugänge, kann die SSL-Verschlüsselung eingesetzt werden, muss aber vom jeweiligen Server unterstützt und dem Benutzer explizit eingeschaltet werden.

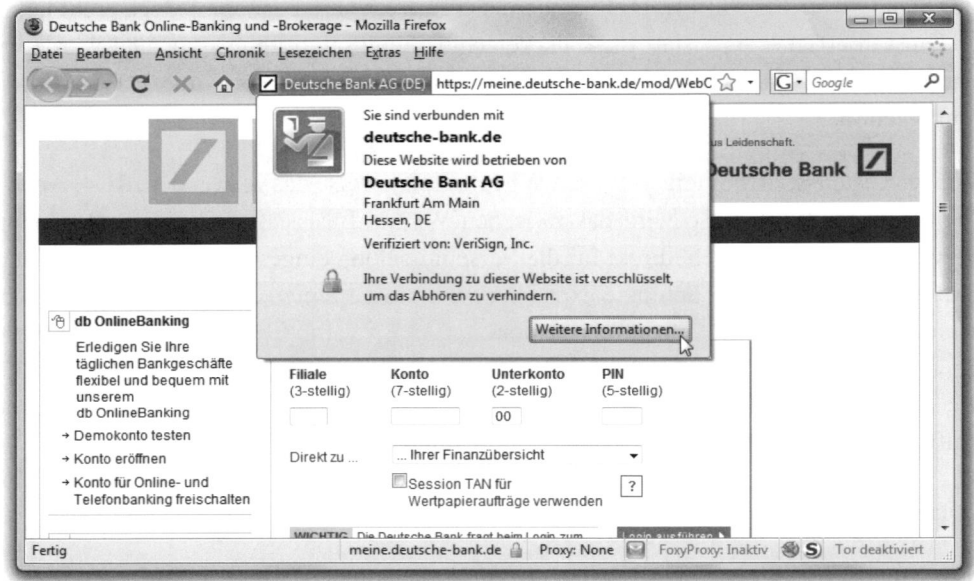

Wurde eine SSL-Verschlüsselung aufgebaut, verfärbt sich in den neueren Browserversionen ein Teil der Adressleiste. Klicken Sie auf den eingefärbten Bereich, erhalten Sie schon die nötigsten Informationen, um die Authentizität der Webseite überprüfen zu können.

Alle für einen: SSL funktioniert mit etlichen Verschlüsselungsalgorithmen

Da dieses Buch auch ein wenig Verschlüsselung enthält, darf ein kurzer Blick auf die kryptografische Seite von SSL (**S**ecure **S**ocket **L**ayer) nicht fehlen: Es ist ein hybrides Verschlüsselungsverfahren und nutzt Algorithmen wie RSA und AES. Grundsätzlich werden aber fast alle etablierten Algorithmen unterstützt – somit auch DES oder RC4 für den symmetrischen Part von SSL oder **E**lliptic **C**urve **C**ryptography (ECC) für die diversen asymmetrischen Bestandteile. Welche kryptografischen Algorithmen konkret zwischen dem Surfer (Alice) und dem Webserver (Bob) eingesetzt werden, legen beide Parteien aber erst beim Verbindungsaufbau fest.

Eigentlich heißt SSL gar nicht mehr SSL, sondern in neuster Version TLS (**T**ransport **L**ayer **S**ecurity). Trotzdem wird hauptsächlich von SSL gesprochen, auch wenn die neuste Version – TLS – gemeint ist. Ich werde es genauso handhaben.

Nur der Übertragungsweg ist geschützt

Eine SSL-Verschlüsselung ist freilich kein Allheilmittel. Schließlich verschlüsselt sie nur den Datenverkehr zwischen Kunden und Webserver, auf dem etwa ein Onlineshop gehostet wird. Gegen Datendiebstahl aufseiten des Kunden – beispielsweise durch einen Trojaner – oder von einem gehackten Webserver, der bei laxer Datenhaltung sämtliche Kundendaten an einen Hacker preisgibt, schützt SSL freilich nicht. Hier sind Sie als Kunde sowie die „Ladenbesitzer" selbst gefordert.

Aber: Ohne Verschlüsselung schreien Sie Ihre Passwörter praktisch zum Fenster heraus!

Wie sicher sind Ihre Benutzernamen und Passwörter für Webdienste und E-Mail-Konten? Werden sie unverschlüsselt übertragen, brauchen Sie sich darum nicht zu sorgen – dann sind sie nämlich überhaupt nicht sicher.

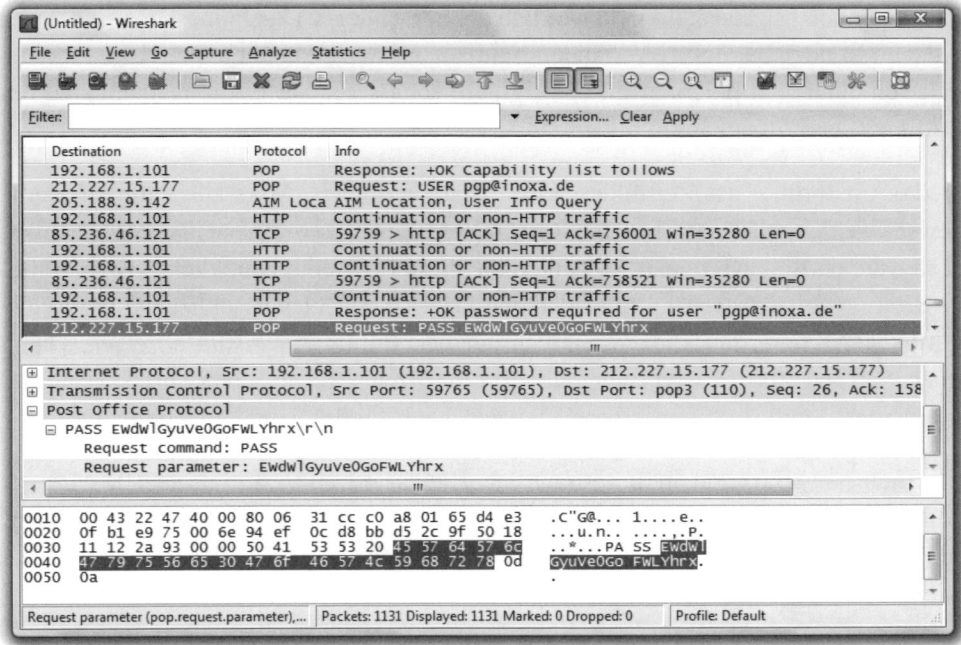

Viele E-Mail-Programme versuchen gar nicht erst, eine verschlüsselte Verbindung mit einem Mailserver herzustellen. Dazu gehören Mozillas Thunderbird ebenso wie Windows Mail, das Bestandteil eines jeden Vistas ist. Zwar können beide auch sichere Verbindungen mit einem Mailserver aufbauen, allerdings ist die entsprechende Funktion in den Optionen meist deaktiviert.

Vielleicht finden Sie das nicht so schlimm, aber wenn Sie über ein WLAN-Netzwerk mit dem Internet verbunden sind, dieses zugleich nur mit WEP, einem unsicheren WPA-Passwort oder überhaupt nicht verschlüsselt ist, könnte jeder diese Zugangsdaten in die Finger kriegen! Den Datenverkehr abzufangen und später in aller Ruhe zu entschlüsseln, genügt schon. Wenn das WLAN-Netz unverschlüsselt ist, ist nicht einmal das nötig. Dann kann jeder im StudiVZ Ihre Freunde gruscheln. In Ihrem Namen. Oder E-Mails abrufen. Wie beängstigend!

Problematische Zertifikate

Damit zwischen Server und Surfer eine SSL-verschlüsselte Verbindung entstehen kann, sind Zertifikate nicht unbedingt nötig. Es geht auch ohne, wobei dann eine sogenannte „anonyme" SSL-Verbindung entsteht. Wirklich anonym ist die aber nur in der Hinsicht, dass dann keiner die Identität der Gegenstelle überprüfen kann.

Hier kommen Zertifikate ins Spiel. Zumindest aufseiten der Server. Die sollen mit Zertifikaten nämlich beweisen, dass sie wirklich die Server der XYZ-Onlineshops sind. Dazu wird dem Kunden beim SSL-Verbindungsaufbau das Zertifikat überreicht. Es ist im Idealfall von einer Zertifizierungsinstanz signiert, sodass der Surfer die Authentizität des Zertifikats überprüfen kann.

Für das Überprüfen des Zertifikats ist in der Regel der Browser zuständig. Moderne Browser werden mit einer Liste von Zertifizierungsinstanzen versehen, deren Zertifikaten sie automatisch „vertrauen". Möchten Sie diese Liste einsehen, klicken Sie im Firefox-Browser auf *Extras*, dann *Einstellungen/Erweitert*, wählen anschließend das Register *Verschlüsselung* und klicken letztlich auf den Button *Zertifikate anzeigen*. Damit öffnen Sie den Zertifikat-Manager des Firefox-Browsers, dessen Register *Zertifizierungsstellen* sämtliche Instanzen auflistet, denen der Firefox von vornherein vertraut.

Eigentlich ist „von vornherein vertraut" aber etwas zu einfach. Tatsächlich wird der Browser nur mit den öffentlichen Schlüsseln der Zertifikate-Ausgeber ausgeliefert. Damit prüft der Browser wiederum die Signatur des SSL-Zertifikats, das er vom Server erhielt. Ist die Signatur nicht zu beanstanden, kann man dem Server wohl vertrauen.

T I P P

Wie SSL ins PKI-Schema passt

Auch die SSL-Verschlüsselung basiert auf der sogenannten Public Key Infrastructure (siehe Seite 119): Möchte sich ein Webseitenbetreiber per SSL ausweisen, benötigt er dafür ein Zertifikat. Er kann es von einer Zertifizierungsstelle wie VeriSign oder OpenSSL beziehen, die durch ihre digitale Unterschrift auf dem SSL-Zertifikat für die Authentizität bürgt. Ein Browser wie der Mozilla Firefox muss nun nur noch prüfen, ob die digitale Signatur der Zertifizierungsstelle valide ist. Dafür greift er auf die von ihm gespeicherten Zertifikate der großen Zertifizierungsinstanzen zurück.

Vorsicht! – Selbstgebastelte SSL-Zertifikate

Ein Zertifikat ist Voraussetzung für eine vernünftige SSL-Verschlüsselung einer Datenübertragung. Doch „richtige", also von offiziellen Zertifizierungsstellen ausgestellte Zertifikate sind teuer. Wer günstig mit SSL verschlüsseln will, erstellt die Zertifikate deshalb selbst. Möglich ist das beispielsweise mit der Freeware OpenSSL (*http:// www.openssl.org*).

Ein Webseitenbetreiber erstellt damit zunächst einen Schlüssel. Dabei richtet er eine Signieranfrage an die Software, bei der unter anderem das Land, die Stadt und andere Daten des „Antragstellers" abgefragt werden. Anschließend wird ein Zertifikat erstellt, das der Betreiber selbst signieren kann. Sind nun noch die entsprechenden SSL-Softwaremodule auf dem Webserver installiert und konfiguriert, steht einer SSL-Verschlüsselung nichts mehr im Wege. Wohlgemerkt – ohne dass eine der offiziellen Zertifizierungsstellen wie VeriSign (*http://www.verisign.de*) oder andere externe Webdienste in den Zertifizierungsprozess ein- bzw. zwischengeschaltet wurden.

Firefox warnt vor Selbstbau-Zertifikaten

Leider – aber eigentlich auch Gott sei Dank – behandeln moderne Browser selbstausgestellte SSL-Zertifikate nicht wie die Zertifikate der offiziellen und in den Browser „eingebauten" Zertifizierungsstellen. Sie geben nämlich einen Warnhinweis. Auf die Spitze treibt es hierbei der Firefox-Browser ab Version 3.0: Soll er eine Webseite mit einem selbsterstellten Zertifikat öffnen, begegnet der Surfer einer Fülle von Warnmeldungen. Dann sind etliche Klicks notwendig, um für die Webseite bzw. deren selbstausgestelltes Zertifikat eine Ausnahmeregelung zu erstellen. Weil viele Webseiten gern eine verschlüsselte Verbindung anbieten würden, aber die Kosten der großen Registrare scheuen und SSL-Zertifikate lieber selbst ausstellen, muss wohl häufiger eine Ausnahme gemacht werden.

Sichere Verbindung fehlgeschlagen

wired-security.net verwendet ein ungültiges Sicherheitszertifikat.

Dem Zertifikat wird nicht vertraut, weil es selbst unterschrieben wurde.

(Fehlercode: sec_error_ca_cert_invalid)

- Das könnte ein Problem mit der Konfiguration des Servers sein, oder jemand will sich als dieser Server ausgeben.
- Wenn Sie mit diesem Server in der Vergangenheit erfolgreich Verbindungen herstellen konnten, ist der Fehler eventuell nur vorübergehend, und Sie können es später nochmals versuchen.

Oder Sie können eine Ausnahme hinzufügen...

Wer Zertifikate für eine Webseite selbst ausstellt, muss die Belästigung seiner Besucher mit dieser Warnmeldung in Kauf nehmen: Erst nach mehreren Klicks, mit denen eine „Ausnahme hinzugefügt" wird, können Surfer endlich auf die Seite – sofern sie Firefox ab Version 3 benutzen, versteht sich.

Zertifizierungsstellen: Sicherheitswächter mit Sicherheitslücken

SSL kann in gewisser Weise sogar als Phishingschutz dienen, denn die neueren Browserversionen färben die Adressleiste ein, sobald man sich auf einer Webseite mit SSL-verschlüsselter Datenübertragung befindet. Natürlich wird dabei unterstellt, dass Nachahmerwebseiten, die einzig zum Phishing von Kontodaten aufgesetzt wurden, keine SSL-Verschlüsselung anbieten können – zumindest keine, die mit den Zertifikaten von einer offiziellen Zertifizierungsstelle wie VeriSign gestützt wird. Selbstbau-Zertifikate könnte schließlich jeder Phisher erstellen, sie würden mit Warnmeldungen wie der von Firefox aber sicher Aufmerksamkeit erregen.

Im Jahre 2006 ist es Phishern in den USA jedoch gelungen, ein von einer offiziellen Zertifizierungsstelle ausgestelltes SSL-Zertifikat für ihre Schadwebseite zu ergattern. Die Opfer der Betrüger waren Kunden der Bank Mountain America, deren Webseite damals normalerweise über die Adresse *http://www.mtnamerica.com* erreichbar war. Offenbar dachte keiner der Bankangestellten daran, die Adresse *http://www.mountain-america.com* zu registrieren. Die Phisher aber sehr wohl.

Vielleicht war es die naheliegende und authentisch wirkende Webadresse, die den Phishern erlaubte, beim Zertifikatehändler Equifax, einem Reseller der Zertifizierungsinstanz GeoTrust, ein gültiges SSL-Zertifikat zu erhalten, um den Kunden der Bank bzw. den Opfern der Phisher eine SSL-verschlüsselte Verbindung mit der gefälschten Bankenwebseite zu ermöglichen Mit Sicherheit hat man aber auch einfach nicht so genau nachgesehen. Obwohl GeoTrust und sein Reseller nach eigenen Angaben auch amtliche Belege des Unternehmens sehen wollen, das eine Zertifizierung erwerben will.

Auf Nummer sicher: Fingerprints von SSL-Zertifikaten prüfen

Öffnen Sie die Eigenschaften eines Zertifikats, erhalten Sie allerlei Informationen. Eine der wichtigsten ist der sogenannte Fingerprint. Oder auch die Fingerprints, denn beispielsweise aktuelle Versionen des Firefox-Browsers geben mehrere Fingerprints an. Im Grunde sind das nichts anderes als Hash-Werte, die aus dem Zertifikat generiert werden. Sie sollen damit überprüfen können, ob das angezeigte Zertifikat auch tatsächlich ein echtes ist.

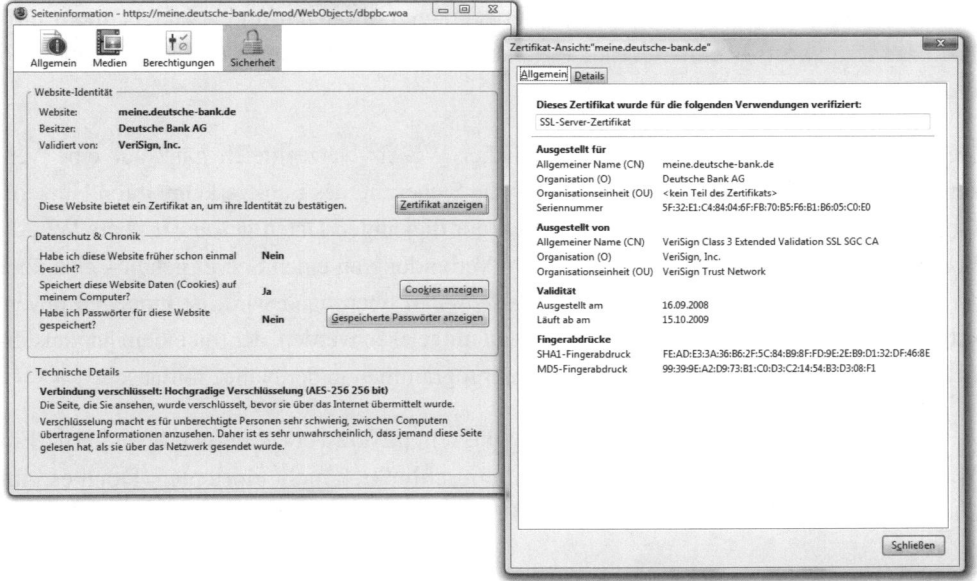

Zur Echtheitsprüfung eines Zertifikats geben Banken häufig noch die sogenannten Fingerprints an, die nichts anderes als ein Hash des Zertifikats sind.

Viele Banken beschreiben ausführlich, wie der Fingerprint des verwendeten Zertifikats im Browser angezeigt wird. Doch der offizielle Fingerprint, mit dem Sie den verwendeten vergleichen sollen, wird gut versteckt. Häufig teilen Banken aber mit jeder neuen TAN-Lise, die Sie fürs Onlinebanking erhalten, die aktuellen Fingerprints des verwendeten SSL-Zertifikats mit. Diese Fingerprints können Sie mit den Fingerprints des verwendeten Zertifikats vergleichen. Stimmen sie überein, ist alles in Ordnung.

4.2 VPN: Selbst gegrabener Tunnel durch unsichere Netze

Niemand soll ein ungeschütztes und unverschlüsseltes WLAN-Netz betreiben! Zumindest nicht im trauten Heim. Aber was ist mit öffentlichen WLAN-Netzen in der Bibliothek, im Fastfood-Restaurant oder Café? Dort kann der Verzicht auf Verschlüsselung Sinn machen – und der Einsatz von WLAN-Verschlüsselung ein Gefühl falscher Sicherheit vermitteln. Denn wer das Zugangskennwort eines verschlüsselten WLANs kennt, kann die damit verschlüsselten Datenübertragungen abfangen und später bequem mithilfe des Kennworts dechiffrieren. Der Rest, die Analyse der Netzwerkdaten, ist dann so einfach wie bei unverschlüsselten Netzen.

Deshalb verzichten viele Betreiber öffentlicher WLAN-Netze gleich ganz auf eine Verschlüsselung des Netzwerks und überlassen die Sicherung des Funkverkehrs ihren Nutzern. Ohne weitere Maßnahme werden von denen nur diejenigen Daten geschützt übers WLAN übertragen, die über eine SSL-verschlüsselte Verbindung an einen Server gehen – also über *https://*. Alles, was an gewöhnliche *http://-Webseiten* übertragen wird, ist hingegen unverschlüsselt und kann von jedem abgefangen und mitgelesen werden, der mit einem handelsüblichen Laptop und einem von vielen Freewareprogrammen in der Nähe „mitlauscht".

Also: Wie soll man sich in einem unverschlüsselten Netzwerk komplett absichern? Ein WPA-Passwort kann ein Nutzer für sich allein schließlich nicht einrichten. Doch es gibt andere Möglichkeiten – beispielsweise VPN (**V**irtual **P**rivate **N**etwork).

Das eigene kleine Netzwerk im Internet

VPN-Software schafft ein kleines, privates Netzwerk – aber nicht nur innerhalb einer Wohnung oder eines Hauses, sondern per Internet über beliebig weite Entfernungen. So greift man per Notebook beispielsweise aus dem Hotelzimmer direkt auf eine Netzwerkfreigabe eines PCs zu Hause zu. Damit das Netzwerk auch wirklich „privat" bleibt, wird der Datenverkehr zwischen den entfernten Teilen des Netzwerks SSL-verschlüsselt.

Hauptanwendung ist aber längst nicht der Dateientausch per Netzwerkfreigabe. Tatsächlich wird die VPN-Technik vor allem dazu eingesetzt, den kompletten Netzwerkverkehr in unsicheren, also öffentlichen und unverschlüsselten Netzwerken vor Lauschern zu schützen. Dazu wird der komplette Datenverkehr verschlüsselt über einen VPN-Server geleitet. Erst dieser VPN-Server, der natürlich außerhalb des unsicheren (WLAN-)Netzes stehen muss, entschlüsselt die Datenpakete und stellt die Verbindung mit dem eigentlich angeforderten Webdienst her.

So bauen Sie sich kostenlos Ihr eigenes VPN

Komplette VPN-Lösungen bietet beispielsweise Cisco an, verlangt dafür aber auch ein bisschen was. Für den Heimgebrauch ist das unsinnig. Gut, dass es das kostenlose Softwarepaket OpenVPN (*http://www.openvpn.net*) gibt. Leider ist dessen Einrichtung nicht ganz trivial, zumal Sie dafür zusätzliche Hardware benötigen: einen Zweit-PC oder OpenVPN-fähigen Router, beispielsweise. Zusätzlich sollten Sie daheim eine schnelle Internetverbindung haben, die besonders im Upload eine hohe Übertragungsrate liefert.

Wer keinen Zweit-PC als OpenVPN-Server einsetzen kann und auch keinen OpenVPN-fähigen Router[5] sein Eigen nennt, kann bei allerlei Hosting-Anbietern einen Server mieten und darauf OpenVPN installieren. Das setzt freilich einige Kenntnisse und PC-Fähigkeiten voraus, insbesondere wenn der Server mit einer Linux-Distribution betrieben wird.

Verschlüsselte VPN-Verbindung für Bequeme: CyberGhost VPN

Ein anderes Angebot ist für den Otto-Normal-Surfer vielleicht attraktiver: CyberGhost VPN (*http://www.cyberghostvpn.com*), ein Produkt der deutschen Firma S.A.D. Diese VPN-Lösung bietet S.A.D. sowohl in einer kostenpflichtigen Premium- als auch in einer kostenlosen Basisversion an. Für Letztere übernimmt S.A.D. allerdings keine Geschwindigkeitsgarantie. Zudem erfolgt nach sechs Stunden eine Zwangstrennung, wenngleich eine sofortige Neueinwahl möglich ist. Die monatliche Traffic-Limitierung liegt bei 10 GByte.

Für 9,99 Euro bis 5,84 Euro (je nach Laufzeit des gewählten Tarifs – Stand: Mai 2009) kann der Premium-Tarif gebucht werden. Hierbei verspricht S.A.D. eine Datenübertragungsrate von mindestens 2.000 KBit/s (entspricht DSL 2000). Dennoch ist das monatliche Transfervolumen auf 40 GByte pro Monat beschränkt, es kann aber per kostenpflichtiger Option erweitert werden. Als besonderes Extra bietet der Anbieter 2 GByte Webspeicher, der komplett mit AES und 256-Bit-Schlüsseln verschlüsselt ist.

Wie man während der Installation des CyberGhost nachvollziehen kann, basiert CyberGhost VPN selbst auf der OpenVPN-Software[6]. Im Endeffekt bastelte S.A.D. um OpenVPN also „lediglich" eine benutzerfreundliche Anwendung und stellte ein paar Server bereit. Da OpenVPN den Unterbau bildet, erfolgt die Verschlüsselung der Verbindungsdaten in beiden Tarifen natürlich ebenfalls per AES mit 128-Bit-Schlüsseln.

---

5 Anleitungen, wie Sie OpenVPN auf einigen Routern wie beispielsweise einer Fritz!Box installieren können, gibt es im Internet zuhauf. Googeln Sie einfach mal danach.
6 Während der Programminstallation muss ein virtueller OpenVPN-Netzwerkadapter auf dem Computer angelegt werden.

4.3 Stille Post? Was E-Mails und Postkarten gemeinsam haben

Das Briefgeheimnis schützt nicht nur verschlossene Briefsendungen sondern ebenfalls Postkarten vor neugierigen Postboten. Aber was ist mit E-Mails? Ein „E-Mail-Geheimnis" gibt es schließlich nicht.

Und so sehen die E-Mail-Standards SMTP, POP und IMAP von vornherein keine Verschlüsselung vor. Darum muss man sich schon selbst kümmern, seine E-Mails also selbstständig verschlüsseln. Mit der OpenPGP-Lösung geschieht das aber recht unkompliziert. Sie wird Ihnen in diesem Kapitel noch vorgestellt.

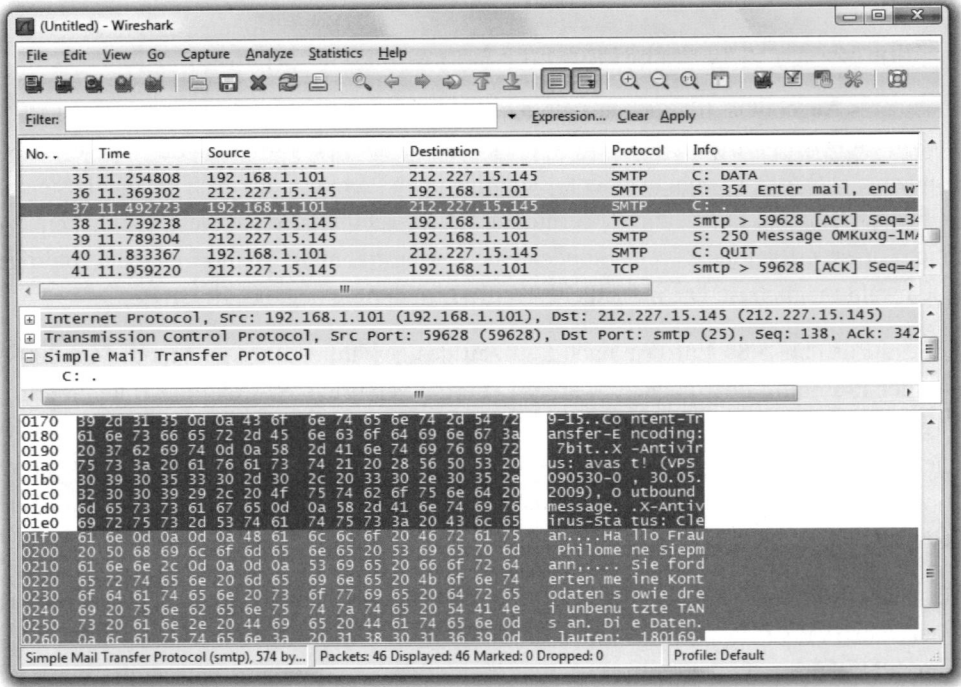

Schon mit wenigen Kenntnissen und einem Tool wie Wireshark (http://www.wireshark.org) ist es kein Problem, den Datenverkehr von anderen abzufangen. Weil Netzwerkdienste wie SMTP und POP standardisierte Protokolle sind, sind die interessanten Datenpakete mit dem Inhalt ganzer E-Mails schnell gefunden.

Welchen Weg nehmen E-Mails?

E-Mails wandern nicht direkt zum Empfänger, sondern laufen wie Postkarten über mehrere Briefzentren. Na gut, der Begriff „Briefzentren" ist bezüglich E-Mails nicht ganz korrekt – Mailserver aber.

Möchten Sie herausfinden, durch wie viele „Briefzentren" eine E-Mail wanderte, müssen Sie nur einen Blick in den sogenannten Header bzw. Quelltext werfen. Bei Mozillas Thunderbird markieren Sie dazu eine E-Mail und wählen über das *Datei*-Menü *Ansicht* die Funktion *Nachrichten-Quelltext*.

```
Received: from sexnovem.alpha.ec-cluster.com (sexnovem.alpha.ec-cluster.com [195.140.185.229])
        by mx.kundenserver.de (node=mxbap4) with ESMTP (Nemesis)
        id 0MKrui-1MAK6y0HiO-00019W for nku@inoxa.de; Sat, 30 May 2009 10:40:16 +0200
Received: from app64.muc.ec-messenger.com (app64.muc.domeus.com [172.16.9.44])
        by mta70-1.muc.ec-messenger.com (READY) with ESMTP id EF673C007FD8
        for <nku@inoxa.de>; Sat, 30 May 2009 10:39:03 +0200 (CEST)
```

Jeder Übertragungsvorgang von einem Webserver an einen anderen wird durch einen Received:-Eintrag im E-Mail-Header dokumentiert. Mehr als einen Umweg über einen Vermittlerserver nehmen E-Mails heutzutage aber selten.

Sicher unterwegs: Ein Querulant erfand die E-Mail-Verschlüsselung für jedermann

Anfang der 1990er gab es RSA & Co. zwar schon seit einigen Jahren, doch fast ausschließlich für Unternehmen. Auf die wenigen Privat-PCs verirrte sich nur in Einzelfällen ein kryptografisch starkes Verfahren.

Einer, der schon früh mit Verschlüsselungen auf Heim-PCs experimentierte, war der Amerikaner Phil Zimmermann. Er war der festen Überzeugung, dass jedermann ein Recht auf eine starke Verschlüsselung habe. Koste es, was es wolle – zur Not gar einen Rechtsstreit.

So begann Zimmermann um 1990, auf Basis des damals noch durch ein Patent geschützten RSA-Algorithmus eine Verschlüsselungssoftware zu basteln. Sie sollte einfach zu bedienen und zugleich schneller sein als alle RSA-Verschlüsselungslösungen, die bis dato (für Unternehmen) erhältlich waren. Natürlich hatte Zimmermann keine Lizenz für RSA, doch das störte ihn nicht. Wäre er nicht 1954, sondern 25 Jahre später geboren, würde er heute vielleicht einen BitTorrent-Tracker betreiben.

1991 war die erste Version seines Programms fertig. Er nannte es **P**retty **G**ood **P**rivacy, kurz PGP. Im Gegensatz zu bisherigen RSA-Umsetzungen war es viel schneller, da Zimmermann statt einer rein asymmetrischen Verschlüsselung auf ein hybrides Verfahren aus RSA und einem symmetrischen Algorithmus setzte. Als asymmetrisches Verfahren sah die erste PGP-Version IDEA statt des damaligen Standards DES vor, den Zimmermann bereits 1990 als zu unsicher erachtete.

Eigentlich wollte Zimmermann die fertige PGP-Version verkaufen, doch war das staatliche Interesse an einem Verbot des Programms zu groß. Schließlich hatten die USA Anfang der 1990er noch strenge Exportbeschränkungen, was Waffen und die als Waffen betrachteten Verschlüsselungstechniken betraf. Als der Druck immer größer wurde, setzte er es kurzum gratis ins Netz. Erst verbreitete es sich langsam, dann immer schneller, bis es weltweit im Einsatz und selbst von den Amerikanern nicht mehr zu stoppen war.

T I P P

Konkurrenz vom Feind: S/MIME

PGP bzw. OpenPGP ist nicht die einzige Möglichkeit, E-Mails zu signieren und zu verschlüsseln. Denn es gibt ja noch S/MIME: Während Phil Zimmermann in den 1990er Jahren das RSA-Patent ignorierte und RSA „einfach so" nutzte, um PGP weiterzuentwickeln, wuchs der Druck auf RSA Data Security. Sollte und wollte man das geniale PGP unterstützen? Keinesfalls, Zimmermann war doch der Erzfeind. So entstand der Standard S/MIME, der wie PGP auf ein hybrides Verschlüsselungsverfahren setzt, aber nicht zu PGP kompatibel ist. Da die nähere Beschreibung einer E-Mail-Verschlüsselung, nämlich PGP, in diesem Buch genügen soll, wird auf S/MIME nicht weiter eingegangen.

GnuPG – kostenlose E-Mail-Verschlüsselung für alle

Inzwischen wurde aus dem kleinen Projekt eines Einzelnen, nämlich Phil Zimmermann, ein ganzes Unternehmen: die PGP Inc., die verschiedene Softwareprodukte für unterschiedliche Anwendergruppen zur Verfügung stellt. Leider ist das für Privatpersonen einst kostenlose PGP nun einer „Desktop"-PGP-Suite gewichen, die zwar ein paar Dinge mehr leisten kann, aber zugleich etliche Euro kostet.

Wer nur private E-Mails verschlüsseln und signieren möchte, plant aber vermutlich keine große Geldausgabe. An dieser Stelle kommen etliche Open-Source-Anwendungen in Spiel, die wie die Software der PGP Inc. auf dem OpenPGP-Standard basieren, aber ohne Gebühr verwendet werden können. Eine solche Lösung ist GnuPG.

Das Rundum-sorglos-Paket für den Einstieg in die E-Mail-Verschlüsselung

GnuPG ist wiederum nur ein Unterbau für den OpenPGP-Standard und muss mit allerlei Zusatzprogrammen für die verschiedensten PGP-Einsatzszenarien erweitert werden, möchte man nicht immer mit der Eingabeaufforderung arbeiten (und verschlüsseln). Es gibt aber auch Rundum-sorglos-Pakete, die GNuPG enthalten und alle nötigen Zusatzanwendungen mitbringen. Eines davon ist Gpg4win (*http://www.gpg4win.de*).

Zur Drucklegung war Gpg4win sowohl in einer „stabilen" Version 1.1.x als auch einer 1.9.x Beta erhältlich. Die Entwickler empfehlen ausdrücklich die 1.1.x-Variante, da die Beta per Definition noch etwas instabil ist. Leider hat Vista mit den schon etwas älteren Bestandteilen der Version 1.1.x ein paar Probleme. Sollten Sie unter Vista ebenfalls Schwierigkeiten mit der Gpg4win-Programmsammlung haben, versuchen Sie es am besten mit der 1.9.xer-Betaversion. Nachträgliches Installieren ist kein Problem.

Bei der Installation eines der beiden Pakete (1.1.x oder 1.9.x Beta) können Sie entscheiden, welches der Programme (Komponenten) überhaupt installiert werden soll. GnuPG ist Pflicht, denn es ist die Basis für alle anderen kostenfreien OpenPGP-Anwendungen wie Enigmail. Die einzelnen optionalen Komponenten im kurzen Überblick:

- *GpgOL (1.1.x und 1.9.x)*: Ist ein Add-on für das Microsoft Outlook E-Mail-Programm, das Sie benötigen, sollten Sie GnuPG mit Outlook verwenden wollen.

- *WinPT (1.1.x), GPA (1.1.x und 1.9.x)* und *Kleopatra (1.9.x)*: Das sind die Schlüssel-Manager, die das Gpg4win enthält. Einen sollten Sie mindestens installieren, um bequem einen öffentlichen und einen privaten Schlüssel erstellen zu können.

- *GPGee (1.1.x)* und *GpgEX (1.9.x)*: Wenn Sie GnuPG nicht nur zum Verschlüsseln und Signieren von E-Mails einsetzen wollen, sondern ebenfalls die Signatur heruntergeladener Dateien prüfen oder Dateien auf Ihrer Festplatte verschlüsseln möchten, empfiehlt sich die Installation dieses kleinen Programms, das den Windows-Explorer um einige PGP-Funktionen erweitert.

- *Claws-Mail (1.1.x und 1.9.x)*: Dahinter steckt ein vollwertiges E-Mail-Programm mit integrierter PGP-Funktionalität.

GnuPG mit Mozillas Thunderbird

Wenn Sie das im Gpg4win-Paket enthaltene Claws-Mail nicht verwenden möchten, können Sie beispielsweise auch Mozillas Thunderbird „fit für GnuPG" machen. So existiert für den beliebten E-Mail-Client beispielsweise das Enigmail-Add-on (*https://addons. mozilla.org/de/thunderbird/addon/71*), das OpenPGP nahtlos in den Thunderbird einbindet. Dabei dient Enigmail nur als Schnittstelle zwischen dem Thunderbird und GnuPG. Diesen Job erledigt das Add-on jedoch sehr gut.

TIPP

Und Windows Mail?

Für das kostenlose Windows Mail, das in jeder Windows Vista-Installation vorinstalliert ist, gibt es leider keine vernünftige GnuPG-Lösung. Installieren Sie Mozillas Thunderbird oder nutzen Sie das im Gpg4win-Paket integrierte Claws Mail, wenn Sie nach einer kostenlosen und GnuPG-fähigen E-Mail-Lösung suchen.

Der Kunstbegriff Enigmail setzt sich laut Entwicklern aus **Enig**ma und **Mail** zusammen. Mit der Enigma, der bekannten deutschen Verschlüsselungsmaschine, hat das kleine Add-on-Programm jedoch nur gemein, dass es ebenso für die Verschlüsselung von Nachichten genutzt wird. Der Verschlüsselungsalgorithmus als solcher ist natürlich ein ganz anderer.

Blitzschnell installiert

Enigmail wird nicht etwa als EXE-Datei ausgeliefert, sondern als XPI. Dahinter verbirgt sich ein Dateiformat, das ausschließlich für die Add-ons der Mozilla-Programme gedacht ist. Um diese Add-ons – und so auch Enigmail – zu installieren, ist ein Doppelklick auf die Datei leider nicht sehr hilfreich. Vielmehr müssen Sie zunächst Mozilla Thunderbird starten:

1 Öffnen Sie Mozilla Thunderbird und wählen Sie in dessen *Datei*-Menü *Extras* und daraufhin *Add-ons*. Klicken Sie in dem nun geöffneten Fenster *Add-ons* auf den Button *Installieren* und wählen Sie über den *Öffnen*-Dialog die heruntergeladene XPI-Datei des Enigmail-Add-ons aus.

2 Fortan enthält das *Datei*-Menü des Thunderbirds einen weiteren Menüpunkt *OpenPGP*. Er hat sich zwischen *Nachricht* und *Extras* eingeschoben. Klicken Sie darauf und wählen Sie die *Einstellungen*.

3 Ein neues Fenster öffnet sich. Im Kästchen *Dateien und Verzeichnisse* erhalten Sie darüber Auskunft, ob der nötige Unterbau, nämlich die nötige *GnuPG.exe*, gefunden wurde oder nicht. Geben Sie sonst den Pfad zu Gpg4win manuell an. Sollten Sie das Programmpaket indes noch nicht installiert haben, sollten Sie dies spätestens jetzt nachholen. Den Pfad zur *GnuPG.exe* können Sie danach noch angeben, denn ohne *GnuPG.exe* nützt Ihnen das Enigmail-Add-on für Mozilla Thunderbird nichts: PGP-Signierung sowie -Verschlüsselung ist ohne sie schlicht nicht möglich.

Ein neues Schlüsselpaar erzeugen

Wurde GnuPG gefunden, richten Sie Ihren Blick auf die nötigen Schlüssel. Sie benötigen einen öffentlichen und auch einen privaten Schlüssel.

1 Wählen Sie im *Datei*-Menü von Thunderbird zunächst *OpenPGP*, anschließend *Schlüssel verwalten*, sodass sich ein neues Fenster mit dem Titel *OpenPGP-Schlüssel verwalten* öffnet.

2 Davon ausgehend, dass Sie noch nie ein OpenPGP-Schlüsselpaar erzeugt haben, wählen Sie im nun geöffneten Fenster *Erzeugen* und dann *Neues Schlüsselpaar.*

3 Bevor der Pseudozufallszahlengenerator ein Schlüsselpaar erzeugt, sind im Dialogfenster *OpenPGP-Schlüssel erzeugen* allerlei Einstellungen zu tätigen. Zunächst prüfen Sie die *Benutzer-ID* – ist das E-Mail-Konto ausgewählt, für das ein Schlüsselpaar erzeugt werden soll? Stellen Sie anschließend sicher, dass *Schlüssel zum Unterschreiben verwenden* mit einem Häkchen versehen ist.

4 Eine *Passphrase*, ein Synonym für „Passwort", sollten Sie unbedingt vergeben. Sie wird immer dann abgefragt, wenn eine E-Mail mit diesem, hoffentlich passwortverschlüsselten Schlüsselpaar signiert oder chiffriert wird. So werden Dritte davon abgehalten, in einem unbeobachteten Moment an Ihrem Rechner sitzend, E-Mails mit Ihrer Signatur zu verfassen.

5 Der *Kommentar* ist etwas ungünstig platziert. Man möchte meinen, er sei für eine Art Sicherheitsabfrage gedacht, die an die vielleicht vergessene Passphrase erinnern soll. Tatsächlich hat er mit dem Passwort jedoch nichts zu tun, sondern stellt einen öffentlichen Kommentar dar, der (unter anderem) zusammen mit Ihrem öffentlichen Schlüssel auf einen Schlüsselserver geladen wird. Erstellen Sie beispielsweise zwei Schlüsselpaare für je ein privat und ein geschäftlich genutztes E-Mail-Konto und laden Sie deren beiden öffentliche Schlüssel auf einen Schlüsselserver, können die Kommentare *Privat* oder *Geschäftlich* dem Sender einer Nachricht bei der Auswahl des richtigen Schlüssels helfen.

6 Ein *Ablauf-Datum* für ein Schlüsselpaar ist eine gute Idee. Behalten Sie den fünfjährigen Zeitraum bei oder wählen Sie einen kürzeren. Einen längeren sollten Sie hingegen vermeiden.

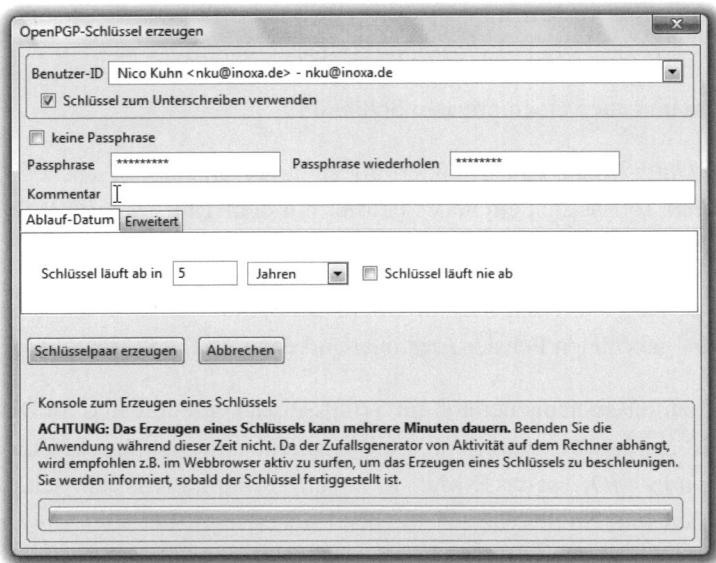

7 Über das Register *Erweitert* gelangen Sie zu zwei Einstellungen, die das kryptografische Verfahren betreffen: *Schlüsselstärke* (*1024*, *2048* und *4096*) und *Algorithmus* (*DSA & El Gamal* oder *RSA*). Die Schlüsselstärke sollte dabei mindestens 2.048 Bit betragen, besser noch 4.096 Bit. Welcher Algorithmus angewandt wird, sollte jeder nach Belieben entscheiden. Beide gelten als gleichermaßen sicher – eine entsprechend hohe Schlüsselstärke vorausgesetzt.

8 Klicken Sie nun auf den Button *Schlüsselpaar erzeugen*. Das Programm fragt im Anschluss sicherheitshalber noch einmal nach. Wie Sie dem Hinweistext entnehmen können, baut der Pseudozufallszahlengenerator, der für die Schlüsselpaarerzeugung verwendet wird, auf Ihre Aktivität am Rechner. Also, tun Sie etwas!

Sobald das Schlüsselpaar erzeugt wurde, werden Sie sogleich benachrichtigt. Gleichzeitig bietet das Programm an, ein Widerrufszertifikat zu erstellen. Damit können Sie Ihrem Schlüsselpaar die Gültigkeit entziehen, sollte es einmal in falsche Hände geraten. Nehmen Sie dieses Angebot vielleicht jetzt[7] schon an und speichern Sie es in einem Pfad Ihrer Festplatte, in dem Sie es auch wiederfinden. Der Dateiname des Widerrufszertifikats, beispielsweise *pgp@inoxa.de (0x6C969539) rev.asc*, setzt sich dabei aus folgenden Komponenten zusammen: der E-Mail-Adresse, für die das Schlüsselpaar erzeugt wurde, der Schlüssel-ID des Schlüsselpaares (eine Art Seriennummer) sowie dem Zusatz *rev*, der für das englische Wort *Revocation* (= Widerruf) steht. Und natürlich der Dateiendung *.asc*.

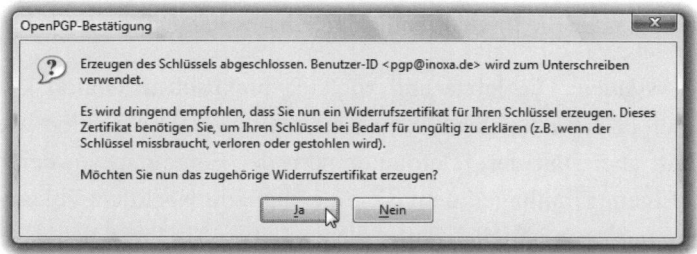

Noch schnell den Schlüssel veröffentlichen, dann geht's los!

Damit der Empfänger einer Nachricht überprüfen kann, ob die Nachricht wirklich von Ihnen stammt bzw. signiert wurde, benötigt er natürlich Ihren öffentlichen Schlüssel. Ergo müssen Sie diesen veröffentlichen, noch bevor Sie die erste PGP-signierte oder -verschlüsselte E-Mail versenden. GnuPG bzw. das Enigmail-Add-on bieten Ihnen dazu mehrere Möglichkeiten. Klicken Sie zunächst im Fenster *OpenPGP-Schlüssel verwalten* mit der rechten Maustaste auf den Schlüsseleintrag Ihres E-Mail-Kontos. Das aufklappende Kontextmenü bietet unter anderem diese Optionen an:

- *In Zwischenablage exportieren*: Diese Funktion kopiert den öffentlichen Schlüssel des ausgewählten Eintrags in die Zwischenablage Ihres PCs. Solange Sie die Zwischenablage nicht mit einem anderen Wert überschreiben, können Sie den öffentlichen Schlüssel somit per [Strg]+[C] oder Rechtsklick und *Einfügen* in jede beliebige Textverarbeitung, jedes E-Mail-Programm oder Textfeld im Browser kopieren.

- *In Datei exportieren*: Hiermit haben Sie die Möglichkeit, den öffentlichen Schlüssel in einer ASC-Datei abzuspeichern. Diese Datei könnten Sie dann beispielsweise auf einen Webserver laden und auf Ihrer Homepage verlinken, sollten Sie denn eine haben. Oder per E-Mail an einen Bekannten senden. Beachten Sie aber unbedingt Folgendes: Nutzen Sie diese Option, fragt das Programm, ob es auch Ihren privaten Schlüssel in der Datei abspeichern soll. Wollen Sie die Datei an Dritte versenden, sollten Sie dieses Angebot unbedingt ausschlagen! Der private Schlüssel darf nie in die Hände anderer gelangen, könnten die doch sonst E-Mails in Ihrem Namen verfassen und mit Ihrer Signatur versehen!

---

7 Sie können das Widerrufszertifikat auch später noch erzeugen und abspeichern. Dazu wählen Sie im Fenster *OpenPGP-Schlüssel verwalten* den Eintrag Ihres Schlüsselpaares mit einem Rechtsklick an und klicken auf *Widerrufszertifikat erzeugen & speichern*. Beachten Sie aber, dass dieses Widerrufszertifikat auf Basis Ihres privaten Schlüssels erzeugt wird. Ist dieser durch einen Festplattencrash verloren und wurde vorher noch kein Widerrufszertifikat erzeugt (und auf einem externen Datenträger gespeichert), ist es dann auch zu spät.

- *Öffentliche Schlüssel per E-Mail senden*: Hiermit wird sogleich eine E-Mail erstellt, der der öffentliche Schlüssel in Form einer ASC-Datei anhängt. Sie müssen nur noch den Empfänger eintragen und am besten noch einen Betreff sowie einen Nachrichtentext angeben – und schon können Sie Ihren öffentlichen Schlüssel an Dritte versenden.

- *Auf Schlüsselserver hochladen*: Die letzte und zugleich praktischste Option lädt Ihren Schlüssel auf einen öffentlich zugänglichen Schlüsselserver. Der fungiert wie ein Telefonbuch, enthält aber statt der Telefonnummern der Eingetragenen deren öffentliche Schlüssel. Einem Empfänger, dem Sie eine signierte Nachricht zukommen lassen, müssen Sie nur noch mitteilen, auf welchen Server Sie Ihren Schlüssel hochgeladen haben. Zur Auswahl stehen die Server *pool.sks-keyservers.net*, *pgp.mit.edu*, *subkeys.pgp.net* und *ldap://certserver.pgp.com*[8].

Jetzt geht's ans Signieren

Signieren ist nicht schwer: Verfassen Sie einfach Ihre Nachricht und wählen Sie über den *OpenPGP*-Button *Nachricht unterschreiben*. Senden Sie die E-Mail nun ab, müssen Sie noch die Passphrase eingeben, die Ihren Schlüssel vor unberechtigtem Zugriff schützt.

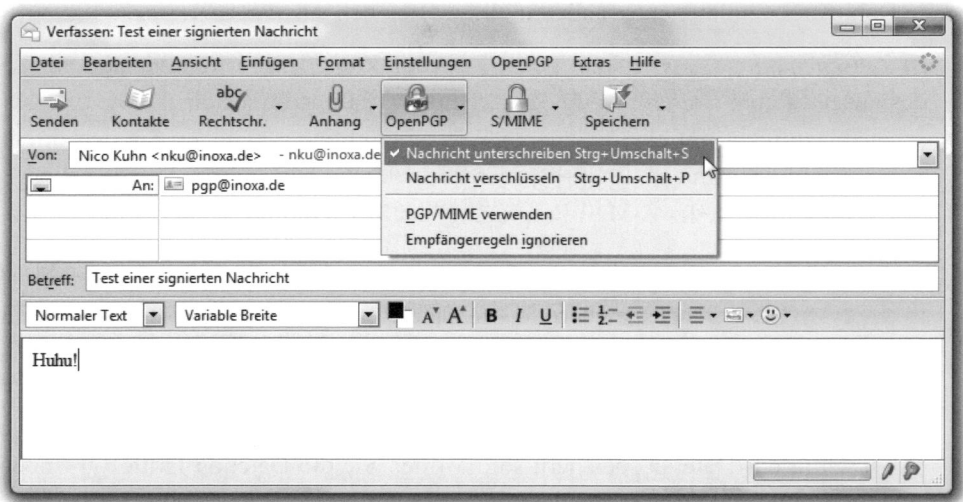

---

8 Aufgeführt wurden jene Schlüsselserver, die GnuPG als Standard mitführt. Weitere Serveradressen finden Sie im Internet.

TIPP

Was ist PGP/MIME?

Enigmail bietet zusätzlich die Möglichkeit, das sogenannte PGP/MIME einzusetzen, womit auch Dateianhänge per OpenPGP verschlüsselt und signiert werden können. Leider wird PGP/MIME nicht von allen E-Mail-Programmen unterstützt.

Über die OpenPGP-Einstellungen können Sie außerdem festlegen, dass jede neue Nachricht unterschrieben werden soll.

Eine E-Mail verschlüsseln – ebenfalls easy

Verfassen Sie zunächst die Nachricht und wählen Sie über den *OpenPGP*-Button *Nachricht verschlüsseln* aus. Erst nachdem Sie auf *Senden* geklickt haben, bittet OpenPGP noch um die Angabe des öffentlichen Schlüssels des Empfängers. Haben Sie ihn nicht schon vorrätig, gibt es nun noch einmal die Gelegenheit, ihn etwa über einen Schlüsselserver zu importieren. Anschließend geht's ans Versenden. Mehr ist nicht zu tun.

TIPP

Keine HTML-E-Mails mehr versenden

Schöne E-Mails schreiben und verschicken Sie im HTML-Format. Sichere hingegen nur als reinen Text – also ganz ohne HTML-Codes und bunte Bildchen, welche Viren einschleppen oder spionieren können.

Mit den Standardeinstellungen verfasst praktisch jedes moderne E-Mail-Programm E-Mails im HTML-Format. Wollen Sie reinen Text senden, müssen Sie diese Voreinstellung ändern. Im Mozilla Thunderbird geschieht dies beispielsweise über *Extras* im *Datei*-Menü und dessen Unteroption *Konten*. Wählen Sie dort die Option *Verfassen & Adressieren*, die für jedes eingerichtete E-Mail-Konto vorhanden ist. Entfernen Sie nun das Häkchen bei *Nachrichten im HTML-Format verfassen* und speichern Sie die Änderungen mit *OK*.

In jedem anderen E-Mail-Programm können Sie HTML-Mails natürlich ebenfalls über die Optionen deaktivieren.

Und E-Mails entschlüsseln?

Erhalten Sie eine OpenPGP-verschlüsselte Nachricht, benötigen Sie zum Entschlüsseln eigentlich nur Ihren privaten Schlüssel sowie die zugehörige Passphrase.

Sobald Sie die E-Mail öffnen wollen, werden Sie nämlich um jene Passphrase gebeten. Geben Sie sie ein, wird die E-Mail entschlüsselt und verbleibt so bis ans Ende ihrer Tage in Ihrem E-Mail-Postfach.

TIPP

Informativer und PGP-signierter Newsletter zum Testen

Nicht jeder nutzt (Open-)PGP. Richtiger noch: Fast keiner nutzt es. Wenn Sie zunächst selbst keinen PGP-Fan kennen bzw. noch keinen aus Ihrem Umfeld zu PGP bekehren konnten, sollten Sie den Newsletter des Bürger-CERT abonnieren. Er informiert nicht nur über die neusten Viren, Trojaner und Sicherheitslücken, sondern erreicht Sie auf Wunsch auch mit einer Signatur, die Sie anschließend zur Probe verifizieren können.

So geht's auch bei Webmail

Mit dem Enigmail-Add-on für Mozillas Thunderbird gelingt PGP recht leicht und galant. Doch nicht jeder mag E-Mail-Programme wie den Thunderbird. Google Mail, aber lange vorher schon GMX oder Web.de haben viele zum sogenannten Webmail geführt, bei dem das E-Mail-Postfach komplett über den Internetbrowser bedient und verwaltet wird.

Gibt's OpenPGP auch dafür? Klar. Aber dazu wird ein Browser-Plug-in benötigt. Für den immer wieder angeführten Firefox-Browser existiert beispielsweise das sogenannte FireGPG. Wie das Enigmail-Add-on für den Thunderbird erfordert FirePGP aber den GnuPG-Unterbau. Windows-Usern reicht hierfür das Gpg4win-Paket. Hinweise zu dessen Installation finden Sie im Text zum Enigmail-Add-on auf Seite 152.

Der Nachteil – Wegfall der Mobilität

Sobald Sie PGP-signierte und -verschlüsselte E-Mails per Webmail senden und empfangen möchten, ist die Weboberfläche von z. B. Google Mail nichts anderes mehr als eine Alternative zu Mozilla Thunderbird oder ähnlichen E-Mail-Programmen, die PGP unterstützen. Der mobile Aspekt geht völlig verloren. Schließlich muss auf dem Rechner, mit dem Sie PGP und Webmail nutzen möchten, nicht nur Firefox samt FireGPG-Plug-in sowie GnuPG-Software (beispielsweise Gpg4win) installiert sein. Ebenso benötigen Sie

Ihren privaten Schlüssel, um E-Mails zu signieren oder verschlüsselte Mails zu empfangen. Das Mailen mit PGP-Features im Internetcafé ist also nicht möglich. Unabhängig davon sollten Sie an öffentlichen PCs ohnehin keine Mails etc. nutzen: Keylogger und Trojaner tummeln sich darauf nur zu gern.

Weil PCs in Form von Netbooks immer kleiner und zusammen mit dem mobilen Internet immer erschwinglicher werden, ist das aber vielleicht bald kein Problem mehr.

Hash-Alternative: Dateien mit GnuPG signieren

Statt eines Hashes stellen Anbieter von Programmen häufig (auch) eine PGP-Signatur der Programm- oder Setup-Datei zur Verfügung, die wie ein Hash zur Überprüfung der Integrität dienen soll: Wurden sie bei der Übertragung versehentlich verändert oder auf dem Server gar heimlich ausgetauscht?

Für die Prüfung einer solchen Signatur benötigen Sie ein PGP-Signatur-fähiges Programm. Wenn Sie bei der Gpg4win-Installation auch das kleine Tool GPGee installiert haben, liegt die Lösung schon parat. In der zur Drucklegung dieses Buches erhältlichen Gpg4win 1.9.x Beta wurde GPGee übrigens durch einen anderen Signaturprüfer abgelöst, GpgEX. Er funktioniert aber genauso.

TIPP

Mit GnuPGP verschlüsseln
GPGee und GpgEX gestatten auf Wunsch ebenfalls die Verschlüsselung von Dateien. Ob das so sinnvoll ist, sei angesichts von Lösungen wie TrueCrypt (siehe Seite 231) aber einmal dahingestellt.

Eine PGP-Signatur überprüfen

PGP-signierte Downloads finden Sie auf vielen Webseiten, so beispielsweise auch auf der Downloadwebseite von TrueCrypt (*http://www.truecrypt.org/downloads/*). Um die Signatur einer Datei zu überprüfen, müssen Sie Datei und Signatur (im ASC- oder SIG-Format) im gleichen Ordner speichern. Das kann freilich auch gleich der Downloadordner sein, in den Sie die Datei heruntergeladen haben.

Sofern das Tool GPGee installiert wurde, geschieht der Signaturen-Check ganz schnell: Klicken Sie einfach mit der rechten Maustaste auf die SIG- oder ASC-Signaturdatei, wählen Sie *GPGee* und schließlich *Überprüfen/Entschlüsseln*.

Zusätzlich zur Signatur benötigen Sie noch den öffentlichen Schlüssel desjenigen, der die Signatur erstellte. Außerdem muss dieser öffentliche Schlüssel in Ihrem Schlüssel-Manager integriert sein. Wie Sie an den öffentlichen Schlüssel eines Programmanbieters gelangen, verrät Ihnen in der Regel dessen Webseite.

Eine Datei mit PGP signieren

Soll eine Datei mit GPGee signiert werden, wählen Sie sie zunächst per Rechtsklick an und wählen Sie im aufgeklappten Kontextmenü *GPGee* und dann *Signieren*. Sie haben nun die Möglichkeit, ein Schlüsselpaar auszuwählen. Zusätzlich gibt es ein paar Optionen:

Unter *Signaturoptionen* sollten Sie *Abgetrennt* wählen. Dadurch wird im gleichen Verzeichnis eine separate Signaturdatei erzeugt. In welchem Dateiformat diese vorliegen soll, entscheiden Sie mit der Einstellung *Textausgabe (ASCII Armor)*. Ist dort ein Häkchen gesetzt, endet die Datei mit *.asc* und kann mit jedem Texteditor gelesen werden. Entfernen Sie das Häkchen, wird eine binäre SIG-Datei erstellt, die nur von entsprechender PGP-Software lesbar ist.

4.4 Digitale Signaturen – ein echter Ersatz für die eigenhändige Unterschrift?

Setzen Sie Ihre Unterschrift auf ein Blatt Papier und scannen Sie sie ein. Oder nutzen Sie gleich einen Tablet-PC mit Stifteingabe oder ein digitales Zeichentablett. Ihre auf diese Arten digitalisierte Unterschrift ist nun wirklich komfortabel unter allerlei Schriftstücke zu setzen, also beispielsweise in Vertragsunterlagen, die Ihnen im PDF-Format vorliegen. Doch welchen Wert hat eine solche Signatur noch, die beliebig vervielfältigt werden kann – erst recht von potenziellen Angreifern? Praktisch keinen. Vor allem deshalb ist es wohl extrem unüblich, Dokumente und Verträge mit eingescannten Unterschriften zu signieren.

Gott sei Dank unbrauchbar – die eingescannte Unterschrift

Wäre dies anders, würden sich Onlinegangster wohl nicht nur um Ihre Zugangsdaten für eBay und PayPal sowie für Ihre Kreditkarten- und Kontodaten interessieren, sondern infizierte PCs ebenfalls aktiv nach digitalisierten Unterschriften durchleuchten. Seien Sie deshalb froh, dass die eigentlich komfortable eingescannte Unterschrift praktisch nirgendwo akzeptiert wird: Es ist schließlich – in gewisser Weise – ein schwer zu änderndes biometrisches Merkmal.

Die Zukunft der Unterschrift – die digitale Signatur

Eine „digitale Signatur" ist tatsächlich etwas ganz anderes. Etwas, das – und so passen digitale Signaturen auch in dieses Buch – auf Grundlage der asymmetrischen Verschlüsselung nach Diffie und Hellman funktioniert und das Potenzial besitzt, die eigenhändigen „analogen" Unterschriften irgendwann komplett zu ersetzen.

Die Grundlage für digitale Signaturen bildet der RSA-Algorithmus, gepaart mit einem sicheren Hash-Verfahren. Denn wie Sie hoffentlich noch von vorangegangener Stelle wissen, wird nicht etwa der Nachrichtentext oder eine Datei mit dem asymmetrischen Signieralgorithmus signiert, sondern lediglich der Hash der Nachricht oder Datei.

Geringe Akzeptanz

Signaturen, die auf dem PKI-Verfahren basieren, sind weit verbreitet sowie relativ einfach zu implementieren. Doch kaum einer nutzt sie. Oder signieren und verschlüsseln Sie Ihre E-Mails oder Dateien, die Sie über das Internet an andere versenden? Vielleicht geben Sie der PGP-Verschlüsselung beim oder nach dem Lesen dieses Buches eine Chance. Spätestens dann werden Sie jedoch feststellen, dass Sie auf weiter Flur recht allein stehen.

Vielleicht kann der Staat die Verbreitung von E-Mail-Verschlüsselung und insbesondere -Signierung steigern. Nach wie vor ist das elektronische Signieren nämlich umständlich. Doch wenn jeder zusammen mit einem neuen Personalausweis ein elektronisches Zertifikat auf einem Chip erhalten würde, könnten elektronische Signaturen zu einer weit verbreiteten Technik reifen. Die Grundlage dafür besteht schon längst: Nach § 126 Abs. 3 des Bürgerlichen Gesetzbuchs (BGB – *http://bundesrecht.juris.de/bgb/__126.html*) kann eine Unterschrift stets in elektronischer statt schriftlicher Form erfolgen, sofern ein Gesetz nichts anderes vorsieht.

Keine Zukunftsmusik: mit der EC-Karte unterschreiben

Tatsächlich muss es aber kein Personalausweis sein, der ein persönliches Zertifikat trägt. So bieten viele Banken ihren Kunden an, ein auf EC-Karte gespeichertes Schlüsselpaar für sogenannte qualifizierte elektronische Signaturen einzusetzen[9]. Mit einem Smartcard-Lesegerät kann dann jeder eine digitale Signatur erstellen, die den höchsten gesetzlichen Anforderungen genügt und beispielsweise als Authentifizierung bei der Abgabe der elektronischen Steuererklärung (ELSTER) eingesetzt werden kann.

---

9 Um diese Funktionalität zu nutzen, ist in der Regel eine Registrierung in einer Bankfiliale nötig, bei der die Personalien des Kunden geprüft werden. Hinzu kommt eine saftige Jahresgebühr. Die Sparkassen führen entsprechende Produkte unter der Marke S-TRUST (*http://www.s-trust.de*).

Was das Gesetz zu Signaturen sagt

Wenn eine elektronische Signatur den Stellenwert einer eigenhändigen Unterschrift haben soll, kommt man um eine gesetzliche Regelung nicht umhin. Den aktuellen gesetzlichen Rahmen in Deutschland steckt das Signaturgesetz (SigG), das seit 2001 besteht und die Anforderungen der Europäischen Signaturrichtlinie 1999/93/EG ins Deutsche Recht übertrug.

Für einen Gesetzestext ist das Signaturengesetz noch relativ gut verständlich. Werfen Sie doch unter *http://bundesrecht.juris.de/sigg_2001/* mal einen Blick hinein.

Drei Arten von Signaturen

Das Signaturgesetz unterscheidet drei Arten von Signaturen, wobei nur die letzte Art, die qualifizierte Signatur, rechtsgültig verwendet werden kann. Signaturen im Sinne des Signaturgesetzes sind:

■ **Elektronische Signaturen** sind laut Signaturgesetz elektronische Daten, die anderen elektronischen Daten beigefügt oder mit ihnen verknüpft sind und die zur Authentifizierung dienen. Das umfasst sämtliche Signaturen, die Sie „einfach so" von einer Nachricht oder Datei erstellen können, ohne sich vorher irgendwo registrieren zu müssen.

■ **Fortgeschrittene elektronische Signaturen** sind elektronische Signaturen (s. o.), die zusätzlich Folgendes leisten: Sie können ausschließlich dem Signaturschlüssel-Inhaber zugeordnet werden und ermöglichen zugleich die Identifizierung des Signaturschlüssel-Inhabers. Eine vorherige Registrierung, bei der der öffentliche Schlüssel eines Benutzers mit dessen Personalien aufgenommen wird, ist also erforderlich. Außerdem müssen sie „[…] mit Mitteln erzeugt werden, die der Signaturschlüssel-Inhaber unter seiner alleinigen Kontrolle halten kann […]"[10] sowie so mit den Daten, für die die Signatur erstellt wird, verknüpft sein, dass nachträgliche Veränderungen nicht unbemerkt bleiben[11].

■ **Qualifizierte elektronische Signaturen** sind fortgeschrittene elektronische Signaturen, die aber zum Zeitpunkt der Signierung auf einem gültigen qualifizierten Zertifikat (s. u.) beruhen und mit einer sicheren Signaturerstellungseinheit[12] erzeugt werden.

---

10 Ein solches Mittel, das ein Signaturschlüssel-Inhaber unter seiner alleinigen Kontrolle halten kann, wäre beispielsweise – und ganz einfach – ein privater Schlüssel, der zum Signieren von Dateien verwendet wird.

11 Damit Veränderungen nachträglich nicht unbemerkt bleiben, müssen kryptografische Verfahren verwendet werden, die sicher sind und nicht schon geknackt wurden. Kurzum: Hash- oder MAC-Verfahren.

Geeignete Verfahren laut Bundesnetzagentur

Die Verschlüsselungsalgorithmen, die Sie konkret zum Signieren von Dokumenten verwenden sollen, empfiehlt die Bundesnetzagentur (für Elektrizität, Gas, Telekommunikation, Post und Eisenbahnen). In einer *Bekanntmachung zur elektronischen Signatur nach dem Signaturgesetz und der Signaturverordnung*[13] vom 17. Dezember 2007 gab jene Bundesnetzagentur die zum Zeitpunkt der Drucklegung letzte Empfehlung ab. Für mindestens die „kommenden sieben Jahre" (ab dem damaligen Zeitpunkt also bis Ende 2014) sind laut Bundesnetzagentur die folgenden Verfahren „als geeignet anzusehen":

- SHA-224, SHA-256, SHA-384, SHA-512 sollen mindestens bis Ende 2014 für den Einsatz bei qualifizierten elektronischen Signaturen taugen.

- Um RSA bis Ende 2014 sicher einzusetzen, sollte man Schlüssel mit einer Mindestlänge von 1.976 bzw. 2.048 Bit einsetzen.

Zusätzlich trifft die Veröffentlichung noch Aussagen über den Signaturstandard DSA und (Pseudo-)Zufallsgeneratoren.

4.5 Signaturen schützen Windows-Systemdateien

Signierte Dokumente – und vor allem Dateien – finden Sie inzwischen an jeder Ecke. Wenn Sie eines der neueren Windows-Betriebssysteme verwenden, sollten Sie einmal einen Blick in das Windows-, also Systemverzeichnis werfen: Dort wimmelt es von signierten Dateien. Und das ist in der Regel gut so, denn Angaben in den Eigenschaften einer ausführbaren Datei, wie beispielsweise den Firmennamen *Microsoft*, können Virenautoren leicht fälschen. Eine Signatur hingegen nicht – zumindest, solange ihnen der private Schlüssel fehlt.

Beim Signieren von Systemdateien bedient sich Microsoft dem Ihnen nun schon bekannten Prinzip: Zunächst wird vor der Auslieferung der Datei an den Kunden – beispielsweise über Windows Update – ein Hash-Wert der Datei erstellt. Dieser Hash wird nun mit Microsofts privatem Signierschlüssel verschlüsselt und das Ergebnis in den sogenannten Metainformationen der Datei gespeichert. Ein jeder Windows-PC kann nun die-

---

12 Eine Signaturerstellungseinheit ist sicher, wenn der private Schlüssel beim Signieren nicht abhanden kommt. Ein PC, auf dem der private Schlüssel in einer Datei gespeichert wird und beispielsweise von einem Trojaner heimlich übers Internet in alle Welt geschickt werden kann, ist leider keine sichere Signaturerstellungseinheit. Verwenden Sie allerdings einen auf einer Smartcard gespeicherten Schlüssel, kann wohl von einer „sicheren Signaturerstellungseinheit" gesprochen werden. Schließlich sind Sie als Schlüsselpaarbesitzer nicht einmal in der Lage, den privaten Schlüssel von einer Smartcard auszulesen.

13 Erwähnte Bekanntmachung der Bundesnetzagentur können Sie unter der Webadresse *http://www.bundesnetzagentur.de/media/archive/12198.pdf* abrufen.

sen verschlüsselten Hash-Wert mit dem öffentlichen Signierschlüssel von Microsoft dechiffrieren. Stimmt das Ergebnis mit dem auf herkömmlichem Wege generierten Hash-Wert der Datei überein, stammt die Datei von Microsoft.

Beim Kampf gegen Schadsoftware, die sich bisweilen gern als Microsoft-Systemdatei tarnt, spielen Signaturen deshalb eine große Rolle. So groß, dass Signaturen zu einem wichtigen Sicherheitskonzept der neuen Windows-64-Bit-Versionen geworden sind.

TIPP

Wurden Systemdateien verändert? Signaturen prüfen!

Möchten Sie das *Windows\System32*-Verzeichnis oder gleich die komplette Festplatte nach unsignierten Dateien scannen, können Sie *sigcheck.exe* von SysInternals nutzen. Wie so viele andere SysInternals-Tools ist es entweder separat oder als Teil der SysInternals Suite zum Download erhältlich – und in jedem Fall gratis. Den Link zum Download finden Sie unter *http://technet.microsoft.com/en-us/sysinternals/bb897441.aspx*.

Haben Sie die Datei heruntergeladen und entpackt, öffnen Sie zunächst eine Eingabeaufforderung im Administratormodus. (Dazu geben Sie *cmd* in die Suchleiste des Startmenüs ein, klicken anschließend mit der rechten Maustaste auf die eingeblendete *cmd.exe* und wählen *Als Administrator ausführen*. Mittels *cd*-Kommando schlängeln Sie sich dann zu dem Verzeichnis, das die *sigcheck.exe* enthält.

```
Administrator: C:\Windows\System32\cmd.exe

C:\Windows\system32>C:\Forensik-Tools\sigcheck\sigcheck.exe

sigcheck v1.54 - sigcheck
Copyright (C) 2004-2008 Mark Russinovich
Sysinternals - www.sysinternals.com

usage: C:\Forensik-Tools\sigcheck\sigcheck.exe [-a][-h][-i][-e][-n][[-s][-v][-
m]][-q][-r][-u][-c catalog file] <file or directory>
     -a    Show extended version information
     -c    Look for signature in the specified catalog file
     -e    Scan executable images only (regardless of their extension).
     -h    Show file hashes
     -i    Show image signers
     -m    Dump manifest
     -n    Only show file version number
     -q    Quiet (no banner)
     -r    Check for certificate revocation
     -s    Recurse subdirectories
     -u    Show unsigned files only
     -v    Csv output

C:\Windows\system32>C:\Forensik-Tools\sigcheck\sigcheck.exe -r -u C:\Windows\
```

Durch Eingabe von *sigcheck.exe –r -u C:\Windows* und anschließender Betätigung der Taste ⏎Enter⏎ durchsucht das Tool aufgrund des Parameters *-u* das gesamte Windows-Verzeichnis nach verdächtigen, weil nicht von Microsoft signierten Dateien. Der Parameter *-r* sorgt hingegen dafür, dass Windows die Dateizertifizierungen noch auf zurückgezogene Zertifikate prüft. Dafür ist eine Internetverbindung vonnöten.

Freigiebig erteilte Signaturen für Windows-Treiber

Für die 64-Bit-Variante von Windows Vista führte Microsoft einen Signierzwang für sämtliche Treiberdateien ein, die auf einem System installiert werden sollen.

Ziel war und ist es, in den 64-Bit-Varianten des (un)populären Betriebssystems für ein höheres Maß an Sicherheit zu sorgen. Trojaner, Keylogger und Co., die sich als Treiber im System einnisten und tarnen können, sollen so ferngehalten werden. Im Umkehrschluss heißt das aber, dass jeder kleine Hardwarehersteller in ein Zertifikat investieren muss, um Kunden einen 64-Bit-Vista-Treiber anbieten zu können.

Damit beispielsweise ein Gerätetreiber verwendet werden kann, muss er von einer Zertifizierungsstelle wie VeriSign digital signiert – also zertifiziert – werden. Eine solche Signatur gibt es schon für ein paar Hundert Dollar. Für Hardwarehersteller etc. sollte das keine große Summe sein, für eine Privatperson oder einen Hacker hingegen schon eher. Denn mit diesem Signierzwang verhindert Microsoft in erster Linie, dass Hobby-Programmierer instabile Treiber schreiben und verwenden, die dann den ganzen Computer in Mitleidenschaft ziehen. Auch will Microsoft auf diese Weise schädlicher Software entgegenwirken, die sich mitunter gern als Windows-Treiber tarnt.

Die Barriere, die jemanden von der Signierung eines Treibers abhält, sind zunächst aber nur jene bereits erwähnten paar Hundert Dollar. Wer eine Signatur beantragt und wofür – was also der zu signierende Treiber macht –, das interessiert zunächst keinen. Tatsächlich kann VeriSign ohnehin weder die Zeit noch die Kompetenz haben, jeden Treiber bis ins Detail zu prüfen.

Microsofts Treiber-Signierung für ein paar Hundert Dollar ausgetrickst

Und so kam es dann wohl auch, dass eine kleine Firma namens Linchpin Labs im Sommer 2007 ein Tool namens Atsiv veröffentlichte, das auch unsignierte Treiber unter Vista-64-Bit laden konnte. Atsiv war dabei auch nicht viel mehr als ein Treiber. Im Unterschied zu den unsignierten Treibern, denen er laden und ausführen half, war er allerdings offiziell von VeriSign signiert. Microsoft sah nicht lange zu, entzog dem Programm die Signatur und setzte es auf die Liste bösartiger Software, die Vistas Schädlingsbekämpfer Windows-Defender erkennen und entfernen soll. Trotz der relativ zügigen Reaktion Microsofts und der Tatsache, dass Atsiv kein wirklicher Schädling war, schreckt die laxe Zertifikatausgabe doch auf – Programmierer wirklich schädlicher Software könnten schließlich genauso vorgehen. Und wer mit einem Trojaner nach PayPal-Zugangsdaten etc. jagt, investiert mit Sicherheit gern ein paar Hundert Dollar.

4.6 Digital Rights Management (DRM) – wo Kryptografie die Nutzung beschränkt

Wie so vieles kann Kryptografie für Gutes und für Schlechtes gleichermaßen eingesetzt werden. Weil die Welt nicht nur schwarz und weiß ist, sind auch die Attribute „gut" und „schlecht" häufig eine Frage der Perspektive. DRM-Systeme, die vor allem Musiklieb-haber vom beliebigen Vervielfältigen ihrer Musik abhalten, sind solche Technologien, die auf kryptografischen Verfahren beruhen und je nach Perspektive mal mit „gut" (für die Musikindustrie) und mal mit „sehr schlecht" (aus Sicht der Käufer) bewertet werden.

So funktioniert die ungeliebte DRM-Technik

Gott sei Dank rudern Medienanbieter wie Apple inzwischen zurück und bieten immer mehr Lieder ihres Katalogs auch DRM-frei an oder verzichten wie Amazon gleich ganz auf das lästige Digital Rights Management. Weil kryptografische Verfahren in diesem Buch jedoch die Hauptrolle spielen und DRM zudem auf kryptografischen Verfahren fußt, sei Ihnen an dieser Stelle trotzdem das sogenannte DRM-Grundmodell vorgestellt. In der Praxis funktionieren DRM-Systeme wie Apples FairPlay oder Microsofts Win-dows Media DRM etwas anders, unterscheiden sich aber auch nicht so stark vom folgen-den Modell.

Das Abspielgerät sei in diesem Grundmodell der Einfachheit halber ein gewöhnlicher PC mit Internetanschluss. Auf diesem ist eine Software installiert, die das DRM-System unterstützt[14], also mit diesem DRM-System geschützte Mediendateien abspielen kann. Weiterhin darf man annehmen, dass in diese Abspielsoftware ein Onlinemusikshop inte-griert ist – so, wie wie beispielsweise auch Apples iTunes gleich den passenden Shop enthält. Und natürlich gehört der Rechner der altbekannten Alice, die nun gleich ein paar Lieder von Bob Geldof herunterladen wird.

Unbemerktes Erstellen der Schlüssel

Bevor Alice mit dem Kauf DRM-geschützter Bob Geldof-MP3s beginnt, muss sie sich im Onlineshop registrieren. Dabei erstellt die Abspielsoftware für Alices Benutzerkonto unbemerkt noch ein RSA-Schlüsselpaar, also einen öffentlichen und einen privaten Schlüssel, das anschließend sicher auf Alices PC hinterlegt wird. So sicher, dass Alice die beiden Schlüssel selbst nicht finden kann. Tatsächlich muss insbesondere ihr privater

---

14 So wie der Windows Media Player beispielsweise Windows Media DRM unterstützt, aber Apples iTunes-Musikstücke, die mit dem FairPlay-DRM-System geschützt sind, nicht abspielen kann.

RSA-Schlüssel vor ihr versteckt werden, um den DRM-Schutz nicht zu gefährden. Doch dazu später mehr.

Verschlüsselte Dateien

Alice kauft und lädt nun die ersten Lieder. Statt „reine" MP3-Dateien herunterzuladen, die sie mit fast jedem Mediaplayer wiedergeben kann, erhält sie vom Server des Anbieters aber Dateien in einem etwas anderen Format: Es könnte – rein fiktiv – MP3DRM heißen, sodass auch die heruntergeladenen Dateien entsprechend mit *.MP3DRM* enden. Hauptbestandteil einer solchen MP3DRM-Datei sind prinzipiell die MP3-Musikdaten des Liedes, nur dass diese mit dem AES-Algorithmus verschlüsselt sind. Problematisch für Alice ist, dass sie den Schlüssel, der für die Entschlüsselung der MP3-Daten nötig ist, zunächst nicht besitzt. Hierbei handelt es sich um den sogenannten **C**ontent **E**ncryption **K**ey (kurz: CEK). Damit sie (bzw. die Abspielsoftware) das ändern kann, enthält jene MP3DRM-Datei noch zusätzliche Angaben, die unverschlüsselt sind:

- eine Art Bestell- oder Identifikationsnummer, die der Shop der Datei vor dem Herunterladen auf Alices PC verpasste, und …

- … ebenso die Web- oder IP-Adresse des Lizenzservers, die gleich noch eine Rolle spielt.

Darf die das? Der DRM-Controller sorgt für Prüfung und Lizenz

Eine wichtige Komponente der Abspielsoftware auf Alices Computer ist der sogenannte DRM-Controller. Er kümmert sich um alles, was mit dem DRM-Schutz zu tun hat. Als Alice einen der gerade heruntergeladenen Bob Geldof-Titel das erste Mal abspielen will, stellt dieser DRM-Controller beispielsweise gleich fest, dass ihr ja noch der passende Content Encryption Key zum Dechiffrieren der MP3-Daten fehlt. Prompt schaut er in der MP3DRM nach der Adresse des Lizenzservers. An diesen Lizenzserver sendet er nun eine Anfrage, die die Identifikationsnummer der MP3DRM-Datei enthält und zuvor mit Alices privatem RSA-Schlüssel signiert wurde.

Sobald die Anfrage beim Lizenzserver eingeht, prüft dieser, ob Alice die Datei wirklich gekauft hat. Dazu greift er auf Alices Profil zurück, das in seiner Datenbank gespeichert ist. Es enthält sowohl ihren öffentlichen Schlüssel[15] als auch die Identifikationsnummern aller Lieder, die sie bislang erwarb. Mithilfe des öffentlichen Schlüssels prüft er zunächst die Signatur der Anfrage. Stammte die Nachricht wirklich von Alice (bzw. deren DRM-Controller), überprüft er den rechtmäßigen Besitz der Datei. Endet beides positiv, erstellt er für das konkrete Lied eine Lizenz. Diese enthält zum einen den AES-Schlüssel, den Alices DRM-Controller zum Entschlüsseln der heruntergeladenen Datei benötigt – allerdings nicht in Reinform, sondern mit Alices öffentlichem Schlüssel chiffriert[16]. Zum anderen fügt jener Lizenzserver noch eine Beschreibung der Nutzungsrechte in die Lizenz ein, die der Käufer – in diesem Fall Alice – für die heruntergeladene Datei hat: Wie oft darf das Lied abgespielt und wie oft kopiert werden? Sind Schlüssel und Nutzungsrechte im Zertifikat, schickt es der Lizenzserver zurück an Alices Computer.

Die Datei wird endlich zum Abspielen entschlüsselt

Alsbald der DRM-Controller das Zertifikat einliest, entschlüsselt er den darin enthaltenen, aber mit Alices öffentlichem Schlüssel chiffrierten Content Encryption Key. (Dazu nutzt er Alices privaten Schlüssel, der in einer verborgenen Ecke ihres Rechners liegt.) Endlich steht der AES-Schlüssel zur Verfügung, mit dem die MP3-Musikdaten der MP3DRM-Datei entschlüsselt werden können. Selbiges führt der DRM-Controller nun auch durch. Doch bevor er die Musikdaten zum Abspielen freigibt, muss er die Nutzungsrechte prüfen: Darf Alice die Datei überhaupt noch abspielen?

Der Nutzungszähler – wenn Kaufen nur noch Leihen ist

An dieser Stelle tritt nun noch eine weitere Komponente in Aktion – ein sogenannter Nutzungszähler. Für jede von Alice gekaufte Lieddatei hält er fest, welche Nutzungsrechte Alice dafür besitzt – und welche sie davon bereits „aufgebraucht hat". In diesem Beispiel erwarb sie für günstige 2,99 Euro Nutzungsrechte für den Titel *Going Loco With Bono and Yoko Ono*. Zu ihrem Unglück umfassen diese Nutzungsrechte nur fünfmaliges Abspielen auf nur einem Abspielgerät (also ihrem PC). Da Alice die Nutzungsrechte gerade erst erworben und die MP3DRM-Datei des Liedes heruntergeladen hat sowie der DRM-Controller das Zertifikat just das erste Mal anforderte, steht der Nutzungszähler für dieses Lied natürlich noch auf *0*. Das ändert sich, wenn der DRM-Controller das Lied zum ersten Mal zum Abspielen freigibt: Nun zählt auch der Nutzungszähler einmal hoch.

Was treibt der DRM-Controller nun mit dem erhaltenen Zertifikat? Speichert oder verwirft er es? Im einfachsten Modell würde er es wohl verwerfen, also löschen. Nicht zurückgesetzt darf freilich der Nutzungszähler sein. Möchte Alice später erneut *Going Loco With Bono and Yoko Ono* hören, würde der MP3-Controller ihrer Abspielsoftware

---

15 In Abwandlung ist Alice öffentlicher Schlüssel vielleicht gar nicht auf dem Lizenzserver hinterlegt, sondern wird erst in der Anfrage des DRM-Controllers übermittelt. Freilich muss dann trotzdem eine Form der Authentifizierung erfolgen – andernfalls könnte ja jeder von beliebig vielen Endgeräten aus immer neue Zertifikate anfordern, was den DRM-Schutz ad absurdum führte.

16 Es wird also ein hybrides Verschlüsselungssystem eingesetzt.

das Zertifikat erneut anfordern, den Nutzungszähler prüfen und die Datei gegebenenfalls erneut abspielen lassen. Zu beachten ist, dass das Lied stets nur in verschlüsselter Form als MP3DRM-Datei auf Alices Computer gespeichert ist.

T I P P

Server aus – Glotze aus

Ein gutes Beispiel für den Nichtbesitz digitaler, mit DRM-geschützter Dateien gab Google Mitte August 2007 mit der Abschaltung des nur leidlich erfolgreichen Google Video Stores: Per kurzer Mitteilung kündigte man allen Käufern DRM-geschützter Google-Videos die Abschaltung an und erwähnte nur nebenbei, dass sämtliche erworbenen Videos ab dem 15. August 2007 nicht mehr abgespielt werden können. Ohne Abgleich mit den dann abgeschalteten DRM-Servern ist schließlich kein Abspielen möglich. Immerhin erstattete Google die bisher geleisteten Zahlungen – zumindest mehr oder weniger. So gab's die Rückerstattung nur als Gutschrift auf das Google-Checkout-Konto des Käufers und konnte nicht ausgezahlt, sondern nur bei anderen Shops mit Checkout-Unterstützung eingelöst werden. Checkout (*http://checkout.google.com*) – das ist übrigens Googles Onlinebezahlservice mit ähnlicher Funktion wie PayPal (*http://www.paypal.de*).

4.7 Warum die Verschlüsselung vieler Office-Dateien nichts taugt

Wie werden Office-Dateien verschlüsselt? Kommt darauf an. Die Verschlüsselung von Office 2003-Dokumenten gewährleistet beispielsweise der RC4-Algorithmus von Ronald Rivest. Aufgrund ehemals bestehender US-Exportbeschränkungen wurde dieser nur mit 40-Bit-Schlüsseln verwendet. Und wie Sie inzwischen wissen, sind 40 Bit nicht sehr viel – schon gar nicht, wenn Sie sich beispielsweise die Klagen über DES kurze Schlüssellänge von nur 56 Bit in Erinnerung rufen (siehe Seite 75), die man bereits in den 1970ern äußerte.

Die relativ schwache Verschlüsselung der Dokumente rief allerlei Firmen auf den Plan. Beispielsweise die russische Firma Elcomsoft (*http://www.elcomsoft.com*), die einen Advanced Office Password Breaker verkauft. Dieser will die Dokumente alter Office-Versionen mit schwacher 40-Bit-Verschlüsselung innerhalb weniger Minuten bis Stunden knacken und nutzt dabei sogenannte Thunder Tables – wohl nichts anderes als Rainbow Tables (siehe Seite 188).

Microsoft lernt dazu – sichere Verschlüsselung in Office 2007

Mit Office 2007 setzte Microsoft endlich AES mit 128-Bit-Schlüsseln zur Chiffrierung von Office-Dokumenten ein. Als Hash-Algorithmus verwendet das Office-Paket nun SHA-1 – allerdings nur, wenn die Datei als Office 2007-Dokument gespeichert wird, das mit Office XP und Office 2003 und niedriger nicht unbedingt abwärtskompatibel ist. Zwar stellt Microsoft für Office 2003 eine kostenlose Erweiterung[17] zur Verfügung, die auch das alte Office-Paket fit für das neue Dateiformat (und damit für die AES-Verschlüsselung) macht, doch ist die Existenz dieses Add-ons kaum bekannt. Zudem fällt es schwer, Office 2003-Anwender von deren Nutzen zu überzeugen, wenn der mit Office 2007 ausgerüstete Geschäftspartner das Dokument doch genauso gut als abwärtskompatibles Format speichern kann.

Adobe hatte mit der Verschlüsselung von PDF-Dateien anfänglich ganz ähnliche Probleme wie Microsoft, lernte aber ebenso dazu. Die neueren Versionen des inzwischen zum Standard erkorenen PDF-Formats verschlüsseln Dokumente ebenfalls vernünftig. Problematisch ist aber immer noch ein Bearbeitungsschutz, das sogenannte Erstellerkennwort. Es soll verhindern, dass Dritte PDF-Dateien editieren können. Es existieren jedoch zahlreiche Tools, die diesen Schutz blitzschnell entfernen. Ebenso schnell sind die eigentlichen Zugriffskennwörter entfernt – vorausgesetzt, sie sind bekannt. Falls nicht, stellt das jedoch auch keine große Hürde da, denn Elcomsoft hat auch für Adobes PDF-Format die passenden Knackprogramme parat.

---

17 Das Office Compatibility Pack finden Sie unter *http://www.microsoft.com/downloads/details.aspx?displaylang=de&FamilyID=941b3470-3ae9-4aee-8f43-c6bb74cd1466*. Ein Service Pack 1 ist dafür ebenfalls erhältlich.

Die trügerische Sicherheit schwacher Passwörter

Sie denken, Ihr Passwort wäre sicher? Oh, ist es wirklich nur ein Passwort – Ihr Standardpasswort? Dann kann es schon gar nicht sicher sein. Und wenn es zugleich einem der folgenden beliebten Schemata ähnelt, haben Sie wohl ein echtes Problem.

5we – zu kurz!

Generell gilt: Je länger ein Passwort ist, desto sicherer ist es. Eine Folge aus 50 kleinen *a*s kann nämlich auch ziemlich sicher sein, weil Passwortknacker in aller Regel kein so langes Passwort vermuten. Besonders hartnäckige Passwortknacker würden natürlich trotzdem irgendwann darauf stoßen, nur eben etwas länger brauchen.

Leider beschränken die Passworteingabefelder häufig die mögliche Länge eines Passworts. Immer noch gibt es Webdienste, die sogar nur Passwörter mit maximal 8 Zeichen Länge erlauben.

87654321 – zu einfallslos!

Problematisch sind ebenso Passwörter, die sich nur aus einem beschränkten Zeichenvorrat zusammensetzen. Regelmäßig sind das Kennwörter, die nur aus Zahlen bestehen und vielleicht sogar nur ein Geburtsdatum repräsentieren.

Allein: Wenn die von Ihnen verwendete Zahlenreihe sehr lang ist und vielleicht 20, 25, 30 oder mehr Ziffern enthält, mag auch eine Zahlenfolge als relativ sicheres Passwort taugen.

Mallorca – kein Problem für jeden, der Sie besser kennt – oder besser kennenlernen will

Passwörter, die auf persönlichen Vorlieben beruhen, sind leicht zu knacken. Zumindest für alle, die Sie besser kennen. Angreifer können mittels Onlinerecherche oder Social Engineering private Details über Sie herausfinden und ihre Passwortknacker mit Stichwörtern füttern. Diese Knackprogramme nutzen die Stichwörter dann in verschiedenen Schreibweisen und Kombinationen für Brute-Force-Angriffe.

Unabhängig davon zählen diese „persönlichen" Passwörter ohnehin häufig zu den Wörterbuchbegriffen, die es tunlichst zu vermeiden gilt.

ASDFGHJKLÖ – alles klar?

Vermeiden Sie Tastenfolgen! Das sind solche wie QWERTZ, 6789 oder ASDF – Folgen von Buchstaben und Zeichen, die auf einer typischen Tastatur nebeneinander liegen. Sie können fest davon ausgehen, dass sämtliche dieser scheinbar zufälligen und zusammenhanglosen Tastenkombinationen in jedem guten Wörterbuch auftauchen – selbst dann, wenn sie wie obige Überschrift erst an einem der recht seltenen Umlaute enden. Hacker rechnen schließlich mit der Faulheit ihrer Opfer.

Gefährliche Herstellerpasswörter

Viele Geräte müssen über einen Administrationsbereich konfiguriert werden. Damit nicht jeder in der Konfiguration herumfummelt, ist diese in aller Regel mit einem Passwort geschützt. Ein klassisches Beispiel dafür sind (WLAN-)Router, die häufig über ein Webinterface zu steuern sind.

Schon bei der Auslieferung sind diese Geräte mit einem vom Hersteller festgelegten sogenannten Default Password geschützt. Das lautet meist *admin* oder *0000* und ist im Handbuch nachzulesen. Diese Herstellerpasswörter sollten Sie schon kurz nach Inbetriebnahme des Geräts ändern! Dank Webseiten wie *http://www.defaultpassword.com/*, die für Tausende Geräte Herstellerpasswörter etc. führen, hat es ein versierter Angreifer sonst nur allzu leicht, in der Konfiguration herumzufummeln und so ein paar gefährliche Einstellungen vorzunehmen.

5.1 Schwache Passwörter sind selbst für Amateure kein Hindernis

Viele Passwörter sind nach einem einfachen, nur vermeintlich cleveren Schema aufgebaut: Sie bestehen aus einem Begriff oder Namen, der in jedem guten Wörterbuch auftaucht und werden häufig nur um einen Anhang wie *123* ergänzt. Seltener wird statt eines Anhangs ein Präfix vorangestellt. Doch wie dem auch sei – in jedem Fall ist ein solches Passwort mehr als unsicher.

Weniger brutale Kraft als schlichtweg viel Geduld – die Brute-Force-Methode

Zum Knacken eines Passworts gibt es mehrere Möglichkeiten. Eine davon ist die Brute-Force-Methode, bei der ein Angreifer sämtliche möglichen Zeichenkombinationen durchprobiert. Das kann eine Weile dauern. Je nachdem, wie lang das Passwort ist und welcher Zeichenvorrat dafür genutzt wurde, sogar so lange, dass es sich für einen Angreifer nicht lohnt. Weil viele Passwörter aber so „einfach gestrickt" sind, werden sie dennoch schnell geknackt – aber nicht mit der banalen Brute-Force-Methode, sondern mit einem viel effektiveren Angriff: der Wörterbuchattacke.

Wörterbuchangriff – Passwörter mit dem Duden knacken

Ein etwas abgewandelter Brute-Force-Angriff sind die sogenannten Wörterbuchattacken. Hier wird ein Wörterbuch, also eine Sammlung von Begriffen und Namen, als Passwort eingesetzt und durchprobiert. Dieser Fundus kann beispielsweise dem Umfang des Dudens entsprechen, enthält aber meist noch viel mehr Begriffe, etwa aus Fremdsprachen. Weil viele bei der Passwortvergabe von ihren Haustieren, ihrem Lieblingsurlaubsort oder ihrer Lieblingsautomarke inspiriert werden, verspricht eine Wörterbuchattacke häufig schnellen Erfolg.

Gute Passwortknacker wie John The Ripper (*http://www.openwall.com/john/*) probieren zudem nicht nur stupide die Wörterbücher durch, sondern variieren deren Einträge zusätzlich mit unterschiedlicher Groß- und Kleinschreibung: Statt *passwort* prüfen sie also auch *PAssWoRt*, *passWOrt* oder *PASSWORT*. Je nach Einstellung werden sämtliche Einträge außerdem mit einem der populären Anhänge wie *1*, *123* oder *0815* versehen und geprüft.

TIPP

Der falsche Präsident Obama

Das Internet ist längst ein wichtiges Werkzeug der Politik geworden, durch das potenzielle Wähler akquiriert oder zunächst nur informiert werden. Besonders im Wahlkampf rühren Parteien und Kandidaten die Onlinewerbetrommel, wobei man zunehmend auf Web-2.0-Dienste wie den Micro-Blogging-Service (*http://www.twitter.com*) zurückgreift.

So auch Barack Obama, als er noch nicht Präsident, sondern Präsidentschaftskandidat war. Zum Verhängnis wurde ihm – oder vielmehr seinem PR-Mitarbeiter – ein schwaches Passwort, mit dem es einem Hacker gelang, unter seinem Twitter-Benutzernamen Schindluder zu treiben. So warb Obama vermeintlich für eine zwielichtige Umfrage, bei der die Teilnehmer ihre Meinung über den Präsidentschaftskandidaten abgeben und ganz nebenbei einen 500-Dollar-Benzingutschein gewinnen konnten. Die Krux: Es war nicht das Passwort des Obama-Accounts, das so schlecht gewählt war. Es war das eines Twitter-Mitarbeiters und -Administrators, über dessen Account der Hacker in das Twitter-Verwaltungssystem eindringen, Obamas Passwort ändern und fortan unter seinem (Twitter-)Namen aktiv werden konnte.

Wie der Hacker an das Passwort des Mitarbeiters gelang? Es wurde mittels Wörterbuchangriff geknackt, denn es lautete schlicht „Happiness".

Neben Obama erwischte es auch den offiziellen Twitter-Account der Sängerin Britney Spears, die plötzlich obszöne Kommentare über sich selbst twitterte. Dies sind nur zwei Beispiele von vielen, bei denen ein schwaches Passwort einem oder gleich mehreren Personen zum Verhängnis wurde. Der Schaden war hier freilich nur gering, die Umstände dafür aber umso interessanter. Schließlich war es ein Administrator, der hier versagte und alle anderen User mitriss. Fazit: Starke Passwörter für alle – sagen Sie es weiter!

Wie unsere Faulheit Passwörter unnötig unsicher macht

Der fast schon uralte ASCII-Code kann in seiner einfachsten Fassung nur 128 verschiedene Zeichen darstellen, wovon gar nur 95 Zeichen tatsächlich druckbar sind. Zu diesen druckbaren Zeichen zählen sämtliche Buchstaben des Alphabets, je einmal in Groß- wie auch in Kleinschreibweise. 52 der 95 verfügbaren Zeichen gehen also für das gewöhnliche Alphabet ab. Bleiben noch 43 Zeichen wie !, -, [und das Komma (,) als solches. Würde man den gesamten Zeichenvorrat für ein achtstelliges Passwort nutzen, ergäben sich $95^8 = 6.634.204.312.890.625$ mögliche Kombinationen (= mögliche Passwörter).

Natürlich würde nur ein Bruchteil dieser Kombinationen einen Sinn ergeben, also ein Wort oder einen Namen darstellen. Leider neigt der Mensch aber dazu, eben nur solche leicht zu merkenden Namen und Wörter als Passwörter zu verwenden. Dazu ein Vergleich: Die zur Drucklegung dieses Buches aktuelle 24. Auflage des Dudens enthielt laut Verlagsangabe rund 130.000 Stichwörter, wobei nur die wenigsten dieser Wörter genau acht Buchstaben lang sein dürften. Und selbst wenn Sie zwei kurze Wörter zu einem achtstelligen Passwort vereinen, eine *123* hinten anhängen oder zwischendurch ein paar Großbuchstaben setzen – jene 6.634.204.312.890.625 möglichen Kombinationen, die für achtstellige Kennwörter mit dem druckbaren ASCII-Zeichenvorrat möglich sind, erreichen Sie nicht mal ansatzweise. Denken Sie einmal darüber nach.

5.2 Da kapituliert selbst der BND: clevere Strategien für sichere Passwörter

Es gibt unzählige Strategien, mit denen Sie sichere Passwörter generieren können. Wichtig ist vor allem eines: die Länge des Passworts. Je länger, desto besser. Und unter „besser" sollten Sie „mindestens 15 Zeichen" verstehen.

Verwenden Sie ein Passwort außerdem nur einmal und setzen Sie Ihre Passwörter nicht nach dem immer gleichen Schema zusammen. Geben Sie Kennwörter nie weiter, kleben Sie sie auch nicht an den Bildschirm. Wer Passwörter sicher speichern will, sollte einen Passwort-Safe benutzen.

Strategien für Passwörter, die es wirklich bringen

Ein häufig gelesener und gehörter Vorschlag rät, einen längeren Satz zu bilden, der leicht einprägsam ist. Aus dessen Anfangsbuchstaben und Ziffern fügt man anschließend das Passwort zusammen. *Jeden Sonntag verlasse ich gegen 12 das Haus und gehe 15 Kilometer spazieren* könnte so zum Passwort *JSvig12dHug15Ks* führen. Vielleicht integrieren Sie auch noch ein paar Sonderzeichen, so wie hier: *Jeden Morgen trinke ich #5 Tassen Kaffee & dann wird mir übel!* wird zu *JMti#5TK&dwmü!*.

Wem Kurzgeschichten nicht liegen, der muss sich eben eine wirre Kombination basteln. Denken Sie aber immer daran: Ziffern gibt es nur 10, Buchstaben immerhin 26, Sonderzeichen aber noch viele mehr. Dabei denke ich nicht nur an /, § oder ~, die Sie auf jeder Tastatur finden. Es gibt etliche ASCII-Codes und Unicodes, die Sie ebenfalls per Tastenkombination erreichen können, aber auf keiner Taste aufgedruckt finden.

Setzen Sie Großbuchstaben inmitten und nicht nur an den Anfang eines Passworts. Recht interessant sind außerdem Leerzeichen innerhalb des Passworts, sodass Sie tatsächlich einen kurzen Passwortsatz nutzen könnten. Leider werden Leerzeichen aber nur von den wenigsten Zugangssystemen akzeptiert.

Haben Sie ein besonders gutes Gedächtnis für E-Mail-Adressen, könnten Sie auch eine erfundene E-Mail-Adresse als Passwort verwenden. Die enthalten schließlich stets mindestens ein @ und einen Punkt. Aber auch -, _ und weitere Punkte sind erlaubt und gängig. Ebenso könnte man ein paar Großbuchstaben einstreuen, obwohl die bei „richtigen" E-Mail-Adressen natürlich keine Rolle spielen. Beispiel: *mailto:ich-am-meer@nordsee.de*.

Und der ultimative Tipp: Nutzen Sie einen der Passwort-Generatoren des CrypTools (siehe Seite 19) oder KeePass (siehe Seite 201). Beide erzeugen sehr sichere Passwörter. Und zumindest KeePass kann sie auch gleich speichern.

Passwortqualität selbst austesten

Sie denken, Ihr neustes Passwort wäre ganz gut? Ein Passwortprüfer verschafft Ihnen Gewissheit. Doch Vorsicht: So, wie es Passwörter ganz unterschiedlicher Güte gibt, taugen auch Passwortprüfer mal mehr, mal weniger. Nachfolgend ein kleiner Überblick.

Googles Passwort-Check – unbrauchbar für deutsche Passwörter

Legen Sie bei Google ein Konto an, beispielsweise für Google Mail, benötigen Sie zum Benutzernamen freilich noch ein Passwort. Die Anforderungen, die Google (vor allem in Ihrem Interesse) an das Passwort stellt, weichen nicht großartig von denen anderer Anbieter ab: Acht Zeichen soll es lang sein, Sonderzeichen sind erlaubt. Im Gegensatz zum Großteil seiner Konkurrenz bewertet Google das Passwort jedoch, sobald Sie es im Rahmen der Registrierung das erste Mal eingeben.

Leider ist Googles Bewertungssystem nicht sehr kritisch. Zwar gibt es vier Stufen – *Schwach* (z. B. *11111111*), *Ausreichend* (z. B. *11111112*), *Gut* (z. B. *Peter123*) und *Stark* (z. B. *meike123*) –, doch sehen Sie schon an den Beispielen für *Gut* und *Stark*, dass man sich auf Googles automatisiertes Urteil nicht zu sehr verlassen sollte. Vermutlich greift der Bewertungsalgorithmus auf ein Wörterbuch für den englischsprachigen Raum zurück, sodass Passwörter wie *Peter123* (*Gut*), *Michael123* (*Gut*), *peter123* (*Ausreichend*) und *michael123* (*Ausreichend*) immerhin durchschnittlich abschneiden – schließlich sind Peter und Michael im englischen Sprachraum durchaus verbreitet. Passwörter aus typisch deutschen Namen plus *123*-Anhängsel bezeichnet der Google-Prüfalgorithmus hingegen durchweg als *Stark* – selbst wenn Sie *meike123*, *ulrike123* oder *marlies123* durchgängig mit Kleinbuchstaben eingeben.

Passwort wählen:	••••••••		Passwortstärke:	Stark
	Mindestlänge: 8 Zeichen			
Passwort bestätigen:	••••••••			

☐ Auf diesem Computer merken.

Durch das Erstellen eines Google-Kontos wird Webprotokoll aktiviert. Webprotokoll ist eine Funktion, mit der Sie Google mit persönlicheren Einstellungen nutzen können. Sie bietet zudem relevantere Suchergebnisse und Empfehlungen. Weitere Informationen
☐ Webprotokoll aktivieren.

So prüft Microsofts Onlinechecker

Anders bei Microsoft. Der Passwort-Checker, den Sie über die URL *http://www.microsoft. com/protect/yourself/password/checker.mspx* aufrufen können, scheint deutlich strenger zu sein. Die Kennwörter *meike123*, *ulrike123* und *marlies123* findet er nämlich nur *Medium*, was der zweiten von insgesamt vier Beurteilungsstufen entspricht. Allerdings werden diese Passwörter schon eine Stufe stärker eingeschätzt, wenn mindestens ein Buchstabe des Namensbestandteils großgeschrieben wird. Auch nicht so toll.

Immerhin: Um die höchste Stufe *Best* zu erreichen, bedarf es schon eines guten und längeren Passworts. Den schon vorgeschlagenen *JMti#5TK&dwmü!* oder *JSvig12dHug15Ks* attestiert Microsofts Onlinechecker beispielsweise jene Sicherheitsstärke.

Am besten testen: der Passwort-Qualitätsmesser

Das bereits erwähnte CrypTool enthält übrigens ebenfalls einen „Passwortgüteprüfer“. Sie finden ihn über *Einzelverfahren* im *Datei*-Menü und *Tools*, dann *Passwort-Qualitätsmesser*.

Anders als die vorgenannten Passwortprüfer nutzt dieser Qualitätsmesser vier Prüfalgorithmen gleichzeitig. Zudem gibt es noch nützliche statistische Informationen zum geprüften Passwort.

Per Generator sichere Passwörter erstellen, die sich leicht merken lassen

Die Ratschläge sind so einleuchtend wie leicht zu befolgen: Denken Sie sich einen langen Satz aus, den Sie entweder direkt komplett als Kennwort nutzen oder den Sie auf die Anfangsbuchstaben der einzelnen Wörter reduzieren und diese Buchstabenfolge dann als Passwort verwenden. In der Praxis fehlt leider oft die Kreativität, um solche Vorschläge umzusetzen. Passwort-Generatoren, die nach Möglichkeit gleich sehr sichere Kennwörter erzeugen sollen, kommen da gelegen.

Passwort-Generatoren für unterwegs

Nun benötigt man manchmal Passwörter, wenn man gerade nicht am eigenen Rechner sitzt. Dann bieten sich Online-Passwortgeneratoren an. Doch die Auswahl ist groß, wenn man eine Suchmaschine mit *Passwortgenerator*, *passwort generator* oder *password generator* füttert.

Ein Webdienst, der in den Suchergebnissen stets recht weit oben erscheint, ist *http://www.generate-password.com*. Schon beim ersten Aufruf präsentiert Ihnen die Seite zwei Passwortvorschläge.

Neben einem „sicheren“ erzeugt der Webdienst auch ein „aussprechbares“ Fantasie(pass)wort. Letzteres ist eine nette Idee, aber noch viel unsicherer als das ohnehin eigentlich schon zu kurze „sichere“ Passwort.

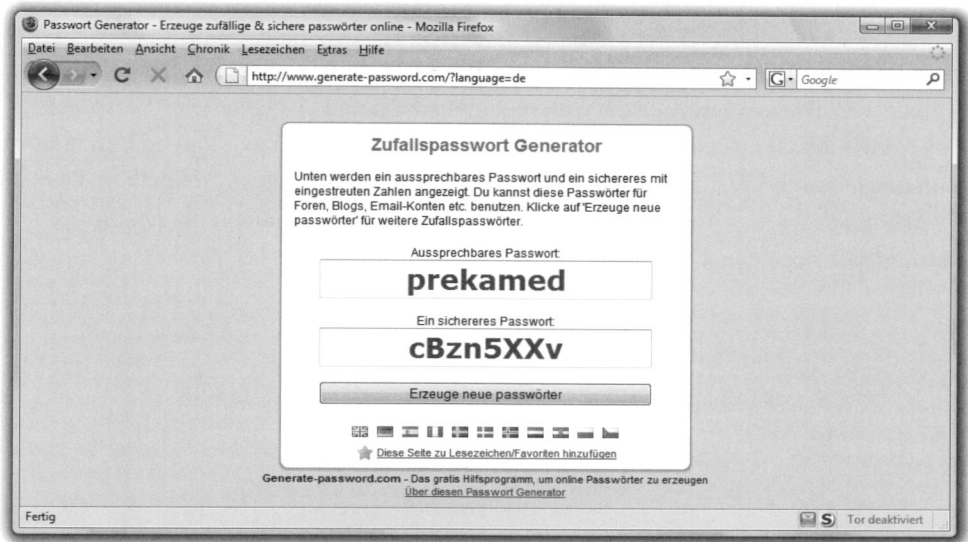

Wirklich gute, aber auch schwer einprägsame Passwörter

Schöner sind die Passwörter der Webseite *http://www.passwordgenerator.eu*, die ebenfalls zwischen niedriger und hoher Sicherheit unterscheidet. Schwach sind dort die Passwörter, die *generate-password.com* als stark ausweist: 8 Zeichen und alphanumerisch gemixt, also nur aus Ziffern und Buchstaben bestehend. Die von passwordgeneratur.eu als stark bewerteten Passwörter bestehen hingegen aus 16 Zeichen, wovon allerlei zu den Sonderzeichen zählen. Ein weiterer Vorteil ist, dass die Webseite gleich zehn Kennwörter pro Kategorie vorschlägt. Falls die trotzdem nicht genügen oder gefallen, lädt man die Seite im Browser einfach neu – durch Drücken des *Reload*-Buttons oder der Taste F5. Schon gibt die Seite je zehn neue Passwörter aus.

Feiern Sie den Password Day!

In vielen Unternehmen gibt es inzwischen eine tolle moderne Tradition – gut, wirklich toll finden sie meist nur die IT-Administratoren. Die Rede ist vom sogenannten Password Day, an dem die Gültigkeit sämtlicher Passwörter der Unternehmens-PCs etc. abläuft. Jeder Mitarbeiter muss an diesem Tag ein neues Passwort wählen.

Diesen Password Day sollten auch Sie feiern. Wechseln Sie regelmäßig Ihr Passwort – oder zumindest die wichtigsten, wie diejenigen fürs E-Mail-Konto oder Onlinebanking. Diese sind schließlich ein besonders beliebtes Ziel für Hacker, Nepper, Bauernfänger.

So erzwingen Sie eine Passworterneuerung

Normalerweise finden Sie eine sogenannte Password Policy, also eine Richtlinie zum Erstellen von Passwörtern, nur in Unternehmens-PCs und -Netzwerken. Entsprechend ist die grafische Oberfläche, mit der Sie solche Richtlinien anlegen und editieren, auch nur in den teureren Versionen von XP, Vista und bald auch Windows 7 enthalten. Es handelt sich dabei um das Tool *secpol.msc*, in den deutschen Versionen als *Lokale Sicherheitsrichtlinie* bezeichnet.

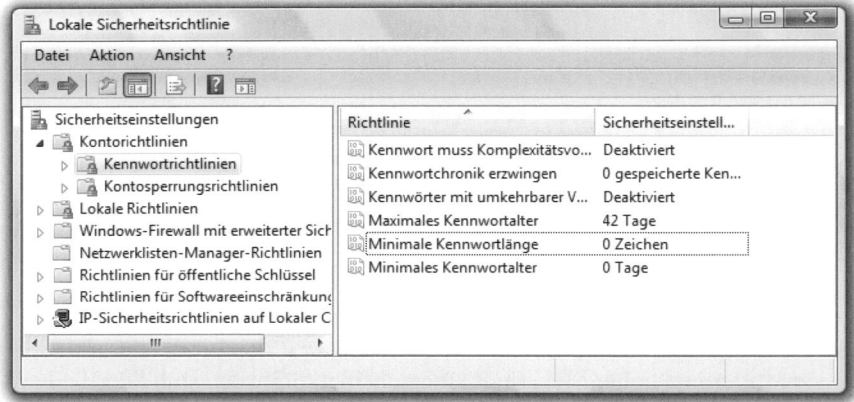

Wer eine der teureren Windows-Versionen nutzt, findet im Konfigurationsprogramm Lokale Sicherheitsrichtlinie unter Kontorichtlinien und schließlich Kennwortrichtlinien allerlei Einstellungen, mit denen man die Nutzer eines PCs ärgern kann.

5.3 Unbedingt vermeiden: Erinnerungspasswörter wie Rot oder Mutters Mädchenname

Kaum eine Registrierung kommt ohne Erinnerungsfrage aus. Diese soll Sie schließlich identifizieren (helfen), etwa, wenn Sie das Kennwort für einen Webdienst oder eine passwortgeschützte Anwendung vergessen haben. Können Sie die „geheime Frage" beantworten, erhalten Sie das alte Passwort oder ein neues per E-Mail zugesandt. Teils – und das ist sehr unsicher – dürfen Sie auch sofort ein neues Passwort eingeben bzw. werden direkt in den geschützten Bereich weitergeleitet.

Gefährlich einfache Fragen

Laut Mark Burnetts „Perfect Passwords"[1] sollten alle Sicherheitsfragen, auf die mindestens einer der folgenden Punkte[2] zutrifft, unbedingt gemieden werden. Ich schließe mich dem Ratschlag gern an.

- Die korrekte Antwort auf die Frage ist ein Fakt, der sich nie ändert.

- Die Frage kann nicht geändert werden.

- Ein Angreifer kann die richtige Antwort durch herkömmliche bzw. gezielte Recherche leicht in Erfahrung bringen.

- Jemand, der Ihnen nahesteht, kann diese Sicherheitsfrage beantworten.

- Die Antworten sind case-insensitive[3] und/oder dürfen keine Sonderzeichen enthalten.

- Zur Beantwortung der Sicherheitsfrage stehen nur vorgefertigte Antworten zur Auswahl.

- Es handelt sich um eine Sicherheitsfrage, die viele Menschen gleich beantworten würden, beispielsweise die Frage nach der Lieblingsfarbe.

Das Buch „Perfect Passwords", dem obige Ansätze entlehnt sind, führt noch einen weiteren Punkt auf, sinngemäß: „Die gleiche Sicherheitsfrage wird auf mehreren Webseiten wiederverwendet." Das muss nicht unbedingt schlecht sein, solange Sie nicht immer die gleiche, leicht zu erratende Antwort darauf geben.

Häufig lassen Ihnen jedoch insbesondere Webdienste keine Wahl. Eines der häufigsten, fast schon Worst-Case-Szenarien: Es stehen höchstens vier Erinnerungsfragen zur Wahl, eine eigene Sicherheitsfrage können Sie zudem selbst nicht festlegen. Trotzdem muss eine der Fragen ausgewählt und beantwortet werden. Häufig sind die vorgefertigten Fragen zudem nicht besonders clever: Dass die Webseite nur nach Mutters Mädchennamen oder Ihrer Lieblingsfarbe fragt, ist praktisch selbstverständlich.

---

1 „Perfect Passwords" von Mark Burnett erschien 2005 bei Syngress Media.
2 Frei nach Perfect Passwords, S. 87 f.
3 Case-insensitive bedeutet, dass die Groß-/Kleinschreibung unbeachtet bleibt, also sowohl *Schneider* als auch *schneider* oder *SCHNEIDER* gleichermaßen als richtig akzeptiert werden.

Macht's sicherer: bewusst falsch antworten!

Solche aufgezwungenen und zugleich so unsicher wie gefährlichen Fragen sollten Sie bewusst falsch beantworten. Nur sollten Sie sich später natürlich noch an die falsche Antwort erinnern. Wer etwa die Frage nach Mutters Mädchennamen besonders kreativ beantworten kann, mag ausnahmsweise zu einer Standardantwort greifen und geht trotzdem kein großes Risiko ein. Wer rechnet schon damit, dass Sie jene Sicherheitsfrage immer mit einem kryptischen *f)4.8ZIy__eR* oder – etwas jugendlicher – mit *Deine Mutter!!11elf* beantworten? Hoffentlich niemand. Ansonsten sind diese bewusst falsch gewählten Antworten nicht viel sicherer als Mutters tatsächlicher Mädchenname.

Natürlich sollte eine Fantasieantwort möglichst nicht nur aus Buchstaben, sondern ebenso aus Sonderzeichen bestehen. Das ohnehin etwas rüde Beispiel *Deine Mutter!!11elf* taugt deshalb auch nur sehr wenig, wenngleich man ein *!* schon zu den (gebräuchlicheren) Sonderzeichen zählen könnte.

Betrachten Sie Sicherheitsfragen also nicht als bequeme Art, ein vergessenes Passwort zu ersetzen. Selbiges ist zwar eigentlich deren Aufgabe, allerdings sind allzu leichtfertig mit persönlichen Details beantwortete Sicherheitsfragen für Angreifer ein gefundenes Fressen. Sehen Sie Sicherheitsfragen besser als zweites Passwort, das ruhig aus allerlei Zeichen und nicht nur aus dem Mädchennamen Ihrer Mutter besteht.

Bessere Alternative zu Sicherheitsfragen

Wenn ein Passwort verloren und/oder vergessen wird, muss eine Sicherheitsabfrage nicht unbedingt der einzige Weg sein, mit der ein Benutzer sein altes oder ein neues Passwort erhält. Es gibt durchaus cleverere Möglichkeiten. Bei kostenlosen E-Mail-Accounts wie Google Mail geben Sie beispielsweise häufig eine zweite E-Mail-Adresse an. Vergessen Sie die Zugangsdaten für Ihren Google Mail-Zugang, können Sie ein neues Passwort an die angegebene Adresse senden lassen. Vorausgesetzt natürlich, Sie haben Google Mail und Co. bei der Registrierung nicht bewusst übers Ohr gehauen und eine falsche zweite Mailadresse – oder gar keine – angegeben.

5.4 Schwachstelle Speicherung – wie Sie Ihre Passwörter (nicht) speichern sollten

Vielleicht hatten Sie bislang ein Standardpasswort, das Sie sowohl für Webdienste als auch für Ihr Windows-Benutzerkonto einsetzen. Vielleicht haben Sie alle bisherigen Ratschläge ausgeschlagen und nutzen es immer noch. Hoffentlich ist es ein gutes, vor allem langes Passwort (gewesen), ansonsten könnten Sie die nächsten Seiten etwas erschüttern.

Nicht als Klartext, sondern als Hash sollen Passwörter gespeichert werden

Passwörter sollten bei einem Webdienst oder einer Software-Zugangskontrolle nie in Reinform, also im Klartext abgespeichert werden, sondern als Hash. Wenn die Hash-Funktion etwas taugt und Kollisionen nur schwer zu erzeugen sind, ist von einem Hash schließlich nicht so einfach auf den Originalwert zu schließen

Wie prüft die Zugangskontrolle nun, ob das eingegebene Passwort dem als Hash gespeicherten entspricht? Sie wandelt das eingegebene schlicht mit der gleichen Hash-Funktion um und vergleicht beide Hashes. Sind sie identisch, wurde mit hoher Wahrscheinlichkeit das richtige Passwort eingegeben – sofern die Hash-Funktion etwas taugt, versteht sich.

Klartextspeicherung sorgt für schwere Sicherheitsspannen

Warum die Speicherung von Passwörtern als Hash so wichtig ist? Ganz einfach: Passwörter sollen nicht in falsche Hände gelangen. Kann ein Hacker etwa auf die Benutzerdatenbank eines Webdienstes zugreifen und findet dort sämtliche Daten in Reinform, haben die Benutzer ein Problem: Weil viele ein Passwort mehrfach nutzen, geben die „erhackten" Zugangsdaten dann auch den Zugriff zu Onlinebezahldiensten wie PayPal preis. Und auch auf anderen Webseiten, mit denen sich irgendein finanzieller Vorteil ergaunern lässt, werden die Benutzerdaten probehalber eingegeben, zum Beispiel bei eBay.

Wie gefährlich im Klartext gespeicherte Passwörter sind, erfuhren 2008 Tausende (ehemalige) Bewerber der Wirtschaftsprüfungsgesellschaft PricewaterhouseCoopers (PwC). Diese ließ ihre Bewerberdatenbank von einem externen Dienstleister betreuen, der sich um Datensicherheit wohl nicht so viel scherte. Die Datenbank war nicht nur schlecht abgesichert, sondern enthielt sämtliche Informationen im Klartext. So auch die Passwörter. Durch Zufall stolperten Journalisten des ZDF-Magazins WISO auf einem chinesischen Server über einen Datensatz, der vornehmlich aus E-Mail-Adresse/Passwort-Kombinationen bestand. WISO schrieb sämtliche E-Mail-Adressen an. Viele antworteten – und einige berichteten, dass ihre Daten bereits missbraucht wurden. Die Zahlungsdienstleister Moneybookers und Click&Buy sollen vornehmlich das Ziel der Hacker gewesen sein.

Dass die Daten aus einer PricewaterhouseCoopers-Bewerberdatenbank stammten, konnte übrigens dadurch nachgewiesen werden, dass einige wenige der Bewerber ihre Passwörter ausschließlich für eben jene Bewerbung bei PwC eingesetzt hatten.

Oh weh: so speichert Windows Ihre Benutzerpasswörter

Die Absicherung von Benutzerkonten auf einem Windows-PC scheint Microsoft nicht so wichtig zu sein. Eigentlich verständlich, denn mit einer Linux-Live-CD oder durch Anschließen der Festplatte an einen anderen Rechner kann man häufig auch so ganz einfach auf die gespeicherten Daten zugreifen. Insofern ist es schon ein wenig verständlich, dass es Microsoft hier nicht so genau nimmt.

Besonders peinlich ist der sogenannte LM-Hash (lang: LAN-Manager Hash), in dessen Form Windows früher die Benutzerpasswörter speicherte. Diese Hash-Funktion krankt gleich an mehreren Stellen:

■ Zuallererst darf die Länge dieser Passwörter maximal 14 Zeichen betragen, wobei Passwörter mit 15 und mehr Zeichen keinesfalls abgelehnt werden. Aber nach dem 14. Zeichen schneidet der LM-Passwort-Manager ein (überlanges) Passwort schlichtweg ab, sodass Sie sich gleichermaßen mit *RaeuberHotzenplotz* oder nur mit *Raeuber-Hotzenp* anmelden können – solange die ersten 14 Zeichen stimmen, versteht sich.

■ Eine weitere Schwäche erleichtert das Knacken erheblich: Bevor das eingegebene Kennwort weiterverarbeitet wird, werden sämtliche Kleinbuchstaben in Großbuchstaben umgewandelt. Ganz egal also, ob Sie sich für *PAssWoRt* oder *passWOrt* entscheiden – als Hash gespeichert wird nur *PASSWORT*. Zwar können statt Buchstaben auch Ziffern und Sonderzeichen verwendet werden, doch schränkt diese Eigenart die Zahl der möglichen Kennwörter weiter stark ein.

■ Besonders anfällig ist der LM-Hash jedoch durch die Aufbewahrungsmethode: Statt ein (bis zu) 14 Zeichen langes Passwort in einem Hash zu sichern, teilt Windows Passwörter mit 8 Zeichen und länger nach dem siebten Zeichen. Hat ein Kennwort keine 14 Zeichen, wird der Rest bis zur 14. Stelle schlichtweg mit Nullen aufgefüllt.

Es werden also nur sieben Zeichen auf einmal „gehasht", sodass es inzwischen praktisch kein großer Aufwand mehr ist, diese Passwörter zu knacken. Selbst mit sogenannten Brute-Force-Attacken sind LM-gehashte Passwörter angesichts der wenigen Möglichkeiten schnell ermittelt.

Der Nachfolger – für Passwortknacker ebenfalls kein Problem mehr

Inzwischen hat Microsoft einen Nachfolger des LAN-Manager Hash, den NT LAN-Manager Hash, eingeführt, mit dem sich Privatanwender unter Windows XP und Vista authentifizieren dürfen. Damit sind gehashte Passwörter etwas schwerer zu knacken, inzwischen aber ebenfalls keine große Herausforderung mehr.

TIPP

Hash oder Klartext – wie speichert ein Programm oder Webdienst ein Passwort?

Registrieren Sie sich auf einer deutschen Webseite, müssen Sie häufig die Kenntnisnahme einer Datenschutzerklärung bestätigen (und diese Datenschutzerklärung vorher eigentlich auch lesen). Wie man mit Ihren Benutzerdaten und insbesondere Ihrem Passwort umgeht, verrät aber niemand. Wird das Passwort etwa im Klartext in einer Datenbank gespeichert? Das wäre furchtbar. Oder folgt der Webdienst den allgemeinen Empfehlungen und speichert es in Form eines Hashes? Fragen Sie doch einfach einmal nach. Vermutlich erhalten Sie aber zu dieser sicherheitskritischen Problematik keine Antwort.

Es gibt einen kleinen Trick, der Sie zumindest zu Mutmaßungen über die Art der Speicherung befähigt: Stellen Sie sich vor, Sie haben das Passwort für den Webdienst vergessen. Das passiert jedem mal und sicher häufiger als selten. Jede kundenfreundliche Webseite bietet nun eine *Passwort vergessen?*-Funktion. Häufig geben Sie dort die E-Mail-Adresse an, die Sie einst zur Registrierung nutzten. Im Anschluss erhalten Sie eine Antwort-E-Mail. Steht darin Ihr vergessenes Passwort, speichert der Webdienst die Passwörter seiner Nutzer im Klartext – wie sollte er das Passwort sonst wissen? In diesem Fall ist Ihr Passwort nur so sicher wie der Webserver, in dessen Datenbank es gespeichert ist. Findet ein Hacker dazu Zugang, steht es mit vielen anderen ruck, zuck für die breite Öffentlichkeit im Netz zur Schau – oder zum Verkauf.

Erhalten Sie hingegen ein zufällig generiertes, neues Passwort oder die Möglichkeit, nach Beantwortung einer Sicherheitsfrage[4] ein neues festzulegen, wurde Ihr Kennwort wohl als Hash hinterlegt. Würde man Ihnen diesen per E-Mail zusenden, brächte er nur wenig Nutzen – vorausgesetzt, eine sichere Hash-Funktion käme auf dem Webserver zum Einsatz. Ansonsten könnten Sie vielleicht mit einem speziellen Hacker-Programm nach einer Kollision suchen und den gefunden Wert bei Erfolg als „neues" Passwort verwenden.

So werden Passwort-Hashes angegriffen

Als Hash gespeicherte Passwörter können auch geknackt werden, wenngleich nicht so leicht. Dennoch, um das zu einem Passwort-Hash zugehörige Passwort herauszufinden, gab es schon immer zwei extreme Möglichkeiten:

- **Variante Brute Force**: Sie berechnen für alle möglichen Zeichenkombinationen hintereinanderweg den zugehörigen Hash-Wert und vergleichen diesen mit jenem Hash, den Sie "knacken" möchten. Stimmt der berechnete Hash-Wert nicht mit die-

---

4 Sicherheitsfragen sind mitunter noch gefährlicher als Datenbanken, die Passwörter im Klartext speichern. Warum das so ist, erfahren Sie auf Seite 182.

sem überein, verwerfen Sie ihn. Sind allerdings beide Hashes identisch, haben Sie die Zeichenkombination gefunden (oder zumindest eine Kollision entdeckt), die wohl das Passwort ergibt. Leider kann dieser Vorgang ewig dauern und benötigt allerlei Rechenkapazität. Abhängig von der Länge und Zahl der Zeichenkombinationen müssen Sie daher möglicherweise mehr Zeit und Rechenkraft investieren, als Ihnen lieb ist bzw. zur Verfügung steht.

■ **Variante Riesige Festplatte**: Sie berechnen schon vorher Hash-Wert-Tabellen, die zu allen möglichen Zeichenkombinationen den korrespondierenden Hash-Wert beinhalten. Das dauert natürlich ebenfalls ewig und erfordert allerlei Rechenleistung. Freilich könnten Sie auch auf Tabellen zurückgreifen, die andere bereits berechnet haben. Davon abgesehen, dass viele dieser Tabellen einiges kosten, benötigen sie aber – wie auch die selbst berechneten – jede Menge Speicherplatz. In aller Regel mehr, als Ihnen zur Verfügung steht.

Sie sehen schon: Beide Varianten sind nicht besonders praktisch. Gut, dass es eine dritte Variante gibt: die Rainbow Tables. Auch hierbei werden die gespeicherten Passwort-Hashes mit einer riesigen Hash-Klartextdatenbank verglichen. Diese ist jedoch besonders konstruiert und im Vergleich zu herkömmlichen Hash-Wert-Tabellen deutlich kleiner.

Die Rainbow Tables

Hinter den Rainbow Tables steckt ein relativ neues Konzept, das 2005 von Philippe Oechslin entwickelt wurde. Obwohl es nicht mehr ganz so neu ist, inspirierte es unlängst allerlei Programmierer zur Veröffentlichung mehrerer Tools. Diese bildeten unter anderem die Basis für Ophcrack und die Free Rainbow Tables Community (*http://www. freerainbowtables.com*). Beide werden ein paar Seiten später noch genauer beleuchtet.

Rainbow Tables bestehen aus Ketten – Ketten von Paaren aus Klartext und dem zugehörigen Hash-Wert. Eigentlich ist das aber nicht ganz richtig, denn tatsächlich entstehen sie aus solchen Ketten. So ist in einer Rainbow Table nämlich nur der erste Klartext einer Kette zusammen mit deren letztem Hash-Wert gespeichert. Besteht diese Kette aus mehr als einem Klartext-Hash-Paar, ist jener letzte Hash-Wert nicht derjenige des Klartextes am Anfang der Kette. Klarer wird dies, wenn Sie den Aufbau einer solchen Kette verinnerlichen:

Eine Kette einer Rainbow Table erzeugen

Ein Klartext steht am Anfang einer Kette, beispielsweise *124578* – im Beispiel also ein Klartext, der der Einfachheit halber nur aus Zahlen besteht. So soll auch die Rainbow Table, die in diesem Beispiel gedanklich erzeugt wird, nur Hashes von sechsstelligen Zahlenwerten enthalten. Und zwar Hashes der MD5-Hash-Funktion.

Zunächst wird nun der MD5-Hash dieses ersten Klartextes *124578* gebildet. Er lautet *46.7b.61.7f.ec.4d.9f.cb.63.50.57.34.ee.22.48.51*$_{16}$. Anschließend wird es das erste Mal interessant: Mittels einer sogenannten Reduktionsfunktion erzeugt man nun aus dem berechneten MD5-Hash einen neuen Klartext[5]. In diesem Beispiel sollen die ersten sechs Zahlen eines Hashes den neuen Klartext bilden[6]. Die Reduktionsfunktion lautet also sinngemäß: „Erzeuge den neuen Klartext aus den ersten sechs Ziffern des vorherigen Hashes". Betrachten Sie den vorher erzeugten MD5-Hash, ergibt sich hier: *467617*[7]. Dieser neue Klartext wird nun wiederum durch den MD5-Hash-Algorithmus gejagt, der den Hash-Wert *ad.5e.16.c0.82.71.ae.1c.57.98.6e.8b.13.cb.0e.53*$_{16}$ ausgibt.

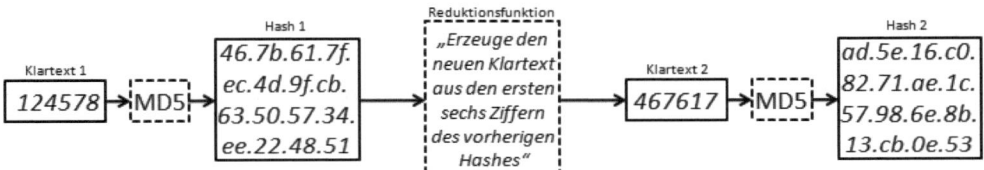

Die Kette besteht nun schon aus zwei Klartext-Hash-Wertpaaren. In der Praxis sind diese Ketten natürlich viel länger und auch in diesem Beispiel soll sie noch etwas wachsen, nämlich um zwei weitere Paare. So liest die Reduktionsfunktion nun auch aus dem zweiten Hash-Wert die ersten sechs Zahlen aus – *516082* – von denen wiederum der MD5-Hash gebildet wird: *f7.ce.d1.64.4e.9e.f6.1e.61.b1.17.8d.6f.14.9e.70*$_{16}$. Für das vierte Paar ergibt sich analog der Klartext *716449* und dessen MD5-Hash *9d.ba.10.2d.cd.e9.df.00.31.a1.c6.14.1d.d0.23.21*$_{16}$.

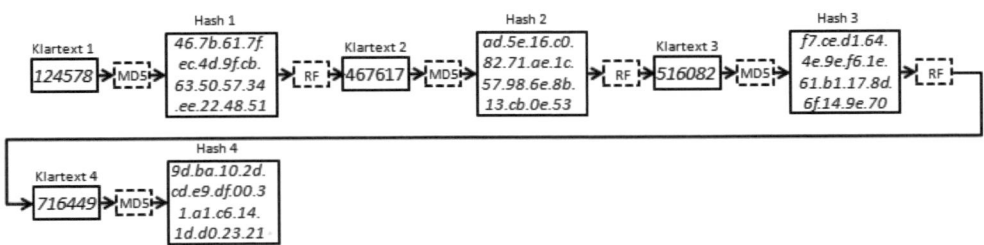

Der Clou ist nun, dass in einer Rainbow Table nicht die gesamte Kette, sondern nur der erste Klartext, hier *124578*, und der letzte Hash-Wert der Kette, hier *9d.ba.10.2d.cd.e9.df.00.31.a1.c6.14.1d.d0.23.21*$_{16}$, gespeichert werden. Alle mittleren Glieder der Kette (also die Klartexte und Hash-Werte) werden nicht gespeichert. Wie aber findet man dann

---

5 Wie solch eine Reduktionsfunktion aussieht – bzw. wie sie aus einem Hash-Wert einen neuen Klartext erzeugt – ist vom Aufbau der gesuchten Klartexte abhängig: Bestehen sie nur aus Zahlen oder auch aus Kleinbuchstaben etc.?

6 Zur Erinnerung: Gesucht sind hier nur sechsstellige Klartexte, die rein aus Zahlen bestehen.

7 Sämtliche Buchstaben (*a*, *b*, *c*, *d*, *e* und *f*), die in einem hexadezimal dargestellten Hash auftauchen, werden also übergangen. Hier war es zunächst nur ein *b*, das im Wege stand.

heraus, dass der mitten in der Kette stehende Hash-Wert *ad.5e.16.c0.82.71.ae.* *1c.57.98.6e.8b.13.cb.0e.53*$_{16}$ dem Klartext *467617* zugehörig ist? Schließlich sind ja beide mittlere Kettenglieder, die nicht gespeichert werden. Das folgende Beispiel soll die Suche nach einem Klartext verdeutlichen.

Mallory knackt Alices Zugangspasswort

Alices Benutzerkennwort für ein fiktives Betriebssystem, nennen wir es einmal Doors XT, ist weder besonders lang noch enthält es Sonderzeichen. Tatsächlich besteht es nur aus sechs Zahlen. Das weiß auch Mallory, der Alice bei der Eingabe des Passworts beobachtete. Welche Tasten Alice auf dem Nummernblock ihrer Tastatur aber genau eintippte, konnte er nicht erkennen. Als Alice indessen den Rechner ausschaltet und verlässt, greift Mallory mit einer Linux-Live-CD darauf zu. Er kann nun zwar nicht ihr Passwort auslesen, dafür aber den MD5-Hash des Passworts, den „Doors XT" blöderweise ohne weitere Schutzmaßnahmen auf der Festplatte speichert. Er lautet *d7.bc.e2.* *d2.f3.73.1b.d7.36.c7.f6.b6.c9.e0.69.ee*$_{16}$. Da Mallory weiß, dass Alices Zugangspasswort aus nur sechs Zahlen besteht, lädt er aus dem Netz eine Rainbow Table, die sämtliche sechsstellige Zahlenkombinationen abdeckt.

Die Ketten dieser Rainbow Table sind zufällig vier Elemente lang – genauso wie in dem vorangegangenen Beispiel, das die Erzeugung einer Kette demonstrierte. Wie es der Zufall so will, wurde bei der Erzeugung der Rainbow Table natürlich ebenfalls die gleiche Reduktionsfunktion eingesetzt, die den neuen Klartext aus den ersten sechs Ziffern des vorangegangenen Hashes erzeugt. Ein Ausschnitt aus dieser fiktiven Rainbow Table ist in folgender Tabelle dargestellt:

Klartext 1	Hash 4
[...]	[...]
124578	9d.ba.10.2d.cd.e9.df.00.31.a1.c6.14.1d.d0.23.21$_{16}$
124579	36.19.6a.56.a9.36.4d.b5.ca.e5.bb.5a.0b.5a.9c.41$_{16}$
124580	26.e6.9b.8c.12.1f.fc.57.6d.4d.1c.9c.2f.78.3e.17$_{16}$
124581	7a.94.92.87.bb.77.62.d9.d7.fb.fd.49.70.aa.7f.41$_{16}$
124582	99.8a.a7.f7.b8.8d.2b.3a.9a.71.24.e5.fe.97.fd.91$_{16}$
[...]	[...]

Zur Erinnerung: Der Hash von Alices Zugangspasswort lautete *d7.bc.e2.d2.f3.73.1b.d7.* *36.c7.f6.b6.c9.e0.69.ee*$_{16}$. Wie geht nun Mallorys Software vor, die mithilfe einer Rainbow Table Alices Passwort-Hash knacken soll? Vielleicht sucht das Programm zunächst alle Hashes in der Rainbow Table durch. In diesem Beispiel wird es jedoch nicht fündig.

Weder obiger Ausschnitt noch der Rest der Rainbow Table sollen in diesem Beispiel den Hash führen. Ohnehin macht dieses Vorgehen aber nur wenig Sinn: Selbst wenn der Hash schon in der Tabelle stünde – der korrespondiere Klartext täte es nicht. Schließlich führt eine Zeile nur den ersten Klartext der Kette sowie deren letzten Hash-Wert, der aus einem ganz anderen (nämlich dem vierten) Klartext einer Kette entstand. Klüger wäre es, würde das Programm so vorgehen:

Eine Kette besteht in diesem Beispiel aus vier Klartext-Hash-Wert-Gliedern. Mallorys Knacksoftware trifft deshalb vier Annahmen: Alices Passwort-Hash könnte der erste Hash, also der Hash des ersten Kettenglieds sein. Vielleicht ist er aber auch der zweite, dritte oder vierte Hash[8]. Indem die Software Alices Hash wie einen ersten Ketten-Hash betrachtet und per Reduktionsfunktion und MD5-Hash-Algorithmus drei weitere Klartext-Hash-Wertpaare erzeugt, entsteht eine neue Kette. Und zwar diese:

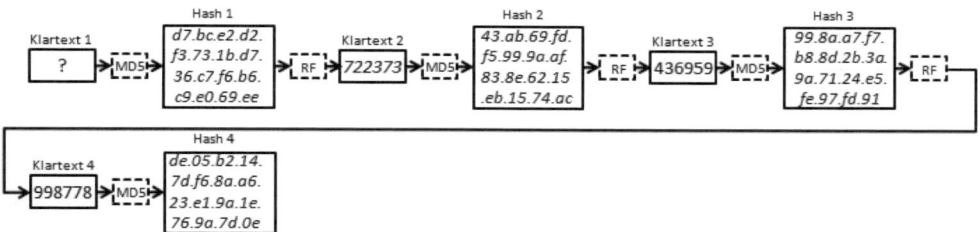

Wie Sie der Abbildung entnehmen können, enthält die Kette insgesamt vier Hashes:

- $d7.bc.e2.d2.f3.73.1b.d7.36.c7.f6.b6.c9.e0.69.ee_{16}$
  als Alices Passwort-Hash, dessen korrespondierender Klartext noch unbekannt ist,

- $43.ab.69.fd.f5.99.9a.af.83.8e.62.15.eb.15.74.ac_{16}$
  als Hash des durch Reduktionsfunktion aus dem ersten Hash entstandenen Klartextes 722373 sowie

- $99.8a.a7.f7.b8.8d.2b.3a.9a.71.24.e5.fe.97.fd.91_{16}$ (Klartext: 436959) und

- $de.05.b2.14.7d.f6.8a.a6.23.e1.9a.1e.76.9a.7d.0e_{16}$ (Klartext: 998778).

Diese vier Hashes gleicht die Software nun mit der Rainbow Table ab. Und siehe da: $99.8a.a7.f7.b8.8d.2b.3a.9a.71.24.e5.fe.97.fd.91_{16}$ wird im Auszug der Rainbow Table auf Seite 196 als vierter Hash gefunden.

---

8 Dass er in diesem Beispiel nicht der vierte Hash sein kann, wurde oben bereits impliziert.
   (Sonst würde er direkt in der Rainbow Table gefunden werden.)

Sofort bildet Mallorys Programm die vollständige Kette, die in der Rainbow Table mit

$$99.8a.a7.f7.b8.8d.2b.3a.9a.71.24.e5.fe.97.fd.91_{16}$$

endet. Deren Startglied, also deren erster Klartext, ist in der Rainbow Table gegeben: *124582*. Nach mehrfacher Anwendung des MD5-Algorithmus in Kombination mit der Reduktionsfunktion entsteht die folgende Kette:

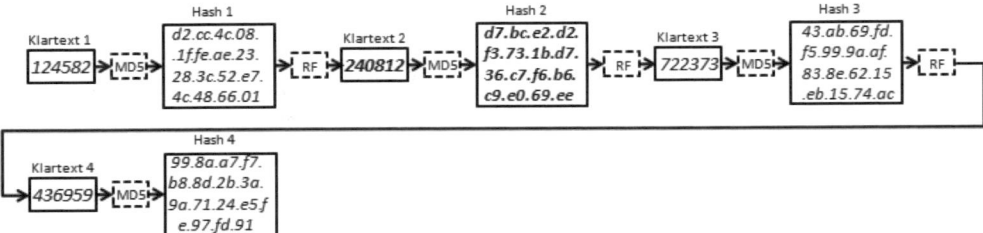

Der Abbildung können Sie leicht entnehmen, dass Alices Passwort-Hash

$$(d7.bc.e2.d2.f3.73.1b.d7.36.c7.f6.b6.c9.e0.69.ee_{16})$$

ein Teil dieser Kette ist. Aber viel wichtiger: Ebenso ist der Klartext, aus dem dieser Hash gebildet wird, ein Teil der Kette. Im Beispiel ist es *Klartext 2*, also die Zahlenkombination *240812* – sie ist Alices Passwort.

CD einlegen, fünf Minuten warten und sogleich sämtliche Benutzerkonten und deren Passwörter einsehen

Oechslin erfand nicht nur die Rainbow Tables, sondern setzte sie mit dem Programm Ophcrack auch in eine praktische Anwendung um. Dieser Passwortknacker nutzt Rainbow Tables, um Hash-Werte in Klartextpasswörter umzuwandeln – vorausgesetzt, der Hash für ein gesuchtes Passwort kann mit den zur Verfügung stehenden Rainbow Tables ermittelt werden.

Zum „schnellen Passwortknacken für zwischendurch" eignen sich die Ophcrack Live-CDs, die zum Zeitpunkt der Drucklegung dieses Buches kostenlos für je einmal Windows XP und Windows Vista heruntergeladen werden konnten. Dabei handelt es sich um Linux-Live-CDs, die ohne Installationszwang die LM- bzw. NTLM-Hashes gespeicherter Windows-Passwörter auslesen. Sofern es einfache Passwörter „aus dem Wörterbuch" sind, kann sie die Live-CD zugleich innerhalb weniger Minuten knacken. Dazu liegt den Live-CDs eine kleine, nur ein paar Hundert MByte große Rainbow Table bei. Was sich dahinter verbirgt, erfahren Sie ein paar Seiten weiter.

TIPP

Speichern statt abtippen

Kann Ophcrack kein Passwort finden, möchten Sie vielleicht mit anderen Tools fortfahren oder den Hash an die Free Rainbow Tables Community übergeben. Statt sie dabei vom Bildschirm abzuschreiben und später wieder einzugeben, können Sie die ausgelesenen Hashes ebenso in einer Datei speichern. Klicken Sie dazu zunächst auf den *Save*-Button. Navigieren Sie anschließend durch das Dateisystem der Linux-CD: Über *Computer*, */*, dann *mnt* und *hda1* erreichen Sie typischerweise die Festplatte Ihres Computers. Speichern Sie die Liste der gefundenen Hashes schließlich in Form einer TXT-Datei an einem Ort Ihrer Wahl ab.

Für einen kurzen Test legte ich auf einem Windows-Vista-PC acht Benutzerkonten an. Mit den unter Vista standardmäßig deaktivierten Benutzerkonten *Administrator* und *Gast* hatte Ophcrack insgesamt zehn Passwörter zu knacken:

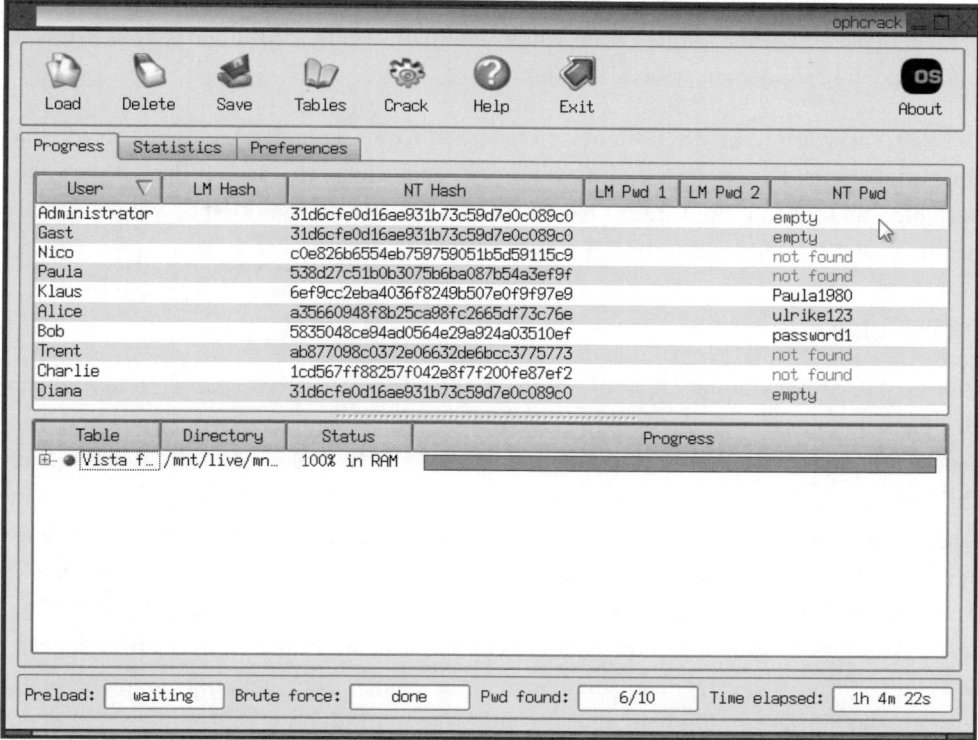

Alle Passwörter fand Ophcrack nicht, die trivialen aber schon.

Die Passwörter waren alle nicht besonders lang und dennoch unterschiedlicher Qualität. Sie lauteten:

Benutzerkonto	Passwort	NT Hash des Passworts
Nico	nA8_5fzZ	c0e826b6554eb759759051b5d59115c9
Paula	123mauzi	538d27c51b0b3075b6ba087b54a3ef9f
Klaus	Paula1980	6ef9cc2eba4036f8249b507e0f9f97e9
Alice	ulrike123	a35660948f8b25ca98fc2665df73c76e
Bob	password1	5835048ce94ad0564e29a924a03510ef
Trent	TrVgBRzQ	ab877098c0372e06632de6bcc3775773
Charlie	_/neverever	1cd567ff88257f042e8f7f200fe97ef2
Diana	*Kein Passwort*	31d6cfe0d16ae931b73c59d7e0c089c0

Zwar suchte Ophcrack auf dem lahmen Test-PC insgesamt über eine Stunde, die drei gefundenen Passwörter fand es aber schon innerhalb weniger Minuten – kein Wunder, sind es doch besonders unsichere Kandidaten.

Die vier Passwörter, die die kostenlose Ophcrack Live-CD nicht ermitteln konnte, sind vor hartnäckigen Passwortknackern aber keineswegs sicherer – schließlich ist die Live-Variante von Ophcrack mit ihrer kleinen Rainbow Table nur ein kleiner Vorgeschmack auf die wahre Power der Rainbow Tables.

Teure Tabellen

Hier liegt der Knackpunkt: Obwohl Rainbow Tables Speicherplatz sparen, indem sie nur eine Berechnungsgrundlage für eine Hash-Kette legen, summiert sich der Speicherplatzbedarf umfangreicher Rainbow Tables schnell auf etliche GByte. Damit tut sich gleich ein weiteres Problem auf: Die Tabellen müssen vorberechnet werden. Das verschlingt Rechenzeit. Und zwar eine ganze Menge. Mit nur einem PC werden Sie sehr lange benötigen, um eine einigermaßen brauchbare Rainbow Table vorzuberechnen. Kommerzielle Anbieter von Rainbow Tables kommen Ihnen hier entgegen: Für teilweise mehrere Hundert Dollar gibt es Rainbow Tables zu erwerben. Das eine Problem, die nötige Rechenzeit, wird damit weitestgehend umgangen – das andere, der benötigte Speicherplatz, besteht aber weiterhin. Deshalb sind die angebotenen Rainbow Tables nicht besonders umfangreich, trotz ihres Speicherplatzbedarfs von teilweise mehreren GByte. Objectif Sécurité (*http://www.objectif-securite.ch*), Philippe Oechslins Security-Unternehmen, bietet beispielsweise solche Rainbow Tables an, ab 99 Dollar pro Tabelle.

Kostenlose Rainbow Tables im Netz

Hacker müssen inzwischen aber gar kein Geld mehr ausgeben, um auf umfangreiche Rainbow Tables zugreifen zu können. Kostenlose Rainbow Tables verteilt beispielsweise die Shmoo-Group auf der Webseite *http://rainbowtables.shmoo.com*. Streng genommen handelt es sich dabei allerdings nur um einen Link zu einer Torrent-Datei, sodass Sie letztlich einen BitTorrent-Client benötigen, um die Dateien herunterzuladen.

Verschworene Community: gemeinsam knackt es sich schneller

Es geht aber auch ohne den Download riesiger Rainbow Tables. Die Free Rainbow Tables Community (*http://www.freerainbowtables.com*) nutzt ein weltweites Privat-PC-Netz, um immer größere Rainbow Tables zu generieren. Zur Drucklegung dieses Buches standen Tabellen für LM-, NTLM- und MD5-Hashes völlig kostenfrei zur Verfügung. Damit die Datenbank auch zukünftig wächst, ist die Community auf jeden einzelnen Privat-PC angewiesen. Ähnlich wie die SETI@Home[9]-Fans, die per Bildschirmschoner nach Außerirdischen suchen, opfern die Mitglieder der Free Rainbow Tables Community einige Rechenzeit ihrer Computer. Einerseits, um weitere Rainbow Tables zu generieren und andererseits, um in den vorhandenen Rainbow Tables nach dem zu einem Hash passenden Klartext zu suchen. So kann jeder einen Hash über die Webseite des Projekts zur Suche „ausschreiben". Tatsächlich läuft die Suche aber automatisch ab, wobei die Anfragen besonders (rechen-)aktiver Community-Mitglieder bevorzugt werden. Aber auch ohne viel Rechenzeit zur Verfügung zu stellen, erhalten Sie schnell ein Ergebnis.

Wie schnell das PC-Netzwerk von Free Rainbow Tables einem MD5- oder LM/NTLM-Hash einen Passwortklartext zuordnen kann, ist aber dennoch von der Stärke des gewählten Passworts abhängig. Für einfache Kennwörter aus dem Wörterbuch benötigt das Netzwerk höchstens ein paar Stunden. Passwörter mit Sonderzeichen können hingegen tagelang unentdeckt bleiben oder werden zunächst gar nicht aufgespürt. Weil die Free Rainbow Tables Community aber beständig weitere Rainbow Tables generiert, mag auch der letzte unbekannte Hash irgendwann einmal in ein Klartextpasswort überführt werden. Schließlich „vergisst" die Community die ungeknackten Hashes nicht: Wurde eine neue Rainbow Table generiert, wird darin nämlich stets auch nach den bisher „Unbekannten" gesucht.

---

9   Das SETI@Home ist eines der bekanntesten sogenannten Distributed Computing-Netze.

Zukunft Grafikkarte

Für viele im Verborgenen, haben die etwas leistungsfähigeren und teureren Grafikkarten in den letzten Jahren ein ganz besonderes Feature erhalten: Ihre Prozessoren können simple Rechenoperationen viel schneller kalkulieren als herkömmliche CPUs (Hauptprozessoren). NVIDIA nennt diese Technologie CUDA[10]. Im Wesentlichen handelt es sich dabei um eine Software, die die Nutzung des Grafikkartenchips für einfache Rechenoperationen erlaubt. Dazu müssen sich Programmierer nur mit einer speziellen Version der beliebten C-Programmiersprache anfreunden. Einsatzgebiete könnten laut NVIDIA beispielsweise die Unterstützung von Audio- und Videobearbeitung oder wissenschaftlicher Forschung sein.

Konkurrent ATI schlief freilich auch nicht und zog mit der Stream-Technologie nach. So beliebt wie CUDA ist sie unter den „Berechnungsfreaks" allerdings noch nicht.

Auch das BOINC-System, das den Unterbau für die Free Rainbow Tables-Anwendung bildet, unterstützt inzwischen NVIDIAs CUDA-Technologie und beschleunigt so die Berechnung einzelner Anwendungen wie SETI@Home. Voraussetzung ist immer noch, dass die jeweilige Anwendung für den Einsatz der Grafikkarte vorbereitet ist.

Mit dem Bit-Streuer übersät: gesalzene Passwörter sind sicherer

Um Passwörter gegen Attacken widerstandsfähiger zu machen, werden sie inzwischen von den meisten Anwendungen „gesalzen". Dabei wird an das Passwort zunächst noch ein Zufallswert, der *Salt*, angehängt. Erst danach wird der Hash erzeugt und in der Datenbank gespeichert. Der Hash dieses „gesalzenen" Passworts ist freilich ganz anders als der Hash, der nur aus dem gewählten Kennwort gebildet würde.

Stellen Sie sich beispielsweise ein sehr kurzes Passwort „aus dem Wörterbuch" vor: *Stuhl*. Der MD5-Hash von *Stuhl* lautet *aac08e47293f93d60e0a55aa8b6dd860*. Eine Anwendung, besorgt um die Sicherheit der Zugangsdaten ihrer Nutzer, salzt dieses Passwort vor der Speicherung in einer Datenbank mit einem Zufallswert, beispielsweise mit *"_4=*. Der MD5-Hash der Zeichenkette *Stuhl"_4=* lautet nun *caa074b8e703e97d40f4532a5f810a71*. Dieser Hash-Wert wird in der Datenbank gespeichert. Zusätzlich wird auch der Salt, *"_4=*, im Klartext hinterlegt. Häufig wird der Salt dabei nur nach einem Doppelpunkt an den MD5-Hash angehängt, etwa so: *caa074b8e703e97d40f4532a5f810a71: "_4=*.

---

10 Eine Liste sämtlicher CUDA-kompatiblen NVIDIA-Grafikkarten finden Sie unter der URL *http://www.nvidia.com/object/cuda_learn_products.html*. Vielleicht ist Ihre dabei?

Gibt nun ein Anwender sein Passwort ein, liest die Software sowohl den gesalzenen Hash als auch den Salt aus der Datenbank. Diesen Salt fügt sie daraufhin an das eingegebene Passwort an und erzeugt anschließend den Hash der Zeichenkette aus eingegebenem Passwort und angehängtem Salt. Stimmt dieser Hash mit dem gespeicherten (gesalzenen) Hash überein, wird der Zugriff gewährt.

Salz kann vor Rainbow-Table-Angriffen schützen – muss es aber nicht

Rainbow-Table-Angriffe werden durch das Salzen eines Passworts oft enorm erschwert. Schließlich müssen nun nicht nur Rainbow Tables für alle möglichen Zeichenkombinationen gehasht werden, sondern auch für alle möglichen Zeichenkombinationen mit angehängtem Salt. Effektiv steigt so die Kennwortlänge um die Zeichen des Salts.

Wird ein kurzes Passwort gesalzen, kann dies aber nur eine unwesentliche Verbesserung darstellen. Wird beispielsweise *Hund* um den Salt "_4= ergänzt, entsteht eine gerade mal acht Zeichen lange Zeichenkette. Und die Wahrscheinlichkeit ist hoch, dass diese schon in einer bestehenden Rainbow Table steckt, der Salt also nicht viel nützt.

WLAN & Co.: Passwörter für andere Windows-Dienste sind ebenso unsicher

Sie kennen das vielleicht: Mit dem Notebook geht's zum Bekannten und dort am besten in dessen WLAN-Netz. Das Passwort für das Drahtlosnetzwerk will er Ihnen aber nicht verraten, sondern es stattdessen selbst eingeben. Vielleicht ist es sein Standardpasswort, das er auch für E-Mail, eBay etc. nutzt?

Lassen Sie Ihren Bekannten das nächste Mal nur sein WLAN-Kennwort in Ihren Laptop eintippen. Zeigen Sie ihm dann aber WirelessKeyView von NirSoft (*http:// www.nirsoft.net*). Dieses kleine Tool liest die auf einem Rechner gespeicherten WLAN-Passwörter aus und zeigt sie nebst SSID (dem Netzwerknamen) in schönem Klartext an:

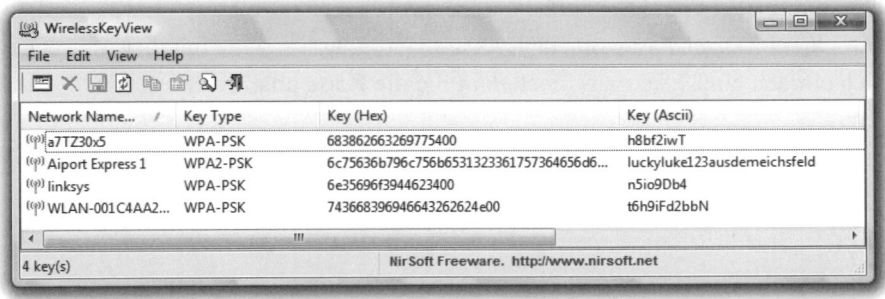

WirelessKeyView ist nicht das einzige NirSoft-Tool, das in die Kerbe „Anzeigen gespeicherter Passwörter" schlägt. Tatsächlich scheint die Webseite voll davon.

Eine Auswahl:

- **Asterisk Logger** kann einige Passworteingabeboxen überlisten und statt der üblichen Sternchen das eingegebene Passwort im Klartext anzeigen. Moderne Software sollte für den von diesem Tool angewandten Trick eigentlich nicht mehr anfällig sein. Einige Programme sind es aber dennoch.

- **Mail PassView** zeigt die Passwörter sämtlicher E-Mail-Konten an, sofern diese in Windows Mail, Outlook Express, Mozillas Thunderbird etc. eingerichtet und die zugehörigen Passwörter gespeichert wurden.

- **MessenPass**: Sie nutzen Instant Messenger wie ICQ oder den Windows Live Messenger? Dieses Tool liest die dafür gespeicherten Benutzerpasswörter aus.

- **IE PassView** und **PasswordFox** lesen die vom Internet Explorer bzw. Mozilla Firefox gespeicherten Passwörter für Webseiten aus. Für alle, die Webseiten-Accounts gern speichern, werden diese Tools zum Problem.

Vergessen unmöglich: Passwortkarten für Anwender mit Gedächtnisschwäche

Passwortkarten – das sind keine Schmier- oder Klebezettel, die auf Ihrem Schreibtisch herumflattern oder gut sichtbar am Monitor kleben. Nein, vielmehr sind es clever ausgetüftelte Gedächtnisstützen.

Ein kostenpflichtiger Passwortkartengenerator ist beispielsweise Codestar von S.A.D (*http://www.my-sad.com*). Er ist mit einem Set laminierter Karten zum Bedrucken schon zum Schnäppchenpreis zu haben. Günstiger ist die kostenlose, aber statische Passwortkarte von Savernova: *http://www.savernova.ch/online-password-card/logowebcard. php?id=159&lang=de*. Wenn Sie noch kein Passwort haben, also beispielsweise auf der Suche nach einem Master-Passwort für KeePass sind, mag sie ganz nützlich sein. Denken Sie sich einfach ein Muster aus, nach dem Sie die Karte abarbeiten

Starke und kostenlose Passwortkarten aus dem Netz

Richtig kostenlos ist der Webdienst *http://www.meine-passwortkarte.de* von Matthias Bilger. Gar drei verschiedene Typen von Passwortkarten werden dort angebotenen. Am interessantesten sind wohl Karten des Typs 1, in denen Sie bis zu acht Kennwörter unterbringen können. Typ 2 und 3 sind mehr oder weniger vorgefertigt und enthalten Zufallswerte. Genaueres verrät die Webseite.

Wie Bilgers Passwortkarte(n) des Typs 1, also mit selbst festlegbaren Passwörtern, zu lesen sind, soll ein Beispiel verdeutlichen. Für die Abbildung wurden jene acht Windows-Benutzernamen mitsamt Passwörtern aus der Tabelle von Seite 195 in das Onlineformular der Webseite eingegeben[11]. Zusätzlich verlangt meine-passwortkarte.de noch ein Master-Passwort. In diesem Beispiel lautet es schlicht *MASTERPASSWORT*, ist also nicht viel sicherer als die Passwörter der verwendeten Benutzerkonten selbst. Und so sieht die fertige Passwortkarte aus:

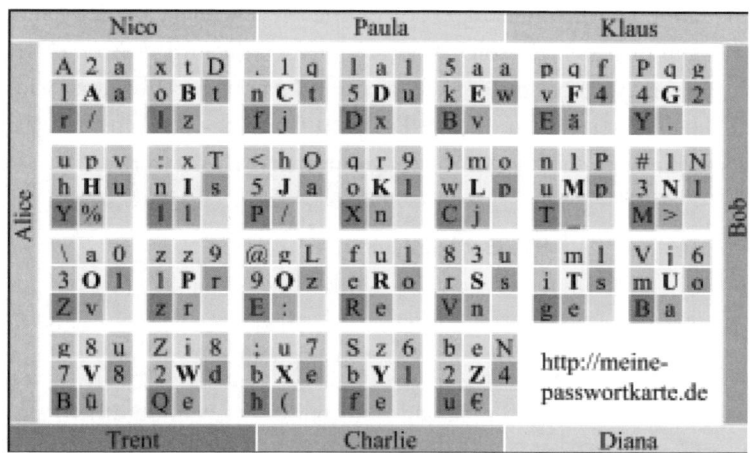

Praktisch, aber hier nicht abgebildet: Wer die Passwortkarte ausdruckt, bekommt gleich noch einen Kalender dazu. Und ein bisschen Werbung. :o)

Wie wird diese Passwortkarte nun gelesen? Ähnlich wie bei der Substitutionschiffre mit Schlüsselwort (siehe Seite 19) bereinigen Sie das Master-Passwort zunächst von Buchstabenwiederholungen. Im Beispiel lautete das Kennwort schlicht *MASTERPASSWORT*, sodass bereinigt nur noch *MASTERPWO* übrig bleibt.

---

11 Natürlich ist es eigentlich unsinnig, auch das Benutzerkonto *Diana* in dieses Beispiel zu übernehmen, war ihr doch auf Seite 195 gar kein Kennwort zugewiesen. Denn wer das Verfahren der Passwortkarte kennt, sieht schnell, dass *Diana* gar kein Passwort benötigt – und deshalb dafür eigentlich auch keine Gedächtnisstütze erforderlich ist.

An den Rändern der Passwortkarte stehen die acht Windows-Benutzernamen, deren Kennwörter die Passwortkarte verschlüsselt. Jeder dieser acht ist mit einer anderen Farbe hinterlegt, die aufgrund des Graustufendrucks dieses Buches natürlich nicht so recht zur Geltung kommen. Um nun beispielsweise Paulas Windows-Passwort aus der Karte auszulesen, prägen Sie sich deren Farbe (bzw. Graustufe) ein. Suchen Sie dann unter den mittleren Buchstaben der Blöcke nach dem ersten Buchstaben des Master-Passworts (hier: *MASTERPWO*), also nach dem *M*. Das daran angrenzende Zeichen im gleichen Block, das mit Paulas Farbe hinterlegt ist, ist das erste Zeichen ihres Kennworts. Es ist die *1*.

Anschließend fahren Sie mit dem zweiten Buchstaben des Master-Passworts fort, hier einem *A*. In dessen Block ist eine *2* mit Paulas Farbe hinterlegt. Scheint zu stimmen. Denn zur Erinnerung an Seite 195: Paulas Passwort lautete *123mauzi*. Analog wird fortgefahren, das Master-Passwort also abgearbeitet. Natürlich ist diese Passwortkarte nicht ganz problemfrei: Die damit „chiffrierten" Passwörter können beispielsweise nur so lang wie das Master-Passwort sein. Dieses darf wiederum nur aus (Groß-)Buchstaben bestehen und muss frei von Buchstabenwiederholungen sein, damit die Maximallänge von 26 Zeichen ausgereizt werden kann. Besonders gut einprägen kann man sich ein solches Master-Passwort natürlich nicht, es sei denn, man greift schlicht auf das Alphabet zurück, was nicht so clever wäre. Die immer wieder geforderten Sonderzeichen lassen sich im Master-Passwort natürlich ebenso nicht realisieren, dafür aber wenigstens in den „chiffrierten" bzw. „gespeicherten" Passwörtern.

Der Passwort-Safe für all Ihre Passwörter

T I P P

Bruce Schneiers Password Safe

Sicherheitsguru Bruce Schneier entwickelte bislang nicht nur einige kryptografische Algorithmen, sondern ebenfalls ein Passwortdatenbankprogramm namens Password Safe, das ähnlich wie KeePass gratis und als Open-Source-Anwendung im Netz erhältlich ist: *http://passwordsafe.sourceforge.net*. Um den Umfang dieses Buches nicht zu sprengen, wird an späterer Stelle jedoch nur KeePass vorgestellt.

Kennwörter sollten Sie eigentlich im Kopf behalten. Doch wer kann sich schon all die Passwörter merken, die für die vielen Onlineshops und Webdienste nötig sind?[12] Vielleicht mit einer Passwortdatenbank, die Ihre Passwörter kryptografisch gesichert auf der Festplatte Ihres PCs oder auf einem USB-Stick hinterlegt.

---

12 Gesetzt den Fall, Sie folgen den Empfehlungen dieses Buches (und anderer Bücher) und nutzen wirklich für jeden Dienst ein anderes, sicheres Passwort.

Die Passwortdatenbank von Firefox – nur sicher, wenn niemand Zugriff auf Ihren Browser hat

Der Firefox-Browser speichert Ihre Passwörter, wenn Sie das denn möchten. Doch wie speichert er sie? Ab Version 3[13] hinterlegt er die ihm anvertrauten Benutzernamen und Passwörter verschlüsselt in einer *signons3.txt*- und/oder *key3.db*-Datei in Ihrem Firefox-Profilordner (z. B. *C:\Users\[Ihr Benutzername]\AppData\Roaming\Mozilla\Firefox\ Profiles\[Profilname].default*).

Von „außen" ist also nicht an die gespeicherten Passwörter heranzukommen, aber von „innen". Denn was viele nicht wissen: Für jemanden, der auch nur kurz auf Ihren eingeschalteten Rechner zugreifen kann, sind die im Browser gespeicherten Passwörter einfach auszulesen. Und das ganz ohne Zusatztools nur mit den eingebauten Funktionen. Schauen Sie doch selbst einmal:

Wählen Sie zunächst *Extras* und dann *Einstellungen*. Im nun geöffneten Fenster öffnen Sie das Register *Sicherheit*. Dort finden Sie einen Button, der mit *Gespeicherte Passwörter* bezeichnet ist. Klicken Sie darauf, wird ein neues Fensterchen geöffnet, das zunächst nur alle Webseiten auflistet, für die der Browser Ihr Passwort speichert. Der jeweils zugehörige Benutzername steht gleich daneben. Um nun noch die gespeicherten Passwörter einzublenden, nutzen Sie den Button *Passwörter anzeigen*. Eine bestätigte Warnmeldung später sehen Sie dann ebenfalls alle Passwörter im Klartext.

Das hilft: ein Master-Passwort vergeben

Abhilfe schafft ein Master-Passwort, das vor unbefugten Einblicken schützt. Sie richten es über *Extras/Einstellungen/Sicherheit* und ein Häkchen bei *Master-Passwort verwenden* zügig ein. Fortan können Sie die Liste gespeicherter Passwörter erst nach Eingabe des Master-Passworts einsehen.

Kostenloser Safe für Ihre Passwörter: KeePass

Sie haben Probleme, sich Ihre verschiedenen Passwörter einzuprägen? Und Sie wollen sie auch nicht niederschreiben? Vielleicht kann Ihnen ein Passwort-Safe wie KeePass helfen.

---

13 Der Speicherort der von Firefox gesicherten Anmeldedaten wechselt häufiger mal und ist auch davon abhängig, welche Version Sie zuvor installiert hatten etc. Ältere Firefox-Versionen speicherten Passwörter beispielsweise auch in einer *signons.txt*, *signons2.txt* oder *signons.sqlite*.

Der „Safe-Bauer" ist ein Deutscher und heißt Dominik Reichl. Er lässt sich wohl gern bei der Entwicklung von KeePass über die Schulter schauen, denn das Programm ist komplett Open Source.

Zur Drucklegung des Buches stand sowohl eine Version 1.x als auch 2.x Beta kostenlos zum Download bereit. Der große Unterschied ist, dass die Betaversion 2.x einige kleinere Zusatzfeatures enthält, dafür allerdings das Microsoft .NET Framework ab Version 2.0 benötigt. Nutzer von Vista und Windows 7 haben damit aber sicher kein Problem und sollten entsprechend zur neueren Version greifen.

Wer sich folgende Key Features ansieht, kommt schnell zu dem Schluss: KeePass schützt Ihre Passwörter ziemlich gut. Wissenswert ist vor allem:

- Das Programm verschlüsselt seine komplette Datenbank. Es werden also nicht nur Ihre Passwörter und Schlüssel, sondern ebenfalls die von Ihnen angelegten Gruppen und Notizen zu den gespeicherten Kennwörtern chiffriert.

- Für die Verschlüsselung selbst haben Sie die Wahl zwischen AES und Bruce Schneiers TwoFish (nur in Version 1.x). Die entsprechende Auswahl treffen Sie im Programmfenster über *Datei/Datenbankeinstellungen* und eine Auswahlbox im Bereich *Sicherheit.*

- Das Master-Passwort, das Ihnen den Zugang zu Ihren in KeePass gespeicherten Passwörtern ermöglicht, wird selbstverständlich ebenfalls nicht als Klartext im Computer hinterlegt, sondern in Form eines SHA-256-Hash-Wertes gespeichert. Um diesen Hash – und damit das Passwort – gegen Angriffe mit Rainbow Tables (siehe Seite 188) zu schützen, wird er zusätzlich „gesalzen".

Ein sicheres, also insbesondere langes Master-Passwort ist selbstverständlich sehr wichtig. Wer will, kann zusätzlich eine Schlüsseldatei festlegen. Im Beispiel wurde das Installationspaket des Windows XP Service Packs 3, das auf einem USB-Speicher lag, als Schlüsseldatei verwendet. Mit rund 320 MByte ist diese Datei natürlich recht groß, aber zugleich unauffälliger als eine KeePass-Schlüsseldatei.txt mit nur wenigen Byte Größe.

Zusätzlich zum Master-Passwort können Sie eine sogenannte Key File anlegen. Dahinter verbirgt sich nichts anderes als eine bestimmte Datei, die ebenfalls auf dem Rechner oder einem angeschlossenen bzw. eingelegten Speichermedium vorliegen muss, um den Zugriff auf die KeePass-Datenbank zu gewähren. Selbstverständlich kann diese Datei kopiert und somit auf mehreren Speichermedien parallel abgelegt werden. Ebenso können Sie auf das Master-Passwort verzichten und nur die Key File verwenden. Insgesamt gibt es folgende Möglichkeiten, die Datenbank zu schützen:

- Nur mit dem *Master-Passwort*.

- Nur mit der *Key File* bzw. Kopien davon.

- Mit dem *Master-Passwort* **und** der *Key File*. So müssen Sie sowohl das Master-Passwort eingeben als auch die Key File auf einem Speichermedium vorrätig haben, um den Zugriff auf Ihre Passwortdatenbank zu erhalten.

Weiterhin ist es ab Version 2.x möglich, die KeePass-Datenbank an einen Windows-Nutzer zu binden. Nur dieser spezielle Windows-Nutzer kann dann auf die Datenbank zugreifen. Ob es sich um den richtigen Nutzer handelt, macht KeePass dabei freilich nicht anhand des Benutzernamens, sondern an der sogenannten SID fest.

KeePass einrichten

Das KeePass-Setup-Programm, das Sie am besten über die offizielle Webseite des Tools beziehen, ist ohne Zusätze zunächst nur in Englisch gehalten. Es existiert aber sehr wohl ein deutsches Sprachpaket, welches Sie als ZIP-Archiv auf der offiziellen Webseite erhalten (*http://keepass.info/translations.html*). Laden Sie es herunter und entpacken Sie es. Die darin befindliche *German.lng* bzw. *German.lngx* (ab Version 2.0) kopieren Sie anschließend einfach in das KeyPass-Programmverzeichnis[14]. Haben Sie während der Installation kein anderes Verzeichnis gewählt, finden Sie KeePass voraussichtlich unter *C:\Programme\KeePass Password Safe*.

Der erste Start ist unspektakulär (so wie die folgenden eigentlich auch): Kein Assistent ploppt auf, stattdessen erscheint gleich das KeePass-Hauptfenster. Wählen Sie im *Datei-Menü Neu*, um eine neue Datenbank anzulegen.

---

14 Sollte das Programm nicht sogleich in deutscher Sprache starten, wählen Sie im Programmfenster *View* und danach *Change Language*. Anschließend können Sie *German*, also Deutsch, auswählen – vorausgesetzt, Sie haben besagte Sprachdatei vorher in das Verzeichnis kopiert.

Haben Sie sich für einen Speicherort entschieden, fragt das Programm sogleich nach einem *Master-Schlüssel*. Hier können Sie sich zwischen einem *Master-Passwort*, einer *Schlüsseldatei* oder der Verknüpfung mit dem *Windows-Benutzeraccount* entscheiden. Oder die Sicherheitsmechanismen miteinander kombinieren.

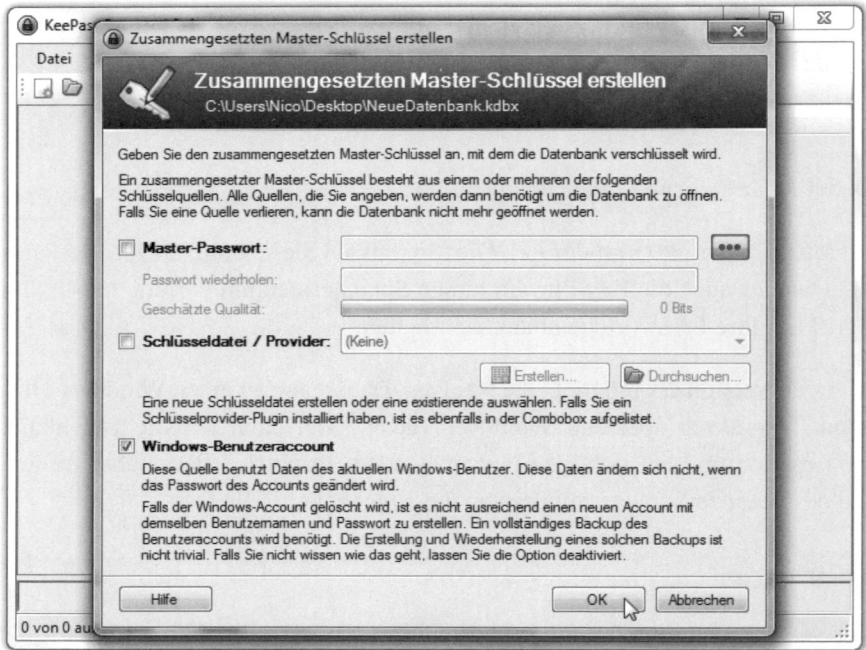

Statt Master-Passwort oder Schlüsseldatei können Sie KeePass auch nur an Ihren Windows-Benutzeraccount binden. Die Datenbank lässt sich dann nur öffnen, wenn Sie mit dem entsprechenden Benutzerkonto angemeldet sind. Weil Windows-Benutzerpasswörter aber nicht besonders gut geschützt sind, ist dies eigentlich gar keine so gute Idee – zumindest nicht, wenn Sie die Verknüpfung als alleinige Schutzmaßnahme einsetzen.

Sobald der Master-Schlüssel steht, dürfen Sie noch einige Einstellungen vornehmen, die nur auf die just erstellte Datenbank angewendet werden. Zwingend ist die Konfiguration jedoch nicht, zumal die für „Einsteiger" relevanten Einstellungen schon gesetzt sind.

Grundsätzlich ist die Bedienung des Programms sehr einfach: Mittels *Schlüssel*-Button können Sie Einträge hinzufügen, also eine Benutzername/Passwort-Kombination speichern. Wer KeePass parallel zur Registrierung bei einem Webdienst o. Ä. benutzt, kann sich für diesen Webdienst auch gleich ein Passwort vorschlagen lassen.

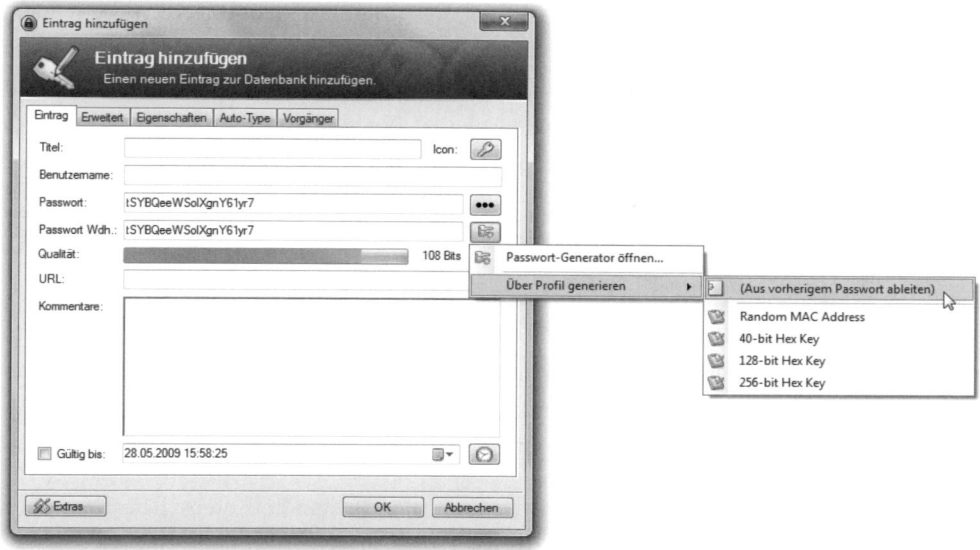

Integrierter Passwort-Generator

In neuen Datenbankeinträgen füllt KeePass das Passwortfeld automatisch aus. Hierbei handelt es sich um einen speziellen Service für alle, die für den einzutragenden Dienst noch kein Passwort ausgewählt haben. KeePass fungiert so nicht nur als Passwort-Safe, sondern ebenfalls als Passwort-Generator. In den Standardeinstellungen sind die damit erstellten Passwörter schon recht lang und pure Aneinanderreihungen von Groß- und Kleinbuchstaben. Leicht zu merkende Wörter sind darin natürlich nicht enthalten – als Merkersatz nutzen Sie ja nun KeePass.

Möchten Sie den Passwort-Generator des Programms nicht nur Groß- und Kleinbuchstaben, sondern ebenfalls Sonderzeichen etc. verwenden lassen, gehen Sie folgendermaßen vor: Klicken Sie im Programmfenster zunächst auf *Extras* und dann auf *Passwort-Generator*. Im nun geöffneten Konfigurationsfenster des Passwort-Generators wählen Sie das Profil *Automatisch generierte Passwörter für neue Einträge*. Hier können Sie jetzt die Länge der generierten Passwörter angeben sowie entscheiden, ob etwa Sonderzeichen, Unterstriche etc. darin auftauchen sollen. Sobald Sie Häkchen setzen oder entfernen bzw. andere Aspekte des Profils ändern, wechselt der Profilname zu *Benutzerdefiniert*. Lassen Sie sich davon nicht beeindrucken: Wichtig ist, dass Sie nach Abschluss der Konfiguration auf das kleine Diskettensymbol klicken und *Automatisch generierte Passwörter für neue Einträge* zum Überschreiben auswählen.

Grundsätzlich klingt jede der Einstellungen nach einer guten Idee. Beachten Sie jedoch, dass einige Anwendungen oder Webdienste nicht mit Passwörtern zurechtkommen, die *Höhere ANSI-Zeichen* verwenden. Ebenso ist die Passwortlänge gerade im Web beschränkt. Ansonsten spricht wohl nichts dagegen, ein Passwort so lang wie möglich zu wählen – vorausgesetzt, Sie setzen KeePass tatsächlich als Passwort-Safe ein.

KeePass an den Browser anbinden

Der Passwort-Manager des Mozilla Firefox ist fester Bestandteil des (Browser-)Programms. Entsprechend komfortabel füllt er die Login-Datenfelder Ihrer geliebten Webdienste aus. Andere „Passwort-Safes" klinken sich per Browsersymbolleiste in den Firefox oder Internet Explorer ein und verknüpfen so deren Passwortdatenbank mit den jeweiligen Eingabemasken der Webdienste.

KeePass ist als eigenständige Software weder fester Bestandteil eines Browsers noch bringt es eine Symbolleiste für einen Browser mit. Trotzdem können Sie KeePass so konfigurieren, dass Sie die Login-Felder von Webdiensten, deren Zugangsdaten in der KeePass-Datenbank gespeichert sind, per Tastendruck automatisch ausfüllen können.

Möglich macht dies die KeePass-Funktion *Auto-Type*: Mittels Strg+Umschalt+A fügen Sie damit die gespeicherten Anmeldedaten in eine Webseite oder eine Windows-Anwendung ein. Doch wie kann KeePass einen bestimmten Passwortdatensatz der korrespondierenden Webseite zuordnen? Ganz einfach: anhand des Fenstertitels der geöffneten Anwendung. Hierin begründet sich leider auch das praktische Problem. So setzt sich der Fenstertitel des Firefox aus dem Titel der gerade geöffneten Webseite und dem Zusatz – *Mozilla Firefox* zusammen. Die Anmeldemaske für *http://www.ebay.de* setzt den Fenstertitel so beispielsweise auf nur *Mein eBay – Mozilla Firefox*.

Andere Webseiten mit Anmeldemaske sind noch unkreativer übertitelt, beispielsweise schlicht mit *Login*. Oder sie wechseln den Titel häufiger – je nachdem, auf welchem Wege man sich zur Anmeldemaske klickte. Damit KeePass das richtige Benutzername/Passwort-Paar zuordnen kann, wäre es deshalb ganz praktisch, die Zuordnung anhand der URL und nicht (nur) anhand des Webseitentitels zu vergeben.

Die Browseranbindung verbessern

Für die Zuordnung nach URL benötigen Sie jedoch ein Plug-in, also eine Erweiterung. Gottlob sind diese Erweiterungen genauso kostenlos wie das Hauptprogramm. Viele finden sie ebenfalls auf der offiziellen Webseite direkt über die URL *http://keepass.info/ plugins.html*. Und Sie sollten diese Plug-ins auch nur von der offiziellen Seite herunterladen.

Konkret benötigen Sie für oben genannten Zweck des Plug-in KeeForm, ein sogenanntes Form Filler Utility. Zum Download von KeeForm gelangen Sie über die Plug-in-Seite von *http://www.keepass.info* oder direkt über die URL *http://www.autoitscript.com/ forum/index.php?showtopic=19403*.

5.5 Zweischneidiges Schwert OpenID: ein Benutzername für viele Seiten

In Zeiten von Web 2.0 schießen neue Internetdienste wie Pilze aus dem Boden. Ebenso wird der Konsum mehr und mehr ins Web getragen. Neben den großen Webkaufhäusern wie Amazon gibt es etliche kleinere Onlinehändler, die kaum einer kennt. Wer öfter Preisvergleichsseiten wie *http://www.geizhals.at/de*, *http://www.billiger.de* etc. nutzt, findet die „kleinen Unbekannten" häufig als günstige Anbieter mit oft verlockendsten Angeboten.

Jeder dieser Webdienste möchte Sie in der Regel über einen Mitglieds- oder Kundenbereich an sich binden. Dafür benötigen Sie Zugangsdaten – eine Flutwelle an Zugangsdaten, die umso größer wird, je mehr Webdienste Sie nutzen.

TIPP

Web-Visitenkarte inbegriffen

Eine OpenID (= der Benutzername) erhalten Sie häufig in Form einer URL – zum Beispiel *http://nicokuhn.pip.verisignlabs.com/* oder *http://nicokuhn.meinguter. name*. Das ist kein Zufall, sondern oft zugleich ein Feature. Viele OpenID-Anbieter erlauben es nämlich, unter diesen Adressen gleichzeitig eine Visitenkarte ins Netz zu stellen. Wie stark ein Nutzer diese anpassen darf, variiert von Anbieter zu Anbieter stark. Besonders MeinGuterName (*http://www.meinguter.name*) hält sich auf den Visitenkarten seiner Nutzer positiv dezent zurück.

OpenID möchte diesem Zugangsdatenwahn entgegnen, indem es ein zentrales Login anbietet. Registrieren Sie sich bei einem sogenannten OpenID-Provider, erhalten Sie für die Verwendung auf OpenID-kompatiblen Seiten einen Benutzernamen in Form einer URL. Typischerweise ist diese aus dem OpenID-Benutzernamen und einer speziellen URL des Anbieters zusammengesetzt. Loggen Sie sich mit Ihrer Zugangskennung beim OpenID-Provider ein, können Sie fortan sämtliche OpenID-unterstützende Webdienste ohne weiteres Login uneingeschränkt nutzen. Doch hier steckt auch die Krux: Dieses sogenannte Single-Sign-On-Prinzip funktioniert nur auf Webseiten, die OpenID explizit unterstützen. Und das sind bislang nicht sehr viele. Verzeichnisse OpenID-fähiger Webseiten finden Sie zum Beispiel unter *http://www.openiddirectory.com* und *https:// www.myopenid.com/directory/*.

Verschiedene Authentifizierungsmöglichkeiten

Ein OpenID-Provider speichert also Ihre persönlichen Daten und stellt sie über eine standardisierte Schnittstelle anderen Webdiensten zur Verfügung. Wie der Provider die Authentifizierung seiner Nutzer gestaltet, ist ihm überlassen. Zum Einsatz kommen beispielsweise:

- Ein gewöhnliches Login per Benutzername und Passwort, das von fast allen OpenID-Providern angeboten wird.

- Zusätzliche Sicherheit durch Zweifaktor-Authentifizierung, wobei ein Security Token wie beispielsweise das von VeriSign eingesetzt wird.

- Zusätzliche (oder ausschließliche) Authentifizierung per SSL-Zertifikat, das auf dem Nutzer-PC hinterlegt wird und somit also ein sogenanntes Client-Side-Zertifikat ist.

Ein deutscher OpenID-Provider ist beispielsweise MeinGuterName (*http://www.meinguter.name*). Mehr als eine SSL-verschlüsselte Anmeldung über Benutzername und Passwort bot dieser Provider zur Drucklegung dieses Buches aber nicht.

OpenID und SSL: ein Zertifikat statt Benutzername und Passwort

Ein OpenID-Provider, der zur Authentifizierung nicht Benutzername und Passwort, sondern nur SSL-Zertifikate verwendet, ist certifi.ca (*http://www.certifi.ca*). Selbst stellt der Dienst jedoch keine SSL-Zertifikate aus. Dafür verlinkt er allerlei Anbieter, die teils kostenlose, teils kostenpflichtige Zertifikate ausstellen. Einer der kostenlosen Anbieter ist CAcert (*http://www.cacert.org*).

Registrieren Sie sich zunächst auf der CAcert-Webseite. Da die Registrierung einen hohen Anspruch an die Sicherheit stellt, ist sie – zugegeben – etwas zeitaufwendig. So muss das Passwort beispielsweise aus Klein- und Großbuchstaben sowie Sonderzeichen und Zahlen zusammengesetzt sein. Weiterhin müssen Sie sich ganze fünf Sicherheitsfragen (selbst) ausdenken und kreativ beantworten. Wiederholungen der Fragen oder Antworten lässt der Registrierungsprozess nicht zu.

Wurde das Konto erstellt, geht es ganz schnell: Melden Sie sich zunächst über das *Password Login* an. Ist das geschehen, klicken Sie in der rechten Navigationsleiste der Seite zunächst auf *Client Certificates* und erstellen anschließend per *New* ein neues Zertifikat.

Doch nun zurück zu certifi.ca. Der Webdienst kennt Sie noch. Per Cookie wurden Sie nämlich als potenzieller Neunutzer gebrandmarkt, als Sie die Unterseite *Get a certificate* (*https://certifi.ca/_getcert*) aufriefen. Beim nächsten Besuch fragt certifi.ca deshalb gleich über einen Browserdialog, mit welchem Client-Side-SSL-Zertifikat es Sie registrieren soll. Wenn Sie zuvor eines bei CAcert (oder einem anderen Zertifikatanbieter) erstellt und auf Ihrem PC hinterlegt haben, sollten Sie dieses nun auswählen.

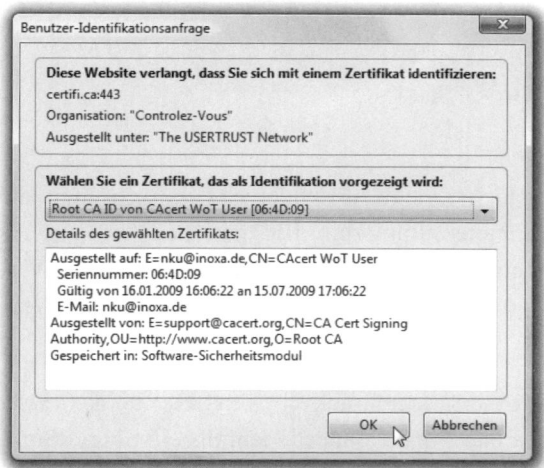

Nach einem kurzen Registrierungsprozess bei certifi.ca können Sie loslegen. Zur Anmeldung bei diesem OpenID-Provider genügt es nun, das Zertifikat beim Aufruf der certifi.ca-Webseite auszuwählen.

OpenID mit Security Token

Auf den nur langsam Fahrt aufnehmenden OpenID-Zug ist auch das US-amerikanische VeriSign aufgesprungen. Unter dem Kürzel PIP (**P**ersonal **I**dentity **P**ortal) stellt VeriSign dabei nicht nur einen OpenID-Providerdienst, sondern zudem allerlei Zugangsdienste bereit. Von anderen OpenID-Providern hebt sich VeriSigns PIP durch die Unterstützung des VeriSign Security Tokens ab, das beispielsweise von PayPal angeboten wird.

Mit der Erfordernis von OpenID-Benutzername und -Passwort, einem Security Token-Sicherheitsschlüssel sowie einem installierten Client-Side-SSL-Zertifikat setzen die Nutzer von VeriSigns VIP-Plattform sogar schon eine richtige „Drei-Faktor-Authentifizierung" ein.

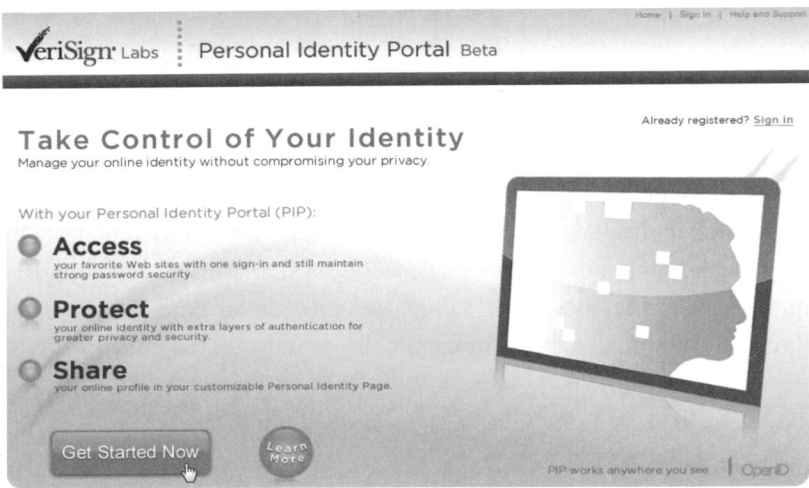

Kaum relevant und ...

Bisweilen hat man den Eindruck, dass es mehr OpenID-Provider gibt als Webseiten, die ein Login per OpenID auch tatsächlich anbieten. Immerhin: Blogger, die WordPress als Unterbau für ihren Blog einsetzen, können OpenID-Funktionalität per Plug-in zur Verfügung stellen. So überrascht es nicht, dass in den Listen OpenID-unterstützender Webseiten vor allem Blogs auftauchen.

Der schärfste Konkurrent von OpenID ist im Augenblick übrigens Facebook (*http:// www.facebook.com*), das mit dem Service Facebook Connect ebenfalls ein Single-Sign-On für andere Webdienste zur Verfügung stellt. Unlängst kündigte Facebook jedoch an, ebenfalls OpenID unterstützen zu wollen.

... grundsätzlich nicht ungefährlich

Eigentlich muss man OpenID sehr kritisch sehen. Die Login-Daten für eine Vielzahl von Diensten bündelt es unter einem OpenID-Benutzerkonto – unter nur einem Benutzernamen und nur einem Passwort. Wer diesen Benutzernamen und das passende Passwort ausspäht, erhält zu all diesen Diensten Zutritt. Natürlich kann man argumentieren, dass viele Nutzer Ihre diversen Web-Accounts sowieso immer mit der gleichen E-Mail-Adresse und dem gleichen Passwort erstellen. Aber nicht jeder macht das. Und eine E-Mail-Adresse allein verrät nicht, auf welchen Seiten sie registriert wurde. Die Kenntnis einer OpenID schränkt die Auswahl der Webdienste doch schon arg ein und lädt Schurken zum Ausprobieren ein.

Zusätzlich besteht die Gefahr des Phishings, da eine Anmeldung immer nur auf den Webseiten des OpenID-Providers erfolgt, nicht aber auf Seiten des Webdienstes. Eine Umleitung auf die Seiten des Providers ist also zumindest zur ersten Anmeldung nötig.

Daten, Bilder, Videos vor neugierigen Augen verstecken

Wozu braucht man Kryptografie und Verschlüsselungstechniken, wenn man Geheimnisse doch auch einfach „geheim" halten, also verstecken kann? Leider sind selbst gut versteckte Daten im Zeitalter der Suchmaschinen, Suchfunktionen und automatisierten Suchprogramme schnell gefunden. Im PC-Bereich spielen Verfahren zum „Verstecken" deshalb nur eine kleine Rolle – und in Ihrem täglichen Leben vermutlich nur zu Ostern.

6.1 Steganografie – die Kunst des Versteckens

Die Steganografie ist die Schwester der Kryptografie. Statt zu verschlüsseln, versteckt sie geheime Nachrichten oder Dateien. Der Begriff Steganografie leitet sich ursprünglich aus dem Griechischen ab und bedeutet so viel wie „verstecktes Schreiben".

Eine steganografische Technik kennen Sie vielleicht noch aus Kindertagen: die Geheimtinte „Milch", die nach dem Trocknen nahezu unsichtbar auf einem Blatt verbleibt. Erst wenn das Blatt über einer Kerze erhitzt wird, kommt die Geheimschrift zum Vorschein.

Einige Techniken sind sehr viel älter: In grauer Vorzeit beschrieb man beispielsweise Holz- oder Steintafeln mit einer geheimen Nachricht und überzog sie anschließend mit einer dicken Schicht Wachs. So wurden Geheimnisse durchs Feindesland geschleust – vorausgesetzt, der Feind kam diesem sehr einfachen Verfahren nicht auf die Schliche. Andere tätowierten die Nachrichten auf die kahlgeschorenen Köpfe ihrer Boten. Erst als deren Haar so dicht nachgewachsen war, dass die Nachricht nicht mehr entdeckt werden konnte, schickte man sie los.

TIPP

Begriffliches

So wie die Kryptografie zwischen Klar- und Chiffretexten unterscheidet, gibt es in der Steganografie das Trägermedium einer steganografisch versteckten Geheimbotschaft, die Cover-Daten (Engl.: cover data), und die zu versteckenden bzw. einzubettenden Daten (Engl.: hidden oder embedded data). Cover-Daten können unter anderem Bilder oder Texte sein. Werden sie mit der geheimen Nachricht angereichert, werden sie zu Stego-Objekten. Diese Stego-Objekte sind nun zwischen den Kommunikationspartnern auszutauschen, ohne dass ein Dritter sie als solche erkennt.

Alice und Bob im Knast

Mithilfe von Alice und Bob veranschaulichte Gustavus Simmons 1984 das Problem, das die Steganografie lösen soll: Beide Komplizen bei einem Vergehen, stecken sie nun in getrennten Zellen im Gefängnis. Natürlich wollen sie flüchten, müssen dazu aber einen Fluchtplan schmieden. Leider können beide nur über Nachrichten kommunizieren, die Wendy, die Wärterin, an den jeweils anderen überbringt. Natürlich überbringt Wendy keine Geheimbotschaften, zumindest nicht bewusst. Sollte sie nur den geringsten Verdacht schöpfen, für den Geheimnisaustausch missbraucht zu werden, droht beiden sogar der Hochsicherheitstrakt, in dem gar kein Nachrichtenaustausch mehr möglich ist.

Wie lösen Alice und Bob das Problem? Sie müssen einen Weg finden, Wendy zu überlisten. In jenen Nachrichten, die Wendy für sie überbringt und zugleich lesen kann, muss ein „unterschwelliger" (Engl.: subliminal) Nachrichtenaustausch stattfinden. Dazu verwenden Alice und Bob ein spezielles (steganografisches) Verfahren, das in den ausgetauschten Nachrichten mehr Informationen unterbringt, als der gewöhnliche Text für den unkundigen Leser (Wärterin Wendy) offenbart. Oder anders ausgedrückt: Ein und dieselbe Nachricht hat für Wendy und die beiden Insassen einen unterschiedlichen Nachrichtenwert.

Das Problem der Gefangenen Alice und Bob wurde schon vielfach modifiziert, ergo unter verschiedenen Annahmen betrachtet. In obiger, sehr einfacher Beschreibung geht man beispielsweise davon aus, dass Alice und Bob schon vor ihrer Inhaftierung in der Lage waren, sich auf ein steganografisches Verfahren zu einigen. Solch eine Einigung treffen sicher nur sehr pessimistische Verbrecher. (Es sei denn, sie hatten auf dem Weg ins Gefängnis noch die Gelegenheit, sich unbemerkt auf eine Steganografie-Technik zu verständigen.)

Warten auf versteckte Botschaften: die asymmetrische Steganografie

Vielleicht waren beide also nicht in der Lage, sich zuvor zu einigen. Und möglicherweise haben sie es mit einer besonders heimtückischen Wendy zu tun, die die überbrachten Nachrichten nicht nur liest, sondern vor deren Übergabe sogar verändert. Mit solchen Szenarien beschäftigt sich die sogenannte asymmetrische Steganografie, die in der Praxis aber kaum bis gar nicht umsetzbar ist.

Der Klassiker: die symmetrische Steganografie

Im Gegensatz dazu ist die symmetrische Steganografie wie die Kryptografie das einfachere Konzept: Sender und Empfänger müssen sich zuvor auf ein Steganografie-Verfahren (sowie einen Schlüssel) einigen und verstecken erst danach munter drauflos.

Das muss ein steganografisches Verfahren können

Damit eine steganografische Technik einigermaßen tauglich ist, muss sie drei Anforderungen erfüllen:

- **Sicherheit**: Wie wahrscheinlich ist es, dass die versteckte Botschaft von einem Dritten entdeckt wird? Je niedriger die Wahrscheinlichkeit, desto sicherer ist das Verfahren.

- **Kapazität**: Wie viele Informationen kann ein steganografisches Verfahren auf einem Trägermedium unterbringen? Grundsätzlich gilt hier: Je umfangreicher ein Trägermedium in Relation zur Geheimbotschaft ist, desto einfacher und sicherer können geheime Informationen darin versteckt werden. Umfang und Größe können hierbei als die Menge der Bits, die ein Trägermedium enthält, verstanden werden. Typischerweise werden für die Computer-Steganografie deshalb vor allem digitale Bilder und Musikdateien bevorzugt, die in der Regel viel größer als Textdateien sind, also viel mehr Bits des Speichers belegen.

- **Robustheit**: Wie gut kann das steganografische Verfahren Veränderungen der versteckten Geheimbotschaft widerstehen? Verstecken Sie beispielsweise Daten mit einem Steganografietool wie Steghide in WAV-Dateien, werden die versteckten Daten bei der Umwandlung der WAV-Datei in eine MP3 vernichtet. Eine gute Geheimtinte, mit der ein weißes Blatt Papier beschrieben wird, kann hingegen auch dann noch sichtbar gemacht werden, wenn ein Drucker dieses Blatt auf herkömmliche Art und Weise bedruckt.

Hintergrundrauschen – so bleiben die Daten verborgen

Wie bleibt der Einsatz der Steganografie unentdeckt? Nun, die geheimen Informationen müssen so auf das Trägermedium integriert werden, dass die Veränderung, die durch das Einbetten der Information entsteht, nicht wahrnehmbar ist. Etwas technisch-theoretischer könnte man fordern, dass sich die Veränderungen nicht deutlicher als das gewöhnliche Rauschen eines Trägermediums äußern dürfen.

Rauschen entsteht beispielsweise bei der Aufzeichung von Musik oder eines Bildes. So erzeugen schlechtere Digitalkameras – zum Beispiel solche in Foto-Handys – bei schwachen Lichtverhältnissen in der Regel ein starkes Rauschen[1], was sich zum Teil in farblich völlig verqueren Fotos äußert. Trotzdem können Sie das abgebildete Objekt in aller Regel noch erkennen, also die eigentliche Information des Bildes[2] wahrnehmen. Ein derartiges Rauschen ist somit nur überflüssige Information, auf die Sie gern verzichten würden. Man spricht in diesem Zusammenhang auch von redundanten Informationen. Diese sind so unwichtig, dass es gar nicht auffällt, wenn die verrauschten Pixel von einem steganografischen Verfahren ausgetauscht oder anders angeordnet werden, sodass eine geheime Botschaft codiert werden kann. Natürlich muss diese den Anschein erwecken, ebenso zufällig[3] und unnütz wie das Rauschen der Datei selbst zu sein.

Zeichnen Sie hingegen ein Bitmap-Bild in Paint und verwenden dafür nur eine Farbpalette mit 16 verschiedenen Farben, enthält dieses Bild praktisch kein Bildrauschen. Jede Farbveränderung eines Pixels würde schließlich leicht bemerkt. (Vielleicht enthält dessen Datei aber ein paar redundante Daten im Datei-Header, die Sie unbemerkt ersetzen oder erweitern könnten.)

Erst verschlüsseln, dann verstecken

Problematisch wird es für Geheimniskrämer, wenn deren versteckte Botschaft doch entdeckt wird. Deshalb wird die Steganografie häufig mit kryptografischen Verfahren kombiniert, die zu versteckende Botschaft also zunächst mit einem sicheren Algorithmus verschlüsselt und erst danach versteckt. So ist die Information auch dann noch geheim, wenn das steganografische Verfahren geknackt bzw. aufgedeckt wurde.

Freilich käme der Geheimniskrämer dann aber in Erklärungsnöte. In Ländern, in denen der Einsatz (starker) Verschlüsselungsalgorithmen verboten ist, kann dies jede Menge Aufmerksamkeit erzeugen. Dann ist es auch gleichgültig, welche Information überhaupt verschlüsselt wurde. Allein die Kenntnis der (verboten) verschlüsselten Nachricht genügt, um Sender und Empfänger in Bedrängnis zu bringen.

---

1 Hauptursache des Rauschens ist vor allem der Bildsensor, der die (analogen) Lichtsignale in Bits umwandeln muss. Bei Tonaufnahmen erzeugt hingegen die Aufnahme- oder Tonbearbeitungstechnik ein Rauschen. Zusätzlich zu etwaig unerwünschten Hintergrundgeräuschen stellt es in Tonaufnahmen die redundante Information dar.

2 Ein Bild sei hier rein als Informationsträger verstanden. Und nicht etwa als „Gesamtkunstwerk", bei dem jeder einzelne Punkt oder Pixel unverzichtbar zu diesem Kunstwerk beiträgt.

3 Es bietet sich daher an, Geheimbotschaften zunächst mit einem kryptografisch starken Verfahren zu verschlüsseln.

Informationen in kryptografischen Schlüsseln verstecken

Im Idealfall produzieren kryptografische Algorithmen Chiffretexte, die keine statistisch erkennbaren Muster aufweisen, also völlig zufällig zusammengesetzt sind. Nur wer den passenden Schlüssel hat, kann diese Chiffretexte zu einer sinnvollen Nachricht entschlüsseln. Derartige Schlüssel sollen dabei ebenfalls vollkommen zufällig verteilt sein. Dieses Erfordernis kann man nutzen, um Nachrichten steganografisch in kryptografischen Schlüsseln zu verstecken.

Denkbar wäre etwa, geheime Botschaften auf die Länge eines Schlüssels zu kürzen und dann zu verschlüsseln. Aus der geheimen Klartextbotschaft entsteht so ein zufällig zusammengesetzter Chiffretext, der – als scheinbar zufällig erzeugter Schlüssel – relativ unbemerkt an den Empfänger übertragen werden kann.

Insbesondere Session Keys bieten sich hier als Trägermedium an. Schließlich werden sie für jede Session neu erzeugt und zwischen den Kommunikationspartnern ausgetauscht. Keiner würde vermuten, dass sie vielleicht selbst nur ein Chiffretext sind, der – mit dem richtigen Schlüssel dechiffriert – einen Informationsgehalt hat. Für längere Botschaften oder Dateien eignet sich das Verfahren natürlich nur bedingt.

Steganoanalyse – der Gegenpart zur (Daten-) Steganografie

Der Konterpart zur Kryptografie heißt Kryptanalyse und beschäftigt sich mit dem Knacken von Verschlüsselungsalgorithmen respektive chiffrierten Nachrichten. Solch ein Pendant existiert auch für die Steganografie – es ist die Steganoanalyse.

Ziel der Steganoanalyse ist es, den Einsatz von steganografischen Verfahren zunächst erst einmal nachzuweisen, um den Geheimniskrämer des Versteckens zu überführen. Erst wenn die anschließende Folter versagt, müssen Sie sich darüber Gedanken machen, wie Sie die möglicherweise noch verschlüsselte Nachricht lesbar machen.

Untersuchungsmethoden der Steganoanalyse basieren häufig auf statistischen Verfahren und/oder dem Vergleich von steganografisch veränderten Dateien mit unveränderten Dateien. Ein Tool zur Suche von versteckten Nachrichten in Bilddateien ist beispielsweise Stegdetect (*http://www.outguess.org/detection.php*). Damit die Daten statistisch sinnvoll vergleichbar sind, müssen sie natürlich aus der gleichen Quelle stammen, also etwa mit dem gleichen Digitalkameramodell fotografiert sein.

6.2 Verstecken damals, verstecken heute

Steganografische Verfahren gibt es schon seit Ewigkeiten und für die verschiedensten Einsatzzwecke. Einige ausgewählte Beispiele, die „Steganografie im Einsatz" aufzeigen, folgen auf den nächsten Seiten.

Francis Bacons Code

Caesar und Vigenère verschlüsselten Nachrichten, Francis Bacon[4] versteckte sie lieber. Er erfand ein heute als Bacons Cipher bekanntes steganografisches Verfahren, das die Geheimbotschaft nicht im Inhalt eines Textes versteckt, sondern in dessen Darstellung.

Zunächst wird eine Geheimbotschaft mithilfe eines sogenannten Bacon-Geheimalphabets codiert, wobei ein Buchstabe der geheimen Botschaft stets durch eine Gruppe von fünf Buchstaben *A* oder *B*, also beispielsweise *ABAAB*, ersetzt wird.

Klartext	Code	Klartext	Code	Klartext	Code	Klartext	Code
a	AAAAA	g	AABBA	n	ABBAA	t	BAABA
b	AAAAB	h	AABBB	o	ABBAB	u und v	BAABB
c	AAABA	i und j	ABAAA	p	ABBBA	w	BABAA
d	AAABB	k	ABAAB	q	ABBBB	x	BABAB
e	AABAA	l	ABABA	r	BAAAA	y	BABBA
f	AABAB	m	ABABB	s	BAAAB	z	BABBB

Für das Beispiel soll die geheime Botschaft *Mamma Mia* lauten. Mithilfe obiger Tabelle codiert man sie schnell in die A-B-Folge *ABABBAAAAAABABBABABBAAAAA ABAB BABAAAAAAA* . So ergibt sich eine neue Geheimnachricht, die nur aus einer Folge von As und Bs besteht. Diese As oder Bs stehen aber eigentlich nur für zwei verschiedene Schriftarten, mit denen ein Trägertext zu formatieren ist. Den muss der Anwender von Bacons Code aber zunächst finden oder selbst entwickeln. Er sollte im Idealfall die fünffache Länge des ursprünglichen Geheimtextes haben. Oder anders – genauso lang wie die durch die Codierung entstandene Folge aus As und Bs sein. Im Beispiel soll es *William Shakespeare wird vergoettert. Zu Recht?* sein[5].

---

4 Francis Bacon (1561-1626) war ein englischer Philosoph. Für so manche, die die Fähigkeiten William Shakespeares in Frage stellen, gilt er als der wahre Urheber der Shakespeare'schen Werke.

```
A B A B B A A     A A A A B A B B A B A     B B A A     A A A A B A B B B A B A
W i l l i a m     S h a k e s p e a r e     w i r d     v e r g o e t t e r t

A A     A A A A A
Z u     R e c h t ?
```

A... *Schriftart Lucida Console*
B... *Schriftart Lucida Handwriting*

Streng genommen ist dieser Beispieltext sogar mit drei Schriftarten formatiert, müssen doch die Satzzeichen ? und . anders formatiert sein als die einzelnen Buchstaben der Wörter, um Irrtümer bei der Decodierung durch den Empfänger zu vermeiden.

Das Decodieren der geheimen Botschaft aus einem solchen Cover-Text gelingt ähnlich unkompliziert: Der Empfänger ersetzt einfach die Buchstaben der einen Schriftart (hier: Lucida Console) durch As und die anders formatierten Buchstaben (hier: Lucida Handwriting) durch Bs. Per Codiertabelle, die freilich mit der des Senders identisch sein muss, kann der Empfänger die A-B-Folge dann in die Geheimbotschaft umwandeln.

Microdots – Miniaturdias im Zweiten Weltkrieg

Im Zweiten Weltkrieg verwandte man sogenannte Microdots, um besonders geheime Informationen in Dokumenten zu verstecken. Dabei handelte es sich mehr oder minder um ein winzig kleines Dia, das meist nur so groß wie ein gewöhnlicher Punkt am Satzende war. Natürlich mussten diese Punkte auf dem Papier aufgebracht werden und haften bleiben. Der dazu verwendete Kleber sowie die glatte Oberfläche des Microdots selbst ließen natürlich verräterische Lichtreflexionen zu, wurde das Trägerpapier in entsprechenden Winkeln bestrahlt.

Ursprünglich stammt das Konzept der Microdots wohl aus Frankreich, wo in den 70er Jahren des 19. Jahrhunderts vor allem Brieftauben mit Fotografien „beladen" wurden, die man mittels spezieller Verfahren in ihrer Größe reduzierte. So konnten die relativ kleinen Brieftauben relativ viele Nachrichten bzw. Informationen übermitteln.

Noch vor dem Fall der Mauer nutzte man die Microdot-Technologie zudem zur geheimen Kommunikation in den Osten Deutschlands, um Nachrichten auch unter der Briefkontrolle der Staatssicherheit unbemerkt zu übertragen.

---

5 Aus welchen Zeichen der Trägertext besteht, ist im Grunde gleichgültig. Oe statt ö kommt in diesem Beispiel nur zum Einsatz, um den Text genau auf die Länge von 40 Zeichen zu dehnen, die auch die A-B-Folge bzw. die codierte geheime Botschaft hat. Beachten Sie, dass die Satzzeichen (. und ?) unbeachtet bleiben, da insbesondere der Punkt am Satzende bei vielen Schriftarten identisch ist. Der Empfänger der Botschaft könnte deshalb nicht gesichert feststellen, ob er nun in der Schriftart A oder B formatiert wurde.

Digitale Wasserzeichen

Digitale Wasserzeichen sind mit Geheimbotschaften, die mittels Steganografie in Dokumenten, Bildern etc. versteckt werden, entfernt verwandt. Sinn und Zweck der Wasserzeichen ist häufig, die eigentlichen Informationen eines Dokuments untrennbar mit dem Wasserzeichen zu koppeln. So sollen beispielsweise Urheberrechtsverletzungen (= illegale Weitergabe von Mediendateien) per Wasserzeichen vereitelt werden.

Häufig wird die Existenz eines Wasserzeichens nicht verheimlicht – ein Unterschied zu steganografisch versteckten Informationen. Dafür legt man großen Wert auf die Robustheit der Wasserzeichen: Selbst wenn die Mediendatei in ein anderes Format konvertiert wird, soll das Wasserzeichen nicht zerstört werden.

Mit digitalen Wasserzeichen arbeitet ebenfalls das sogenannte Social DRM, bei dem auf jedem digitalen Buch oder in jeder MP3- und Filmdatei, die Hans Meier kauft, „Gekauft von Hans Meier" oder Ähnliches geschrieben steht. Das soll ihn abhalten, die gekaufte Datei kostenlos in aller Welt zu verbreiten, zum Beispiel durch aktives Anbieten in einer Tauschbörse. Im Gegenzug ist die Nutzung aber von sonstigen technischen Restriktionen befreit.

Verräterische Ausdrucke – ausspioniert vom eigenen Drucker

Verschiedene Kriterien werden beim Kauf eines Druckers herangezogen: Druckqualität und -geschwindigkeit sowie insbesondere die Art der Tintentanks und die damit verbundenen Druckkosten. Doch wer fragt sich eigentlich, ob der Drucker eine geheime Spionagefunktion besitzt oder nicht? Tatsächlich drucken einige Farbtintenstrahler und -laser kleine gelbe Punkte auf jede ausgedruckte Seite. Fürs menschliche Auge sind sie weitestgehend unsichtbar[6], da winzig klein. In Summe ergeben diese Punkte einen Code, der unter anderem die Seriennummer Ihres Druckers und den Zeitpunkt des Ausdrucks enthält.

Wie so viele Drucker diese Codes aufs Papier bringen[7], ist schnell erklärt: Laut EFF (**E**lectronic **F**rontier **F**oundation), die diese Art der „Druckerspionage" seit 2004 beklagt, geschieht dies vor allem auf Drängen der US-Regierung. So will man den Autoren unbequemer Dokumente und Fälschungen auf die Schliche kommen. Im Auftag des FBI soll aber auch schon die Urheberschaft von Dokumenten relativ ungefährlicher Gruppen, wie beispielsweise Greenpeace, untersucht worden sein.

---

6 Ein Video, das zeigt, wie Sie ausgedruckte Seiten Ihres Farbdruckers auf diese geheimen Identifizierungscodes untersuchen können, finden Sie unter *http://www.eff.org/deeplinks/2008/10/effs-yellow-dots-mystery-instructables*.

7 Bisweilen reduzieren die gelben Punkte des Codes auch die Druckqualität des gesamten Ausdrucks. So kritisierte das Magazin „Government Computer News" in einem Testbericht zum HP Color LaserJet CM3530 vor allem die vielen kleinen gelben Punkte, die auf allen Ausdrucken zu sehen sind.

Inzwischen fand die EFF heraus, wie die Codes eines Xerox DocuColor-Laserdruckers zu lesen sind. Vermutlich ist die Lesart der Codes bei Druckern anderer Hersteller ganz ähnlich. Die englischsprachige Dokumentation inklusive Fotos der „kleinen Gelben" finden Sie unter *http://w2.eff.org/Privacy/printers/docucolor/*. Des Weiteren pflegt die EFF eine inoffizielle Liste von Druckern, deren Ausdrucke sie auf jene Markierungen untersuchte: *http:// www.eff.org/pages/list-printers-which-do-or-do-not-display-tracking-dots*. Die Angabe *no*, die dort gelistete Drucker als frei von der Markierungsfunktion mit gelben Pünktchen kennzeichnet, sollte man laut EFF aber mit Vorsicht genießen – schließlich existieren inzwischen wohl noch ganz andere Markierungstechniken, die man noch nicht entdecken konnte.

6.3 Geheimnisse glaubhaft bestreiten: nur für James Bond relevant?

Angenommen, Sie verschlüsseln und verstecken eine für Sie wichtige Datei. Niemand soll von ihrer Existenz erfahren. Nun gibt es aber doch jemanden, der Sie der Geheimniskrämerei verdächtigt. Kann er Ihnen allerdings nichts nach- oder beweisen, können Sie sämtliche Verdächtigungen „glaubhaft bestreiten".

Wann immer eine Verschlüsselungstechnik diese sogenannte glaubhafte Bestreitbarkeit gewährleistet – im Englischen wird sie als Plausible Deniability bezeichnet –, kann die damit durchgeführte Verschlüsselung also nicht nachgewiesen werden.

Vor allem bei Verschlüsselungsprogrammen besteht freilich ein Problem: Wenn jemand auf Ihrem PC zwar keine verschlüsselten Dateien findet, aber ein Verschlüsselungsprogramm darauf installiert ist, wie wollen Sie dann nachweisen, dass Sie es nicht benutzt haben? „Im Zweifel für den Angeklagten" mag in manchen repressiven Ländern nicht gelten – James Bond kann davon ein Liedchen singen.

Flucht nach vorn

Für dieses Problem hat unter anderem TrueCrypt (siehe Seite 231) eine geniale Lösung: die versteckten Container. Sie versuchen erst gar nicht, den Einsatz der Verschlüsselungssoftware abzustreiten. Stattdessen erstellen Sie zunächst einen verschlüsselten „äußeren Köder-Container", der nur mit ein paar vermeintlich geheimen Daten gefüllt und einem Passwort[8] geschützt wird. In diesen Köder-Container setzen Sie mit True-

---

8 Neben Passwörtern unterstützen neuere Versionen von TrueCrypt auch Schlüsseldateien.
   Die grundsätzliche Funktionsweise der Authentifizierung ist aber die gleiche.

Crypt zusätzlich einen weiteren verschlüsselten, aber nun versteckten Datencontainer ein. Dieser wird mit einem anderen Passwort versehen und kann die wirklich geheimen Daten aufnehmen.

Um den versteckten Container zu öffnen, greifen Sie mit TrueCrypt auf den Köder-Container zu, geben aber das Kennwort des versteckten Containers an. So werden auch nur die Inhalte des versteckten Containers angezeigt.

Werden Sie hingegen gezwungen, sämtliche verschlüsselten Daten offenzulegen, öffnen Sie den Köder-Container mit dem Passwort, das Sie für die harmlosen Dateien vergeben haben. Die Existenz eines möglicherweise versteckten Containers können Sie glaubhaft bestreiten, da ihn niemand nachweisen kann. Das liegt vor allem an der Technik, mit der TrueCrypt verschlüsselte Datei-Container anlegt.

Der pure Zufall vernichtet die Beweise

Solange mit TrueCrypt verschlüsselte Container nicht entschlüsselt wurden, sind sie für einen Dritten nichts anderes als Zufallsdaten, weisen also weder Muster auf, noch enthalten sie eine unverschlüsselte Dateistruktur. Zwar gibt es an fest definierten Stellen je einen sogenannten Datei-Header für den Köder-Container und einen weiteren für den versteckten Container, doch sind diese bis zu deren Entschlüsselung mit dem jeweils richtigen Kennwort ebenfalls reine Zufallsdaten.

Selbst wenn die Köderdatei entschlüsselt offen liegt, kann die Existenz des versteckten Containers nicht nachgewiesen werden, da TrueCrypt den freien Speicher eines Containers stets ebenfalls mit Zufallsdaten füllt.

Wie findet TrueCrypt dann die versteckten Daten?

Bei der Entschlüsselung eines Containers versucht TrueCrypt, zunächst den Datei-Header des äußeren Köder-Containers mit dem eingegebenen Kennwort zu öffnen. Erst wenn das nicht gelingt – etwa weil das Kennwort für den versteckten Container eingegeben wurde –, probiert es die Entschlüsselung des Datei-Headers des versteckten Containers.

Da jeder TrueCrypt-Container einen Bereich für den Datei-Header eines verschlüsselten Containers freihält, ist die bloße Existenz eines reservierten Header-Bereichs ebenfalls kein Beweis dafür, dass Sie einen versteckten Datencontainer einsetzen. Schließlich besteht er in jedem Fall nur aus Zufallsdaten – ob ein versteckter Container vorhanden ist oder nicht.

6.4 Was man nicht weiß ... Daten unauffällig verstecken

Zunächst ein kleiner Dämpfer: In seinem Crypto-Gram genannten Newsletter bezweifelt Sicherheitsguru Bruce Schneier, dass steganografische Verfahren heute wirklich noch etwas taugen[9]. Würden Alice und Bob beispielsweise Geheimbotschaften im Bild einer Giraffe verstecken, wäre die Nachricht wohl recht gut verborgen. Doch ein jeder Außenstehender würde sich schnell fragen, warum Alice und Bob das Bild einer Giraffe hin- und herschicken.

Konkret bemängelt Schneier, dass bei normaler Kommunikationsnutzung eigentlich gar kein Platz für steganografisch verborgene Botschaften ist. Wann verschickt man schon ein Bild oder eine MP3 per E-Mail? Ohne eine gute Begründung, die zum Kontext passt, ist das schon sehr auffällig.

Ähnlich verhält es sich bei steganografisch versteckten Daten auf der Festplatte: Vielleicht liegen GByte von privaten Fotos darauf gespeichert. Im Zeitalter der Digitalkameras ist das normal. Allerdings ist kein Computer-Forensiker nötig, um installierte Stego-Tools zu finden. Wie will man dann noch erklären, dass nichts versteckt wurde? Vielleicht offenbaren zudem Volumeschattenkopien (siehe Seite 269) etc. die Originale. Ausreden sind dann gar nicht mehr nötig.

Stegano-Tools: nur eine Modeerscheinung?

Wer im Internet nach Werkzeugen zum Verstecken von Texten und Dateien sucht, wird schnell und zahlreich fündig. Dabei fällt auf, dass besonders viele dieser Tools das letzte Mal kurz nach der Jahrtausendwende aktualisiert wurden. Seit 2004 gibt es praktisch gar keine neuen Stegano-Werkzeuge mehr. Anscheinend war die Datensteganografie nur ein Modetrend, der jäh endete?

Eigentlich wollte ich an dieser Stelle noch etwas näher auf das beliebte Steghide (*http:// steghide.sourceforge.net/*) zum Verstecken von Dateien in JPEG-Bildern und unkomprimierten Musikstücken eingehen, doch scheint das Programm unter Windows Vista nicht mehr zu funktionieren. Etwas anders verhält es sich mit MP3Stego (*http://www.petitcolas. net/fabien/steganography/mp3stego/*), das Dateien in – Sie ahnen es – MP3s versteckt: Grundsätzlich scheint es unter Windows Vista zu funktionieren, es streikt aber bei allerlei Computerkonfigurationen. So flog es ebenfalls heraus.

---

9 Im Englischen nachzulesen unter *http://www.schneier.com/crypto-gram-9810.html*.

Tatsächlich fehlt dem Otto-Normal-Bürger der westlichen Welt aber wohl ohnehin die Bedrohungslage. Während beispielsweise die Komplettverschlüsselung einer Festplatte oder eines USB-Speichers die eigenen Daten beim häufig(er) auftretenden Diebstahl oder Verlust des Datenträgers schützt, muss hierzulande kaum etwas versteckt werden. Passwörter muss hier schließlich (noch) niemand herausgeben. Das mag an anderen Orten rund um den Globus noch etwas anders sein. Aber auch dort schützt man freiheitliche Gedanken besser mit einer vernünftigen Verschlüsselung und der oben schon erwähnten „glaubhaften Bestreitbarkeit" (Plausible Deniability) als mit Tools, die Texte in JPEG-Fotos von Giraffen etc. verbergen.

Dateien mit den Windows-Bordmitteln verstecken? Wenig sinnvoll!

Angelehnt an die Windows Vista-Einsteigerversion Vista Home Basic möchte ich die folgenden Techniken zur Home Basic-Variante der Datensteganografie zählen. Sie sind zwar sicher ausreichend, um Daten und Dateien vor absoluten Computeranfängern zu verstecken, andererseits aber völlig nutzlos, um Daten vor geübten Blicken zu verbergen. Diese Methoden sind:

- Die Wahl des Dateiattributs *Versteckt* im *Eigenschaften*-Menü einer Datei oder eines Ordners. Dieses Attribut gibt es eigentlich nur, um für die meisten Anwender völlig uninteressante Dateien wie temporäre Dateien oder Vorschaubildchendatenbanken auszublenden und die Anzeige des Ordnerinhalts übersichtlicher zu gestalten. Denn wie eigentlich jeder weiß, der das *Versteckt*-Attribut bereits kennt, können versteckte Dateien ganz einfach über die Ordnereinstellungen des Explorers angezeigt werden.

- Benennen Sie eine Datei um, können Sie damit ebenfalls nur Anfänger foppen. Besonders gern entscheidet man sich bei diesem Trick für typische Dateiendungen von Systemdateien wie beispielsweise *.sys*, *.dat* oder *.dll*. Was viele hierbei nicht beachten oder nicht wissen: Dateien enthalten einen sogenannten Header, der Informationen zum Dateityp der Datei enthält. Forensische Analyseprogramme können diesen Header auswerten und vergleichen ihn daraufhin mit der Dateiendung. Stimmen beide nicht überein, wird die Datei als besonders verdächtig markiert und für eine genaue Untersuchung empfohlen.

- Komprimieren Sie eine Datei mit einer Standard-Packsoftware überlisten Sie erneut nur unerfahrene Computereinsteiger. Bedenken Sie hierbei, dass allein schon Windows XP und Windows Vista ZIP-Dateien mühelos öffnen und durchsuchen können. Forensische Analyseprogramme beherrschen noch weitere Kompressionsformate wie RAR und durchsuchen diese ebenfalls. Unabhängig davon sehen ZIP und Co. immer sehr interessant aus – schließlich stecken darin doch meist mehrere zusammenhängende sowie für den Nutzer wohl sehr wichtige Dateien.

Fazit: Schützt nur gegen Ahnungslose.

Alternate Data Streams – der alternative Speicherplatz für geheime Dateien

Haben Sie schon von den **A**lternate **D**ata **S**treams (ADS) gehört? Sie sind ein relativ unbekanntes Feature des NTFS-Dateisystems.

Wenn sie einmal nicht von Geheimniskrämern oder Virenautoren missbraucht werden, um Dateien unbemerkt an andere Dateien anzuhängen, nutzt Windows sie beispielsweise, um Grafik- sowie Videodateien kleine Miniaturbilder anzuhängen, die dann zur Vorschau in Ordnern und Abspielprogrammen etc. eingeblendet werden. Seit dem Windows XP Service Pack 2 werden zudem Dateien, die Sie aus dem Internet geladen haben, mittels ADS gekennzeichnet.

Alternate Data Streams anzeigen

Dateien, die als Alternate Data Streams an eine andere Datei angehängt wurden, sind mit herkömmlichen Mitteln nicht zu erkennen. „Herkömmliche Mittel" sind beispielsweise der Windows-Explorer, der diese Anhänge nicht darstellt. Oder die Eingabeaufforderung in Verbindung mit dem *dir*-Befehl, der sämtliche Dateien und Unterordner eines Verzeichnisses auflistet – aber eben nicht die Alternate Data Streams. Erst die Eingabeaufforderung von Windows Vista kann Alternate Data Streams anzeigen. Möglich ist das aber nur mit dem Zusatzparameter */r*, der an den *dir*-Befehl angefügt wird.

Einen sogenannten Alternate Data Stream Viewer, der ohne Eingabeaufforderung auskommt, bietet aber beispielsweise Sven Lorenz an. Das Programm können Sie bequem und kostenlos über seine Webseite (*http://www.sven-of-nine.de/?page=hokwfufokcatlpd*) beziehen. Per *Scan*-Button spüren Sie damit Alternate Data Streams recht zügig auf und können sie direkt entfernen.

Daten und Dateien in Streams verstecken

Zunächst ein einfaches Beispiel, bei dem Sie eine neue Textdatei an eine bestehende anfügen und gleich noch ein wenig Text eingeben. Angenommen, die sichtbare Datei heißt *sichtbar.txt*. Füllen Sie sie mit Text oder lassen Sie sie leer.

Die geheime Botschaft liegt hingegen in einer anderen Datei, vielleicht einer namens *unsichtbar.txt*. Schreiben Sie hier irgendwas Geheimes rein. Öffnen Sie nun die Windows-Eingabeaufforderung und navigieren Sie darin zu dem Verzeichnis, in dem beide Dateien liegen. Geben Sie anschließend *type unsichtbar.txt>sichtbar.txt:unsichtbar.txt* ein, wird die *unsichtbar.txt* als Alternate Data Stream an die *sichtbar.txt* angehängt.

Mit dem Befehl *dir sichtbar.txt* lassen Sie sich schnell die Dateigröße der entsprechenden Datei anzeigen. Sie wird durch den Alternate Data Stream nicht verändert. Geben Sie *notepad sichtbar.txt* ein, können Sie sie auch mit dem Windows-Editor betrachten. Der Inhalt der *unsichtbar.txt* wird dabei nicht angezeigt.

Um den Inhalt der *unsichtbar.txt* mit Notepad einzusehen oder zu bearbeiten, geben Sie Folgendes ein: *notepad sichtbar.txt:unsichtbar.txt*.

Fast alle Dateitypen unterstützt

Als Trägerdatei taugt jeder Dateityp, wie beispielsweise die gebräuchlichen JPEG-Dateien. Es müssen also nicht immer TXT-Dateien sein.

Etwas anders ist die Situation bei den zu versteckenden Objekten. Theoretisch können Sie zwar alle möglichen Datei(typ)en als Alternate Data Stream anhängen, doch kann nicht jeder Dateityp aus dem Alternate Data Stream heraus ausgeführt werden. EXE-Dateien waren beispielsweise „früher" über den Befehl *start .\unwichtig.txt:setup.exe* ausführbar. Windows Vista gestattet das Ausführen jedoch nicht mehr, bedienten sich doch vor allem Viren und Trojaner dieser Funktion.

Dateien aus Streams extrahieren

Wenn Sie schon kaum Dateien aus den Streams heraus starten können, möchten Sie vielleicht wenigstens in der Lage sein, sie zu extrahieren. Zu diesem Zweck eignet sich beispielsweise das kleine Freewaretool AlternateStreamView (*http://www.nirsoft.net/utils/alternate_data_streams.html*).

Geben Sie nach dem Start des Tools zunächst das Verzeichnis an, in dem die Datei liegt, deren Stream Sie extrahieren möchten. Anschließend sollte AlternateStreamView das Verzeichnis recht schnell scannen und sämtliche Dateien mit Alternate Data Streams anzeigen. Klicken Sie dann nur noch mit der rechten Maustaste auf diese Datei und wählen Sie *Export Selected Streams To*. Nach Angabe des gewünschten Speicherorts wird die Datei extrahiert.

Daten im File Slack verstecken

Der File Slack ist eine eher unerfreuliche Erscheinung. Mit dem Tool slacker.exe von Metasploit (*http://www.metasploit.com*) wird er jedoch möglicherweise richtig nützlich – sofern Sie etwas zu verstecken haben. Das Programm versteckt Daten nämlich im File Slack, ist aber leider nicht ganz einfach zu bedienen. Ebenso wird es von vielen Antivirenprogrammen als bösartige Schadsoftware identifiziert, was wohl vor allem daran liegt, dass viele Trojaner-Bastler auf die Fähigkeiten von slacker.exe zurückgreifen, wenn sie ihre Schadsoftware auf infizierten PCs verstecken. Laden und testen Sie deshalb auf eigene Gefahr!

7

Wie Sie Ihre Festplatte und Dateien vor Fremden schützen

7.1   Mit diesen Techniken verschlüsseln Sie Ihre Festplatte selbst

7.2   Mit TrueCrypt verschlüsseln wie die Profis

Bei der Recherche stieß ich mehrfach auf ein Zitat, das dem französischen Kardinal Richelieu (1585-1642) zugeordnet wird. Sinngemäß: „Gäbe man mir sechs Zeilen, geschrieben vom ehrlichsten Mann, würde ich darin etwas finden, um ihn hängen zu lassen." Genau wie andere finde ich: Da ist etwas dran.

„Ich habe doch nichts zu verbergen" sollte in puncto Datensicherheit nämlich eigentlich kein Argument sein. Ein jeder hat seine Leichen im Keller; etwas Unangenehmes zu verbergen. Damit sind keine unentdeckten Straftaten gemeint – das wäre schlimm. Nein, es sind vielleicht Dinge, die einen vor anderen in einem etwas schlechteren Licht dastehen lassen können. Vielleicht auch Informationen oder vergangene Handlungen, die man – aus dem Zusammenhang gerissen – missverständlich interpretieren mag. Viele dieser „Leichen" lagern dabei aber gar nicht – wortwörtlich – in Ihrem Keller, sondern auf der Festplatte Ihres PCs.

7.1 Mit diesen Techniken verschlüsseln Sie Ihre Festplatte selbst

Wer Leichen in der „Kellerfestplatte" versteckt hält oder stets mit dem Diebstahl seines Rechners rechnet, sollte die Datenträger seines Computersystems komplett verschlüsseln. Etliche Programmpakete existieren nur zu diesem Zweck, sind aber häufig sehr teuer. Wie es auch kostenlos funktioniert, verrät dieses Kapitel. Zunächst aber ein paar allgemeinere Hinweise.

Komplettverschlüsselung der Festplatte – Leistungsstark, aber kein Allheilmittel

Eine solche Komplettverschlüsselung von einer oder allen Festplatten löst aber nur ein Teilproblem; sie erschwert bzw. macht nur eine Angriffstechnik derzeit unmöglich: den Zugriff auf Daten eines ausgeschalteten Rechners[1]. Sie schützt also nur gegen physische Angriffe, aber nicht die eigenen Daten, wenn der Rechner bereits eingeschaltet ist. Spyware und Trojaner lassen sich von einer Komplettverschlüsselung nämlich nicht beeindrucken – sie können immer noch Ihre Daten heimlich in alle Welt schicken, Ihre Web-

---

1 Allerdings wurde unlängst eine sogenannte Cold-Boot-Attacke vorgestellt, bei der der Arbeitsspeicher eines just ausgeschalteten Rechners mittels Kühlung auch nach Stunden noch ausgelesen werden kann. Da die Schlüssel zum Entschlüsseln eines komplett verschlüsselten Datenträgers während der PC-Laufzeit weitestgehend ungeschützt im Arbeitsspeicher liegen, können sie so mittels einer speziellen Software ausgelesen werden. Allerlei Know-how wird freilich zugleich benötigt, sodass dieses Angriffsverfahren nicht einfach, aber eben auch nicht unmöglich ist.

cam und Ihr Mikrofon anzapfen, um sie heimlich zu filmen und auszuhorchen, oder Ihre Tastatureingaben abfangen.

In manchen Ländern, wie beispielsweise Großbritannien, schützt eine verschlüsselte Festplatte auch nicht vor Strafverfolgung. Wenn auf einem verschlüsselten Datenträger Beweismaterial vermutet wird, sind die Briten gezwungen, das Passwort zum Entschlüsseln bzw. Einsehen der Festplatte o. Ä. herauszugeben. Wer die Herausgabe verweigert, brummt sich eine strengere Strafe auf.

TIPP

Unvermeidbar: Geschwindigkeitseinbußen beim Datenzugriff

Eines darf natürlich auch nicht verschwiegen werden: Wer Daten in einen verschlüsselten Container packt oder gar sein gesamtes Betriebssystem verschlüsselt, muss mit leichten Geschwindigkeitseinbußen beim Schreiben und Lesen der Daten leben. Schließlich benötigt der Ver- und Entschlüsselungsprozess ein bisschen Rechenleistung.

Wenn Sie nicht gerade einen Uralt-PC betreiben, fällt die Geschwindigkeitseinbuße aber kaum auf. Schreib- und Leserate sind vielleicht um 10 MByte/s verringert, wenn der Quellordner oder das Zielverzeichnis verschlüsselt ist. Selbst passionierte Spieler dürften damit leben können.

… hilft aber bei Verlust des Notebooks

Und trotzdem gibt es Szenarien, in denen die Komplettverschlüsselung eines Datenträgers viel Sinn macht. Denken Sie doch nur mal an gestohlene oder verlorene Notebooks. Deren Festplatten werden immer größer, sodass zugleich die Zahl der darauf gespeicherten und oft durchaus sensiblen Daten zunimmt. Selbst wenn Sie das verlorene Notebook nur zum Surfen nutzten, kann ein gewiefter Dieb allerlei interessante Daten herausziehen, beispielsweise gespeicherte Passwörter.

Mit einer komplett verschlüsselten Notebook-Festplatte kann das nicht passieren, sofern das Gerät ausgeschaltet oder mindestens im sogenannten Ruhezustand war, als Sie es verloren. Befindet sich ein Notebook nämlich nur im Stand-by-Modus[2], lädt es das Betriebssystem sofort wieder – ohne nach der Eingabe eines Entschlüsselungspassworts zu fragen.

---

2 Diese für die Sicherheit eines verschlüsselten Systems „gefährlichen" Stand-by-Modi sind jene, bei denen der Computer noch aktiv Energie verbraucht, um die Daten im Arbeitsspeicher zu halten. Typischerweise leuchtet stets noch mindestens eine LED am PC oder Notebook, sofern das Gerät in einen Stand-by-Modus heruntergefahren wurde.

... und spart späteres Schreddern

Wer einen Rechner oder eine externe Festplatte später einmal verkaufen möchte, sollte den Festplattendatenträger nicht nur formatieren. (Warum das nicht ausreicht, erläutern die Seiten 272 ff hoffentlich zur Genüge.) Die darauf gespeicherten Daten – inklusive allerlei Passwörter etc. – können nur zu leicht wiederhergestellt werden. Deshalb sollten Datenschredder wie Darik's Duke And Nuke (siehe Seite 274) verwendet werden, um Datenreste einigermaßen sicher zu entfernen. Es sei denn, die Festplatte oder der Speicherstick wurde vorher – und im Idealfall schon von Anfang an – komplett verschlüsselt. Dann genügt schon einfaches Formatieren, denn ohne passenden Schlüssel kann der Käufer Ihres PCs zwar immer noch Datenbrocken wiederherstellen, sie aber nicht entschlüsseln.

Microsofts (teures) BitLocker

Selbst wenn Sie weder eine Straftat planen, noch bereits ausgeführt haben, macht eine vollständige Festplattenverschlüsselung Sinn. Etwa wenn Ihr PC zum Garantiefall wird und Sie ihn zur Reparatur aushändigen. Oder soll der Servicemitarbeiter dann freien Zugriff auf Ihre Daten haben?

Einen Systemverschlüsseler, der nicht nur wie EFS einzelne Dateien, sondern auf Wunsch auch die komplette Festplatte verschlüsselt, führte Microsoft erstmalig mit Windows Vista Ultimate ein. Und leider ausschließlich mit der Ultimate-Fassung, die natürlich die teuerste aller Vista-Versionen ist und nur selten auf einem neuen PC oder Notebook vorinstalliert wird.

Wer die Systempartition seines Rechners verschlüsseln möchte, benötigt zusätzlich noch eine weitere, etwa 1,2 GByte große NTFS-Partition, die als Bootpartition dient und die Ver- und Entschlüsselung der Systempartition gewährleistet. Mit einem Windows-Tool kann diese Partition auch nachträglich noch erstellt werden, sollte man bei der Windows-Installation nicht einen entsprechend großen Festplattenbereich unformatiert gelassen haben. Mit installiertem Vista Service Pack 1 können außerdem auch Nicht-Systempartitionen per BitLocker verschlüsselt werden, NTFS-Formatierung vorausgesetzt.

In der Standardkonfiguration verschlüsselt BitLocker nur die komplette Systempartition inklusive temporärer Dateien, der Auslagerungsdatei etc. mit 128-Bit- bzw. sogar 256-Bit-AES. Den nötigen Verschlüsselungs-Key speichert BitLocker dabei in einem sogenannten TPM-Chip, der meist nur in Business-Notebooks und -PCs eingebaut ist.

TIPP

TPM

Eigentlich funktioniert BitLocker nur, wenn Ihr PC mit einem sogenannten TPM-Chip (lang: Trusted Platform Module) bestückt ist. Ein TPM-Chip ist eine Art aufs Mainboard gelötete Smartcard: Er soll Schlüssel und andere sicherheitskritische Daten in seiner Hardware verwahren und zumindest auch kryptografisch starke Schlüssel erzeugen können.

Es ist allerdings möglich, auf den TPM-Chip zu verzichten und den Schlüssel auf einem USB-Stick abzulegen, der bei jedem Systemstart eingesteckt werden muss. Der USB-Stick mutiert so zu einer Art Zündschlüssel, was einen coolen Eindruck macht.

Freilich sollte das nicht die einzige Motivation sein, weshalb Sie Ihre Festplatteninhalte mit BitLocker verschlüsseln. Zumal das kostenlos erhältliche TrueCrypt eine ähnliche Funktionalität bietet. Und eben weil es kostenlos sowie Open Source ist, nicht nur mit Vista Ultimate, sondern auch mit allen anderen Vista-Versionen sowie Windows XP und sogar Mac OS X funktioniert, wird es auf den folgenden Seiten wesentlich umfangreicher vorgestellt.

7.2 Mit TrueCrypt verschlüsseln wie die Profis

TIPP

Wichtige Einstellungen

Falls Sie es mit TrueCrypt ernst meinen, lohnt sich ein Blick in die *Voreinstellungen*. Dort legen Sie unter anderem fest, ob TrueCrypt gleich bei jedem Systemstart ausgeführt wird und die verschlüsselten Datenträger sogleich als Laufwerke ins System eingebunden werden sollen. Eine besonders gute Idee ist das natürlich eigentlich nicht, allenfalls eine Komfortlösung. Andere Einstellungen dienen aber der Sicherheit. Schauen Sie am besten einmal selbst im *Datei*-Menü unter *Einstellungen* und dann *Voreinstellungen* nach.

BitLocker gibt es für Vista Ultimate-Anwender und auch später in Windows 7, dort aber ebenfalls nur in der teuersten Fassung. Wer Geld sparen möchte und auf die jeweils teuersten Windows-Versionen verzichtet, kann BitLocker demnach nicht nutzen. Warum auch, wenn es mit TrueCrypt doch eine sehr patente Alternative gibt. Und die ist nicht nur gratis, sondern ebenfalls um einige nette Funktionen reicher. Doch mehr dazu auf den nächsten Seiten.

Laden Sie TrueCrypt doch zunächst einmal herunter: *http://www.truecrypt.org/downloads.php*. Nach der Installation möchten Sie dann vielleicht direkt das deutsche Sprachpaket installieren. Starten Sie dazu zunächst TrueCrypt und wählen Sie in dessen Hauptfenster erst *Settings* und danach *Language*. Vorerst steht nur *Englisch* zur Verfügung. Das nun geöffnete Fenster enthält aber sehr wohl einen Link *Download language pack*. Klicken Sie darauf, öffnet sich die Webseite *http://www.truecrypt.org/localizations.php* in Ihrem Browser. Hier laden Sie nun das deutsche Sprachpaket in Form einer ZIP-Datei herunter.

Schließen Sie anschließend zuallererst das geöffnete TrueCrypt. Navigieren Sie dann im Explorer zum TrueCrypt-Programmverzeichnis. In der Regel ist dies *C:\Programme\TrueCrypt*. Kopieren Sie sämtliche Dateien aus der heruntergeladenen ZIP-Datei in dieses Verzeichnis. Beim nächsten Aufruf sollte TrueCrypt in deutscher Sprache starten.

Das On-The-Fly-Prinzip

TrueCrypt, BitLocker und vergleichbare Lösungen ver- und entschlüsseln transparent und on-the-fly. Das bedeutet, dass die etwa mit TrueCrypt geöffneten Containerdateien für den Windows-Explorer (oder andere Programme) wie gewöhnliche Wechseldatenträger erscheinen – beispielsweise wie ein USB-Stick. Explorer und Co. wissen also nicht, dass sie auf ein verschlüsseltes und eigentlich nur virtuelles Laufwerk zugreifen. Je nach Rechenleistung des Computers entsteht durch die Ver- und Entschlüsselung zudem nur eine geringe Verzögerung[3].

Der PC als Hochsicherheitstrakt: komplette Systempartition oder Festplatte verschlüsseln

Anbieter kommerzieller Verschlüsselungstools müssen sich warm anziehen. Seit Version 5 kann TrueCrypt nämlich die gesamte Systempartition verschlüsseln. Möglich macht das ein kleiner Bootloader, der dem Windows-Bootvorgang vorgeschaltet wird. Mit der folgenden Schrittanleitung schützen Sie Ihre Daten in wenigen Minuten:

---

3 Wie schnell der Zugriff auf die Dateien in einem verschlüsselten Container gelingt, hängt stark vom verwendeten Verschlüsselungsalgorithmus ab. TrueCrypt bietet derer einige an, wobei die reine AES-Verschlüsselung die schnellste ist. Bevor sich der Anwender für einen Algorithmus entscheiden muss, offeriert TrueCrypt aber auf Wunsch ein Benchmark.

1 Starten Sie TrueCrypt und wählen Sie im *Datei*-Menü gleich *System* und dann *System-Partition/Laufw. verschlüsseln*.

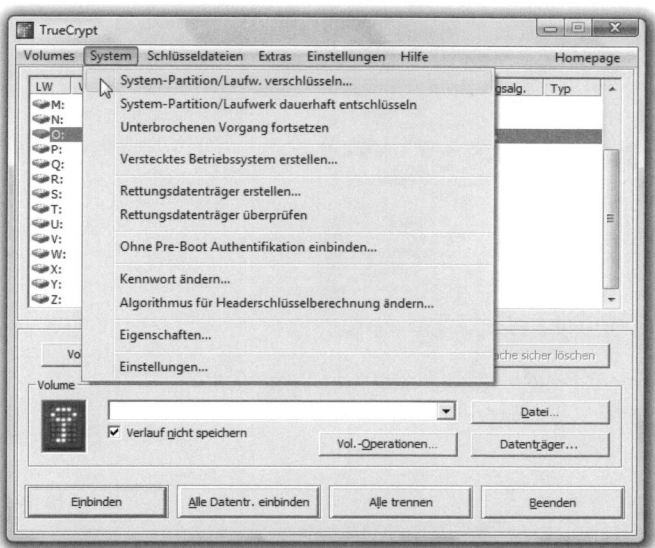

2 Wählen Sie nun zunächst *Normal*, sobald der Assistent nach der *Art der System-Verschlüsselung* fragt. Mittels *Weiter* erreichen Sie sogleich eine weitere Abfrage nach dem Bereich der Verschlüsselung: Soll nur die Systempartition (die Partition, auf der Windows installiert wurde) verschlüsselt werden, wählen Sie *Die Windows-System-Partition verschlüsseln*. Besser wäre indes, mit *Gesamtes Laufwerk verschlüsseln* die Festplatte, auf der Ihr Windows-Betriebssystem liegt, komplett zu verschlüsseln[4].

3 Im nächsten Schritt fragt TrueCrypt, ob auf Ihrem Rechner ein oder mehrere Betriebssysteme installiert sind. In der Regel werden Sie vermutlich nur ein Windows-Betriebssystem nutzen und entscheiden sich dann für *Ein Betriebssystem*. Haben Sie hingegen noch Linux parallel installiert, wählen Sie unbedingt *Mehrere Betriebssysteme*! Wahrheitsgemäßes Antworten ist hier wichtig, denn TrueCrypt ersetzt im Rahmen der Komplettverschlüsselung den Bootloader, der Sie beim Start des PCs zwischen den installierten Betriebssystemen wählen lässt.

4 Genau wie bei der Erstellung eines virtuellen, verschlüsselten Datenträgers dürfen Sie bei der Vollchiffrierung Ihres Systems zwischen mehreren Verschlüsselungsmethoden (*Verschlüsselungseinstellungen*) wählen. Mit einem Benchmark prüfen Sie zusätzlich, wie schnell Ihr PC mit dem gewählten Algorithmus zurechtkommt.

---

4 Sind in Ihrem Rechner mehrere Festplatten verbaut, verschlüsseln Sie diese anderen Festplatten – auf denen kein Betriebssystem installiert ist – später per Partitionsverschlüsselung.

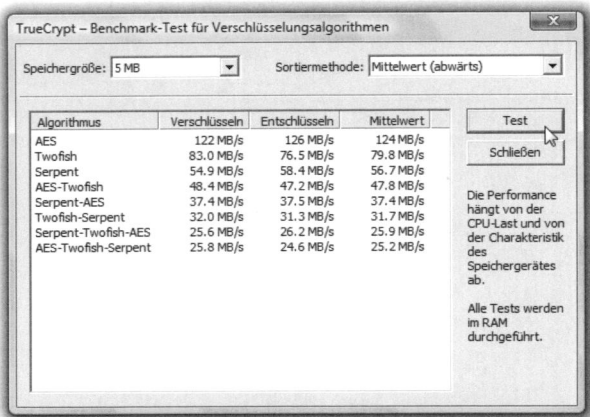

Wie schnell macht's Ihr Rechner? Per Benchmark zeigt TrueCrypt deutlich, welcher Algorithmus schneller und welcher langsamer arbeitet.

TIPP

AES, Blowfish, Twofish – Die Qual der Wahl?

AES alias Riindael ist der aktuelle Standard, Blowfish bewarb sich zumindest im Ausschreibungsverfahren des AES-Standards. Twofish ist dessen Nachfolger. Welchen sollten Sie wählen? Nun, Rijndael gewann den Wettbewerb nicht ohne Grund. Besonders seine leichte Implementierbarkeit und vor allem Schnelligkeit überzeugte.

Schlussfolgernd heißt das: AES ist im Augenblick der schnellste Algorithmus. Das können Sie mit dem TrueCrypt Benchmark ebenfalls leicht nachvollziehen. Als Verschlüsselungsstandard wird er zudem weltweit eingesetzt und gilt für die nächste Zeit als ausreichend sicher. Greifen Sie also zu – oder vielmehr: Wählen Sie ihn aus, wenn er zur Wahl steht. Gegen Bruce Schneiers Blowfish, Twofish und Co. spricht freilich ebenfalls nichts. Beide Algorithmen wurden noch nicht geknackt. Allerdings beschäftigten sich bei Weitem nicht so viele mit den Schneier-Kreationen wie mit AES. Als Standard steht Letzterer nämlich ganz oben auf der „Abschussliste".

5 Wählen Sie nun ein Passwort. Empfehlungen zur Erstellung eines sicheren Passworts erhalten Sie ab Seite 177, aber ebenso von TrueCrypt selbst: Mindestens 20 Zeichen sollte es, maximal 64 Zeichen darf es haben. Zwar erscheint in diesem Dialog gleichermaßen eine Option *Schlüsseldat.[eien] verw.[enden]*, allerdings unterstützt zumindest TrueCrypt diese Funktion noch nicht.

6 Jetzt passiert etwas Wunderbares: Indem Sie mit dem Mauszeiger über dem kleinen Bereich *Aktueller Inhalte-Pool* herumfuchteln, werden Pseudozufallsdaten erzeugt, die zusammen mit Ihrem Passwort in die Verschlüsselung einfließen. Fuchteln Sie möglichst lang darin herum, um die Sicherheit immer weiter zu steigern. Sobald Sie auf *Weiter* klicken, werden die Schlüssel erzeugt.

7 Der Assistent möchte unbedingt einen sogenannten TrueCrypt **R**ettungs-**D**atenträger (kurz: TRD) erstellen. Im Notfall[5] können Sie Ihre verschlüsselte Systempartition oder Festplatte dann auch ohne Eingabe Ihres Schlüssels komplett dechiffrieren. Ergo: Dieser TRD wird unbedingt benötigt. Derselben Meinung ist auch der True-Crypt-Assistent. Er ist aber leider gleich so penetrant, dass er erst fortsetzt, nachdem die erstellte TRD-ISO-Datei auf eine CD/DVD gebrannt wurde. Für Besitzer von Netbooks oder ähnlichen Geräten, die gar nicht mit einem CD/DVD-Brenner ausgestattet sind, ist das ein Problem. Doch Sie können den Assistenten austricksen und die ISO-Datei in ein virtuelles Laufwerk wie CloneDrive[6] einbinden. Sobald das Autostart-Menü der virtuellen TRD-CD lädt, ist der Assistent besänftigt. Übertragen Sie die ISO-Datei aber dennoch baldmöglichst[7] auf einen PC mit CD/DVD-Brenner und brennen Sie sie dort auf eine „richtige" CD.

Ohne Rettungsdatenträger geht es nicht weiter. Aus gutem Grund. Denn wird der Bootsektor der verschlüsselten Festplatte zerschossen und fehlt eine Möglichkeit, die Entschlüsselung per Live-CD (also per Rettungsdatenträger) durchzuführen, sind Ihre Daten auf immer und ewig verloren.

---

5 Unter einem Notfall versteht man hier beispielsweise „zerschossene" Windows-Installationen, die sich nur noch mit externen Tools reparieren oder gar nicht mehr starten lassen. Damit Sie dann noch an Ihre Daten kommen, müssen Sie sie vorher mit dem TRD entschlüsseln.

6 CloneDrive erhalten Sie kostenlos unter folgender URL: *http://www.slysoft.com/de/virtual-clonedrive.html*

7 Am besten machen Sie das noch, bevor TrueCrypt das gesamte System verschlüsseln konnte. Da die Initialchiffrierung eine ganze Weile (= Stunden) dauert, sollte dafür ausreichend Zeit bleiben.

8 Haben Sie die Hürde des Rettungsdatenträgers genommen, sind nur noch wenige Schritte bis zur eigentlichen Chiffrierung zu vollziehen. Zum Beispiel die Festlegung des sogenannten Lösch-Modus. Dahinter verbirgt sich die Möglichkeit, die Festplatte während der Chiffrierung mit Zufallsdaten zu bearbeiten, sodass Dateiwiederherstellungstools später keine Chance mehr haben, ehemals unverschlüsselte Daten aufzuspüren. Wie Sie als Leser dieses Buches wissen, ist diese Gefahr durchaus gegeben. Als Lösch-Modi stehen *US DoD 5220.22-M* in drei oder sieben Durchgängen sowie der *Gutmann*-Modus mit 35 Durchgängen zur Auswahl[8]. Jeder dieser Modi verlängert den Zeitraum, der zur Initialverschlüsselung benötigt wird, natürlich beträchtlich. Deshalb nimmt es Ihnen keiner übel, wenn Sie auf jegliches sicheres Löschen verzichten und *Ohne (am schnellsten)* auswählen[9].

9 Endlich kann der *System Encryption Pretest* beginnen, bei dem der TrueCrypt Boot-Loader installiert wird und Ihr PC einen Neustart vollzieht. Beim Neustart müssen Sie dann schon einmal Ihr gewähltes Passwort eingeben. Zum Üben, sozusagen. Sobald der Rechner erneut hochgefahren ist, kann der Verschlüsselungsvorgang immer noch abgebrochen werden – falls Sie doch lieber einen Rückzieher machen wollen.

10 Klappte der Pretest problemlos und startete Windows ohne Murren, startet ein Klick auf den Button *Encrypt* den eigentlichen Verschlüsselungsprozess. Endlich – in vielerlei Hinsicht, denn selbst die Chiffrierung ist irgendwann zu Ende. Eine Weile dauert's aber schon.

---

8 Alle drei Modi sind ebenfalls in Darik's Boot and Nuke Distribution enthalten, die auf Seite 274 vorgestellt wird. Natürlich ist der Zweck von Boot and Nuke ein anderer, denn dieses Tool ist wirklich nur zum Löschen da.

9 Verschlüsseln Sie ein frisches Betriebssystem auf einer nagelneuen Festplatte, die vorher keine geheimen Daten enthielt, hat ein solcher Löschalgorithmus ohnehin nichts zu tun. Wer eine Festplatte allerdings schon lange nutzt, wenn sie also im File Slack (siehe Seite 264) und anderswo etliche Spuren enthält, sollte sich die Zeit aber nehmen.

Nur eine einzige Partition verschlüsseln

Möchten Sie nur eine einzelne Partition verschlüsseln, die nicht Systempartition ist, gelingt das ebenfalls zügig über den Button *Volume erstellen* und anschließende Wahl von *Verschlüsselt eine Partition/ein Laufwerk*. Der weitere Weg durch den Assistenten unterscheidet sich eigentlich nur durch den Zwischenschritt *Volume Erstellungs-Modus*, wobei Ihnen die Möglichkeit gegeben wird, die Partition erst zu formatieren und dann zu verschlüsseln oder eine „In-Place-Verschlüsselung" durchzuführen, die sämtliche Daten auf der Partition belässt, dafür aber deutlich länger dauert. Letztere funktioniert ebenfalls nur mit NTFS-formatierten Laufwerken.

Neben Festplattenpartitionen können Sie so übrigens auch externe Laufwerke komplett verschlüsseln. Im Gegensatz zur Traveler's Disk lässt diese sich aber nur öffnen, wenn TrueCrypt bereits auf dem PC installiert ist.

Verschlüsselte virtuelle Datenträger erstellen und ins System einbinden

Die vollständige Verschlüsselung der gesamten Systempartition ist nicht ungefährlich. Wer TrueCrypt lieber erst mal testen will, erzeugt deshalb besser zunächst einen verschlüsselten Datei-Container. Das ist nichts anderes als eine große Datei, die durch True-Crypt als ein virtuelles Laufwerk mit eigenem Laufwerkbuchstaben ins System eingebunden werden kann. Ihr Inhalt ist verschlüsselt und nur mit einem Passwort und/oder einer Schlüsseldatei zu öffnen. Den Namen und die Dateiendung eines Containers legen Sie selbst fest. Sogar *setup.exe* könnte die Datei heißen.

Einen verschlüsselten Container erstellen

Erzeugen Sie doch erst einmal einen solchen Datenträger:

1 Starten Sie TrueCrypt und klicken Sie auf *Volume erstellen*, um einen neuen virtuellen sowie verschlüsselten Datenträger zu erstellen.

2 Für den Anfang soll ein normaler verschlüsselter Datenträger genügen. Im ersten Schritt des *Assistenten zum Erstellen eines TrueCrypt-Volumes* wählen Sie deshalb *Einen verschlüsselten Datei-Container erstellen*. Im nächsten Schritt entscheiden Sie sich sogleich für *Standard TrueCrypt-Volume*.

3 Geben Sie nun den Dateinamen und Speicherort des Daten-Containers an, der künftig die Inhalte des zu erstellenden virtuellen Datenträgers enthält. Wo Sie ihn ablegen und wie Sie ihn benennen ist, wie schon erwähnt, völlig egal. Beachten Sie

jedoch, dass es ein Leichtes ist, TrueCrypt-Container aufzuspüren. Als steganografische Maßnahme taugt das Verstecken in irgendeinem verschlungenen Verzeichnispfad Ihrer Festplatte nicht sehr viel. Um die Daten nicht nur zu verschlüsseln, sondern zugleich gut zu verstecken, gibt es andere Möglichkeiten (siehe Seite 240).

4 Eine der wichtigsten Einstellungen nehmen Sie nun im Dialog *Verschlüsselungseinstellungen* vor, in dem Sie den *Verschlüsselungsalgorithmus* sowie einen *Hash-Algorithmus* auswählen. Die Voreinstellungen *AES* und *RIPEMD-160* sind sicher eine gute Wahl.

5 Wählen Sie im nächsten Schritt die *Volume-Größe* – keine leichte Entscheidung. Schließlich „reserviert" TrueCrypt die angegebenen MByte oder gar GByte auf Ihrer richtigen Festplatte – ganz gleich, ob der virtuelle Datenträger bis zum Rand gefüllt oder völlig leer ist. Schätzen Sie Ihren Bedarf daher genau ein und seien Sie vielleicht nicht zu verschwenderisch.

6 Freilich wird noch ein Kennwort benötigt. Oder eine Schlüsseldatei. Oder beides. Einige Informationen bezüglich der in TrueCrypt verwendeten Schlüsseldateien finden Sie auf Seite 239.

7 Im Schritt *Volume-Format* haben Sie im Grunde nur die Wahl zwischen *FAT* und *NTFS*. Sicher wollen Sie den aktuellen Standard, *NTFS*, wählen[10]. Belassen Sie die Einstellung *Cluster* zusätzlich in der Standardeinstellung *Vorgabe*.

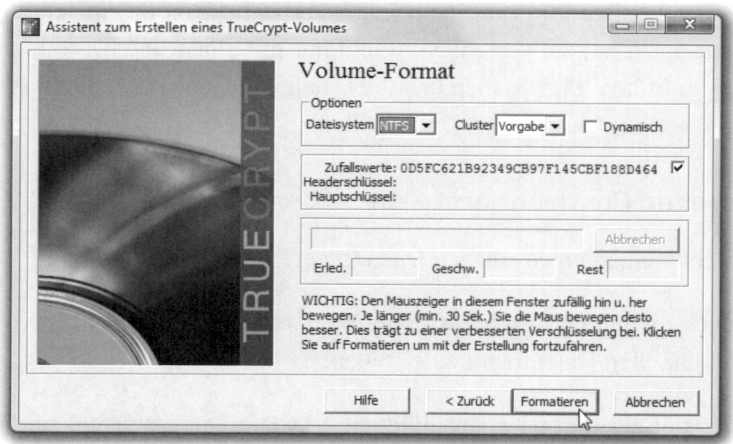

8 Mit einem Klick auf *Formatieren* wird der virtuelle Datenträger erstellt. Fortan können Sie diesen Datenträger in Ihr Windows-System einbinden und wie ein normales Laufwerk benutzen.

---

10 Wenn Sie später noch einen versteckten Container einsetzen wollen, verwenden Sie aber lieber *FAT*. Ansonsten kann der versteckte Container aufgrund der NTFS-Spezifikation nur maximal halb so groß sein wie der in diesem Schritt erstellte Trägercontainer.

Einen verschlüsselten Datenträger ins System einbinden

Damit ein verschlüsselter Datenträger als Laufwerk eingebunden werden kann, muss TrueCrypt ausgeführt werden. Gehen Sie dann so vor:

1 Das TrueCrypt-Programmfenster listet allerlei (mögliche) Laufwerkbuchstaben. Markieren Sie in dieser Liste einen beliebigen, noch ungenutzten Eintrag.

2 Wählen Sie mit dem Button *Datei* die Datei, die Sie als Speichercontainer des verschlüsselten Laufwerks erstellt haben und nun als virtuelles Laufwerk einbinden möchten.

3 Drücken Sie dann auf *Einbinden* und geben Sie anschließend das Passwort ein, das Sie für diesen virtuellen Datenträger festgelegt haben oder wählen Sie die einst beim Erstellen des Volumes gewählte Schlüsseldatei aus.

4 Das eigentlich verschlüsselte Laufwerk wird jetzt im *Arbeitsplatz* (XP) bzw. *Computer* (Vista) als gewöhnlicher Datenträger geführt. Bis zum nächsten Neustart – oder bis Sie es über TrueCrypt mit dem Button *Trennen* entbunden haben.

Den USB-Stick als Zugangsschlüssel nutzen

Wie der Passwort-Manager KeePass bietet auch TrueCrypt inzwischen die Möglichkeit, Laufwerke oder Containerdateien mit einer sogenannten Schlüsseldatei zu verschlüsseln. Wer sich dafür entscheidet, muss sie stets verfügbar halten, um auf die verschlüsselten Daten zugreifen zu können. Als Schlüsseldatei können Sie praktisch jede beliebige Datei wählen, zum Beispiel eine MP3-Musikdatei oder ein selbstgeschossenes Foto. Der Speicherort der Datei ist relativ egal. So wäre es möglich, die Datei auf einem USB-Stick zu speichern und somit als Hardware-Zugriffskontrolle einzusetzen. Blöd wäre nur, würden Sie den Stick verlieren oder wäre er beschädigt und kein Backup der Schlüsseldatei vorhanden.

Es ist möglich, eine Schlüsseldatei zusätzlich zum gewöhnlichen Schutz per Passwort einzurichten. Dann muss sowohl die Schlüsseldatei vorhanden sein als auch das Kennwort eingegeben werden, damit Sie auf Ihre verschlüsselten Daten zugreifen können.

Features der Schlüsseldateien

Um die Bearbeitung verschlüsselter Dateien zu beschleunigen, betrachtet TrueCrypt nur die ersten 1.024 Bit einer Schlüsseldatei. Solange die unverändert bleiben, gibt True-Crypt die verschlüsselten Daten frei. Theoretisch können Sie zur Authentifizierung beliebig viele Schlüsseldateien heranziehen. So wäre es beispielsweise möglich, Dateien nur von mehreren Personen öffnen zu lassen. Dazu müsste ein jeder seine persönliche Schlüsseldatei mitführen und für die Anmeldung auf den Rechner kopieren oder per USB-Stick bereithalten.

Schlüsseldateien machen Sie nicht unbesiegbar

Schlüsseldateien schützen vor Keyloggern, die es nur auf die eingetippten Passwörter abgesehen haben. Vielleicht kann der Keylogger Ihr Passwort abfangen, von der Schlüsseldatei auf dem externen Speicher weiß er jedoch nichts. Gegen gezielte und individualisierte Attacken helfen Schlüsseldateien aber nicht. Sobald ein Angreifer bemerkt, dass Sie zusätzlich zum Passwort noch eine Schlüsseldatei verwenden, wird er alles daransetzen, diese Datei zu erhalten. Vielleicht mit einem Trojaner, vielleicht durch Diebstahl oder heimliches Kopieren des USB-Sticks.

Natürlich könnte Ihnen ein Forensiker per Zeitstempel (siehe Seite 263) auf die Schliche kommen. Wenn er zu der Erkenntnis gelangt, dass Sie zusätzlich zum Passwort noch eine Schlüsseldatei einsetzen, sucht er mit speziellen Timestamp-Analysetools nach Dateien, die zuletzt mit Ihrer Containerdatei geöffnet wurden. Um dies zu verhindern, versucht TrueCrypt jedoch, unbemerkt auf Container- und Schlüsseldateien zuzugreifen, sodass der Zugriffs-Timestamp nicht geändert wird. Im Idealfall erweckt eine sonst unberührte Schlüsseldatei dann den Eindruck, ewig nicht mehr genutzt worden zu sein. Dabei wird sie aber vielleicht täglich durch TrueCrypt als Schlüsseldatei eingesetzt.

Versteckte Daten-Container: wirklich geheime Daten per Täuschung sicher verbergen

Sie haben auf Ihrem Rechner einen verschlüsselten Datenträger erstellt. Um das zu tun und um ihn außerdem benutzen zu können, muss TrueCrypt installiert sein. Zugleich steckt hinter jedem virtuellen und verschlüsselten Datenträger eine Datei. Beides ist sehr auffällig. Wer auf Ihrem Rechner herumschnüffelt, wird Sie vielleicht zur Herausgabe „überreden" bzw. zwingen wollen.

TIPP

Ich weiß von nichts!

Insbesondere mit dem Feature der versteckten Daten-Container gewährleistet TrueCrypt eine sogenannte „glaubhafte Bestreitbarkeit" (Plausible Deniability), selbst wenn ein Dritter TrueCrypt auf Ihrem PC entdeckt. Mehr Informationen dazu gibt's ein paar Seiten zuvor auf Seite 220.

Verraten Sie doch das Passwort – wenn Sie die wirklich wichtigen Dateien in einem versteckten Daten-Container hinterlegt haben. Sozusagen als „virtuelles Laufwerk im virtuellen Laufwerk" kann TrueCrypt nämlich einen weiteren Datenträger erzeugen, von dessen Existenz nur Sie wissen. Dabei wird ausgenutzt, dass TrueCrypt gleich bei der Erstellung eines Datenträgers die gesamte zur Verfügung gestellte Kapazität „reserviert" – bzw. eigentlich wahllos mit nutzlosen Daten füllt. In diesen nutzlosen Fülldaten des in diesem Fall als „äußeres Volume" bezeichneten Containers[11] (oder einer TrueCrypt-verschlüsselten Partition) können Sie nun einen weiteren verschlüsselten Container verstecken. Dessen Inhalt macht durch die starke Verschlüsselung ebenfalls den Anschein, nur aus nutzlosen Daten zu bestehen. So wird's gemacht:

1 Öffnen Sie TrueCrypt und wählen Sie *Volume erstellen.*

2 Im nun geöffneten Assistenten wählen Sie erst *Einen verschlüsselten Datei-Container erstellen.* Anschließend ist die Option *Verstecktes TrueCrypt-Volume* interessant.

3 Entweder Sie beginnen „von Null" und erstellen erst einen neuen Datenträger und dann einen versteckten Datenträger darin (*Kompletter Modus*), oder Sie wählen einen schon vorhandenen Datenträger, in den Sie noch ein verstecktes virtuelles Laufwerk einpflanzen möchten (*Direkter Modus*). Haben Sie noch den Datenträger aus der vorhergehenden Schrittanleitung, dann verwenden Sie doch den.

4 Egal, wie Sie sich entscheiden – irgendwann bittet der Assistent um die Eingabe des Kennworts oder die Angabe der Schlüsseldatei für das äußere Volume, um die sogenannte Clusterbelegung des Containers zu ermitteln. Damit wird die maximal mögliche Größe des versteckten Volumes ermittelt.

5 TrueCrypt verlangt nun nach den üblichen Angaben: Welche(s) Verschlüsselungsverfahren möchten Sie verwenden, wie groß soll das versteckte Volume werden und wie soll der Zugang freigegeben werden – per Passwort oder/und per Schlüsseldatei? Natürlich entscheiden Sie sich für ein starkes Passwort, das sich vom Passwort des beherbergenden Containers unterscheidet.

6 Im nächsten Schritt wird das Hidden Volume sogleich formatiert und ist danach fertig eingerichtet.

7 Um den nun versteckten Datenträger ins System einzubinden, wählen Sie die Köder-Containerdatei aus, geben jetzt aber das Passwort oder die entsprechende Schlüsseldatei des versteckten Datenträgers an.

---

11 Versteckte Daten-Container können Sie ebenfalls in TrueCrypt-verschlüsselten Partitionen oder (externen) Laufwerken erstellen. Geben Sie dafür nur den entsprechend anderen Speicherort an.

TIPP

TrueCrypts Täuschungsfeatures unter Beschuss

Absolute Sicherheit kann auch kein TrueCrypt gewähren, denn die gibt es schließlich überhaupt nicht. Einige banale Features des Windows-Betriebssystems werden für TrueCrypt beispielsweise zu regelrechten Fallstricken. Sicher kennen Sie das Windows-Feature *Zuletzt verwendet*, das Sie unter anderem über das Startmenü aufrufen können. Wer es nicht deaktiviert, riskiert, dass es auch Dateien listet, die eigentlich nur in einem versteckten TrueCrypt-Container liegen.

Ein Nachteil ist freilich, dass die im versteckten Container liegenden Dateien nun noch langsamer ausgelesen und geschrieben werden. Schließlich sind sie wahrlich doppelt verschlüsselt. Weiterhin dürfen Sie das äußere Köder-Volume nicht weiter mit Dateien füllen, da sonst die Gefahr besteht, dass Sie Teile des versteckten Containers überschreiben.

TIPP

In Deutschland noch nicht nötig

Noch müssen Sie der deutschen Strafverfolgung das Passwort oder den Zugangsschlüssel zu Ihren verschlüsselten Datenträgern nicht aushändigen. Sie haben also das Recht, sich vor Gericht nicht (noch mehr) selbst zu belasten. Das kann sich aber schnell ändern. So wie beispielsweise in Großbritannien, wo inzwischen hin und wieder Angeklagte ihre Passwörter für den Zugriff auf verschlüsselte Daten herausgeben müssen, wollen sie nicht noch länger in den Knast.

In den USA gibt es ähnliche Bemühungen. Terroristen und gewöhnlichen Straftätern mache es Verschlüsselung allzu leicht und dem FBI viel zu schwer. Wenn die Verschlüsselung allein dazu dient, Straftaten zu verdecken und/oder Beweise vorzuenthalten, so müsse es dem FBI doch möglich sein, das nötige Passwort einzufordern.

Grundsätzlich klingen diese Forderungen nachvollziehbar. Vielleicht würden sie wirklich dazu beitragen, ein paar Straftäter mehr zu überführen. Doch aus der erzwungenen Herausgabe von Verschlüsselungspasswörtern entsteht eine neue Gefahr für jede Privatperson. Wenn erst mal Terroristen und Schwerverbrecher ihre digitalen Schlüssel offenbaren müssen, wird nach einer kurzen Gewöhnung schnell die Forderung entstehen, die Passwörter auch bei Bagatellen herauszugeben. Nicht, dass ich es gutheißen würde – aber wegen ein paar heruntergeladenen MP3s sollte das Passwort für einen verschlüsselten Datenträger (oder ein komplett verschlüsseltes System) nicht herausgegeben werden müssen.

Das versteckte Betriebssystem

Mittels versteckter Container können Sie all diejenigen neppen, die Ihnen den Einsatz von TrueCrypt nachweisen können und das Zugangspasswort fordern. Geben Sie denen einfach das Zugangskennwort des Köder-Containers!

Aber wie erklären Sie eine komplett verschlüsselte Festplatte? Schließlich ist die Existenz des TrueCrypt Bootloaders recht offensichtlich. Wenn Sie gezwungen werden, den Zugang zu gewähren – welches Passwort rücken Sie dann raus? Keine Sorge, auch für diese Situation kennt TrueCrypt in den neueren Versionen eine Lösung: das versteckte Betriebssystem![12]

Nur für Sicherheits-Freaks?!

Leider ist dessen Einrichtung alles andere als leicht und lohnt nur bei komplett neu aufgesetzten PCs. So funktioniert's im Groben:

Voraussetzung ist zunächst, dass es neben Ihrer Systempartition noch eine zweite, leere Partition gibt. Diese verschlüsselt TrueCrypt separat und erstellt darin einen versteckten Container. In diesen wird die komplette Systempartition kopiert. Der versteckte Container muss deshalb genauso groß wie die Systempartition sein. Die verschlüsselte Partition, die ihn beherbergt, ist dann in Konsequenz noch größer[13].

Ist das versteckte Betriebssystem eingerichtet, gibt's für den Bootloader zwei Passwörter. Wie bei den versteckten Containern startet eines das Köder-Betriebssystem, das andere hingegen das versteckte. Wer zur Herausgabe des Passworts gezwungen wird, gibt einfach das für das Köder-Betriebssystem heraus.

Freilich lassen sich Computer-Forensiker nicht so leicht übers Ohr hauen. Wer immer nur in das versteckte Betriebssystem bootet und das Köder-Betriebssystem nicht nutzt, wird in Erklärungsnöte geraten. Mittels Zeitstempelanalysen ist es schließlich leicht, die Nutzungszeiträume eines Betriebssystems nachzuweisen.

---

12 Diese Funktion finden Sie in TrueCrypts *Datei*-Menü über *System* und *Verstecktes Betriebssystem erstellen*.
13 Wird die Partition mit NTFS formatiert, muss sie sogar mindestens 2,1x größer als die Systempartition sein.

Besonders wichtig: verschlüsseln Sie auch Ihre USB-Sticks und Speicherkarten

Mobile Datenträger enthalten häufig kritische Daten. Vielleicht ein paar Briefe oder andere persönliche Dokumente, die man an einem anderen Rechner noch einmal editieren oder ausdrucken wollte. Die immer weiter steigende Speicherkapazität bei gleichzeitig fallendem Preis macht die USB-Sticks, SDHC-Speicherkarten etc. aber auch als Backup-Lösung interessant, beispielsweise für die private Fotosammlung.

Aufgrund ihrer geringen Größe sind die kleinen Speichersticks und -karten aber schnell verschwunden – also schlicht verloren oder gar gestohlen. Blöd, wenn der Finder oder Dieb dann in Ihren Daten stöbern kann. Ungleich einem Hacker oder Skript-Kiddie benötigt er dafür natürlich weder Wissen oder Erfahrung noch spezielle Tools: Schlichtes Anstöpseln an einen Computer genügt. Verschlüsselte Festplatten in Ihrem Heim-PC nützen Ihnen dann auch nichts mehr, wenn Ihnen wichtige Daten außer Haus einfach „aus der Tasche fallen".

Die Lösung: ein mobiles TrueCrypt

Dabei ist die Verschlüsselung von USB-Sticks & Co. überhaupt keine Hexerei. Damit das in der Praxis aber nicht die Verwendbarkeit der gespeicherten Daten mit einem anderen PC einschränkt, muss eine gewisse Interoperatibilität gewährleistet sein. Mit einer mobilen Version von TrueCrypt gelingt das wunderbar. Zusammen mit einer verschlüsselnden Containerdatei wird sie auf den Stick kopiert. An einem anderen Rechner muss man dann nur die mobile TrueCrypt-Version vom Stick starten, das Kennwort eingeben und hat sogleich Zugriff auf die sonst verschlüsselten Daten. So geht's:

1   Wählen Sie im TrueCrypt-Programmfenster zunächst *Extras* und dann *Traveler Disk Installation*. Viele Optionen haben Sie im nun geöffneten *TrueCrypt Traveler Disk Installation*-Fenster nicht, aber hinter jeder steckt eine starke Funktion.

2   Zunächst kopieren Sie die TrueCrypt-Software auf den USB-Speicher, wobei ebenfalls ein Assistent für die Erstellung von TrueCrypt-Volumes mit auf den Stick kopiert werden kann (dann ein Häkchen setzen). Wählen Sie dazu per *Durchsuchen*-Button das Stammverzeichnis des Speichergeräts. Ist Ihr USB-Stick beispielsweise als Laufwerk *G:* ins System eingebunden, lautet das Stammverzeichnis auch einfach nur *G:*.

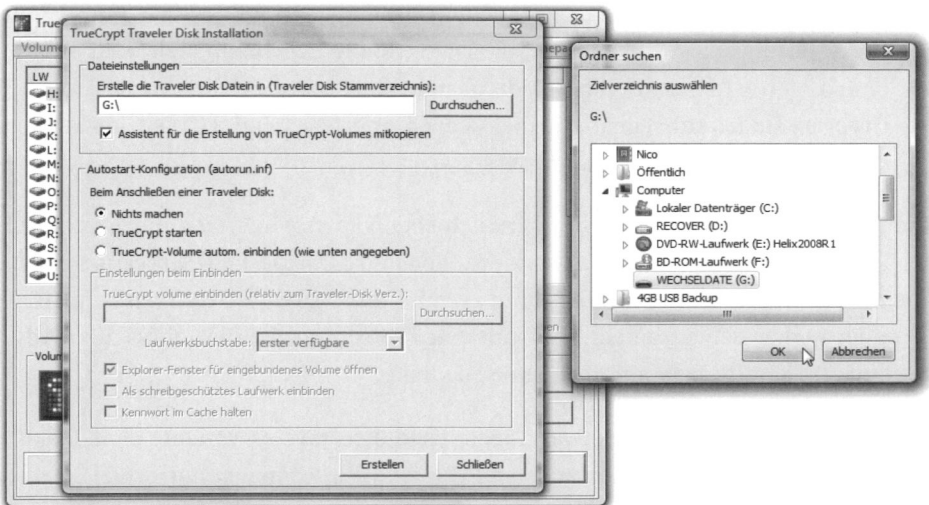

3 Nun zur Autostart-Konfiguration, welche die Aktionen bestimmt, die ein PC beim Anstecken des Speichers ausführt[14]. Am besten ist es wohl, die Konfiguration bei *Nichts machen* zu belassen.

4 Sobald Sie auf *Erstellen* klicken, werden die TrueCrypt-Programmdateien auf den Speicherstick oder die Speicherkarte kopiert. Konkret entsteht auf dem Speicher nun neues Verzeichnis *TrueCrypt*, das etwa 3,4 MByte Speicherplatz verbraucht – inklusive Formatierungs-Assistenten, der etwa 1,4 MByte benötigt und wie erwähnt optional ist. Praktisch ist zudem, dass die deutsche Sprachbibliothek gleich mit kopiert wird. Selbst auf älteren Sticks mit wenig Kapazität sollte TrueCrypt deshalb noch bequem Platz finden.

Jetzt nur noch den Container erstellen

Anschließend gilt es noch, auf dem Speichergerät einen verschlüsselten Container zu erstellen. Das können Sie beispielsweise mit dem Formatierungs-Assistenten erledigen, der nun als *TrueCrypt Format.exe* auf dem Speichermedium liegt.

1 Starten Sie den Assistenten und wählen Sie *Einen verschlüsselten Datei-Container erstellen*. Bestätigen Sie mit *Weiter* und entscheiden Sie sich dann für *Standard TrueCrypt-Volume*.

2 Wählen Sie *Weiter* und geben Sie nun den Volume-Speicherort an. Also den Pfad, in dem der Datei-Container abgelegt werden soll. Das wäre in diesem Fall ein Ordner des Speichersticks, beispielsweise das Stammverzeichnis (bei Speichergeräten mit

---

14 Vorausgesetzt, die Autostart-Funktion wurde auf dem jeweiligen Rechner nicht deaktiviert.

Laufwerkbuchstabe *G:* eben *G:*). Einen Dateinamen müssen Sie dem Container ebenfalls zuweisen, wobei es auf die Dateiendung im Prinzip nicht ankommt. Empfehlenswert ist aber *.tc*, die Standarddateiendung. Auf PCs mit installiertem True-Crypt ist sie bereits registriert, sodass ein Doppelklick auf TC-Dateien auch gleich das TrueCrypt-Hauptprogramm startet.

Die umgekehrte Vorgehensweise ist freilich ebenfalls möglich: Erst einen verschlüsselten Container auf dem USB-Laufwerk erstellen und dann die Traveler-Variante installieren. Dafür benötigen Sie allerdings rund zwei bis drei MByte freien Speicherplatz. Wehe dem, der vorher den gesamten Stick mit einer verschlüsselten Datei bis zum Anschlag gefüllt hat! Da hilft dann nur noch ein Neuanfang.

Ach, und dann wäre da noch etwas: Auch wenn die Traveler-Variante ohne Installation auskommt, benötigt sie auf dem anderen Rechner doch Administratorrechte, um aus dem Container des USB-Sticks ein virtuelles Laufwerk zu machen. Mit den richtigen Tools bzw. der Registry ist es außerdem möglich, den Anschluss des verschlüsselten Laufwerks zu protokollieren.

Verschlüsselte Backups

TrueCrypt kann ganze Datenträger als sicheres Laufwerk einrichten. Warum also nicht auch Backup-Datenträger? Grundsätzlich ergeben sich zwei Szenarien:

- Vielleicht verwenden Sie auf Ihrem Rechner nur eine Containerdatei, um ein paar Dateien zu verschlüsseln. Ist diese nicht zu groß, kann ein Backup der gesamten Datei Sinn machen. So müssen Sie sie vorher nicht öffnen und können sie automatisch mit Ihren anderen unverschlüsselten Dokumenten auf das Sicherungsmedium übertragen. Ab einer bestimmten Dateigröße kann es natürlich lästig werden, die Datei immer in Gänze auf den neuen Datenträger zu kopieren und die alte Version zu überschreiben.

- Sie legen auf der externen Festplatte eine Containerdatei an, welche die Backups Ihrer „geheimen" Daten beherbergen soll. Oder Sie verschlüsseln gleich die gesamte externe Festplatte (als Partition – siehe Seite 237). Möchten Sie ein Backup dieser Daten machen, öffnen Sie die extern gespeicherte Containerdatei oder Partition von Ihrem Rechner aus mit TrueCrypt. So können Sie bequem darauf zugreifen und die Daten beispielsweise von Hand (manuell) hineinkopieren. Vielleicht nutzen Sie aber ebenso eine Backupsoftware oder synchronisieren den Datenstand mit Microsofts SyncToy.[15]

---

15 Die kleine und kostenlose Software SyncToy ist eigentlich gar nicht für Backups gedacht, sondern nur zur schnellen Synchronisierung von Dateien, also deren Abgleich. Sie finden sie unter folgender URL: *http://www.microsoft.com/prophoto/downloads/synctoybeta.aspx*.

TIPP

Unbedingt Backups durchführen!

Mit Backups sichern Sie normalerweise Ihre wichtigen Daten, um bei einem Totalaus-fall der Festplatte o. Ä. nicht alles oder zumindest nichts Wichtiges zu verlieren.

Verwenden Sie Verschlüsselungsprogramme wie TrueCrypt, sollten Sie nicht nur den Ausfall Ihrer Festplatte fürchten. Zusätzlich besteht dann die Gefahr, dass bei-spielsweise ein Softwarefehler Ihre verschlüsselte Containerdatei irreparabel beschädigt, Sie Ihr Passwort vergessen oder die Schlüsseldatei verschwindet. All Ihre verschlüsselten Daten sind dann verloren! Ein regelmäßiges Backup der (funk-tionsfähigen) Containerdatei ist daher Pflicht!

Alle Passwörter und der passende Browser sicher dabei – TrueCrypt und der portable Firefox

An anderer Stelle des Buches wird Ihnen das kostenlose Programm KeePass vorgestellt, mit dem Sie Passwörter für Webseiten etc. sicher verwahren können. Es funktioniert und taugt ganz gut, solange Sie mit diesen Passwörtern nur zu Hause operieren. Wer hinge-gen häufiger mit verschiedenen Rechnern arbeitet, mag vielleicht dieser Idee folgen:

1   Erstellen Sie mit TrueCrypt zunächst eine Travelers Disk (siehe Seite 244), wobei der Container auf dem USB-Stick oder der Speicherkarte ruhig ein paar Hundert MByte groß sein darf.

2   Laden Sie sich nun die portable Version des Firefox Browsers herunter, den *Portable Firefox*. Eine stets aktualisierte deutsche Version erhalten Sie beispielsweise unter der URL *http://www.firefox-browser.de/wiki/Portable_Firefox*. Hierbei handelt es sich um eine spezielle Firefox-Version, die ganz ohne vorherige Installation von einem USB-Stick aus läuft.

3   Die Programmdateien des Portable Firefox kopieren Sie nun in den TrueCrypt-Con-tainer auf dem USB-Stick.

4   Starten Sie den Portable Firefox aus dem Container heraus und legen Sie für den Passwort-Manager des Firefox einen Masterkey an (siehe Seite 201).

5   Wollen Sie nun an einem anderen Rechner surfen, nutzen Sie einfach den per True-Crypt verschlüsselten Firefox auf Ihrem USB-Stick. In diesem können Sie mit ruhi-gem Gewissen sowohl Passwörter als auch Lesezeichen speichern, denn die werden ja im verschlüsselten Container-Speicher Ihres USB-Sticks abgelegt. Und nicht etwa auf dem anderen PC, den Sie nur noch zur Bedienung Ihres „selbst mitgebrachten" Portable Firefox missbrauchen.

6 Doch Vorsicht! „Anderer PC" heißt nicht „fremder PC"! Wie sonst auch sind Ihre Benutzerdaten, insbesondere Passwörter, auch mit dieser Lösung an jedem fremden Rechner gefährdet. Schließlich können Viren und Trojaner ohne Weiteres auf die in der TrueCrypt Travelers Disk gespeicherten Daten zugreifen, ist der Container erst einmal geöffnet worden. Ebenso freut sich jeder Keylogger allein schon über das Passwort, das Sie am fremden Rechner zum Öffnen des Containers eingeben müssen.

Gefährlich für Verschlüsseler: Cold-Boot-Attacken lesen RAM-Speicher noch nach Stunden aus

Leider sind nicht nur Stand-by-Modi ein Problem für komplett verschlüsselte Systeme. Anfang 2008 veröffentlichte eine Gruppe Informatiker der amerikanischen Princeton University die Details eines neuen Angriffs auf verschlüsselte Systeme: die sogenannte Cold Boot Attack[16]. Sie basiert auf der Eigenschaft moderner RAM-Bausteine.

Tatsächlich ist die landläufige Meinung, dass DRAM-Arbeitsspeicher Daten sofort vergisst, sobald man ihn vom Strom trennt, nicht ganz richtig. Vielmehr behält er die in den Modulen gespeicherten Daten noch ein paar Minuten. Wird das Modul zusätzlich gekühlt, bleiben die Daten sogar mehrere Stunden erhalten.

Kaltblütig vom Strom getrennt

Der Angriff erfolgt grundsätzlich ganz einfach: Ein Computer wird schlicht vom Strom getrennt, ohne ihn herunterzufahren oder in einen Stand-by-Modus wechseln zu lassen. Wird dann zügig ein spezielles Betriebssystem von einer CD/DVD oder einem USB-Stick gestartet, können die Daten des RAMs relativ leicht ausgelesen werden – die entsprechende Software vorausgesetzt.

Cold-Boot-Attacke für jedermann

Natürlich ist diese Angriffsart nur sehr theoretisch, da der Zeitrahmen, in dem der Arbeitsspeicher ausgelesen werden muss, relativ klein ist. Zusammen mit der wissenschaftlichen Veröffentlichung erschienen aber einige Tools, die diesen Angriff auch praktisch nachvollziehbar machen. Dazu zählen sowohl sogenannte Imaging Tools als auch die Programme AESKeyFinder und RSAKeyFinder.

Die Imaging Tools sollen den Arbeitsspeicher auslesen. Ganz ähnlich also wie „herkömmliche" Forensik-Anwendungen, die von Live-CDs aus gestartet werden. Im Unterschied zu diesen herkömmlichen Anwendungen kommen die Tools für die Cold-Boot-

---

16 Das englischsprachige Original können Sie unter *http://citp.princeton.edu/pub/coldboot.pdf* abrufen.

Angriffe aber ohne aufgeblähtes Betriebssystem aus, das beim Start große Teile des Speichers füllt – und so möglicherweise wichtige Daten überschreibt. Vielmehr wird beispielsweise das sogenannte USB/PXE Imaging Tool mit einem Minimal-Linux von einem USB-Stick aus gestartet. So ist es ebenfalls schnell einsatzbereit. Das ist wichtig, denn Schnelligkeit spielt bei diesem Angriff schließlich eine große Rolle.

Sobald der mit einem Imaging Tool ausgelesene Arbeitsspeicherinhalt in Dateiform vorliegt, können die KeyFinder-Tools eingesetzt werden, die den „gespeicherten Speicher" schlicht nach AES- bzw. RSA-Schlüsseln durchsuchen. Sie erinnern sich: AES wird inzwischen von fast jeder Komplettverschlüsselungstechnik eingesetzt. RSA findet insbesondere beim Signieren, aber ebenso beim Verschlüsseln von E-Mails Anwendung.

Denkbar ist natürlich auch, die Finder-Tools ebenfalls auf Speicher-Images anzuwenden, die während der Laufzeit eines verschlüsselten (Windows-)Systems direkt in Windows erstellt wurden. Konnte jemand ein Abbild des RAMs anfertigen, kann er es von AES- und RSAKeyFinder auf Schlüssel analysieren lassen.

Vorsicht Falle: wie Windows zum Verräter wird

Vielleicht haben Sie etwas zu verbergen. Und vielleicht haben Sie gedacht, einfach die betreffende geheime Datei zu löschen, würde reichen. Gut – je nachdem, mit wem Sie es zu tun haben, mag das stimmen. Doch je technisch versierter Ihr Gegenüber ist, desto schwieriger wird es, Daten gründlich zu löschen.

Mitunter lauert die Gefahr aber schon längst auf Ihrem Rechner: Keylogger, Trojaner und Co. scheren sich um gelöschte Dateien wenig – sie haben sie schon längst erspäht, bevor sie gelöscht wurden.

8.1 Bei Keylogging hilft das beste Passwort nicht – so schützen Sie sich

Wollte Schurken früher nur Ihre Daten per Virus zerstören, wollen sie sie jetzt haben. Besonders sogenannte Keylogger werden häufig eingesetzt, um Logins und Benutzernamen auszuspähen, indem sie schlicht sämtliche Tastatureingaben abfangen. Ein guter Keylogger ist mittels Rootkit (siehe Seite 254) aufwendig getarnt und selbst für versierte PC-Freaks schwer zu erkennen – und auch nur, wenn sie aktiv und mit den richtigen Tools danach suchen.

Sitzen Sie jedoch an einem fremden PC, kann dieser meist nicht einfach nach Keyloggern oder sonstiger Schadsoftware untersucht werden. Besonders bei öffentlichen PCs ist die Gefahr groß: Ist der Eigentümer bzw. Administrator des PCs neugierig – oder ist das System nur schlecht bis gar nicht abgesichert? Konnten also schon andere Nutzer einen Keylogger installieren? Besonders Hardware-Keylogger sind Schädlinge, die man auch ohne Administratorrechte an jedem Fremd-PC installieren kann. Zudem sind sie mit Software fast nicht aufzuspüren: Nur durch gründliches Absuchen des PCs und insbesondere der Tastatur können Sie sie entdecken. Aber wer kriecht im Internetcafé schon unter den Tisch? Und selbst das würde nicht ausreichen: Hardware-Keylogger gibt es nämlich auch als Platine, die in die meisten Tastaturgehäuse passt und direkt an die USB-Leitung angelötet wird.

TIPP

Mails, eBay & Co. – sicher(er) Einloggen an öffentlichen Computern

Zum reinen Surfen sind Internetcafés ganz gut, doch ganz persönliche Onlineaktivitäten, die ein Login erfordern, sollte man tunlichst unterlassen: Zu groß ist die Gefahr, dass Benutzername und Passwort von einem Keylogger oder einem Trojaner abgefangen werden. Wer im Urlaub trotzdem nicht auf E-Mail und Instant Messenger verzichten kann und vor Ort nur über einen öffentlichen PC ins Internet kommt, sollte wenigstens den folgenden Anti-Keylogger-Trick anwenden:

Statt Ihren Benutzernamen sowie das zugehörige Passwort in einem Rutsch einzutippen, wechseln Sie während der Passworteingabe immer Mal in ein anderes Eingabefeld (z. B. in die Adresszeile des Browsers) und geben dort ein paar beliebig sinnlose Zeichen ein. Erdacht wurde dieser clevere wie gleichzeitig simple Trick von Forschern der Carnegie Mellon University. In ihrer Veröffentlichung „How To Login From an Internet Café Without Worrying About Keyloggers"[1] zeigen sie, wie einer der simpleren Keylogger statt des Passworts *snoopy2* die mit zwischendurch beliebig eingetippten Buchstaben aufgefüllte Zeile

spqmlainsdgsosdgfsodgfdpuouuyhdg2

aufzeichnet.

Der Kniff basiert auf der Tatsache, dass die meisten Software-Keylogger zwar registrieren können, in welches Programm Sie tippen, sie aber in der Regel nicht wissen, in welchen Bereich einer Webseite oder eines Browserfensters (Stichwort Adressleiste) etwas eingegeben wird. Und Hardware-Keylogger können Sie damit sowieso austricksen.

Die Top Ten der Software-Keylogger

So, wie Bestenlisten für Drucker, Monitore etc. die Kaufentscheidung erleichtern sollen, gibt es ebenfalls eine Anlaufstelle für Testberichte der neusten Keylogger. Thematisch passend lautet deren URL ebenso schlicht *http://www.keylogger.org*. Viele der dort vorgestellten Programme sind aber keineswegs Freeware, sondern zum Teil richtig teuer. Und legal. Weil dahinter „richtige" Unternehmen stehen, trauen sich auch nur die wenigsten Antivirenspezialisten, die kommerziellen Keylogger als Schadsoftware zu klassifizieren – schließlich kann ein Rechtsstreit teuer werden.

---

1 In englischer Sprache abrufbar unter *http://cups.cs.cmu.edu/soups/2006/posters/herley-poster_abstract.pdf*.

Natürlich stürzt sich die düstere Raubkopiererszene besonders auf solche Software, die wohl vermehrt illegalen Einsatz findet. Dementsprechend sind allerlei „gecrackte" Versionen solcher Spionagetools in den Tauschbörsen zu finden. Ziemlich sicher können Sie sich aber dessen sein, dass diese illegalen Downloads nicht nur die Spionagesoftware, sondern auch einen richtigen Trojaner bzw. ein Rootkit enthalten. Und der spioniert dann den Hobby-Spion aus.

Schutzschirm über schmutzige Programme: die Rootkits

Normalerweise dürfte es für gute Antivirensoftware kein Problem sein, Keylogger und Trojaner zu entdecken sowie zu entfernen. Doch seit einigen Jahren machen sogenannte Rootkits den Antivirenspezialisten das Leben schwer.

Rootkits sind selbst nur selten schädlich, sind sie doch per Definition eine Art Schutzschild gegen Antivirus- und Systemverwaltungsprogramme. Was sie schützen, sind aber meist Trojaner. Und die will natürlich keiner auf dem Rechner haben.

Das Sony-Rootkit

Den Weg ins öffentliche Bewusstsein fanden Rootkits mit Sicherheit auch durch Mark Russinovich. Er entdeckte das sogenannte Sony-BMG-Rootkit, das sich völlig automatisch und unbemerkt auf PCs installiert, sobald man bestimmte Musik-CDs des Sony-BMG-Konzerns auf dem PC abspielt. Dabei handelte es sich aber keinesfalls um das Werk eines Hackers, der dem CD-Rohling das Rootkit noch kurz vor dem Presswerk zur Vervielfältigung unterschob, sondern um eine bewusst eingesetzte Kopierschutzmaßnahme von DRM-geschützten Musik-CDs.

Eigentlich heißt das Rootkit XCP (lang: **E**xtended **C**opy **P**rotection) und wurde von der britischen Firma First 4 Internet entwickelt, die inzwischen unter dem Namen Fortium Technologies (*http://www.fortiumtech.com*) operiert. Es wurde nur relativ kurz und auch nur auf dem amerikanischen Markt eingesetzt, wenngleich eine Einführung auf Musik-CDs für den europäischen Markt vorgesehen war. Dennoch schätzt man die Zahl der „infizierten" PCs auf ca. 500.000. So viel schaffen sonst nur sehr aggressive Schadprogramme.

So versteckt sich das Sony-Rootkit

Damit die mit XCP-DRM geschützten CDs auf einem PC abgespielt werden können, muss eine spezielle Wiedergabesoftware genutzt werden, die der CD beiliegt. Mit anderen Abspielprogrammen wie dem Windows Media Player können die CDs nicht verwendet werden. Sobald diese Abspielsoftware das erste Liedchen trällert, installiert sie unbemerkt einen neuen Systemtreiber, den die XCP-Programmierer *aries.sys* nannten. Dieser Treiber schaltet sich zum Auslesen der auf Festplatte etc. gespeicherten Daten und sämtlichen Windows-Komponenten und Anwendungen, die diese Daten abfragen, zwischen die Windows-(API-)Funktionen. Möchte ein Programm den gesamten Inhalt eines Ordners erfahren, sendet es eine entsprechende Anfrage an die Auslesefunktion. Deren Antwort wird vom Rootkit-Treiber abgefangen. Enthält sie eine Auflistung von Dateien mit dem Dateianfang *sys*, werden die Verweise zu diesen Dateien aus der Antwort getilgt. So verdeckt der Treiber beispielsweise das Verzeichnis *sysfilesystem* mitsamt dessen Inhalt im *Windows*-Ordner. Eigentlich unnötig zu erwähnen, dass sich das XCP-Rootkit genau in diesem Verzeichnis eingenistet hat.

Das Rootkit versteckt aber nicht nur seine Dateien im *Windows*-Verzeichnis, sondern verbirgt auch die dazu passenden Registry-Einträge, deren Schlüsselnamen ebenfalls mit *sys* beginnen. Damit der sysDRMServer-Dienst, der den eigentlichen DRM-Schutz realisiert, vor dem Task-Manager und ähnlichen Programmen verborgen bleibt, unternimmt das Rootkit zusätzliche Anstrengungen – und das sehr erfolgreich.

Natürlich startete das Rootkit bei jedem Windows-Start von selbst. Startverweise auf das XCP-Rootkit reichen gar bis in den Zweig der Registry, der die für den abgesicherten Modus notwendigen Treiber auflistet. Auf diese Weise wird das Rootkit sogar im abgesicherten Modus ausgeführt.

Geburtsstunde des Rootkit Revealers

Mark Russinovich konnte das Sony-Rootkit trotzdem nach langem Kampf besiegen. Es animierte ihn sogar dazu, den sogenannten Rootkit Revealer (*http://technet.microsoft.com/de-de/sysinternals/bb897445.aspx*) zu programmieren. Für Russinovich war das nur konsequent, hat er mit seinen SysInternals-Tools doch schon häufiger die Windows-Welt bereichert.

Wie funktioniert das Aufspüren von Rootkits? Sogenannte Cross-View-Rootkit-Detektoren nutzen zunächst Windows-(API-)Funktionen zum Zugriff auf das Dateisystem und die Registry. Anschließend lesen sie selbst die Rohdaten eines Speichermediums aus und wandeln sie in sinnvoll nutzbare Daten um. Sie führen also einen sogenannten Low-Level-Zugriff auf das Dateisystem aus – vorbei an den sonst genutzten Windows-Funktionen, deren Ergebnisse möglicherweise von einem Rootkit manipuliert werden.

Die mit beiden Verfahren gewonnenen Daten werden anschließend verglichen. Findet der Detektor beim „eigenhändigen" Low-Level-Zugriff mehr Dateien als über die Windows-Funktion, schlägt er Alarm: Anscheinend wird etwas vor den Augen des Nutzers und herkömmlicher Software, welche die Windows-Funktionen zum Zugriff nutzen, verborgen.

Kampf gegen Rootkits

Mit dem teils verborgenen Aufstieg der Rootkits steigt freilich ebenso die Zahl der Gegenmaßnahmen bzw. Softwaretitel, die beim Entdecken und Entfernen eines Rootkits behilflich sein können. Recht tauglich sind beispielsweise GMER (*http://www.gmer.net*), der System Virginity Verifier (*http://www.invisiblethings.org/code.html*) oder IceSword (am besten googeln), ein Produkt eines chinesischen Programmierers.

Die Reaktion der Rootkit-Autoren

Wie auch in anderen sicherheitsrelevanten Bereichen kämpfen die Rootkit-Autoren beständig gegen die Anti-Rootkit-Softwareautoren. Bisweilen treibt das merkwürdige Blüten, etwa wenn die Entdecker einer neuen Angriffsmöglichkeit gleichzeitig eine Lösung des Problems als auch die neu entdeckte Rootkit-Technologie zum Kauf anbieten, sie also als „Doppelagenten" arbeiten – im Gegensatz zu den Bösewichten in den Spionagefilmen aber meist ganz offenkundig und anscheinend ohne schlechtes Gewissen.

Regelrecht perfide war die Reaktion der Rootkit-Autoren auf die Einführung des SysInternals Rootkit Revealers und anderer Rootkit-Detektoren: Neuere Rootkits erkennen ihrerseits den Detektor bei der Ausführung und lassen ihr Schutzschild plötzlich fallen, sodass sie für den Detektor auch über die Windows-API-Funktion sichtbar werden. Da dem Rootkit-Detektor die eigentlich gefährlichen Dateien der Schadsoftware nun sowohl über seinen Low-Level-Datenzugriff als auch über die Windows-API-Funktion angezeigt werden, stellen sie für ihn keine Besonderheit mehr dar und gehen mit den Tausenden anderen Dateien als „ungefährlich" durch. In der Konsequenz müssen die Rootkit-Detektoren nun selbst Rootkit-Techniken verwenden, um sich vor der Erkennung der Rootkits zu schützen.

Sicherheitslücken finden und beseitigen

Seit Würmer wie W32.Blaster Hunderttausende Rechner niederstreckten, veröffentlicht Microsoft Updates für kritische Sicherheitslücken und andere Windows-Probleme nicht mehr nach Lust und Laune, sondern in der Regel mindestens einmal im Monat. Und zwar an jedem zweiten Dienstag im Monat. Danach können Sie die Uhr – oder zumindest Ihren Kalender – stellen.

In diesem Turnus sollten auch Sie Ihr System auf dem aktuellen Stand halten. Wer die automatischen Updates via Windows Update aktiviert hat, macht sich darum vermutlich weniger Sorgen. Die Updates kommen dann schließlich ohne Zutun. Und solange Sie eine Originalversion von Windows einsetzen, sollte Ihnen das Windows Update kaum Sorgen machen.

Extrem gefährdet: ungeschützte Windows-Neuinstallation

Anders sieht es aus, wenn Sie Windows neu installieren. All die schönen Patches und Updates aus dem Internet haben Sie dann nicht sofort, sondern erst nach der Installation zur Verfügung – per erneutem Download über Windows Update. Das kann gefährlich sein, wenn kritische Sicherheitslücken klaffen.

So wie damals: Mit Schrecken erinnern sich viele Windows-XP-Nutzer an den Blaster-Wurm, der 2003 die Runde machte und in Windeseile Millionen Rechner infizierte. Ohne entsprechenden Patch war jeder Windows-XP-Computer, der direkt und nicht über eine Firewall mit dem Internet verbunden war, sofort dem Wurm ausgesetzt.

Das ging so weit, dass PCs schon während der Installation infiziert wurden – Minuten, bevor Besitzer einer alten Windows-XP-Installations-CD ohne entsprechend integrierten Patch überhaupt die Möglichkeit hatten, sich mittels Windows Update oder Firewall dagegen zu schützen. Ohne den Rechner vom Internet zu trennen und zunächst sämtliche Sicherheitsupdates zu installieren, sah es schlecht aus. Erst mit neuen Installations-DVDs, die schon die Änderungen des zweiten Service Packs enthielten, konnte man wieder sorgenfrei installieren und über Windows Update aktualisieren.

Update-Pakete von freien Quellen

Von den Service Packs einmal abgesehen, bietet Microsoft keinerlei Update-Sammlungen an, mit denen man einen neu installierten PC von Sicherheitslücken befreien könnte, ohne vorher mit dem „frischen" PC ins Internet zu müssen.

Lösungen wie das Update Pack für Windows Vista von „Dr. Windows" (*http://www.drwindows.de/vista-updates-and-patches*) schaffen Abhilfe: Wenn immer neue Updates erscheinen, die kritische Sicherheitslücken schließen, wird das Update Pack aktualisiert und zum kostenfreien Download bereitgestellt. Es ist aber eine Anmeldung, um das gewichtige Paket herunterladen zu können.

Wann immer Sie einen frischen Windows-PC aufsetzen: Jetzt haben Sie die wichtigsten Updates schon parat, ohne vorher ins Internet gehen zu müssen.

Der Software-Check: Sicherheitslücken in installierten Programmen finden

Laut einer Veröffentlichung des dänischen Unternehmens Secunia sind 98 % aller Windows-PCs durch bekannte Sicherheitslücken gefährdet. Sie sind also nicht auf dem neusten Update-Stand.

„Kann doch nicht sein", meinen Sie vielleicht, weil Sie und Ihr Bekanntenkreis regelmäßig die neusten Windows-Updates aus dem Netz laden oder automatisch beziehen. Doch Secunia bezog nicht nur die per Windows Update vertriebenen Aktualisierungen mit ein, sondern verglich die Versionen aller wichtigen installierten Programme mit den jeweils aktuellen Fassungen – wie beispielsweise dem Webbrowser, aber auch den Flash-Plugins und Java-Versionen etc. Nur insgesamt 2 % der untersuchten Computer betrieben alle kritischen Anwendungen in der jeweils neusten Version. Rund 30 % der PCs hatten 1 bis 5 Anwendungen installiert, die jeweils unter einem bekannten Sicherheitsproblem litten und für die es bereits eine Aktualisierung gab. Etwa 25 % ließen 6 bis 10 unsichere Programme im Einsatz und über 45 % der Computer beherbergten sogar 11 oder mehr Programme, die unbedingt aktualisiert werden müssten.

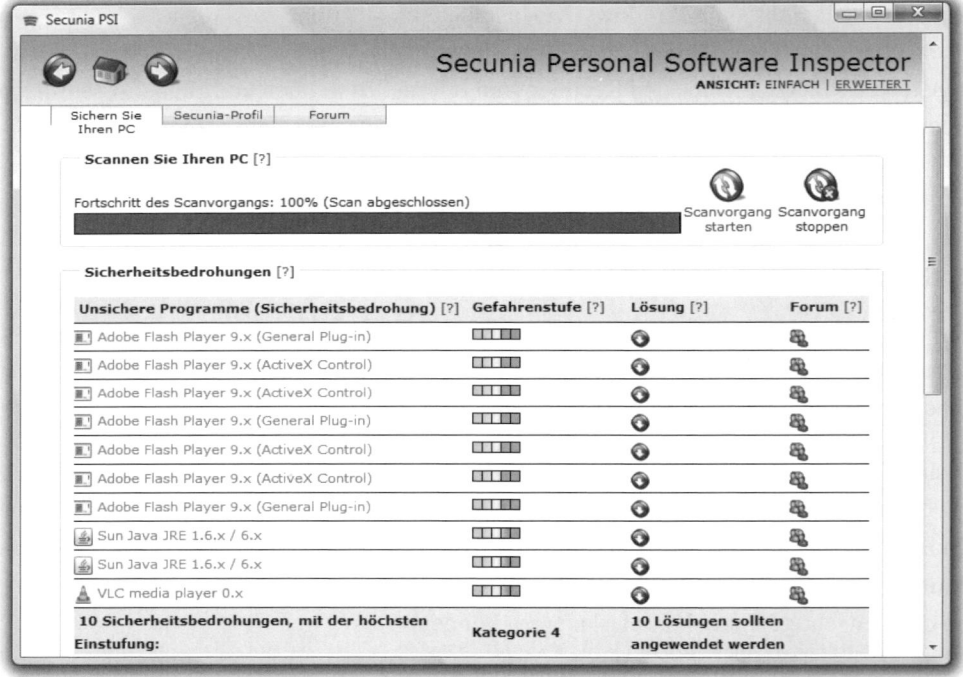

Die hohe Zahl der Sicherheitsbedrohungen relativiert sich natürlich, wenn beispielsweise jede kritische Komponente des Adobe Flash Players separat gelistet und gezählt wird. Ein Update des Flash Players stopft schließlich sämtliche bekannten Lücken auf einmal. Trotzdem sollten Sie solche Warnungen ernst nehmen und die betroffenen Anwendungen schleunigst aktualisieren.

Der ausgewertete Datensatz stammte von insgesamt 20.000 PCs, auf denen das Programm **P**ersonal **S**ecurity **I**nspector (PSI) installiert war. Mit diesem Tool, das Secunia kostenlos unter *http://www.secunia.com/vulnerability_scanning_personal* anbietet, können auch Sie den Update-Stand Ihres Computers ermitteln. Zum „Dank" sendet es allerdings die gewonnenen, jedoch anonymisierten Daten in die dänische Firmenzentrale, wo sie unter anderem in solchen Statistiken aufgehen.

8.2 Die Tricks der Computer-Forensiker

CSI & Co. kennt heute jeder. Einschlägige TV-Serien aus dem Genre der Gerichtsmedizin oder Forensik führten dazu, dass viele junge Menschen vermehrt Berufswünsche in diese Richtung äußerten. Vielleicht strahlt dieses Image auch ein wenig auf die Computer-Forensik ab. Mit menschlichen Leichen beschäftigt sich der gemeine Computer-Forensiker in aller Regel nicht – höchstens mit (vermeintlich gelöschten) Dateileichen. Brisant ist dieses Feld der Verbrechensaufklärung aber allemal. Ob hoher finanzieller Betrug, die berühmte Kinderpornografie oder der internationale (Daten-)Terrorismus so hoch wiegen wie das Tagesgeschäft der Gerichtsmedizin, soll dabei aber jeder für sich selbst entscheiden.

Wie die „richtigen" Forensiker wollen auch Computer-Forensiker keine Spuren am „Tatort" hinterlassen. Den Tatort stellt natürlich vor allem der Computer dar, konkreter die Festplatte. Hier sollen im Rahmen der Analyse so wenig „Änderungen" wie möglich erfolgen. Dazu wird die Analyse nicht auf dem PC selbst, sondern anhand einer 1:1-Kopie der Festplatte durchgeführt. Copy & Paste funktioniert hierbei aber natürlich nicht. Tatsächlich wird eine bytegenaue Kopie benötigt, die beispielsweise mit dem Tool dd erzeugt werden kann.

Forensiktools – Skalpell und Schere der Computer-Forensiker

Angehende Computer-Forensiker können aus einer Vielzahl von Softwareprodukten auswählen. Der Großteil dieser Anwendungen ist sogar kostenlos und genügt für den Heimgebrauch (= den Hobby-PC-Forensiker) völlig. Erst in der Strafverfolgung wird wohl zunehmend auf kostenpflichtige Forensiklösungen wie Encase (*http://www.encase enterprise.com*) oder AccessDatas FTK (*http://www.accessdata.com*) zurückgegriffen.

Diese zum Teil sehr teuren Anwendungen bieten dann beispielsweise einige Dokumentationsfunktionen, die für Gerichtsverfahren notwendige Protokolle der forensischen Arbeit erstellen. Außerdem sind sie als ganzheitliche Lösungen etwas einfacher zu bedienen als die kostenlosen Alternativen, die – leider – überwiegend Linux- und Unix-Kenntnisse voraussetzen. Dennoch: Einige nützliche Gratistools für Hobby-(Computer-)Forensiker, die man auch ohne Linux-Kenntnisse bedienen kann, sind:

- **dd**: Als Teil der Forensic Aquisition Utilities (*http://www.gmgsystemsinc.com/fau/*) erstellt dieses Tool 1:1-Kopien (sogenannte Images) von Festplatten, USB-Sticks, Flash-Speicherkarten etc.

- **FileDisk**: Bindet Datenträger-Images als virtuelle Laufwerke ein, sodass Sie über den Explorer etc. bequem darauf zugreifen können. URL: *http://www.acc.umu.se/~bosse/*.

- **LiveKd**: Hiermit erzeugen Sie sogenannte Crashdumps, die auch den Arbeitsspeicher enthalten. Mit forensischen Tools stöbern Sie darin nach Belieben. Sie finden es unter *http://technet.microsoft.com/de-de/sysinternals/bb897415.aspx*.

- **The Sleuth Kit**: Was nützt das ganze Datensammeln, wenn Sie die erstellten Datenträger-Images nicht auswerten können? Die kostenlose Forensik-Auswertungssoftware The Sleuth Kit (*http://www.sleuthkit.org*) vermag Ihnen bei der Auswertung zu helfen.

Allerlei kostenlose Tools gibt es von Foundstone, einem Tochterunternehmen vom Antivirusspezialisten McAfee. Unter *http://www.foundstone.com/us/resources-free-tools.asp* erreichen Sie eine englischsprachige Übersicht. Besonders interessant sind hierbei:

- **BinText** ist eine Alternative zur strings.exe (siehe Seite 267), liest also aus jeder beliebigen Datei Klartextstrings aus.

- **DumpAutoComplete** sucht nach dem Standard-Firefox-User und liest dessen Auto-Complete-Datenbank aus, welche eben jene Daten enthält, die in Webformularen automatisch vom Browser ausgefüllt werden.

- **Forensic Toolkit** ist eine kleine Sammlung von Tools, die bei NTFS-formatierten Datenträgern ganz praktisch sein können.

Hex-Editoren helfen beim Stöbern, wenn das Geld nicht für ein Forensiktool langt

Hex-Editoren gibt es je nach „Geschmacksrichtung" von allerlei Herstellern. Damit stöbern Sie beispielsweise in der Auslagerungsdatei *pagefile.sys* oder in der ebenso interessanten *hiberfil.sys*.

Ein recht bekannter Vertreter dieser Gattung ist WinHex, den Sie unter *http://www.x-ways.net/winhex/index-d.html* in einer funktional eingeschränkten Version kostenlos herunterladen können. Zugleich existiert eine spezielle Ausgabe für Zwecke der Forensik, die als X-Ways Forensics angeboten wird (*http://www.x-ways.net/forensics/index-d.html*). Eine kostenlose Probeversion dieser Software ist für Privatpersonen aber leider nicht erhältlich.

Immer gleich: Aufbau eines Hex-Editors

Noch kurz zur Funktionsweise: Die meisten Hex-Editoren sind vom Aufbau her weitestgehend gleich, sodass die folgenden Ausführungen nicht nur für WinHex gültig sind:

Mittig sehen Sie die Bytes der betrachteten Datei. In der Regel sollten je 16 Bytes in einer Zeile nebeneinander stehen. Reicht der Platz auf dem Bildschirm nicht aus, blendet beispielsweise WinHex einige der letzten Bytes aus. Indem Sie auf den links davon stehenden Offset-Wert klicken, wechselt die Ansicht jedoch weiter zum Ende der Bytefolge.

Links der Bytes steht der schon erwähnte Offset. Er gibt in hexadezimaler Schreibweise an, wie viele Bytes der jeweiligen Zeile bereits vorangegangen sind. Typischerweise beginnt der Offset bei der Darstellung von 16 Bytes je Zeile, also bei *0016*, und setzt sich mit *10_{16}*, *20_{16}* etc. fort (*$10_{16} = 16_{10}$*, *$20_{16} = 32_{10}$*).

In der rechten Spalte stellen Hex-Editoren wie WinHex typischerweise Klartext dar, sofern es denn welchen gibt. Per Einstellung – in WinHex über *Optionen/Zeichensatz* – legen Sie dabei fest, mit welchem Zeichencode die Bytes decodiert werden sollen. Normalerweise ist ASCII voreingestellt und meist auch die richtige Wahl.

Der Besenschrank des Arbeitsspeichers: die Auslagerungsdatei

Reicht das Fassungsvermögen des Arbeitsspeichers (RAM) nicht aus, lagert Windows die gerade nicht so nötig gebrauchten Daten in die Auslagerungsdatei *pagefile.sys* aus. Unter Windows wird diese Auslagerungsdatei gern als virtueller Speicher bezeichnet, ist betriebssystemübergreifend aber eher als Pagefile bekannt.

Der Einsatz einer Auslagerungsdatei ist vor allem bei PCs mit wenig Arbeitsspeicher (RAM) sinnvoll. Sie stellt sicher, dass es später nicht einmal heißt: „Kein freier Arbeitsspeicher mehr für diese Anwendung verfügbar", indem sie den Überschuss – so verrät es der Name – in eine Datei auslagert.

Als „Besenschrank" des Arbeitsspeichers kann sie natürlich potenziell allerlei interessante Daten enthalten. Zum Beispiel Texte aus geöffneten Fenstern, Passwörter und Zugangsdaten oder Dateien, die so lieber keiner hätte sehen sollen. Es ist kein Wunder, dass sie ein beliebtes Ziel für forensische Analysen ist.

Solange nicht anders konfiguriert, liegt sie versteckt im Root-Verzeichnis einer jeden Windows-Installation. Das ist regelmäßig schlicht der Pfad *C:*. Leider ist ein Direktzugriff mit herkömmlichen Methoden nicht möglich, solange Windows läuft. Indem Sie Ihren PC aber mit einem anderen Betriebssystem oder einer Linux-Live-CD starten, klappt's auch mit dem Blick in die *pagefile.sys*.

TIPP

So könn(t)en Sie die Auslagerungsdatei deaktivieren

Theoretisch könnten Sie die Auslagerungsdatei deaktivieren, praktisch ist das jedoch problematisch, da Programme abstürzen, sofern ihnen nicht genügend Arbeitsspeicher bzw. ausgelagerter Arbeitsspeicher zur Verfügung steht. Nur wer sehr viel RAM im Rechner stecken hat – bei Vista etwa 8 GByte –, vermag wohl ohne Auslagerungsdatei ganz gut zurechtkommen.

Die Konfiguration der Auslagerungsdatei ist gut versteckt. Unter Vista öffnen Sie erst die *Systemsteuerung*, darin dann *System und Wartung/System* und *Erweiterte Systemeinstellungen*. Im nun geöffneten Fenster mit dem Register *Erweitert* wählen Sie den Button *Einstellungen* im Bereich *Leistung*. Nun wird ein weiteres Fenster *Leistungsoptionen* geöffnet, unter dessen Register *Erweitert* Sie letztlich den Bereich *Virtueller Arbeitsspeicher* finden.

Wo der Arbeitsspeicher in Ruhe ruht

Nutzt man den Ruhezustand, fährt der Rechner beim Ausschalten nicht ganz herunter. Stattdessen schreibt Windows den Inhalt des Arbeitsspeichers auf die Festplatte – konkret: in die Datei *hiberfil.sys*. Sie liegt ebenfalls gut versteckt im Root-Verzeichnis Ihrer Systemfestplatte (vermutlich *C:*). Schalten Sie den Rechner wieder ein, lädt Windows die Inhalte der *hiberfil.sys* erneut in den Hauptspeicher, stellt also den in dieser Datei gespeicherten Zustand wieder her.

Wie die *pagefile.sys* ist auch die *hiberfil.sys* vor Zugriffen geschützt, solange Windows läuft. Durch Booten einer Linux-Live-CD oder eines zweiten Betriebssystems können Sie sie aber kopieren.

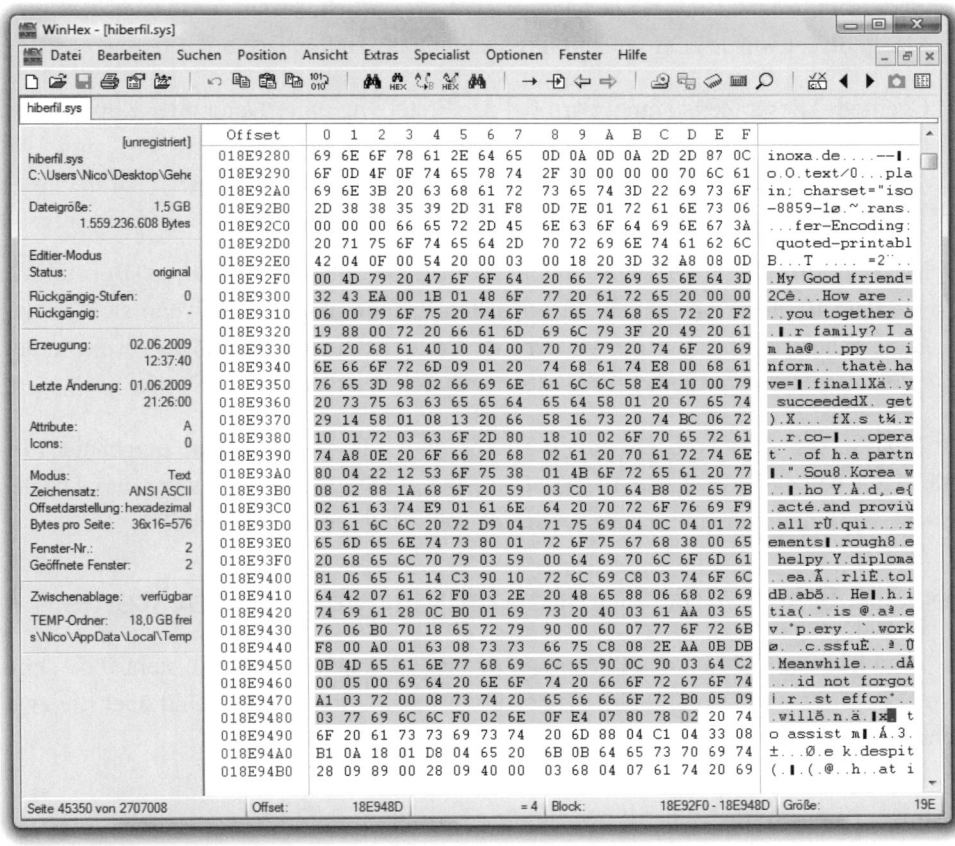

Schon mit einfachen Mitteln wie einem simplen Hex-Editor können Sie in der Datei stöbern und fündig werden. Für diese Abbildung wurde dieTestversion des WinHex-Editors genutzt. Die gefundene Zeichenkette zeigt Fragmente des Inhalts einer SPAM-E-Mail, die beim Ausschalten in den Ruhezustand geöffnet war.

Verräterische Zeitstempel von Dateien

Grundsätzlich steht das Kürzel MAC für vieles. Es gibt die kryptografischen MAC-Funktionen (hier: **M**essage **A**uthentification **C**ode) oder die MAC-Adresse eines Netzwerkadapters (dort: 138). Das Kürzel MAC wird jedoch ebenso für Zeitstempel im Dateisystem verwendet. Das klingt zunächst etwas abstrus – also, wofür steht MAC in diesem Fall genau?

■ **Modified**: Wann wurde eine Datei das letzte Mal modifiziert? Diese Frage klärt dieser Zeitstempel, der immer dann aktualisiert wird, wenn sich die Inhalte einer Datei ändern. Wird sie hingegen nur kopiert oder verschoben, ihr Dateiname oder einzelne Dateiattribute geändert, bleibt dieser Zeitstempel unberührt.

- **Accessed**: Anhand dieses Zeitstempels ist ersichtlich, wann eine Datei das letzte Mal geöffnet wurde oder jemand ihre Dateieigenschaften ansah.

- **Created**: Dieser Zeitstempel wird bei der Erstellung einer Datei oder Kopien einer Datei angelegt.

Sofern Sie NTFS verwenden, existiert noch ein vierter Zeitstempel:

- **MFT modified**: Dieser Zeitstempel ist mit herkömmlichen Windows-Bordmitteln wie dem Explorer unsichtbar. Er wird immer dann aktualisiert, wenn sich der zur Datei gehörige Eintrag in der **M**aster **F**ile **T**able (MFT) verändert. Das geschieht beispielsweise beim Öffnen, beim Umbennen oder Verschieben der Datei.

Die Analyse von Zeitstempeln ist häufig direkt in die Forensiksoftware eingebaut. Mitunter dient beispielsweise die *Accessed*-Angabe als Suchkriterium, wenn nur Dateien gesucht werden, die in einem bestimmten Zeitraum aufgerufen wurden.

Der File Slack – die Rumpelkammer des Dateisystems

Bevor im nächsten Absatz das Phänomen des File Slacks erklärt wird, steht Ihnen eine kurze Einführung in Datenblöcke alias Sektoren und Cluster bevor. Und über die zwei grundlegenden Formatierungsarten lernen Sie auch noch etwas.

Was bei der Formatierung passiert

Die Formatierung zuerst: Grundsätzlich wird zwischen einer Low-Level- und einer High-Level-Formatierung unterschieden. Eine Low-Level-Formatierung teilt die physische Festplatte in Sektoren auf und wird typischerweise vor der Auslieferung an den Kunden durchgeführt. Ein Sektor hat dabei die Größe von 512 Byte. Mitunter kann eine solche Low-Level-Formatierung aber auch von einer Privatperson selbst durchgeführt werden, sofern der Festplattenhersteller dafür ein spezielles Tool bereitstellt. (Samsung bietet im Internet beispielsweise ein solches Tool an, das die Low-Level-Formatierung von Samsung-Festplatten unterstützt.)

Eine High-Level-Formatierung führt hingegen Ihr Betriebssystem durch. Windows arbeitet dabei im wahrsten Sinne oberflächlich und gruppiert je mehrere Sektoren einer Festplatte in eine neue Zuordnungseinheit, die Cluster. Außerdem wird eine **F**ile **A**llocation **T**able (kurz: FAT) bzw. **M**aster **F**ile **T**able (kurz: MFT) erstellt, die später einem Dateinamen, unter dem die Datei gespeichert wurde, die Cluster zuordnen kann.

Langsam wird es spannend: Jeder dieser Cluster hat eine bestimmte, festgelegte Größe. Die Cluster des modernen Windows-Dateisystems NTFS sind beispielsweise typischerweise 4 KByte, also 4.096 Byte groß. Ein Cluster im NTFS-Dateisystem umfasst somit in aller Regel acht Sektoren (8*512 Byte je Sektor = 4.096 Byte pro Cluster). Der Vorgänger FAT32, der auch heute noch häufig eingesetzt wird, ist bezüglich der Clustergröße variabel und orientiert sich in erster Linie an der Größe des Datenträgers. Hierbei sollten Sie sich zusätzlich eines vergegenwärtigen: Je kleiner die Cluster sind, desto mehr passen auf eine Festplatte. Und desto größer wird dann aber auch die von Windows verwaltete Zuordnungstabelle sein, die einem Dateinamen die physischen Speicherorte der zugehörigen Daten zuordnet.

So wird aufgefüllt

Nun benötigt kaum eine Datei nur genau 4.096 Byte Speicherplatz, noch hat sie eine Dateigröße, die genau durch 4.096 Byte – und somit ohne Rest – dividiert werden kann. Es bleibt somit in aller Regel ein kleiner Rest von weniger als 4.096 Byte übrig. Dieser Rest wird in den letzten Cluster geschrieben, der zum Speicherort einer Datei gehört. Natürlich können sich die paar übrigen Daten nicht in dem letzten, sehr geräumigen Cluster nach Belieben „breit machen". Auch sie müssen sich den Regeln des Dateisystems fügen und – mit dem ersten freien Byte des Clusters beginnend – den Cluster nacheinander füllen. Nach dem letzten Byte einer Datei wird das sogenannte **End Of File** (kurz: EOF) also das Ende der Datei markiert. Weil die letzten paar übrigen Bytes der Datei keinen 4.096 Byte entsprechen, bleibt im Cluster natürlich etwas Raum für weitere Daten. Dieser freie Speicher innerhalb eines Clusters wird als File Slack bezeichnet.

Windows nutzt Ihre echten Daten zum Vollschreiben

Den File Slack lässt Windows nicht einfach frei. Vielmehr wird er mit zufällig ausgewählten Daten gefüllt. Die Formulierung „zufällig ausgewählt" ist Ihnen hierbei möglicherweise gleich ins Auge gesprungen, bedeutet sie doch etwas ganz anderes als „zufällig generiert". Tatsächlich lässt Windows eben keinen Zufallsgenerator laufen, der jenen File Slack beliebig mit Nullen und Einsen füllt. Stattdessen werden echte Daten aus dem Arbeitsspeicher und von anderen Teilen der Festplatte genutzt, um den freien Speicher zu füllen.

Noch einmal ein kurzer Schwenk zu den Clustern: Im NTFS-Dateisystem sind sie typischerweise 4.096 Byte groß und setzen sich aus acht 512 Byte großen Sektoren zusammen. Natürlich unterscheidet Windows nicht nur zwischen Clustern, sondern erkennt deren innenliegende Sektoren ebenfalls als solche. Diese Kenntnis der Sektoren spielt beim Füllen des File Slacks eine Rolle. Den freien Platz des Sektors, in dem die allerletzten Datenbytes einer Datei liegen, füllt Windows nämlich mit Inhalten des Arbeitsspeichers – mit dem sogenannten RAM Slack. Alle übrigen freien Sektoren, die sich noch innerhalb eines Clusters befinden könnten, werden hingegen mit dem sogenannten Drive Slack aufgefüllt, hinter dem sich nichts anderes als andere Daten von anderen Bereichen der Festplatte verbergen.

Das Füllen des File Slacks können Sie weder verhindern, noch deaktivieren oder konfigurieren. Allein regelmäßiges Überschreiben der gesamten Festplatte mit speziellen Datenkillern (siehe Seite 272) entfernt die Daten, die im Slack gespeichert sind. Dass dies überaus unpraktisch und umständlich ist, versteht sich von selbst.

So können Sie den File Slack unter Windows analysieren

Das kostenpflichtige Profitool Encase ist wohl die erste Wahl, möchte man den File Slack einer Festplatte untersuchen. Doch es geht unter Windows auch gratis, beispielsweise mit dem Disk Investigator (*http://theabsolute.net/sware/dskinv.html*) von Kevin Solway.

Haben Sie den Disk Investigator heruntergeladen und installiert, können Sie loslegen: Starten Sie das Programm und stellen Sie die Einstellung *View* für einen ersten Test am besten auf *Directories*. Sogleich schaltet das Programm in einen Modus, in dem Sie jede beliebige Datei über den gewohnten Verzeichnispfad aufrufen können. Suchen Sie sich doch einmal eine Datei, deren angehängten File Slack Sie untersuchen möchten. Klicken Sie sie dann mit der rechten Maustaste an und entscheiden Sie sich im Kontextmenü für *View raw file contents*. Ein neues Fenster wird geöffnet. Wählen Sie darin *Hex*, stellt der Disk Investigator den Dateiinhalt wie ein Hex-Editor dar – nur mit dem Unterschied, dass er den File Slack gesondert (rot) markiert. Um ihn zu sehen, müssen Sie jedoch erst zum Ende der Datei gelangen. Dazu nutzen Sie den unteren horizontalen Schieberegler und ziehen diesen ganz nach rechts, zum *End of File*. Gegebenenfalls müssen Sie noch den gewohnten vertikalen Regler einsetzen, um die ersten rot gefärbten Bytes zu sehen. Der File Slack klebt eben ganz am Ende der Datei.

Von außen im Windows-Papierkorb stöbern

Wie in richtigen Papierkörben landet auch im Windows-Papierkorb nicht nur reiner Datenmüll. Manch ganz interessante Information ist ebenfalls dabei.

Für Vista wurde der Papierkorb alias Recycler komplett überarbeitet. Systemintern wird er nun *%Recycle.bin* genannt und ist unter *C:\$Recycle.bin* zu finden. Doch wer in erwähnten Pfad schaut, sieht zunächst nur gähnende Leere.

Sobald eine Datei in den Vista-Papierkorb wandert, wird ihr Dateiname ersetzt. Lautete der Originaldateiname beispielsweise *Supergeheim.jpg*, wird die Datei in *$R*, gefolgt von einem Zufallswert und der Originaldateiendung umbenannt. Sie könnte dann zum Beispiel *$RVD4996.jpg* heißen. Zusätzlich wird eine weitere Datei angelegt, die den ursprünglichen Namen und ehemaligen Speicherort jener gelöschten Datei enthält. Auch sie wird nach einer festen Regel benannt: Beginnend mit *$I* folgt erneut der Zufallswert der *$R*-Datei sowie abschließend die Originaldateiendung, beispielsweise *$IVD4996.jpg*. Diese *I$*-Dateien könnten Sie nun mit einem Hex-Editor öffnen und auslesen.

```
Eingabeaufforderung

c:\$Recycle.Bin\S-1-5-21-1536082212-3137079488-2012615506-1000>dir
Volume in Laufwerk C: hat keine Bezeichnung.
Volumeseriennummer: 3027-D649

Verzeichnis von c:\$Recycle.Bin\S-1-5-21-1536082212-3137079488-2012615506-1000

20.01.2009  21:42              544 $I58RDAZ.JPG
21.01.2009  18:48              544 $IDNJAMF.pdf
20.01.2009  21:42              544 $IIYF4UJ.JPG
20.01.2009  21:42              544 $ILFIS2U.JPG
20.01.2009  21:42              544 $IMGN5SJ.JPG
19.01.2009  13:46              544 $IRQ349Q.bmp
20.01.2009  21:41              544 $IUD4996.JPG
07.01.2009  07:47              544 $IUJ8IGZ.wmv
20.01.2009  21:41              544 $IXYT5GZ.JPG
15.01.2009  10:21              544 $IY2DKQ6.bmp
20.01.2009  21:40        1.288.021 $R58RDAZ.JPG
21.10.2008  16:06          187.093 $RDNJAMF.pdf
20.01.2009  21:39        1.225.585 $RIYF4UJ.JPG
20.01.2009  21:38        1.320.905 $RLFIS2U.JPG
20.01.2009  21:41        1.227.600 $RMGN5SJ.JPG
19.01.2009  13:41        1.372.554 $RRQ349Q.bmp
20.01.2009  21:38        1.246.080 $RUD4996.JPG
20.12.2008  21:53        4.949.842 $RUJ8IGZ.wmv
20.01.2009  21:41        1.295.115 $RXYT5GZ.JPG
15.01.2009  10:12        1.203.630 $RY2DKQ6.bmp
              20 Datei(en),     15.321.865 Bytes
               0 Verzeichnis(se), 46.903.554.048 Bytes frei
```

Warum das interessant ist? Sind Sie mit Ihrem Benutzerkonto an einem Windows-PC angemeldet, können Sie den Papierkorb natürlich auch so einsehen. Wer Ihr Benutzerpasswort jedoch nicht kennt und auch nicht herausfinden kann, hat keinen direkten Zugriff auf den Inhalt Ihres Papierkorbs. Kennt er aber die oben beschriebene Arbeitsweise des Papierkorbs, kann er trotzdem darin stöbern: Einfachen Zugriff aufs Dateisystem gibt's schließlich mit jeder Linux-Live-CD. Schützen tut allein – wie so oft – nur eine Komplettverschlüsselung des Systems.

Unbekannt.exe – so finden Sie den Zweck jeder Datei heraus

Stoßen Sie auf eine unbekannte Datei, kann eine sogenannte String-Analyse über den Zweck der Datei etwas Klarheit schaffen. Oder Sie finden heraus, welchem Softwareprodukt sie zugehört respektive welcher Softwarehersteller sie entwickelte und erstellte.

Unter Windows nutzen Sie dazu am besten das kleine Tool Strings von Microsofts Sys-Internals Team. Seine Funktionsweise ist schnell erklärt: Es extrahiert sämtliche lesbaren ASCII- und Unicode-Zeichenketten (Strings) aus binären Dateien, wie etwa EXE-Dateien. Die aktuelle Version des Programms finden Sie unter *http://technet.microsoft.com/en-us/sysinternals/bb897439.aspx*. Und so arbeiten Sie damit:

1 Öffnen Sie die Eingabeaufforderung. Verwenden Sie Windows Vista oder höher, müssen Sie die Eingabeaufforderung mit Administratorrechten starten. Das gelingt am schnellsten, indem Sie *cmd* in die Suchleiste des Startmenüs eingeben, anschließend mit der rechten Maustaste auf die eingeblendete *cmd.exe* klicken und *Als Administrator ausführen* wählen.

2 Navigieren Sie mit der Eingabeaufforderung in das Verzeichnis, in dem sich die *strings.exe* befindet. (Einfacher wird's im Folgenden, wenn Sie die *strings.exe* sowie die unbekannte Datei gemeinsam in ein Verzeichnis kopieren.)

3 Geben Sie nun *strings.exe*, gefolgt von dem Dateinamen der zu untersuchenden Datei ein. Also etwa *strings.exe Unbekannt.exe*. Sogleich listet das Tool sämtliche Strings der Datei im Fenster der Eingabeaufforderung auf.

Virenautoren sind das Strings-Tool und ähnliche Anwendungen natürlich bekannt. Entsprechend versuchen viele, kompromittierende Texte in ihren Programmen zu vermeiden.

Empfindliche Daten in der Registry

Wie gründlich deinstalliert sich ein Programm? Wenn Sie Glück haben, wird der Löwenanteil entfernt. Rückstände in der Registry gehören leider schon fast zum guten Ton. Selbst Monate nach einer Deinstallation enthält die Registry noch Einträge von Programmen, die es gar nicht mehr gibt. Darunter können auch empfindliche Informationen sein, die Sie lieber verbergen möchten – vielleicht eine Verlaufshistorie von Dateien, die mit dem Programm geöffnet wurden.

Tools wie der Vista Registry Cleaner (*http://www.registry-cleaner.net/vista-registry-cleaner.htm*) oder Registry Mechanic (*http://www.pctools.com/de/registry-mechanic/*) entfernen diese Karteileichen und räumen die Registry auf. Bevor Sie jedoch eines dieser Programme installieren und verwenden, seien Sie sich bitte des Risikos bewusst, das mit diesen Tools einhergeht. So kann solche Cleaner-Software nicht nur in der Registry aufräumen, sondern diese eben auch zerstören. Backup und Wiederherstellungspunkt sind somit Pflicht!

Um das Risiko eines Fehlschlags zu vermeiden, nutzen Sie immer nur ein Tool – und das auch nicht zu oft. Mehrere Tage und Wochen können zwischen den Reinigungsvorgängen ruhig liegen – so schnell müllt die Registry schließlich auch nicht zu.

8.3 Gelöschte Dateien mit nur einem Klick wiederherstellen – die Schattenkopie macht's möglich

Viele Vista-Nutzer beobachten ein Phänomen, den anderen ist es nur noch nicht aufgefallen: Festplatten verlieren wie von Geisterhand GByte an freiem Speicher, ohne dass Dateien aufgespielt oder Software installiert wurde. Schuld an diesem „mysteriösen Speicherschwund" sind die sogenannten Volumeschattenkopien, die Vista – und später auch Windows 7 – auf der Festplatte ablegen. Eigentlich sehr hilfreich, sind sie aber ein weiterer Ort auf der Festplatte, der unbemerkt Kopien Ihrer Daten bereithält.

Volumeschattenkopien kurz erklärt

Volumeschattenkopien sind Momentaufnahmen Ihrer Festplatte. Tatsächlich werden darin aber nur die Dateien gespeichert, die im Laufe der Zeit geändert oder gelöscht wurden. Solche Schnappschüsse erstellt Vista regelmäßig, teils sogar mehrmals am Tag.

Aber wieso benötigen Vistas Volumeschattenkopien so viel freien Speicher? Ursache dafür ist die Microsoftsche Großzügigkeit. Zwar erstellt Vista nicht unendlich viele Volumeschattenkopien auf Ihrer Festplatte, es geht mit Ihrem Speicherplatz aber dennoch recht freimütig um: Bis zu 15 Prozent einer Festplatte können die Volumeschattenkopien belegen, was sich besonders bei großen Festplatten deutlich bemerkbar macht.

Wiederherstellungsfunktion – aber nur für zahlungskräftiges Klientel!

Um eine alte Dateiversion wiederherzustellen, genügen ein paar Klicks. Das Kontextmenü einer jeden Datei enthält nämlich eine Funktion *Vorgängerversionen wiederherstellen* – zumindest in Vista Business und Ultimate. Nutzern der Home-, Basic- und Home Premium-Versionen wird diese Funktion leider nicht angeboten.

Wenn Computervandalen aus dem benachbarten Kinderzimmer Streiche spielen, kann so manches Foto des letzten Stadtfestes plötzlich anders aussehen. Ohne Backup hatten Sie früher kaum eine Chance, die Originalversion wiederherzustellen. Mit einer entsprechenden Vista-Version gibt es nun aber im Eigenschaften-Dialog einer jeden Datei das Register Vorgängerversionen. Die Funktion im Hintergrund heißt allerdings: Volumeschattenkopien.

Reingeschnüffelt: Volumeschattenkopien einsehen und Dateien selbst mit Home Basic und Home Premium manuell wiederherstellen

Obwohl selbst Vista Home Basic und Home Premium fleißig Schattenkopien erstellen und somit Vorgängerversionen jeder veränderten Datei noch eine Weile auf der Festplatte sichern, bleiben den Nutzern jener Vista-Versionen die Volumeschattenkopien offiziell vorenthalten. Denn die Funktion *Vorgängerversionen wiederherstellen* fehlt schlicht. Lediglich auf die Wiederherstellungspunkte können sie über die Systemwiederherstellung zurückgreifen.

Haben Home-Anwender also eine wichtige private Datei überschrieben, schauen sie theoretisch in die Röhre. Nach der Vorstellung Microsofts könnte man freilich auf eine Vista Business- oder Ultimate-Version aktualisieren und schon wäre es möglich, eine Datei nachträglich aus einer bestehenden (!) Volumeschattenkopie wiederherzustellen.

Seit Anfang 2008 gibt's für Nutzer der Vista Home-Versionen ebenfalls eine einfache Möglichkeit, die in jeder Vista-Version erstellten Volumeschattenkopien zu nutzen – den Shadow-Explorer (*http://www.shadowexplorer.com*). Ganz so komfortabel wie die native Wiederherstellungsfunktion von Vista Business und Ultimate ist das Tool zwar nicht, dafür aber gratis.

Volumeschattenkopien deaktivieren

Volumeschattenkopien sind ein nützliches Feature, denke ich zumindest. Aber vielleicht begeistert Sie das Konzept nicht so ganz. Vor allem wenn Sie Nutzer einer Vista Home-Version sind, ist das verständlich. Bevor Sie der folgenden Minianleitung folgen, lesen Sie aber bitte den kleinen Warnhinweis. Danke.

> **T I P P**
>
> ### Wiederherstellungspunkte in Gefahr
> Wiederherstellungspunkte sind für jeden Windows-Nutzer Gold wert. Denn durch die Systemwiederherstellungsfunktionen beseitigen Sie leicht eine Vielzahl von Windows-Problemen. Leider sind die Wiederherstellungspunkte untrennbar mit den Volumeschattenkopien verzahnt. Schalten Sie die Volumeschattenkopien also aus, deaktivieren Sie damit zugleich die Wiederherstellungspunkte – und begraben somit die Möglichkeit, die Systemwiederherstellung zu nutzen.

Öffnen Sie in der *Systemsteuerung* den Bereich *System und Wartung* und wählen Sie anschließend *System*. Klicken Sie nun in der linken *Aufgaben*-Leiste der Systemsteuerung auf *Computerschutz*. Ein *Eigenschaften*-Fenster öffnet sich, in dessen Abschnitt *Automatische Wiederherstellungspunkte* alle Laufwerke Ihres PCs aufgelistet werden. Entfernen Sie die Häkchen vor den Laufwerken, für die Sie die Volumeschattenkopien (und Systemwiederherstellungsfunktion) deaktivieren möchten. Bestätigen Sie Ihre Entscheidung entsprechend.

8.4 So radieren Sie das Windows-Gedächtnis endgültig aus

Die gewöhnliche Löschfunktion von Windows macht eigentlich überhaupt nichts. Sie ändert nur einen Eintrag in der Dateizuordnungstabelle (File Allocation Table), sodass die Bits der betreffenden Datei in Zukunft einmal überschrieben werden können. Die Datei selbst sowie alle oben genannten Daten dieser Datei bleiben tatsächlich zunächst weiterhin bestehen.

Genauso wenig hilft die gewöhnliche Formatierung eines Datenträgers, wollen Sie die Daten auf einem Datenträger sicher überschreiben. Auch sie überschreibt nur die Dateizuordnungstabelle. Konkreter: Deren Pointer werden auf null gesetzt[2]. Daten oder Dateien wirklich löschen, das kann Windows nicht von allein.

Hier müssten Sie überall Hand anlegen

Damit eine Datei wirklich verschwindet, müssen viele Stellen des Datenträgers angetastet werden. Separat über die gesamte Festplatte sind nämlich verstreut:

- der Name der Datei in der Master File Table (bei NTFS) oder File Allocation Table (bei FAT),

- das Datum, an dem sie erstellt wurde,

- das Datum, an dem zuletzt auf sie zugegriffen wurde,

- die Ordner, aus denen sie heraus- bzw. in die sie hineinkopiert wurde,

- das Datum, an dem sie umbenannt wurde etc.,

- Kopien bzw. unterschiedliche Versionen der Datei in den Volumeschattenkopien (siehe Seite 269),

- Kopien der Datei in der Windows-Auslagerungsdatei

- sowie temporäre Dateien, die bei der Erstellung oder Bearbeitung der Datei entstanden.

Fazit: Wer eine Datei verschwinden lassen will, muss den gesamten Datenträger, auf dem sie gespeichert ist oder war, sicher überschreiben. Wurde sie beispielsweise zum Transport auf andere Datenträger kopiert, sind auch diese vollständig zu überschreiben.

8.5 So leicht können vermeintlich gelöschte Daten wiederhergestellt werden

Dass Dateien beim Löschen nur selten richtig gelöscht werden, ist ein glücklicher Umstand für all jene, die Dateien versehentlich löschen. Mit den richtigen Werkzeugen, die es zahlreich und größtenteils kostenlos im Internet gibt, können zunächst verloren geglaubte Daten in den meisten Fällen wiederhergestellt werden. Genauso einfach wird es aber auch den Neugierigen gemacht, die Zugriff auf Ihre Festplatten oder Speicherkarten erhalten wollen.

---

2 Hier wird das Verhalten einer Schnellformatierung beschrieben. Die „normale" Formatierung prüft zusätzlich jeden Cluster auf (physische) Fehler und markiert defekte Cluster, um sie künftig auszuschließen. Mehr geschieht dabei hingegen nicht.

Wiederherstellungsprogramme: Freund oder Feind?

Ein Wiederherstellungsprogramm kann somit zugleich Freund, aber auch Feind sein. Um zu sehen, wie leistungsfähig diese Programme sind, probieren Sie am besten eines aus. Regelrecht ins Bild drängt sich Avira UnErase Personal (*http://www.free-av.de*) – eine kostenlose Lösung für Privatpersonen, die vom Hersteller des beliebten Avira Anti-Vir stammt.

So gut wie der Virenschutz ist Aviras UnErase Personal jedoch nicht. Zumindest unter Windows Vista hat das Tool große Probleme, vor allem mit Bilddateien, die dank Bildfehlern nur selten dem gelöschten Original entsprechen oder erst gar nicht geöffnet werden können.

Eine Alternative zu Aviras UnErase ist FreeUndelete (*http://www.officerecovery.com/ freeundelete/*). Dessen Name gibt gleich Auskunft über die beiden wichtigsten Eigenschaften des Programms: Es ist kostenlos und es stellt gelöschte Dateien wieder her. In mehreren kleinen Tests machte das Tool zudem eine bessere Figur als Aviras UnErase: Sofern Fotos von einer Speicherkarte wiederhergestellt werden konnten, waren sie überwiegend fehlerfrei. Doch bei denen, die UnErase nicht wiederherstellen konnte, versagte auch FreeUndelete. Ebenso erfolglos waren etliche andere Wiederherstellungstools, darunter der PC Inspector File Recovery (*http://www.pcinspector.de/*) und Recuva (*http:// www.recuva.com*).

So entfernen Sie einzelne Dateien unwiederbringlich

Es gibt viele Wiederherstellungstools – und ebenso viele Löschtools, die Dateien endgültig entfernen. Zumindest von jenem Ort, an dem sie sich offiziell befanden.

Eines dieser Tools trägt den schlichten Namen Eraser (*http://www.heidi.ie/eraser/*). In Vergleichstests wird diese Software immer wieder mit Lorbeeren geschmückt, und das, obwohl sie eine rein destruktive Aufgabe hat – aber mit konstruktivem Nutzen: Statt eine Datei einfach nur mit der Windows-Methode zu löschen, entfernt Eraser die Daten richtig, indem der entsprechende Sektor mehrfach überschrieben wird. Zwar ist es Profis danach theoretisch immer noch möglich, die Daten – oder zumindest Teile davon – auszulesen, doch den herkömmlichen Wiederherstellungstools bleibt erfolgreiches Auslesen versagt.

Nach der Installation nistet sich der Eraser u. a. im Kontextmenü aller Dateien ein. Mit einem Rechts- und noch einem Linksklick können Sie so jede Datei sicher entfernen bzw. mit *Eraser Secure Move* an einen anderen Ort verschieben, ohne auf dem Quelldatenträger eine Spur zu hinterlassen.

8.6 Datenträger richtig säubern – simples Formatieren genügt längst nicht

Einen Datenträger zu formatieren, ist aus Sicht der Datensicherheit nicht viel besser, als jede der darauf gespeicherten Dateien einfach nur zu löschen. Auch hierbei werden gespeicherte Daten nicht entfernt, sondern nur zum Überschreiben freigegeben. Die Unterscheidung, die Windows zwischen der Normal- und der Schnellformatierung eines Datenträgers trifft, hat mit der grundsätzlichen Funktionsweise nicht viel zu tun. Allein eine gründliche Prüfung der Festplatte auf fehlerhafte Sektoren macht den Unterschied, der die Normalformatierung so lähmt.

Versteckte Tools der Festplattenhersteller helfen weiter

Anders bei der sogenannten Low-Level-Formatierung einer Festplatte, bei der tatsächlich sämtliche Bits überschrieben werden. Dazu bedarf es aber spezieller Tools, die nur der Festplattenhersteller bereitzustellen vermag. Da dabei irreversible Schäden an der Festplatte entstehen können – besonders bei falscher Anwendung – verstecken die Hersteller solche Tools jedoch tief in ihren Webseiten. Oder bieten sie gar nicht erst an.

Sicheres Formatieren für jedermann

Um ganze Festplatten vor der Weitergabe oder dem Verkauf gründlich zu löschen, müssen Sie nicht in den Tiefen des Netzes nach den Low-Level-Formatierern eines Festplattenherstellers graben.

Sie können auch ein Tool wie **D**arik's **B**oot **a**nd **N**uke (DBAN) einsetzen. DBAN ist streng genommen kein einzelnes Programm, sondern setzt auf einer Linux-Live-Distribution auf. Konkret heißt das: CD ein- und sogleich loslegen.

Darik's Boot and Nuke erhalten Sie kostenfrei über die offizielle Webseite des Programms, *http://www.dban.org*. Es wird dort in Form einer ISO-Datei angeboten[3]. Brennen Sie diese und legen Sie den Datenträger im Anschluss in das CD/DVD-Laufwerk des PCs, dessen Festplatteninhalte Sie sicher entfernen möchten. Hat das Starten von CD geklappt, bestätigen Sie die erste Abfrage mit [Enter].

---

3 Haben Sie keine Brennsoftware installiert, können Sie ISO-Dateien auch mit dem kleinen Gratistool ISO Recorder (*http://isorecorder.alexfeinman.com*) auf eine CD oder DVD brennen.

```
                    Darik's Boot and Nuke 1.0.7
 ┌─────────────── Options ───────────────┐┌─────────── Statistics ──────────┐
 │Entropy: Linux Kernel (urandom)        ││Runtime:                         │
 │PRNG:    Mersenne Twister (mt19937ar-cok)││Remaining:                      │
 │Method:  PRNG Stream                   ││Load Averages:                   │
 │Verify:  Last Pass                     ││Throughput:                      │
 │Rounds:  8                             ││Errors:                          │
 └───────────────────────────────────────┘└─────────────────────────────────┘
 ┌───────────────────── Disks and Partitions ─────────────────────┐
 │ ▶ [wipe] (IDE  0,0,0,-,-) VBOX HARDDISK                         │
 │   [****] (IDE  0,0,0,-,1) Partition                            │
 │                                                                 │
 │                                                                 │
 │                                                                 │
 └─────────────────────────────────────────────────────────────────┘
   P=PRNG M=Method V=Verify R=Rounds, J=Up K=Down Space=Select, F10=Start
```

Die Oberfläche von Darik's Boot and Nuke ist sehr trist, das Programm aber umso leistungsfähiger.

Standardeinstellung ist der Modus *DoD Short*, der laut Darik's Boot and Nuke eine mittlere Sicherheit bietet. Er sollte genügen. Damit behandelte Festplatten sind vor dem Otto-Normal-Angreifer eigentlich schon hinreichend sicher gelöscht und könnten höchstens noch im Forensik-Labor bearbeitet werden. Wer eine andere Löschmethode nutzen möchte, drückt [M].

Am gründlichsten arbeitet der *Gutmann Wipe*, der insgesamt 35 Durchgänge durchläuft. Doch Obacht, denn der Gutmann Wipe ist schon ein paar Jahre alt und berücksichtigt nicht die Eigenheiten moderner Festplatten. Besser ist deshalb der *PRNG Stream*, bei dem die Festplatte mit Daten des Pseudozufallsgenerators[4] von Darik's Boot and Nuke aufgefüllt wird. Hohe Sicherheit bietet der PRNG Stream aber nur bei einer Rundenzahl von mindestens 8 Runden. Konfigurieren können Sie diese Rundenzahl mittels [R]. Bedenken Sie aber: Je mehr Runden und je aufwendiger der Algorithmus, desto länger dauert der Löschvorgang.

Physische Grenzen

Was durchaus passieren kann: Moderne Festplatten erkennen, wenn einer ihrer Sektoren kurz vor dem Versagen steht und kopieren die darin enthaltenen Daten in einen neuen Sektor, ohne den alten zu löschen. Dieser „Versager" ist dann mit herkömmlichen Methoden zwar nicht mehr auszulesen, was aber einen Computer-Forensiker nicht daran hindert, auf die dort ehemals gespeicherten Daten zuzugreifen.

Um diese Problematik der „sterbenden" Sektoren zu umgehen, sollte eine Festplatte von Anfang an – also gleich nach dem Auspacken – vollständig verschlüsselt werden.

---

4 Darik's Boot and Nuke bietet zwei Pseudzufallsgeneratoren an: Der sogenannte Mersenne Twister ist voreingestellt, kann aber per [P]-Taste gegen ISAAC ausgetauscht werden.

8.7 Browsercache, Verlauf und Co.: das halbe Web auf der Platte?

Browser sind ein beliebtes Ziel von Schnüfflern – oder vielmehr die Dateien, die diese Browser anlegen. Vielleicht möchten Sie einmal nachsehen, was Ihr Browser so alles in seinem Cache als temporäre Dateien ablegt?

Ohne großen Aufwand den Cache und Verlauf einsehen

Da sich die Speicherorte der Browser für Surfverlauf, Cookies und Co. regelmäßig ändern, meist mit jeder neuen Browser- oder gar Windows-Version, sei an dieser Stelle nur auf Gratistools von NirSoft (*http://www.nirsoft.net/web_browser_tools.html*) verwiesen, die die Speicherorte von Cache und Surfchronik für unterschiedliche Browserversionen automatisiert aufspüren. Die Toolsammlung für neugierige Surfer ist:

- **MozillaCacheView**: Der Name des kleinen Tools ist eigentlich selbsterklärend. Werfen Sie damit einen direkten Blick in den Firefox-Cache, ohne sich mit Hex-Editoren etc. herumärgern zu müssen, mit denen sonst nur der Zugriff auf den Firefox-Cache gelingen würde.

- **MozillaHistoryView**: Damit lassen Sie sich den Firefox-Verlauf anzeigen, ohne den Browser starten zu müssen.

- **IECacheView** und **IEHistoryView** weisen die gleiche Funktionsweise wie die beiden Mozilla-Pendants auf, nur eben für Microsofts Internet Explorer.

- Freunde exotischerer Browser finden bei NirSoft zudem einen **OperaCacheView** sowie einen **ChromeCacheView**.

Natürlich müssen diese Surfspuren nicht auf Ihrer Festplatte verbleiben: Jeder moderne Browser offeriert schließlich Funktionen, mit denen sich sämtliche Daten entfernen lassen. Beachten Sie jedoch, dass die Dateien nur „normal", also eigentlich gar nicht gelöscht werden.

TIPP

Panische Attacken

Wie wichtig regelmäßiges Löschen der Surfspuren ist, zeigt die Webseite http://www.startpanic.com/. Klicken Sie dort auf den Button *LETS START!*, liest sie nämlich die Surfchronik Ihres Firefox-Browsers oder Internet Explorers aus.

Private Daten im Firefox löschen

Über das *Datei*-Menü *Extras* und *Private Daten löschen* bietet der Firefox selbst eine Funktion an, die Surfspuren wie Cache, Verlaufschronik oder Cookies schnell entfernt. Schneller rufen Sie die Funktion über (Strg)+(Umschalt)+(Entf) auf.

Spurenbeseitigung mit dem Internet Explorer

Im Internet Explorer 8 finden Sie eine Löschfunktion für alle relevanten Surfspuren hingegen unter *Sicherheit/Browserverlauf löschen*. Wie der Firefox weiß auch Microsofts Internet Explorer etwas mit dem Tastenkürzel (Strg)+(Umschalt)+(Entf) anzufangen und öffnet damit den entsprechenden Assistenten.

Cookies – kleine Verräter

Der Datenverkehr beim Surfen fließt eigentlich nur durch eine Einbahnstraße. Sie geben in die Adresszeile des Browsers eine URL ein – und der Browser lädt die dazugehörige Webseite herunter. Klicken Sie auf einen Link, passiert eigentlich nichts anderes. Denn im Grunde ändert sich nur die Adresse, die Sie nun abrufen. (Statt auf den Link zu klicken, könnten Sie genauso gut die Internetadresse eingeben, auf die dieser Link verweist.)

Cookies machen aus der Einbahnstraße eine gewöhnliche Straße mit Gegenfahrbahn. Wenn auch nur mit einer sehr schmalen, vielleicht für Fahrradfahrer. Cookies erlauben dem Webserver, Daten auf dem Computer des Surfers zu hinterlassen und diese Daten beim Seitenaufbau auch auszulesen. Dem Inhalt des Cookies entsprechend, wird die vom Webserver ausgesendete Webseite dynamisch verändert. Manchmal ist diese Individualisierung nur sehr geringfügig: Wenn Amazon.de Sie anhand eines gespeicherten Cookies als bekannten Kunden wiedererkennt, freuen Sie sich über eine persönliche Begrüßung am oberen Rand der Webseite. Tatsächlich personalisiert der Onlineversandhändler die Seite aber noch mehr: Anhand vergangener Bestellungen oder Ihres zuvor erfolgten Stöberns durch den Produktkatalog werden Ihnen allerlei Empfehlungen gegeben.

Auch die Werbewirtschaft setzt Cookies ein, registriert damit aber eher, wann, wo und wie lange Sie sich im Netz herumtreiben. Sogenannte Tracking Cookies mit einer eindeutigen Kennung werden von einem Werbeserver zusammen mit einem Werbebanner an Sie ausgeliefert. Surfen Sie eine andere Webseite an, die den gleichen Werbedienstleister nutzt, funkt Ihr Browser den Cookie an den Werbeserver zurück. So entsteht beim Werbedienstleister ein webseitenübergreifendes Profil.

Schluss mit der Überwachung: Cookies entfernen und deaktivieren

Über *Extras/Einstellungen/Datenschutz* (im Einstellungsfenster) gelangen Sie im Firefox schnell zu den Cookie-Einstellungen. In den Standardeinstellungen speichert der Firefox sie bis zu ihrem „Mindesthaltbarkeitsdatum". Die Option *Behalten, bis Firefox geschlossen wird* ist aber wahrscheinlich eine bessere Wahl. Vielleicht entfernen Sie sogar das Häkchen bei *Cookies akzeptieren*, müssen dann aber auf vielen Webseiten mit einem eingeschränkten Angebot leben – viele Webshops funktionieren ohne Cookies beispielsweise überhaupt nicht.

Gesund bleiben – und Cookies verweigern

Auf einige Cookies möchte man aber nicht verzichten – nicht alle führen schließlich ein Schnüfflerleben, sondern besitzen zum großen Teil auch eine Komfortfunktion. Wer nicht alle Cookies pauschal verbieten will, blockiert daher am besten nur die unbeliebten.

Was NoScript für JavaScripts und lästige Flash-Werbung ist, das ist das Firefox-Add-on CS Lite (*https://addons.mozilla.org/firefox/addon/5207*) für Cookies. Wie NoScript fügt es sich als kleines, unauffälliges Symbol in die rechte untere Ecke des Firefox-Browsers ein. Doch statt JavaScript blockiert es zunächst sämtliche Cookies, die eine Seite auf Ihrem Rechner hinterlegen will. Um Webseiten die Cookie-Erstellung zu erlauben, genügen zwei Klicks: einer auf das Cookie-Symbol und der zweite auf beispielsweise *google.de akzeptieren*.

Kennen nur die Profis: (Flash-)Cookies der nächsten Generation

Cookies kennt die breite Masse – wenn überhaupt – nur als kleine Textdateien. Inzwischen hat sich aber eine neue Generation von Cookies etabliert, die sogenannten Flash-Cookies. Sie basieren auf dem Macromedia Flash-Plug-in, das fast jeder installiert hat.

Im Gegensatz zu normalen Cookies haben die Flash-Cookies kein Ablaufdatum, verbleiben also unbegrenzt lange auf Ihrem PC. Schnell sammeln sich Hunderte dieser Cookies an, mit denen Webseitenbetreiber Ihr Surfverhalten nun noch länger und noch ausführlicher aufzeichnen können.

Unter Vista finden Sie die Cookies unter *C:\Users\[Benutzername]\AppData\Roaming\ Macromedia\Flash Player\#SharedObjects*, wobei *[Benutzername]* von Ihnen natürlich entsprechend zu ersetzen ist.

Bislang sind diese kleinen Spione nur Wenigen bekannt, trotzdem gibt es bereits allerlei Tools, die sie beseitigen. Für den Firefox existiert beispielsweise das Add-on BetterPrivacy (*https://addons.mozilla.org/de/firefox/addon/6623*), das sich ausschließlich um die Flash-Cookies kümmert. In den Standardeinstellungen löscht BetterPrivacy beim Schließen des gesamten Firefox sämtliche Flash-Cookies. Möchten Sie das ändern, hilft ein Blick in die übersichtlichen Einstellungen des Add-ons.

Flash-Cookies komplett deaktivieren

Besagte Flash-Cookies können Sie auch komplett deaktivieren. Das geschieht über den Online-Einstellungs-Manager des Flash-Plug-ins. Sie finden ihn unter folgender, leider ellenlanger URL: *http://www.macromedia.com/support/documentation/de/flashplayer/ help/settings_manager03.html.*

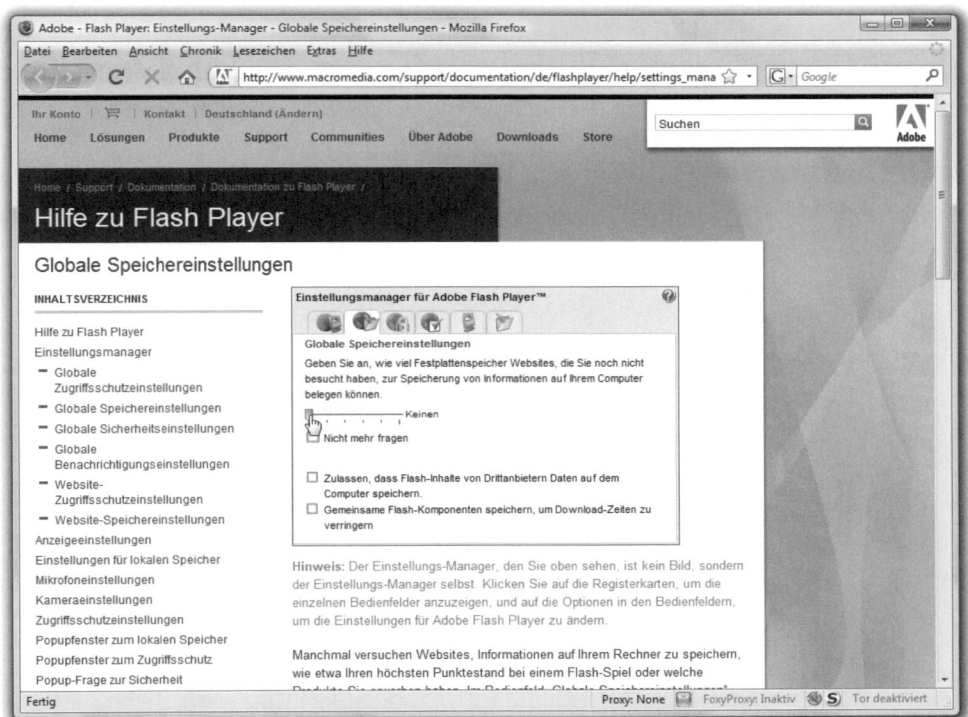

Im Register Globale Speichereinstellungen setzen Sie den Schieber am besten ganz nach links und entfernen die beiden Häkchen im unteren Bereich des Einstellungs-Managers. Schon sind die Flash-Cookies deaktiviert.

Porno-Modus im Browser – Surfen, ohne Spuren auf dem PC zu hinterlassen

Googles Chrome-Browser machte sie salonfähig, der Internet Explorer sowie Mozillas Firefox zogen nach. Gemeint sind die sogenannten Privacy-Modi, die alle modernen Browser anbieten. Liebevoll wird diese Funktion häufig „Porno-Modus" genannt. In diesem Modus ermöglichen die Browser das spurenfreie Surfen – zumindest, was die Spuren auf einem PC anbelangt. So werden während der „privaten" Surfausflüge weder ein Verlauf noch Cookies oder eine Chronik der heruntergeladenen Dateien angelegt.

In der Firefox 3.1 Beta 2 heißt der Privatsphärenmodus *Privater Modus* und war bisher über *Extras/Privater Modus* zu erreichen. Vermutlich wird sich daran auch nicht viel ändern. Leider war die Endfassung der neuen Browserversion zur Drucklegung dieses Buches noch nicht fertig. Zumindest in der Betaversion wechselt gleich der gesamte Browser in den „Porno-Modus". Fenster und Tabs, die zuvor im normalen Modus geöffnet waren, werden geschlossen. Immerhin sichert das Programm deren aufgerufene Inhalte, sodass geöffnete Tabs später leicht wiederhergestellt werden können.

Anonym surfen kann man in den Porno-Modi übrigens nicht, denn sie tilgen schließlich nur die Spuren auf dem eigenen Computer – aber wozu gibt es Anonymisierungsnetzwerke.

9

So entgehen Sie der Vorratsdatenspeicherung, Datengangstern und totaler Kontrolle

Was ist das eigentlich, diese ominöse Vorratsdatenspeicherung? Kurz: Sie verpflichtet alle deutschen Telekommunikationsanbieter – das sind zum Beispiel Mobilfunkanbieter und Internetprovider – sämtliche Verkehrsdaten ihrer Nutzer für sechs Monate zu speichern. Und was ist so schlimm daran? Nun, vorher musste ein sogenannter Anfangsverdacht bestehen, damit Telekom & Co. die Liste der Telefonanrufe und abgesandten E-Mails eines potenziell Verdächtigen heimlich speichern und den Ermittlungsbehörden zur Verfügung stellen konnten. Dieser Anfangsverdacht ist nun nicht mehr nötig, schließlich speichert man nun alles – von jedem.

Ein europaweites Phänomen

Aus Sicht der Strafverfolger ist solch eine Vorratsdatenspeicherung sicher praktisch, wenngleich sich doch die Frage nach der Zweckmäßigkeit stellt: Rechtfertigen ein paar mehr überführte Kriminelle wirklich diesen schweren Einschnitt in die Privatsphäre aller Bundesbürger?

Natürlich ist die Vorratsdatenspeicherung keineswegs ein rein deutsches Phänomen. Tatsächlich fußt sie auf der EU-Richtlinie zur Speicherung sämtlicher Telefon- und Internetverbindungsdaten, die für alle EU-Staaten bindend ist. Ziel war hier aber eine Harmonsierung der unterschiedlichen Vorratsdatenspeicherungsgesetze, die allerlei EU-Länder zuvor schon selbstständig beschlossen hatten.

Anfang 2009 hatte Irland vor dem Europäischen Gerichtshof (EuGH) gegen diese Richtlinie geklagt, weil sie nach Meinung der Iren nicht auf einer ausreichenden Rechtsgrundlage beruht. Leider widersprach der EuGH.

Was wird wo gespeichert?

Vor Inkrafttreten der Vorratsdatenspeicherung war es Internetprovidern etc. nur gestattet, die für die Abrechnung der angebotenen Dienstleistung erforderlichen Verbindungsdaten zu speichern. Da eine Mobilfunkrechnung in aller Regel im monatlichen Turnus zu begleichen ist, waren Länge des Gesprächs und die Nummer des Gesprächspartners also in der Regel nach einem Monat gelöscht. Bot ein Provider einen Prepaid-Tarif an, war zudem gar keine Speicherung der Verkehrsdaten nötig. Aber wie sieht es jetzt aus?

E-Mails – angeschrieben werden reicht schon

Versenden Sie beispielsweise eine E-Mail, speichert Ihr E-Mail-Anbieter nun Ihre IP-Adresse, den Zeitpunkt des Absendens und natürlich die E-Mail-Adresse des Empfängers (oder der Empfänger). Und das ein halbes Jahr lang.

Wer eine E-Mail erhält, muss sie noch nicht einmal abrufen, um ins „pauschale Fahndungsraster" zu gelangen. Sobald sie auf dem Posteingangsserver Ihres E-Mail-Anbieters eingeht, werden wiederum der Zeitpunkt des Empfangs, die E-Mail-Adressen des Absenders sowie aller Empfänger und die IP-Adresse des Absender-E-Mail-Servers gespeichert. Den Nachrichtentext selbst müssen/dürfen deutsche E-Mail-Provider gottlob noch nicht ein halbes Jahr aufbewahren. Dafür wird freilich schon jeder Zugriff auf ein E-Mail-Konto registriert.

Besuchte Seiten werden (noch) nicht gespeichert

So viel zu den E-Mails. Und was ist mit den vielleicht noch viel interessanteren Daten, die ein Internetprovider erheben kann? Ihr Glück: Die Webadressen (URLs) und zugehörigen IP-Adressen der Webseiten, die Sie besuchen, speichert man aber nicht. Stattdessen begnügt sich der Gesetzgeber mit dem Zeitpunkt der Einwahl und der an Sie vergebenen IP-Adresse. Natürlich ist andererseits jeder Webserver in der Lage, Ihre IP-Adresse und den Zeitpunkt Ihres Zugriffs zu speichern.

Und am Telefon?

Anders beim Telefonieren. Hier speichert Ihr Kommunikationsanbieter im Auftrag des Staates die Rufnummern beider Gesprächspartner und die Zeit des Telefonats. Wird ein Handy eingesetzt, muss zusätzlich dessen IMEI-Nummer hinterlegt werden. Das ist eine Art Seriennummer, unter der ein Handy eindeutig identifiziert werden kann. Außerdem wird der Standort des Handynutzers gespeichert!

Für jede geschriebene SMS werden die gleichen Daten erhoben, also Sender- und Empfängernummer, Zeit und die IMEI-Adressen der Handys. Bei VoIP-Diensten erhebt man zusätzlich zur Rufnummer noch die IP-Adresse, mit der die Gesprächspartner online sind.

Bundesverfassungsgericht setzt Schranken

Ursprünglich sah das Gesetz zur Vorratsdatenspeicherung vor, den Strafverfolgern bei jeder „mittels Telekommunikation"[1] begangenen Straftat den Zugriff auf die bei den Providern gespeicherten Daten zu gewähren. Die Abmahnmafia hatte sich schon gefreut: Sie selbst hätte zwar keinen Zugriff auf die gespeicherten Daten, über den Weg der Straf-

---

1 Siehe § 100g der Strafprozessordnung (StPO). Abrufbar unter anderem unter *http://dejure.org/gesetze/ StPO/100g.html.*

anzeige könne sie aber dennoch davon profitieren. Schließlich darf laut Gesetz der Staatsanwalt darauf zugreifen – selbst wenn es sich „nur" um Urheberrechtsverletzungen aufgrund illegalen Filesharings handelt, die aber freilich „mittels Telekommunikation" begangene Straftaten darstellen.

In einer Eilentscheidung vom 11.03.2008 schränkte das Bundesverfassungsgericht die Vorratsdatenspeicherung jedoch ein: Nur wenn Gefahr für Leib und Leben herrscht, darf die Strafverfolgung auf die gespeicherten Daten zugreifen. Das Filesharing bleibt somit erst einmal außen vor.

Fortsetzung folgt?!

Bei der Vorratsdatenspeicherung soll es allerdings nicht bleiben. Innenminister Wolfgang Schäuble plant in einem Gesetzentwurf beispielsweise die Möglichkeit für Webdienste ein, sämtliche Aktivitäten deren Nutzer aufzeichnen zu dürfen. Zumindest, um Störungen – und Störern – zu begegnen sowie den sehr lukrativen Datenklau zu verhindern.

9.1 Vorratsdatenspeicherung? Nein, danke! So surfen Sie weiterhin weitgehend anonym

Die Vorratsdatenspeicherung umgehen? Das funktioniert nur indirekt. Natürlich wird Ihr Internetprovider immer noch Ihre IP-Adresse speichern, wenn Sie eine Verbindung aufbauen. Es gibt aber Möglichkeiten, die gespeicherten Daten völlig nutzlos zu machen. Wenn Sie anonym durchs Netz streifen, verliert sich Ihre Spur. Man kann Ihnen dann höchstens nachweisen, dass Sie anonym unterwegs waren, nicht aber wo. In anderer Richtung endet die Verfolgung eines Webseitenbesuchers an den Pforten des Anonymisierungsdienstes: Wer den um weitere Auskunft bittet, wird keine Antwort erhalten. Diese scheinbare Unfreundlichkeit der Anonymisierers ist technisch begründet, denn: Sie wissen schlicht und ergreifend nicht, wer ihre Dienste wofür in Anspruch nahm.

Ein bisschen Paranoia schwingt immer mit, wenn es um das anonyme Surfen geht. Täglich surfen Millionen Deutsche durchs Netz, weltweit sogar Hunderte Millionen. Warum sollte man sich ausgerechnet für Ihre Daten und Surfgewohnheiten interessieren, wenn Sie doch gar nichts verbrochen haben, kein Filesharing betreiben, keine Bombenbastelanleitungen herunterladen? Eine gute Frage. Fakt ist aber, dass hinter der „Vorratsdatenspeicherung" keine Alberei steckt. All Ihre Telekommunikationsdaten sechs bis sieben Monate gespeichert – ist das nicht ein wenig beängstigend? Welcher regelmäßige Internetnutzer weiß schon noch, was er vor einem halben Jahr im Internet tat? Ja – was vor einer Woche?

TIPP

So werden IP-Adressen einem Ort oder gar Anschlussinhaber zugeordnet

IP-Adressen sind keine Telefonnummern mit einer (oder mehreren) festen Ortsvorwahlen. Sie werden also nicht pro Region vergeben. Dennoch geben viele IP-Adressen über den Wohnort des Anschlussinhabers Auskunft – auch wenn Sie mit einer dynamischen IP-Adresse durchs Netz streifen, die sich bei jeder Einwahl ändert.

Im Internet gibt es verschiedene Dienste, die die Rückverfolgung einer IP-Adresse bis auf die Ebene des Wohnortes ermöglichen (genauer können und dürfen es nur die Gesetzeshüter). Jeder, der an Ihre IP-Adresse gelangt, kann somit Ihren Wohnort ermitteln. Das ist beispielsweise in Foren oder Chats der Fall, wo zumindest Administratoren die IP der Teilnehmer einsehen können. Mit Tools wie *http:// www.ip2location.com/free.asp* können diese dann sehr leicht nachvollziehen, aus welcher Region der Nutzer stammte.

Gott sei Dank gelingt die Rückverfolgung nicht immer. Besonders kleine Internetprovider verfügen nur über einen kleinen IP-Pool, den sie nicht regional gliedern. Oder gar nicht können, da es die verwendete Technik nicht zulässt.

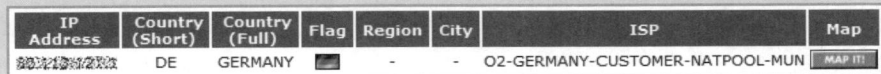

IP Address	Country (Short)	Country (Full)	Flag	Region	City	ISP	Map
80.123.45.21	DE	GERMANY	🇩🇪	-	-	O2-GERMANY-CUSTOMER-NATPOOL-MUN	MAP IT!

Wer über ein UMTS-Netz ins Internet geht, kann so leicht keiner Region zugeordnet werden. Hier war es eine IP aus dem O$_2$-UMTS-Netz, das *http:// www.ip2location.com* nur dem Netzbetreiber, nicht aber einem Ort zuordnen konnte. (Die IP-Adresse wurde verfremdet.)

Anonyme Surfoholiker: Anonymisierungsnetzwerke(r) helfen sich gegenseitig

Jedem Internetzugang ist eine eindeutige IP-Adresse zugeordnet. Wenn Sie nun mit Ihrem PC eine Webseite aufrufen, wird Ihre IP-Adresse bzw. die Ihres Internetanschlusses übermittelt.

Ähnlich funktioniert es beim Filesharing: Der Tauschpartner kennt dabei vielleicht nicht Ihren Namen, sieht dafür aber Ihre IP-Adresse. Wenn der Tauschpartner ein Abmahnanwalt der Medienindustrie ist, sieht es schlecht für Sie aus: Nicht erst seit der Vorratsdatenspeicherung kann eine IP-Adresse in Verbindung mit der Zugriffszeit und der Datenbank Ihres Internetproviders einem Internetanschluss bzw. dem Anschlussinhaber zugeordnet werden. Dank des sogenannten zivilrechtlichen Auskunftsanspruchs hat die

Medienindustrie inzwischen ein probates Werkzeug, um File-Sharer nachträglich für ihre Downloads zu belangen.

Hier setzen Anonymisierungsnetzwerke ein. Na gut, zumindest für den anonymen Webseitenbesuch. Denn illegales Filesharing sowie alle anderen strafbaren Netzaktivitäten gelten als Verstoß gegen die Etikette des Netzwerks, das eben vorrangig für anonymes Surfen und nicht für den anonymen Copyright-Verstoß aufgebaut wurde.

T I P P

Die unbekannten Filesharing-Alternativen

Fernab von BitTorrent und Emule werden alternative Tauschbörsen entwickelt, die völlig anonymes Tauschen ermöglichen sollen. Und das ohne zusätzliche Verschlüsselungsnetze wie Tor oder I2P. Weil aber trotzdem ganz andere Netzwerkstrukturen aufgebaut werden müssen, sind diese Tauschbörsen nicht mit den bestehenden und ihrem riesigen Dateiangebot kompatibel.

Eines dieser neuen P2P-Netze ist beispielsweise GNUnet (*http://www.gnunet.org*), ein Teil des Open-Source-Projekts GNU. Ein Abstecher in dieses Netzwerk lohnt sich bestimmt – zumindest, um einmal die Technik kennenzulernen. So tauschen GNUnet-Nutzer über einen Mittelsmann, sodass Dateianbieter sowie -empfänger keinen direkten Kontakt zueinander haben und auch sonst nicht die Daten des anderen, wie z. B. die IP-Adresse, einsehen können. Entsprechend langsam geht der Dateitausch auch vonstatten, eben wie bei Tor und I2P. Für die Distribution der neusten World-of-Warcraft-Updates wird es also so schnell wohl nicht genutzt werden – aber die müssen ja auch nicht anonym verteilt werden.

Kostenlose, aber langsame Anonymisierer

Die Technik hinter den Anonymisierungsnetzwerken ist vielschichtig und kompliziert. Die Einrichtung der nötigen Zugangssoftware auf einem Privat-PC ist es jedoch nicht. Zumindest für den Firefox-Webbrowser gibt es für die bekannteren Anonymisierungsnetzwerke kostenlose Plug-ins, welche die nötige Konfiguration für das jeweilige Netzwerk übernehmen:

- Das Tor-Netzwerk testen Sie am besten mit dem sogenannten Tor-Browserpaket für Windows (*http://www.torproject.org/download.html.de*), das die Tor-Basissoftware sowie den Torbutton, Polipo, Vidalia und einen vorkonfigurierten Firefox-Browser enthält. Wahlweise gibt es das Paket noch mit Pidgin, einem Instant Messenger, der nach der Installation des Pakets ebenfalls schon für das Tor-Netz vorkonfiguriert ist. Wer Tor bereits installiert hat und nur einen „Ein/Aus-Schalter" für den Firefox-Browser nachrüsten will, lädt das Torbutton-Add-on über den Firefox-Add-on-Katalog (*http://addons.mozilla.org/de/firefox/addon/2275*) separat herunter.

- Die Software für das JonDo-Netzwerk erhalten Sie unter *http://www.jondos.de*. Wer umständliches Konfigurieren scheut, greift zum sogenannten JonDoFox, einem für JonDo vorkonfigurierten Firefox-Profil (*https://www.jondos.de/de/jondofox*).

- Ein weiteres Anonymisierungsnetzwerk ist I2P, das auf Java basiert. So benötigen Sie dafür nicht nur die Programmdateien von *http://www.i2p2.de*, sondern ebenfalls die Java(TM) SE Runtime Environment 6 (*http://www.java.com*).

T I P P

Webmaster und deren Vorurteile

Es ist ganz klar: Wer Mist baut, möchte meist nicht dabei erwischt werden. Entsprechend ziehen Netzwerke wie Tor allerlei zwielichtige Gestalten an, die durch die relative Anonymität geschützt ihren Unsinn treiben und beispielsweise SPAM in Foren oder die Kommentare eines Blogs setzen. Als Blogger oder Betreiber eines Forums hat man es da nicht leicht, aber man hat Zugriff auf die IP-Adressen der Besucher und letztlich auch der Übeltäter.

Damit die Fahndung nicht vor den Toren des Tor-Netzwerks endet, sperrt mancher Foren- und Webseitenbetreiber die Tor-Nutzer gleich ganz aus. So viele Surfer nutzen es schließlich nicht – und wenn, dann nur mit bösen Hintergedanken, lautet das allgemeine Vorurteil. Google gehört beispielsweise zu jenen Webseiten, die für Nutzer des Tor-Netzwerks gesperrt sind.

Bedingt durch die Architektur des Tor-Netzwerks ist es gar nicht so schwer, dessen Nutzer auszusperren. Schließlich ist die Zahl der Tor-Knoten relativ beständig. Entsprechend effektiv sind die Listen sämtlicher Tor-Knoten, auf denen deren IP aufgeführt ist. Ein Server muss nur entsprechend konfiguriert sein, damit die Liste der Tor-Server regelmäßig angerufen und sämtliche Anfragen, die von deren IP-Adressen ausgehen, geblockt werden können.

Tors Verschleierungsprinzip

Wie Tor funktioniert, ist eigentlich schnell erklärt: Starten Sie die Tor-Software, lädt diese zunächst eine Liste aller verfügbaren Tor-Server von einem Verzeichnisserver herunter. Aus dieser Liste wählt das Programm zufällig drei Server aus und legt eine Route über die Server fest, über die der Datenverkehr letztlich geleitet werden soll.

Bevor der Datenverkehr einer Anwendung wie dem Firefox über diese Serverkette umgeleitet wird, verschlüsselt die Tor-Software sämtliche Datenpakete. Schließlich sollen die Server die übertragenen Daten nicht abfangen und auswerten können. Tatsächlich schützt die Verschlüsselung nur vor etwaigen Abhörern hinter den ersten beiden Servern einer Route.

TIPP

So konfigurieren Sie andere Anwendungen für das Tor-Netzwerk

Um den Datenverkehr von Anwendungen über Tor umzuleiten, müssen Sie in der Konfiguration der jeweiligen Anwendung nach den Verbindungseinstellungen suchen. Gibt es dort die Möglichkeit, einen sogenannten HTTP-Proxy zu konfigurieren, nehmen Sie diese in Anspruch und geben als IP-Adresse *localhost* und als Port *8118* ein.

Der letzte Server einer Kette ist ein sogenannter Exit-Knoten – oder Exit-Node. Hier wird der Datenverkehr entschlüsselt und in die Weiten des Webs abgegeben. Sofern es sich nicht um zusätzlich SSL-verschlüsselte Datenpakete handelt, könnte der Exit-Knotenbetreiber den Datenverkehr auslesen. Das ist problematisch, zumal die Tor-Server überwiegend von Privatpersonen betrieben werden, die keinem Registrierzwang unterliegen. Zu dieser Problematik später noch mehr.

Die IP-Adresse des Exit-Knotens ist zugleich jene, unter der Sie als Tor-Nutzer offiziell surfen – zumindest für die nächsten paar Minuten, da Tor alle 10 Minuten eine neue Verbindung mit anderen Servern aufbaut.

Wie anonym ist anonym?

Tors Sicherheit fußt vor allem auf der Vielzahl von Nutzern, die den Anonymisierungsdienst nutzen: Je mehr Nutzer und Server aktiv sind, desto undurchsichtiger wird der Datenverkehr im Tor-Netz.

Wenn Sie über das Tor-Netzwerk den nächsten Supervirus loslassen, will aber trotzdem keiner garantieren, dass Sie für die vielleicht entstehenden Milliardenschäden nicht doch zur Verantwortung gezogen werden. Denn mit den im Netz erhältlichen Listen sämtlicher Tor-Knoten erhalten Gesetzesvertreter einen guten Überblick über das gesamte Tor-Netz. Theoretisch könnten sie es vollständig Netz überwachen, inklusive der Daten, die Sie darüber senden und empfangen. Praktisch ist das jedoch unwahrscheinlich, da die Tor-Server über den ganzen Erdball verstreut und zwangsläufig überall andere Behörden zuständig sind.

TIPP

Der Arm des Gesetzes: „Im Zweifel für die Beschlagnahmung"

Obwohl die Betreiber eines Tor-Servers weder kontrollieren noch wissen können, wer über ihren Internetzugang surft und wo er surft, gerieten manche im Jahr 2006 dennoch in die Schusslinie der Staatsanwaltschaft Konstanz. Die ließ nämlich einige Tor-Server beschlagnahmen, über die Kinderpornografie verbreitet wurde. Da auf den Servern eben keine Verbindungsdaten gespeichert werden und die Nachverfolgung generell fast unmöglich ist, war die Beschlagnahmung trotz noblen Gedankens relativ sinnlos. Das wusste die Staatsanwaltschaft Konstanz wohl auch schon vor der Beschlagnahmung, wie laut heise online aus den Durchsuchungsbeschlüssen hervorging. Mehr zu der spannenden Geschichte können Sie unter *http://www.heise.de/newsticker/meldung/77915* nachlesen.

Trotzdem: Betrachten Sie das Tor-Netzwerk als Möglichkeit, gegenüber Webseitenbetreibern anonym zu sein, nicht aber gegenüber dem Gesetz. Brisante Erkenntnisse aus der letzten Betriebsspionage oder geheime (Nicht-)Angriffspläne der Bundeswehr tauschen Sie deshalb lieber auch weiterhin auf klassischem Weg aus – über tote Briefkästen oder bei geheimen Treffen im nächstgelegenen Gebirge.

Funktioniert das auch?

Ob man wirklich anonym surft, erfährt man beispielsweise auf der Webseite *http://www.wieistmeineip.de*, die einem höchstwahrscheinlich eine ganz merkwürdige IP-Adresse zuordnet.

 Ihre IP-Adresse ist :

66...

Mit wieistmeineip.de finden Sie schnell und einfach heraus, mit welcher IP-Adresse Sie gerade online sind. (Funktioniert auch bei eingeschaltetem Proxy.[1])

Herkunft   :  Sweden

Im Beispiel gelangten meine Daten anscheinend über einen schwedischen I2P-Nutzer ins Netz. Da ich nicht weiß, ob sein Internetanschluss mit fester oder dynamischer IP-Adresse gesegnet ist, wurde die IP-Adresse für die Beispielabbildung entsprechend anonymisiert. Ansonsten gibt die Surfgeschwindigkeit schon einen deutlichen Hinweis auf die I2P-Anonymität, das Surfvergnügen wird nämlich deutlich gebremst. Der Geschwindigkeitstest von http://www.wieistmeineip.de spuckte 65 KBit/s Download und 3 KBit/s Upload aus. Das entspricht irgendetwas zwischen Modem- und ISDN-Verbindung.

Die Idee der anderen: JonDo & Co. setzen auf Mix-Kaskaden

Unter den Anonymisierungsdiensten ist Tor ein Exot, denn die meisten anderen Anonymisierer wie JonDo funktionieren etwas anders – nach dem Mix-Kaskaden-Prinzip, das der Amerikaner David Chaum erfand.

Das Konzept der Mix-Kaskaden beruht ebenfalls auf einer Serverkette, die zwischen Sender und Empfänger des Datenverkehrs gesetzt wird. Die einzelnen Server werden als Mixe bezeichnet. Im Gegensatz zu Tor wechselt JonDo die Serverroute nach einem Verbindungsaufbau aber nicht. Da die Mixe des JonDo-Netzes nicht von unbekannten Privatpersonen, sondern registrierten Organisationen betrieben werden, ist das nicht so tragisch.

Weiterhin werden die per JonDo versendeten Datenpakete nicht nur einmal, sondern bis zu dreimal hintereinander verschlüsselt – ganz abhängig von der Zahl der Mixe, die die Verschlüsselung stufenweise, von Server zu Server jeweils um einen Entschlüsselungsvorgang aufheben, sodass der Datenverkehr den letzten Mix einer Kaskade unverschlüsselt verlässt. Und auch am letzten Mix wird erst die „Zielanschrift" des Datenpakets entschlüsselt. Vorgeschaltete Mixe wissen deshalb gar nicht, wofür das Paket bestimmt es. Durch die mehrfache Verschlüsselung wird außerdem gewährleistet, dass ein Datenpaket, das einen Mix nach der Entschlüsselung verlässt, ganz anders aussieht als jenes, das ursprünglich (verschlüsselt) eintraf.

So werden Angreifer ausgetrickst

Bezüglich der bei einem Mix eintreffenden Datenpakete ist eine schubweise Verarbeitung vorgesehen: Ein Mix soll also erst ein paar Datenpakete sammeln und entschlüsseln, bevor er sie in einem Schwung weitergibt. Damit soll die Nachverfolgung durch einen Dritten, der den Datenverkehr im gesamten Kaskadennetz beobachten kann, erschwert – ja, sogar unmöglich gemacht werden. In der Praxis können die Mixe Datenpakete natürlich nur in sehr kurzen Zeiträumen sammeln, da sie sonst die Verbindungsgeschwindigkeit enorm reduzieren würden.

Die Weitergabe von Datenpaketen geschieht dabei über Kanäle, wobei ein Datenpaket bei einem Mix auf einem anderen Kanal ausgegeben wird, als es eingeht. Es findet somit eine gewisse „Umsortierung" statt, die Angreifern die Nachverfolgung von Datenpaketen erschweren soll.

Damit der Nutzer einer Mix-Kaskade nicht über serverübergreifende Logs identifiziert werden kann, sollten die Mixe von verschiedenen Anbietern betrieben werden. Weiterhin müssen sich beispielsweise die Betreiber der JonDo-Mixe schriftlich dazu verpflichten, nicht zusammenzuarbeiten, um die Anonymität eines oder mehrerer Nutzer nicht zu gefährden.

Bezahlvariante

Die kostenfrei zugänglichen Mix-Kaskaden von JonDo bestehen häufig nur aus zwei Mixen und sind nicht viel schneller als Tor. Selbst wenn Sie über eine schnelle DSL-Verbindung verfügen, erreichen Sie über die „anonyme Leitung" kaum mehr als Modem- oder ISDN-Geschwindigkeit. Wer für einen Premium-Dienst zahlt, kann aber Kaskaden mit bis zu drei Mixen und DSL-Geschwindigkeit nutzen.

Schon ab zwei Euro und drei Monaten Laufzeit darf man 200 MByte über eine der schnellen Premium-Kaskaden jagen (Stand: Juni 2009). Bezahlt wird dabei im Voraus per PayPal, Überweisung oder auf Wunsch noch etwas anonymer, beispielsweise per Brief, der höchstens ein paar biometrische Merkmale an die Betreiber übersendet (vorausgesetzt, man lässt die Absenderadresse weg). Oder per anonymer Banküberweisung, die jedoch einige Euro Bankgebühren kosten kann. Möglich sowie vom Betreiber empfohlen ist zudem die Bezahlung per paysafecard[2], einer Prepaid-Bezahlkarte, die Sie deutschlandweit in verschiedenen Geschäften erwerben können.

Die Vorratsdatenspeicherung schlägt zu

Da die JonDo-Mixe professionell betrieben werden, unterliegen sie der Vorratsdatenspeichrung. Zumindest jene, die in Deutschland oder anderen vorratsdatenspeichernden Ländern stehen. Seit dem 1. Januar 2009 müssen die Server deshalb Verbindungsdaten speichern.

Dabei speichert der erste Mix einer Kaskade die IP-Adresse, das Datum und die Uhrzeit einer jeden eingehenden Verbindung sowie die Nummer des Kanals, auf dem die Daten an den zweiten Server weitergegeben werden. Der zweite Mix, sofern er vorhanden ist, speichert die ein- und ausgehende Kanalnummer einer jeden Verbindung sowie das jeweils zugehörige Datum und die Uhrzeit. Der dritte im Bunde speichert hingegen die Nummer des eingehenden Kanals, Datum und Uhrzeit des Kanalauf- sowie -abbaus und die Portnummer der ausgehenden Anfrage mitsamt deren Datum und Uhrzeit.

Solange die Strafverfolgung nicht auf die gespeicherten Daten aller drei Kaskaden zugreifen kann, nützen ihnen gespeicherte IP-Adressen und Kanalnummern gar nichts. Stehen die einzelnen Mixe in verschiedenen Ländern, ist die Rückverfolgung per Vorratsdatenspeicherung also schwer.

---

2 Weitere Informationen zur paysafecard erhalten Sie unter *http://www.paysafecard.com/de/*.

Die Grenzen der Anonymisierungsdienste

Die Anonymisierer spenden Ihnen beim Surfen Schatten. Aber nicht nur deshalb herrscht nur wenig eitel Sonnenschein. Von der niedrigen Geschwindigkeit wurde Ihnen bereits berichtet. Doch weitere Probleme tun sich auf: Manipulierte Exit-Knoten des Tor-Netzwerks oder die letzten Mixe einer Mix-Kaskade können Sie auf Webseiten weiterleiten, die Sie gar nicht besuchen wollten. Beispielsweise an eine Google-Kopie, mit der ein Phisher die Zugangsdaten Ihrer Google-Accounts abfangen will. Zugleich können sie Ihnen Schadcode, etwa in Form kleiner Java-Programme, unterjubeln.

Das kleine Firefox-Add-on Torbutton verleitet dazu, dass man das anonyme Surfen über das Tor-Netzwerk schnell einmal ein- und wieder ausschaltet – je nachdem, wie unsicher man sich beim Surfen gerade fühlt. Leider verbergen die Anonymisierer aber nur eine der Informationen, die Sie beim Surfen an Webserver übertragen: Ihre IP-Adresse.

Petzende Cookies

Die sowohl beim anonymen wie auch beim normalen Surfen angelegten Cookies können Ihre Identität jedoch jederzeit verraten. Ein jeder, der unbemerkt durchs Netz wandern will, entfernt deshalb mindestens die angelegten Cookies, bevor er die Surfmodi wechselt – oder nutzt am besten einen separaten Browser oder PC zum anonymen Surfen. Virtuelle Maschinen[3] bieten sich hierfür an, zumal diese durch verschiedene andere Schutzmaßnahmen[4] auch gegen den lokalen PC-Zugriff geschützt werden können. Machen Sie sich vor dem Surfen mit Anonymisierern in jedem Fall Gedanken darüber, was Ihr PC so alles ins Internet übertragen kann – und wie Sie dies unterbinden können.

... und verräterische Plug-ins

Wer anonym surfen will, sollte zudem sämtliche Plug-ins deaktivieren, also Java, Flash und Co. Unter Umständen könnten die nämlich Tor & Co. umgehen und Ihre richtige IP-Adresse erfahren. Geben Sie *about:plugins* in die Adressleiste des Firefox ein, werden sämtliche installierten Plug-ins angezeigt.

---

3 Eine virtuelle Maschine ist eine Art Emulator, die einen ganzen PC im PC „simuliert". Dabei sind Sie nicht nur auf Uralt-Betriebssysteme beschränkt, sondern können auch Windows XP, Vista und 7 in einer virtuellen Maschine installieren. Eine sehr gute und zudem kostenlose VM-Lösung ist Virtualbox (*http://www.virtualbox.org*). Vielleicht legen Sie für das anonyme Surfen ja genau so eine virtuelle Maschine einmal an. Installieren Sie darin Tor und sichern Sie die gesamte virtuelle Maschine mit TrueCrypts Systemverschlüsselung ab.

4 Beispielsweise durch eine Komplettverschlüsselung der virtuellen Maschine mit TrueCrypt (siehe Seite 231).

Zugleich sollte niemand dem Glauben verfallen, dass nach einem Klick auf den kleinen „Torbutton" des Firefox-Browsers der gesamte Datenverkehr des PCs plötzlich über das Tor-Netzwerk umgeleitet, also anonymisiert wird. Tatsächlich können nur jene Anwendungen das Tor-Netz nutzen, die explizit dafür konfiguriert wurden. Genauso verhält es sich auch mit allen anderen Anonymisierern.

Anonym verschickt, aber den Briefumschlag vergessen

Wenn auch der Inhalt einer Nachricht hervorragend verschlüsselt ist, genügen doch manchmal schon die Verbindungsdaten, um jemanden in Schwierigkeiten zu bringen. Die vorgestellten Anonymisierungsnetzwerke geben – solange das Netzwerk nicht vollständig gehackt wurde – keine Verbindungsdaten preis (bzw. höchstens den Empfänger). Doch wenn der über sie geleitete Datenverkehr nicht geschützt wird, liegt für Lauscher am Ende eines Exit-Punkts immer noch der Inhalt der Nachricht offen. Denn verschlüsselt wird der Netzwerkverkehr nur innerhalb des Anonymisierungsnetzwerks.

Filter und Lauscher am Ende der Leitung

Um die Verbreitung von Kinderpornografie, Viren oder Filesharing über seinen Tor-Exit-Knoten zu verhindern, veränderte Moore die Tor-Software und schuf das sogenannte Torment-Projekt. Der Datenverkehr krimineller Tor-Nutzer soll damit nicht nur unterbunden werden, sondern die Nutzer mit fragwürdigen Nutzgewohnheiten sollen auch identifiziert werden können.

Die Torment-Software besteht dabei aus mehreren Komponenten und funktioniert im Grunde so: Der Datenverkehr, der am vom Lauscher betriebenen Exit-Knoten entschlüsselt bzw. verschlüsselt wird, läuft zunächst durch eine weitere Software auf dem Exit-Knoten-Rechner, die die entschlüsselten Datenpakete auf verdächtige Stichwörter untersucht.

Entdeckt das Programm verdächtigen Datentransfer, fügt es in den Datenstrom, der zum vermeintlich kriminellen Tor-Nutzer läuft, einen speziellen HTML-Code ein. Dieser Code enthält ein dynamisches Objekt mit einer eindeutigen Kennzeichnung. Sobald der Browser des Tor-Nutzers die Seite aufbaut, lädt er das dynamische Objekt, das die wirkliche IP-Adresse des Nutzers ausliest und an den Betreiber der Torment-Software schickt. Damit dieser Angriff auf die Anonymität des Nutzers gelingt, muss Letzterer jedoch JavaScript im Browser aktiviert haben. Nun ist JavaScript gewöhnlich schon von vornherein aktiviert – und auch ohne das Torment-Softwareprojekt für die Anonymität des Surfers gefährlich. Entsprechend geben die Betreiber des Tor-Projekts unter anderem den ernst gemeinten Ratschlag, JavaScript zu deaktivieren, beispielsweise mit dem NoScript-Plug-in für den Firefox-Browser.

Mit Torment geht Moore freilich nicht nur Kriminellen auf den Leim. Die Software ermöglicht auch autoritären Regierungen, die Identität von Staatsbürgern herauszufinden, die über das Tor-Netzwerk anonym im Internet verkehren wollen. Chinesische Blogger, die über die in China so unbeliebten Themen wie Menschenrechte oder Nahrungsmittelskandale schreiben wollen, gefährdet Torment regelrecht. Obwohl Moore mit Torment nur auf eine Gruppe schießt, trifft er doch irgendwie alle.

Schockierend einfach: was am Ausgang des Tor-Netzwerks alles mitgeschnitten werden kann

So viel Aufwand wie Moore mit seinem Torment-Softwareprojekt muss man nicht betreiben, um mit dem Datenverkehr eines Tor-Exit-Knotens Schindluder zu treiben. Es genügt schon eine Software, die den ab dem Exit-Knoten unverschlüsselten Netzwerkverkehr einfach mitschneidet. So tat es beispielsweise der Schwede Dan Egerstad, der die Früchte seines Lauschens wenig später im Netz präsentierte: Die Zugangsdaten für 100 E-Mail-Accounts, die Mitarbeitern von Botschaften, Regierungen oder Parteien gehörten, veröffentlichte er im Herbst 2007 auf seiner Webseite. Dabei waren sie nur ein kleiner Auszug von insgesamt über 1.500 Zugangsdaten, die Egerstads „Experiment" hervorbrachte. Wer Daten über seinen Tor-Exit-Knoten sandte, konnte Egerstad natürlich nicht kontrollieren, sodass diese Zugangsdaten nicht nur von Personen aus dem Bereich der Politik, sondern ebenso von Mitarbeitern großer Unternehmen oder einfach nur Privatpersonen stammten. Neben Zugangsdaten konnte Egerstad freilich ebenso ganze E-Mails aufzeichnen.

Professionell = besser?

Bei anderen Anonymisierungsnetzwerken wie dem JonDo-Netzwerk, dessen professionell betriebene Server Sie gegen einen geringen Obolus nutzen können, ist die Gefahr eines Lauschers am Ende der Leitung wesentlich niedriger – eben weil die Server nicht von Privatpersonen, sondern den Netzwerkbetreibern oder assoziierten Firmen unterhalten werden.

Für einzelne Seitenaufrufe geeignet: Anonymisierungswebdienste

Kostenlose Anonymisierungsnetzwerke sind langsam und müssen erst installiert werden. Wer nur eine Webseite anonym aufrufen möchte, braucht sich die Arbeit nicht zu machen. Wozu gibt es schließlich Anonymisierungswebseiten alias Rewebber?

Geben Sie dort schlicht die URL zu der Webseite an, die Sie anonym aufrufen möchten. Der Server des Anonymisierungswebdienstes lädt die Webseite dann herunter und stellt sie dar. Auch Formulareingaben können über den Umweg des Anonymisierungsservers übermittelt werden.

Leider wird das Layout abgerufener Webseiten häufig völlig zerstört. Zudem sind Anonymisierungswebdienste auch nicht die schnellsten. Außerdem wissen Sie nie, was der Webdienst selbst protokolliert – speichert er vielleicht Ihre IP-Adresse sowie eine Liste sämtlicher, über den Dienst aufgerufener Webseiten?

Kostenlose Anonymisierungsnetzwerke finden Sie zum Beispiel unter den URLs *http:// www.anonymouse.org*, *http://www.anonymsurfen.com* oder *http://www.gpass1.com*.

9.2 Vom eigenen Provider ausgesperrt oder blockiert

Immer mal ist es auch in Deutschland eine Nachricht wert, wenn ein Internetprovider überführt wurde, plötzlich bestimmte Ports der Internetzugänge seiner Kunden zu sperren. Die schlechte Presse lässt die Provider dann meist zurückrudern oder zumindest zu einem „No-Go" für passionierte Filesharer werden.

Mittlerweile gehört ein sogenanntes Bandbreitenmanagement aber zur festen Geschäftspraxis von Internetanbietern. Besonders günstige Internetflatrates werden oft im Zusammenspiel mit Geschwindigkeitsdrosselungen angeboten. Zumindest über die Standardports beliebter Filesharing-Programme wird der Datenverkehr dann nur noch recht zähflüssig geleitet.

Einschränkungen an jeder Ecke

Wenn Sie die Nutzungsvereinbarungen von UMTS-Datentarifen und insbesondere UMTS-Flatrates durchblättern, finden Sie in fast jeder ein Verbot von Voice over IP oder Filesharing-Diensten. Untersagt ist deren Nutzung unter anderem aufgrund des hohen Datenvolumens, das solche Dienste erzeugen. Im Falle des sogenannten VoIP, also der Sprachtelefonie über das Internetprotokoll, fürchten die Mobilfunkbetreiber jedoch herbe Einbußen. Die Minutentarife oder gar Telefonie-Flatrates der VoIP-Anbieter sind schließlich deutlich günstiger als jeder durchschnittliche Handytarif.

Allein der Sprachchat-Anbieter Skype (*http://www.skype.de*) darf häufig auch über UMTS genutzt werden. Das wohl aber vorrangig, weil der Dienst die Gespräche über den Port 80 überträgt, über den vor allem auch die Kommunikation mit Webservern erfolgt. Würde man diesen Port sperren, wäre gewöhnliches Websurfen über UMTS ebenfalls unterbunden.

Neue und alte Sperren

Wenn eine Sperre oder Drosselung nur aufgrund der Portnummer stattfindet, kann sie leicht umgangen werden: Man wählt einfach einen anderen Port. Die meisten Programme, deren Datenverkehr solchen Gängelungen unterliegen könnte, bieten entsprechende Konfigurationsmöglichkeiten von Hause aus.

Schwerer zu umgehen und an sich genialer ist die sogenannte Deep Packet Inspection, mit der Internetprovider den gesamten Netzwerkverkehr eines Kunden analysieren und dabei unter anderem die Datenpakete von Filesharing-Diensten anhand bestimmter Merkmale erkennen können.

Was ist eigentlich diese Netzneutralität?

Bislang sind alle Datenpakete prinzipiell gleich: Ob Sie eine E-Mail verschicken, bei eBay nach Schnäppchen suchen oder über das Internet Computerspiele spielen – in der Regel wird keiner der vielen Internetdienste bevorzugt oder gebremst. Nur einige Ausnahmen wie VoIP-Anwendungen übers UMTS-Netz oder für Filesharing-Programme gesperrte Ports gibt es bislang. Das Netz verhält sich grundsätzlich bei der Geschwindigkeitszuteilung für die verschiedensten Internetdienste neutral.

Wenn es nach den Internetprovidern geht, soll diese sogenannte Netzneutralität aber bald abgeschafft werden. Einige Internetdienste möchte man nämlich am liebsten bremsen. Zum Beispiel die beliebten Peer-to-Peer-Netze, die vorrangig, aber eben nicht nur für illegales Filesharing genutzt werden. Für andere würde so mancher Provider gern eine zusätzliche Zugangsgebühr eintreiben. Wer gern bei eBay nach Schnäppchen fahndet, darf auch etwas mehr zahlen, denken sich T-Online und Co.

Tatsächlich drücken sich viele der Internetprovider, die eine solche Datenverkehrsdiskriminierung einführen wollen, etwas anders aus. Zunächst sollen die Webseitenbetreiber etwas zahlen, wenn sie für Ihre Kunden bei einem bestimmten Provider besonders schnell (= so schnell wie zuvor) erreichbar sein wollen. Das dafür nötige Geld legen eBay und Co. jedoch auch nur auf die Kundschaft um. Internettarife mit optionalen Tarifpaketen „für besonders schnelle Verbindungen in die USA" sind genauso denkbar – vor allem für anscheinend gierige Internetprovider.

Was ist nun Netzneutralität?

Netzneutralität bedeutet im Wesentlichen, dass die Internetprovider als Eigentümer oder Bereitsteller der Internetinfrastruktur keinen Einfluss auf den durchlaufenden Datenverkehr haben sollen. Sie sollen weder in den Datenverkehr hineinschauen noch ihn gesondert behandeln, also Peer-to-Peer-Pakete weder ausbremsen noch blocken dürfen.

Ein Argument der Netzneutralitätsvertreter spielt ein wenig mit der „Garagenromantik" der erfolgreichen Startups wie HP und Microsoft, in Bezug aufs Internet vielmehr aber Google: Mit beschränkten Mitteln – und vor allem ohne Genehmigungsverfahren kann jeder von der heimischen Garage aus ein Internet Business aufbauen. Eben, weil alles (noch) gleich behandelt wird und eine Verbindung zu potenziellen Kunden ganz selbstverständlich sofort bestehen kann.

Die Position der Internetprovider

Internetprovider schielen nach den Unsummen, die Google und Co. einstreichen. Sie wollen auch etwas vom Kuchen ab. Schließlich sind sie es doch, die Google und dessen Kunden überhaupt über einen Internetzugang zusammenbringen.

Gleichzeitig lassen Google, YouTube und Co. die Kosten der Internetprovider explodieren. Das riesige Datenaufkommen, das von Videoportalen wie YouTube erzeugt wird, fließt nicht zuletzt auch durch die Netze der Internetprovider. Ebenso problematisch sind all die überwiegend illegalen Filesharing-Downloads, die – je nachdem, wen man fragt – einen großen bis den größten Teil des Datenaufkommens im Internet ausmachen. Weil Internetzugänge immer schneller werden und die Kunden auch in Spitzenzeiten ohne deutliche Geschwindigkeitseinbußen surfen wollen, sind Internetprovider zudem zum ständigen Ausbau ihrer Netze angehalten. der kostet freilich einiges.

So wird die Netzneutralität aufgehoben

Vor Jahren war es technisch noch unmöglich bis sehr teuer, den Datenverkehr Hunderter oder gar Tausender Nutzer in Echtzeit zu durchsuchen und nach Inhalten zu filtern. Inzwischen macht der technische Fortschritt eben dies aber möglich und ökonomisch sinnvoll. Die dazu verfügbaren Technologien werden unter dem Begriff **Deep Packet Inspection (DPI)** zusammengefasst.

Problematisch: Neue Datendienste, die DPI-Systeme bisher noch nicht einordnen konnten, kommen an der Deep Packet Inspection mancher Internetprovider vielleicht gar nicht vorbei und werden geblockt. So manches zukünftige Geschäftsmodell würde so mit der „Reaktionsfähigkeit" – oder vielmehr – Flexibilität der DPI-Systeme der Provider stehen und fallen.

Aus Sicht der Vertreter für Netzneutralität wäre die Drosselung per Deep Packet Inspection außerdem immer dann besonders kritisch, wenn der Internetprovider nicht nur einen Internetzugang, sondern zugleich Multimediainhalte wie Filmdownloads anbieten, er also zusätzlich als Content Provider agieren würde. Während er dann unter dem Deckmantel der Netzauslastung den einen oder anderen Dienst drosseln könnte, wären seine eigenen Downloadangebote vielleicht besonders schnell erreichbar.

Deep Packet Inspection im Einsatz

Deep Packet Inspection ist keine Zukunftsmusik. Im Bereich der Netzwerksicherheit wird es seit Jahren eingesetzt, um böse Datenpakete zu filtern. Aber auch ein paar Internetprovider haben die Technik schon für sich entdeckt:

Der US-amerikanische Provider Comcast wurde beispielsweise des Einsatzes von Deep Packet Inspection überführt, um BitTorrent-Downloads aufzuspüren und letztlich zu verlangsamen. Natürlich fanden einige Kunden schnell eine Möglichkeit, Comcasts Drosselung zu umgehen: Sie leiteten ihre BitTorrent-Daten einfach über VPN-Anbieter, deren Server außerhalb der Comcast-Infrastruktur lagen. Ungesühnt blieb die Drosselung ebenfalls nicht, denn Comcast-Vertreter mussten sich deshalb vor dem US-Kongress verantworten. Die **F**ederal **C**ommunications **C**ommission (kurz: FCC) untersagte kurzerhand die Drosselung.

Dass das Provider außerhalb der USA wenig beeindruckt, demonstrierte jedoch der kanadische Provider Rogers, der mittels Deep Packet Inspection gezielt nach verschlüsselten VPN-Datenpaketen suchte und eben deren Übertragungsgeschwindigkeit maßregelte. Dass man so auch alle Firmenkunden lähmte, die per VPN-Verbindung aufs Unternehmensnetzwerk zugreifen wollten, nahm man dabei wohl in Kauf.

Werbung passend zu den Surfgewohnheiten

Gewisse Webdienste zu drosseln, um die Netzauslastung niedrig zu halten – das ist nicht die einzige wirtschaftliche Überlegung, die für Internetprovider hinter der Deep Packet Inspection steckt. Denn: Wer schon tief in die Netzwerkpakete schauen kann, interessiert sich nicht nur für den übermittelten Datentyp, sondern auch für die konkreten Daten, die da übermittelt werden. Vor allem, wenn es um zielgruppengerechte Werbung geht, sind die ein- und abgehenden Datenpakete eines Nutzers interessant.

Können Webseitenbetreiber mit Cookies nur eingeschränkt nach den Gewohnheiten eines Surfers forschen, hat ein Internetprovider die Möglichkeit, das gesamte Surfverhalten allumfassend zu protokollieren – zumindest, solange nicht verschlüsselt per VPN oder Anonymisierungs-Netzwerk gesurft wird, versteht sich.

Plötzlich wächst vielen Internetprovidern so ein zweites Standbein: Nicht mehr nur das kostenintensive Weiterleiten von Datenpaketen obliegt ihnen – dank DPI können sie nun auch in die lukrative Onlinewerbung einsteigen. Oder zumindest ins Datenschnüffel-Business, um anderen eine zielgruppengerechte Werbeschaltung zu ermöglichen. So wie einige britische Internetprovider:

Deep Packet Inspection als Werbers Liebling

Phorm, ein US-amerikanisches Unternehmen, existiert schon eine Weile. Einst entwickelte und vertrieb die Firma Werbesoftware, die mancher als Spyware bezeichnen würde. Aus diesem Markt zogen sich die Amerikaner jedoch zurück. Stattdessen steht Phorm inzwischen vor allem für zielgruppengerechte Onlinewerbung – in Großbritannien.

Wie es zu der Beschränkung auf den britischen Markt bzw. den britischen Surfer kommt? Es liegt an der Technik, mit der Phorm arbeitet, vor allem aber an den Geschäftspartnern. Das sind beispielsweise die British Telecom Group (kurz: BT Group) oder Großbritanniens zweitgrößter Provider Virgin Media. Mittels Deep Packet Inspection protokollieren diese das Surfverhalten ihrer Kunden. Die gesammelten Daten stellt man anschließend anonymisiert Phorm bzw. dessen Service **O**pen **I**nternet E**x**change (OIX) zur Verfügung. Und die nutzen sie schließlich, um die Kunden von British Telecom oder Virgin Media zielgerichtet und webübergreifend mit Werbung zu bombardieren.

Three Strikes – ein Volltreffer für die Medienindustrie

Three Strikes – so heißt ein neuer Ansatz, den die Medienindustrie im Kampf gegen File-Sharer wagen möchte. Ob die Internetprovider so begeistert davon wären – bzw. in einigen Ländern wie ab Februar 2009 in Neuseeland schon sind –, möchte ich bezweifeln.

Die Idee hinter Three Strikes kann man kurz zusammenfassen: Wer beim Filesharing erwischt wird, erhält eine Mahnung des Internetproviders, in der Regel per E-Mail. Auch beim zweiten Mal erhält der Kunde noch eine Verwarnung und wird möglicherweise temporär für ein paar Stunden oder Tage aus dem Netz gesperrt. Doch bereits beim dritten Mal, dem „Third Strike" also, könnte man komplett und permanent aus dem Netz fliegen. Angesichts der vielen Filesharer unter den Internetnutzern dürfte sich die Begeisterung der Internetprovider in Grenzen halten, wenn sie einer Einnahmequelle (= Kunden) nach der anderen den Vertrag aufkündigen müssen.

Nach wie vielen Strikes man mit einem Internetzugang endgültig ausgebowlt hat, ist natürlich eine Sache der Ausgestaltung. Grundsätzlich geht es dabei aber um eines: Ohne richterliches Mitwirken Konsequenzen zu schaffen – und der Medienindustrie im Kampf gegen private Raubkopien vermeintlich kräftig unter die Arme zu greifen.

Ein Strike nach dem anderen

Neuseeland ist der erste Staat, der diese Idee in ein Gesetz umsetzte. Die Ergebnisse dieses „Testlaufs" werden zahlreiche andere Regierungen interessieren. Zur Drucklegung dieses Buches war Three Strikes auch in Frankreich schon beschlossene Sache. Eine

HADOPI genannte Behörde soll dort künftig Mahnungen und Abschaltungen veranlassen, treiben's die französischen BitTorrent-Nutzer zu bunt.

Dabei sah es zunächst danach aus, als ob die Franzosen noch einmal Glück gehabt hätten: In erster Entscheidung wurde das Gesetz nämlich von der französischen Nationalversammlung abgelehnt. Anscheinend war der Druck der Lobby aber zu groß, sodass es am 12. Mai 2009 zu einer zweiten Vorlage und letztlich der Verabschiedung kam.

Auch in anderen Teilen Europas, zum Beispiel in Großbritannien, wird darüber nachgedacht, notorische Onlineraubkopierer aus dem Internet zu schmeißen. Wenn die Netzzensur-Debatte verstrichen ist, steht Three Strikes sicher auch bald in Deutschland zur Diskussion.

Was macht die EU?

Ob die Europäische Union dem Treiben noch lange zusieht, ist jedoch fraglich. Seit 2008 sprach sich das EU-Parlament bereits mehrfach gegen ein solches Vorhaben und für ein Grundrecht auf einen Internetzugang aus. Das sogenannte Telekom-Paket, das mittels mehrerer Richtlinien einmal eine Rahmengesetzgebung für die Telekommunikationsgesetze der EU-Mitgliedsstaaten setzen soll, blieb bezüglich seines Inhalts aber noch schwammig. Erlaubt die EU Three Strikes oder nicht? – Es bleibt spannend.

Zensiertes Netz: längst Realität

Kinderpornografie ist ein ernstes Problem, keine Frage. Ob Netzsperren alias „Sperrverfügungen" – so, wie sie Ende 2008 vorgeschlagen wurden – Kinder vor Missbrauch schützen könnten, ist allerdings schon fraglich. Leider wird Deutschland immer noch von Politikern regiert, die vom Internet nur wenig Ahnung haben. „Internetausdrucker" nennen sie manche spöttisch.

Denn was hilft schon ein DNS-Netzfilter, der sich so leicht umgehen lässt? Klar: Nur eine Sperrung auf DNS-Ebene ist derzeit für die Internetprovider ökonomisch noch vertretbar und wohl auch verfassungsrechtlich noch einigermaßen okay. Gleichzeitig ist sie aber „ineffizient", wie unlängst schon das Landgericht Hamburg feststellte. Nur Internetgelegenheitsnutzer, die eben nicht alternative DNS-Dienste wie OpenDNS einsetzen, könnten so von den gesperrten Seiten ferngehalten werden. Dem schwachen Nutzen einer Netzsperre stehen Einbruchstellen für weitere Repressalien gegenüber, die einige Lobby-Verbände lieber heute als morgen verboten sähen: Pirate Bay und Co.? Wegsperren!

Längst nicht der erste Versuch, Teile des Netzes zu zensieren

Eine Netzsperre gegen Kinderporno-Webseiten wäre keinesfalls die erste Zensur des Internets, die man in Deutschland wagt. Bereits 2001 wollte man beispielsweise drei Neonazi-Webseiten sowie die Ekelbilderseite *http://www.rotten.com* aus dem „deutschen Internetz" schmeißen, scheiterte aber am Widerstand der Internetprovider: Schlicht nicht möglich, meinten die.

Acht Jahre später – die Zahl der Internetnutzer ist längst explodiert – vermag man nur mit einer DNS-Sperre aufzuwarten. Zur Drucklegung dieses Buches wollte man in einem Gesetzentwurf auch nur die großen Provider gesetzlich verpflichten, DNS-Sperren aufzubauen. Den kleinen wäre der zusätzliche technische Aufwand finanziell schlicht nicht zumutbar. Also alles halb so schlimm? Nein, Internetsperren sind für alle gefährlich.

Fördern Sperren mehr als sie verhindern?

Die Internetzenseure haben ein hartes Los: Sie müssen nicht nur für eine Zensurliste in Frage kommende Seiten finden und auf die Sperrliste setzen, sondern diese auch geheim halten. Ansonsten kann eine Liste geblockter Seiten, sofern sie denn auf einer Seite wie *http://www.wikileaks.org* veröffentlicht wird, für „Interessierte" geradezu ein Ansporn, ja sogar eine Art Bookmark-Sammlung sein.

Schon jetzt wurden mehrere Sperrlisten anderer Länder auf *wikileaks.org* veröffentlicht. Aber Vorsicht: Lassen Sie die Finger davon! Wer die Listen auf Wikileaks oder anderen Webseiten aufsucht, steht schon mit einem Bein im Knast. Denn jeder neugierige Klick auf einen der in manchen Ländern geblockten Links lädt potenziell gefährliche Inhalte auf den PC.

So funktioniert ein DNS-Netzfilter

Über einen sogenannten DNS-Server laufen alle Verbindungsanfragen, die Sie durch Eingabe einer URL in Ihren Browser stellen. Schließlich stecken hinter einer URL wie *http://www.google.de* auch lediglich Server, die eigentlich nur mit einer IP-Adresse direkt angesprochen werden können.

Diese URLs in IP-Adressen umzuwandeln, ist Aufgabe eines DNS-Servers. Jeder Internetprovider betreibt solche DNS-Server für seine Kunden. Und hier setzt die Sperre an: Übermitteln Sie dem DNS-Server eine URL zur Auflösung in eine IP-Adresse, prüft dieser zunächst, ob die URL auf der Sperrliste steht. Sollte das der Fall sein, gibt er nicht die eigentliche IP-Adresse des hinter der URL stehenden Servers heraus, sondern die eines Stoppservers. Und schon sind Sie dem BKA in die Falle getappt.

Stopp! Und dann?

Fraglich ist nämlich, was mit denen geschieht, die versehentlich auf einer der gesperrten Seiten landen. Klar, eine Stoppseite sehen sie. Doch damit diese eingeblendet wird, muss eine Verbindung mit dem Stoppserver des Providers bestehen. Unweigerlich erfährt der Server dabei auch die IP-Adresse des Surfers. Und die soll nach aktuellem Planungsstand gemeinsam mit der Zugriffszeit an das BKA übermittelt werden. Jeder, der versehentlich auf eine Stoppseite umgeleitet wird, stünde dann schon kurz vor einer Hausdurchsuchung.

Widerstand regt sich

Die Netzgemeinde begehrte seit der ersten Veröffentlichung der Pläne der Familienministerin Ursula von der Leyen dagegen auf. Spöttisch wird sie „Zensursula" genannt und scharf kritisiert. Eine Onlinepetition **gegen** die Netzsperre, aber **für** eine aktive Strafverfolgung von Kinderporno-Seitenbetreibern erreichte zur Drucklegung dieses Buches über 100.000 Mitzeichner.

Erfahrungen aus anderen Ländern haben gezeigt, dass neben den Seiten fragwürdigen Inhalts auf solchen Listen gern auch jene Webseiten landen, die sich mit diesen Zensurmaßnahmen kritisch auseinander setzen und beschreiben, wie diese leicht zu umgehen sind. Ebenso wird kritisiert, dass allein das Bundeskriminalamt über die Liste wachen soll und keine öffentliche Kontrolle gegeben ist. Außerdem befürchtet man, dass noch andere Interessenverbände aufbegehren. So wie die Medienindustrie, die am liebsten auch sämtliche Pirate Bays und Rapidshares sperren würde.

Auch Provider sind dagegen

Bauchschmerzen bereitet den Internetprovidern vor allem die Haftungsfrage: Was passiert, wenn ein legales Webangebot versehentlich auf der Sperrliste landet? Und noch schlimmer: Wenn das falsch gesperrte Webangebot auf Schadensersatz klagt, weil etwa ein Großteil der Besucher und somit auch der Werbeeinnahmen aufgrund der Sperrung entfielen? Am liebsten würde man sich also quer stellen. Leider ist der Image- und Gesichtsverlust zu hoch, richtet sich die Zensurmaßnahme doch gegen Kinderpornografie. Wer will da schon blockieren?

Freundliche Bitte um Abschaltung sinnvoller?

Sämtliche auf Wikileaks oder anderen Webseiten veröffentlichten Sperrlisten umfassen nur zwischen 1.000 und 2.000 Webseiten. Läge es da nicht nahe, die Hoster der Webseiten – also jene Firmen, die den Webspace zur Verfügung stellen – um Sperrung der Inhalte zu bitten? Die Frage stellte sich auch der CareChild e.V. (*http://www.carechild.de*), dessen

Vereinssatzung „[…] das aktive Vorgehen gegen die Verbreitung von Kinderpornografie, sonstiger krimineller Pornografie sowie allen anderen Gewalt- und Missbrauchshandlungen und -darstellungen gegen Kinder […]" als Vereinszweck anführt.

Um mögliche kinderpornografische Inhalte nicht herunterzuladen, verwendete Care-Child ein Script, das nur die HTML-Textdaten – und somit keinerlei Bilder und Grafiken – der auf einer veröffentlichten Liste geführten Seiten herunterlud. Diese wurden nach einschlägigen Stichworten durchsucht. 20 Seiten, die entsprechende Stichworte enthielten, nahm CareChild dann ins Visier: Die Webspace Provider, die diese Webseiten zur Verfügung stellten, wurden angeschrieben und um sofortige Abschaltung gebeten. Bei 16 der 20 Seiten gelang das innerhalb von 48 Stunden. Die übrigen vier enthielten nach Aussage der Provider keine Kinderpornografie bzw. die Webseitenbetreiber legten hier entsprechende Dokumente vor, die die Volljährigkeit der „Models" bestätigten. Diese Webseiten hätten auf einer Kinderporno-Sperrliste natürlich nichts zu suchen.

Unabhängig davon wird regelmäßig darauf hingewiesen, dass Kinderporno-Server vor allem in Ländern mit ausgeprägtem Rechtssystem stehen. Nicht selten befinden sich die Server sogar in Deutschland oder den USA. Der Strafverfolgung müsste es in diesen Ländern eigentlich ein Leichtes sein, gegen die Betreiber vorzugehen.

So leicht wird die Netzsperre umgangen!

OpenDNS wird als freier DNS-Dienst von vielerlei Stellen empfohlen, soll das Surfen damit doch mitunter etwas schneller gehen als mit den herkömmlichen DNS-Servern der Internetprovider. Dass man mit den im Ausland stehenden OpenDNS-Servern potenziell auch DNS-Sperren deutscher Internetbetreiber umgehen kann, betonte bislang aber kaum jemand. Warum auch, war an Sperrverfügungen etc. doch gar nicht zu denken.

Um mit OpenDNS die Sperre zu umschiffen, besuchen Sie zunächst die Webseite des Anbieters, *http://www.opendns.com*. In der rechten unteren Ecke finden Sie die aktuellen DNS-Serveradressen des Anbieters. Vermutlich lauten sie noch *208.67.222.222* und *208.67.220.220*. Aber wer weiß das schon.

TIPP

OpenDNS sperrt auf Wunsch aber auch

Ironischerweise bietet der OpenDNS-Service für registrierte Benutzer selbst einen Filterdienst an, mit dem jeder für sich eine eigene Sperrliste erstellen kann. Gedacht ist dieses Feature aber eigentlich als Jugendschutz, der die meisten pornografischen Inhalte von „Akteuren" sämtlicher Altersklassen ausblenden soll.

Wollen Sie eine DNS-Netzsperre zunächst nur auf einem Rechner und nicht gleich im ganzen Heimnetzwerk umgehen, öffnen Sie die Eigenschaften Ihrer Netzwerkverbindung. Nach Auswahl von *Internetprotokoll Version 4 (TCP/IPv4)* können Sie die DNS-Serveradressen manuell festlegen. Geben Sie dort die beiden DNS-Adressen des OpenDNS-Dienstes ein und bestätigen Sie die Eingabe mit *OK*. Künftig werden sämtliche Ihrer DNS-Abfragen an die OpenDNS-Server im europäischen Ausland geleitet, die sich um eine deutsche Sperrliste nur wenig kümmern.

Große Mauer – großes Vorbild?

Ein zweifelhaftes Vorbild für Sperrlisten jeglicher Couleur sind sicher die Zensurmaßnahmen der Chinesen. In Anlehnung an die Chinesische Mauer wird spöttisch von der „Great Firewall of China" gesprochen, obwohl die Zensurmaßnahmen offiziell unter dem Namen „Golden Shield Project" laufen.

TIPP

Surfen wie die Chinesen

Wer zensiertes Surfen einmal nachvollziehen möchte, kann das Firefox-Add-on China Channel (*http://www.chinachannel.hk*) installieren. Per Knopfdruck leitet der Firefox Ihre Surfanfragen dann über einen chinesischen Proxyserver um, der Sie allen chinesischen Zensurmaßnahmen unterzieht. Eine Google-Suche spuckt daraufhin plötzlich erstaunlich wenige Ergebnisse aus. Natürlich kann die Umleitung durch erneutes Drücken des Buttons jederzeit wieder aufgehoben werden.

Was und wie die Internetmauer der Chinesen filtert, wurde offiziell nie verlautbart. Internetfreaks haben die scheinbar unsichtbaren Zensurmaßnahmen aber genau untersucht. Grundsätzlich geht man von zwei Techniken aus, mit denen das Internet in China zensiert wird:

■ Die banalste Sperrmaßnahme ist eine Blockade der IP-Adressen, unter denen Server mit unliebsamen Inhalten erreichbar sind. Kollateralschäden nimmt man dabei in Kauf, etwa wenn mehrere Webseiten auf einem Server liegen und sich eine IP-Adresse teilen. Diese IP-Blockade kann auf vielerlei Arten umgangen werden. Zum Beispiel könnte man einen Proxyserver außerhalb Chinas nutzen. Viele der öffentlich und frei zugänglichen Proxyserver unterliegen wohl aber selbst der chinesischen Sperre und können deshalb nicht genutzt werden. So bleibt dann wohl nur der Aus- bzw. Umweg über ein verschlüsselndes Anonymisierungsnetzwerk wie Tor.

■ Die zweite Blockadetechnik funktioniert auf Inhaltsebene. Mittels Deep Packet
   Inspection (siehe Seite 295) wird im Netzwerkverkehr nach bestimmten Stichworten
   gesucht. Wird die Technik fündig, kann das jeweilige Stichwort aussortiert oder die
   Verbindung des Übertragenden komplett abgebrochen werden. In verschlüsselte
   Datenpakete von VPN-Verbindungen oder Anonymisierungsnetzwerken vermag
   auch die chinesische Deep Packet Inspection nicht zu sehen, sodass Tor und Co.
   auch hier probate Mittel sind, um die Zensur zu umgehen.

Nach welchen Stichworten die Chinesen suchen, nach welchen Kritierien sie IP-Adressen blockieren, war lange Zeit doch recht unbekannt. Der Webseite Wikileaks.org, die
früher oder später jede Zensur- und Sperrliste an die Öffentlichkeit befördert, wurden
inzwischen aber auch Unterlagen zur chinesischen Internetzensur zugespielt. Konkret
handelt es sich dabei um Anweisungen und Tabubegriffe für die in China populäre Suchmaschine Baidu (*http://www.baidu.com*)[5].

9.3 Keine Angst vor der eigenen Meinung: Forenpostings ohne Risiko

Anonyme Forenbeiträge verheißen meist nichts Gutes: Entweder es wird beleidigt, ver-
leumdet oder sich sonstwie illegal beteiligt. Nicht ohne Grund fordern viele Foren inzwischen eine Registrierung. Dass zu jedem Beitrag die IP des Schreibenden gespeichert
wird, ist selbstverständlich.

Aber selbst unbescholtene Surfer kann es treffen – so wie den Blogger Jan Schmidt
(*http://www.bamberg-gewinnt.de*), der auf der „Finde-spannende-Plätze-in-deiner-Stadt-
und-schreib-deine-Meinung-dazu"-Webseite *http://www.qype.de* die Firma seiner
Freunde mit einem fast gleichnamigen Unternehmen aus gleicher Stadt verwechselte. Im
guten Glauben, die Daten der Freundesfirma zu ergänzen, gab er Telefonnummer und
Bewertung für das leider falsche Unternehmen an. Eigentlich nicht so schlimm, hätte er
deshalb nicht eine fast 700 Euro teure Abmahnung erhalten – so schnell kann's gehen.

Tipps für das anonyme Mitmachen im Web 2.0

Im Zweifelsfall mag es also ganz nützlich sein, seine Aktivitäten im Netz so anonym wie
möglich zu gestalten. Und das nicht nur, um irgendwelche Straftaten zu begehen – was
Sie hoffentlich nicht planen. Mit den folgenden Tipps sind Sie im Netz schon auf einer
recht sicheren Seite:

---

5 Besagte Dokumente finden Sie unter folgender URL: *http://wikileaks.org/wiki/China:_censorship_
   keywords%2C_policies_and_blacklists_for_leading_search_engine_Baidu%2C_2006-2009.*

- Da eine Registrierung häufig zwingend erforderlich ist, müssen Sie schon hier große Sorgfalt walten lassen. Wählen Sie einen Benutzernamen, den Sie noch nie zuvor eingesetzt haben. Wem hierzu die Kreativität fehlt, findet in Username-Generatoren nützliche Helfer. Allerlei Namensgeneratoren stellt beispielsweise die Webseite *http://nine.frenchboys.net* zur Verfügung. Problemen, all diese Usernamen und Passwörter für die verschiedensten Foren im Kopf zu behalten, entgehen Sie beispielsweise mit KeePass.

- Sogenannte „Wegwerf-E-Mail-Adressen", die Sie für eine Registrierung nutzen könnten, finden Sie unter anderem bei *http://www.trash-mail.com*, *http://www.spambog.com*, *http://www.dontsendmespam.de* oder *http://www.eintagsmail.de*.

- Besuchen Sie das Forum nur über einen Anonymisierungsdienst, wie beispielsweise Tor oder JonDo (siehe Seite 285). Bedenken Sie aber, dass die Anmeldung in Foren häufig ohne SSL, also unverschlüsselt erfolgt. Jemand, der an einem Tor-Exit-Knoten den Datenverkehr mitschneidet, kann so auch an Ihr Passwort gelangen. Noch ein Grund mehr, immer unterschiedliche Benutzername/Passwort-Kombinationen zu wählen. (Oder Tor nicht für Webdienste zu verwenden, die keine verschlüsselte Datenübertragung unterstützen.)

- Binden Sie in Ihre Beiträge keine Bilder oder Dateien ein, die von Ihnen auf irgendeinen Webserver geladen wurden. Gleiches gilt für Signaturen, die gern unter einen Beitrag gesetzt und mit Bildern verziert werden. Selbst wenn Sie im Forum nicht anonym, sondern unter Ihrem Klarnamen operieren, sollten Sie diesen Hinweis beherzigen. Mir ist ein Fall bekannt, bei dem jemand über ein offenes Verzeichnis eines Webservers auf sehr „intime Videos" eines Forenmitglieds stieß. Dahin gelangte man über ein Bild, das er auf seinem Webserver lagerte und in der Signatur unter seinen Beiträgen entsprechend verknüpfte. Da große Teile der Verzeichnisstruktur seines Webspeichers für jeden zugänglich waren[6], wurden die Videos nach kurzem Stöbern leicht entdeckt.

---

6 Dazu passend: Google Hacking auf Seite 308.

9.4 Das Web 2.0 weiß alles über Sie!

Schnelle Leitung und Webseiten voller Bilder sowie Videostreams – so sieht das moderne Internet aus. Wenn die Bilder und Videostreams von Ihnen sind, heißt der Spaß sogar Web 2.0. Das ist das „Mitmach-Internet", das aber schnell zum „Mit-sich-machen-lassen-Internet" werden kann. Neuerdings ist der Mensch schließlich einfach allzu auskunftsfreudig.

Das Web 2.0 lebt von den Inhalten, die die Benutzer bereitstellen. Verstärkt rückt da die Personalie des Benutzers in den Vordergrund. Besonders in den sogenannten Social Networks (soziale Netzwerke) wie StudiVZ (*http://www.studivz.de*), das eigentlich nur aus persönlichen Daten und praktisch keinem produktiven Inhalt besteht. Trotzdem mauserte sich das StudiVZ zu einer der meistbesuchten deutschen Webseiten – offiziell sogar zur Nummer 1, zählt man jeden einzelnen Seitenabruf mit.

T I P P

Sogar Google warnt inzwischen vor sozialen Netzwerken

Anfang 2009 warnten nun auch Google-Mitarbeiter vor den Gefahren von sozialen Netzwerken wie StudiVZ, Facebook und Co. Sie sahen vor allem drei Probleme: Über sogenannte soziale Diagramme, die mit den Daten mehrerer sozialer Netzwerke erzeugt werden, könnten leicht Benutzerprofile erstellt werden (siehe dazu auch S. 313). Die häufig unerwünschten Verlinkungen auf peinliche Party-Bilder sind ein weiteres Problem. Und automatisch generierte Aktivitätsprotokolle, die jede Änderung am eigenen Profil der ganzen Netzgemeinde kundtun, ein weiteres. Fazit: Wenn selbst die Datenkrake Google vor sozialen Netzwerken warnt, müssen sie wirklich gefährlich sein. Oder fürchtet man Konkurrenz beim Datensammeln?

Daten sind wertvoll

Mit den von Nutzern selbst zur Verfügung gestellten Daten scheint man ein Geschäft machen zu können. Mitunter sind diese Daten sogar ein elementarer Bestandteil des Geschäftsmodells. Selbst wenn soziale Netzwerke ihren Nutzern zuliebe keine Profildaten weitergeben bzw. verkaufen, sondern Einnahmen durch Werbeeinblendungen auf der Webseite erzielen wollen, geht ohne persönliche Daten der Nutzer nichts. Welchen anderen Zweck erfüllen diese Netzwerke denn sonst, wenn man nicht die Profile anderer Nutzer einsehen kann?

Dass die von den Nutzern mühsam und teilweise sehr umfangreich angegebenen Vorlieben, Interessen, Musikgeschmäcker etc. auch bei StudiVZ und Co. verbleiben, dafür sorgen die Datenschutzbestimmungen und Allgemeinen Geschäftsbedingungen der Webunternehmen: Sie verbieten anderen, Datensätze einfach abzugreifen und für ein Konkurrenznetzwerk zu verwenden. Dabei verlässt man sich nicht nur auf die AGB, sondern trifft zugleich technische Schutzmaßnahmen, um die finanziell wertvollen Musikgeschmäcker etc. der Mitglieder für sich zu behalten. Soziale Netzwerke haben also durchaus ein starkes ökonomisches Interesse, die Datensätze der eigenen Mitglieder gut zu sichern.

Personensuchmaschinen: das Sammeln hat begonnen

Im Zeitalter der allwissenden Suchmaschinen genügen nur ein paar Hinweise, um jemanden aufzuspüren. Wer beim Googeln einer Person ein Profil mit mehreren Daten anlegt, kann nach jeder Angabe einzeln suchen. Und werden die Daten kombiniert, kommt zum Teil ganz Erstaunliches zutage. Foreneinträge beispielsweise, in denen jemand zwar mit anderem Benutzernamen und anderer E-Mail-Adresse, aber mit gleicher ICQ-Nummer nach einem Seitensprung sucht. Alles schon passiert. Für Dritte ist das immer für einen Lacher gut, für den „Ergoogelten" hingegen eher nicht!

Wahrscheinlich muss man sich bald gar nicht mehr die Mühe machen, beim Googeln einer Person alles akribisch zu notieren. Personensuchmaschinen wie *http://www.yasni.de* oder *http://www.123people.de* grasen die unterschiedlichsten Webquellen ab, sobald man damit nach einer Person sucht. Zum Teil zapfen sie sogar Quellen an, die Google gar nicht aufsucht. Haben Sie mit einer solchen Suchmaschine schon einmal nach sich selbst gesucht? Probieren Sie es doch mal aus!

9.5 Wem Daten gehören: unterschiedliche Ansichten auf beiden Seiten des Globus

Erstellen Sie auf der Webseite eines deutschen Unternehmens ein Benutzerkonto und geben dabei allerlei persönliche Daten an, müssen Sie in der Regel die Kenntnisnahme einer Datenschutzerklärung bestätigen. (Eigentlich müssen Sie bestätigen, dass Sie sie gelesen haben.) Das Unternehmen erklärt darin, wie es mit den von Ihnen angegebenen Daten umgeht. Häufig haben Sie zudem die Möglichkeit, die Weitergabe der Daten per Checkbox zu genehmigen oder zu untersagen. Kurzum: In gewisser Weise wird Ihnen die Kontrolle über Ihre Daten zugestanden. So weit das europäische Modell.

In den USA geht man mit Kundendaten anders um. Dort darf ein jedes Unternehmen, dem persönliche Daten anvertraut wurden, nach Belieben damit verfahren. Wer einem US-Unternehmen Persönliches anvertraut, muss demnach sofort mit dessen Weitergabe rechnen. Betroffen sind natürlich nicht nur US-Bürger, sondern auch Sie – sofern Sie sich bei Amazon.com und Co. Registrieren, etwa um DVDs und Spiele zum günstigen Dollarkurs zu importieren. Gehen Sie mit persönlichen Daten also besonders spärlich um, wenn Sie sich bei einem US-amerikanischen Webdienst registrieren.

Datenlecks für jedermann: mit Google geheime Daten finden

Google gilt für viele Surfer als die Suchmaschine. Sie weiß und findet (fast) alles. Diesen Umstand nutzen Hacker im Rahmen des sogenannten Google Hacking, bei dem Google[7] zum Auffinden eigentlich vertraulicher Dokumente oder Sicherheitslücken in Webservern missbraucht wird.

Wie funktioniert Google Hacking? Im Grunde ganz einfach. Vielleicht ist es Ihnen nie wirklich bewusst aufgefallen, doch viele Dinge des Webs nutzen Standardformulierungen. Besonders interessant sind beispielsweise die Standardphrasen, die beim Zugriff auf frei zugängliche Ordner von Webservern angezeigt werden. Formulierungen wie *Index of /* zeigt der Browser dann. Aber nicht nur innerhalb der Webseite, sondern auch im Fensterkopf.

Auf solche Seiten stoßen Sie, wenn Sie beispielsweise eine Linux-Distribution von einem FTP-Server herunterladen. Häufig werden die ISO-Dateien dieser Distributionen nämlich schlicht in einen Ordner des Servers kopiert, das Verzeichnis frei zugänglich gemacht und auf der Webseite der Distributionsentwickler als alternativer Downloadserver verlinkt.

Die Google-Softwareroboter, die das Web nach neuen oder aktualisierten Webseiten durchsuchen, erfassen solche frei zugänglichen Webverzeichnisse ebenfalls und indizieren sie, nehmen sie also in den Google-Katalog auf.

---

7 Grundsätzlich funktioniert das „Hacken" per Suchmaschine auch mit vielen anderen Suchmaschinen, nicht nur mit Google. Allerdings sind Form und Aufbau der zum „Hacken" genutzten Suchabfragen dann entsprechend anzupassen.

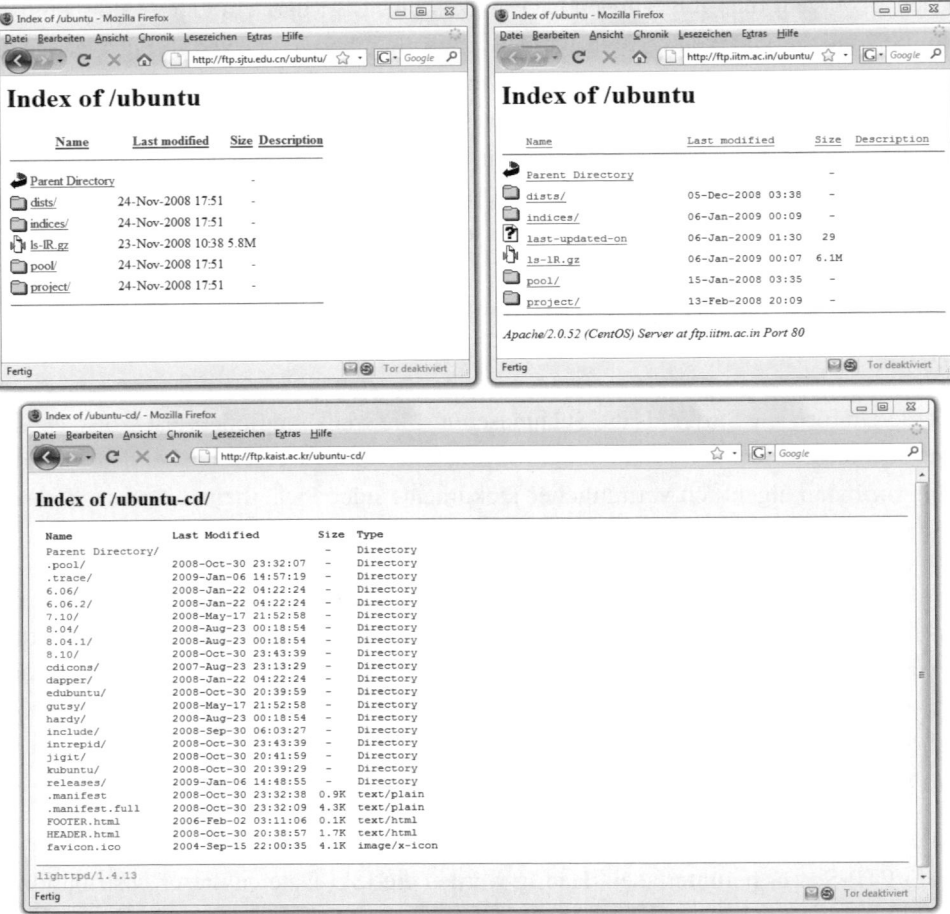

Verschiedene Server, unterschiedliches Layout. Dennoch taucht die Standardformulierung Index of/ in jedem Verzeichnis auf.

Ganz normale Google-Suchbefehle missbraucht

Mit speziellen Suchbefehlen kann man per Google gezielt nach bestimmten Zeichenketten suchen, etwa nach besagten „Standardphrasen". Drei interessante und zugleich unbekannte Operatoren sind diese hier:

- *inurl:[Suchbegriff]*: Hiermit sucht Google nur in URLs nach der Zeichenkette, die Sie als Suchbegriff hinter dem Doppelpunkt angeben. Eine typische Abfrage wäre *inurl:password.txt*, die allerlei Links mit der Zeichenkette *password.txt* zutage fördert.

- *intitle:[Suchbegriff]*: Suchen Sie nach einer Zeichenkette, die der Browser im Fensterkopf anzeigt, sobald er eine Webseite darstellt? Dann ist *intitle* der richtige Operator.

■ *filetype:[Endung des gesuchten Dateityps ohne Punkt]*: Suchen Sie nur nach Dateien eines bestimmten Dateityps, verwenden Sie diesen Operator. Mit *filetype:xls* spuckt Google beispielsweise nur Excel-Tabellen aus.

Eine Zeichenkette, die man direkt in der Webseite oder dem gesuchten Dateityp vermutet, wird mit einem gewöhnlichen + an die Suchabfrage angehängt. So suchen Sie mittels *filetype:xls +email +password* beispielsweise nach Excel-Tabellen, die irgendwo die Wörter *Email* und *Password* enthalten. „Leider" finden Sie mit manchen Suchabfragen nur wenig interessante Treffer. Obiges *filetype:xls +email +password* ist so ein Kandidat, der überwiegend leere Templates liefert.

TIPP

Vorsicht!

Seien Sie nicht zu neugierig. Passwortlisten etc. stehen häufig nur ungewollt frei verfügbar im Netz. Wenn Sie die gefundenen Daten missbrauchen, um sich irgendwo unbefugten Zugang zu verschaffen, ist das eine Straftat.

Ebenso werden MP3s urheberrechtlich geschützter Musikstücke nicht legaler, weil den Download von einem fremden Privat-Webspace vielleicht niemand bemerkt. Bedenken Sie, dass bei jedem Zugriff und insbesondere Download Ihre IP-Adresse in den Protokolldateien des Servers gespeichert werden kann. Auch könnten Sie virenverseuchte Dateien erwischen, die jemand bewusst als „Google-Hackerfalle" ins Netz stellte.

Mächtiges Werkzeug für Raubkopierer

Andere Abfragen sind ergiebiger. Da mancher Otto-Normal-Bürger gern mal seine Lieblingslieder auf seinen privaten Webspeicher lädt und sich nicht um den Zugriffsschutz des Webspeichers sorgt, finden Raubkopierer solche Dateien schnell per Google Hacking.

Erweitern Sie doch das Suchspektrum, indem Sie mehrere Dateitypen zulassen. Statt nur MP3-Dateien setzen Sie beispielsweise noch zusätzlich OGG[8] oder AVI ein, um die Suche auf diese Dateitypen zu erweitern. Dabei müssen Sie die zu suchenden Dateiendungen mit je einem | ([AltGr]+[<]) trennen.

---

8 Ogg ist als freies Audioformat mit hoher Kompression ein Konkurrent zum klassischen MP3-Format. Ohne Zusatzsoftware kann ein Windows-PC Musikstücke im Ogg-Format leider nicht wiedergeben, nach der Installation des VLC Players (*http://www.videolan.org*) o. Ä. aber sehr wohl.

Ein Suchstring könnte demnach so lauten:

intitle:"index of" +"last modified" +"parent directory" +description + size +(.mp3|.ogg|.avi) +"creative commons"

… und listet allerlei Webordner, die (hoffentlich) Mediendateien von Künstlern enthalten, welche Ihre Werke gratis unter der Creative Commons-Lizenz zur Verfügung stellen.

Webcams etc. finden – mehr Anregungen beim Google Hacking Profi

Es gibt wenig, was Google nicht finden kann. Noch ein paar Beispiele gefällig? Wie wäre es mit Webcams und Druckern, die oft ungewollt frei über das Web zugänglich sind? Diese und viele weitere Anregungen bzw. interessante Suchabfragen finden Sie auf der Webseite von Johnny Long (*http://johnny.ihackstuff.com/ghdb/*). Er ist zugleich Autor des Buches „Google Hacking for Penetration Testers".[9]

Google Hacks in Form eines Tools

Wie die Beispiele zeigen, kann eine Google-Hack-Suchabfrage ganz schön lang werden. Lästig, müssten Sie für die verschiedensten Dinge immer so viel eintippen. Das Gleiche dachten wohl passionierte Google-Hacker, die kurzerhand spezielle Tools mit vorgefertigten „Spezialabfragen" erstellten. Ein solches heißt beispielsweise ganz schlicht Google Hacks. Den kostenlosen Download des Programms finden Sie unter der URL *http://code.google.com/p/googlehacks/downloads/list*. Achten Sie bei der Installation aber darauf, nicht noch die nervige Toolbar zu installieren, die man Ihnen unterschummeln will.

Ein anderes Tool heißt Goolag Scanner und ist unter *http://www.goolag.org* abrufbar. Das Programm ist noch wesentlich umfangreicher als erstgenannte Anwendung, aber auch nicht ganz so einfach zu bedienen. Fast 1.500 vorgefertigte Suchanfragen führt es in mehreren Kategorien. Eine Kategorie enthält beispielsweise nur Suchanfragen, die potenzielle Sicherheitslücken aufdecken – etwa, indem nach dem Namen und der Versionsnummer einer Webserver-Version gesucht wird, die bekannte Bugs enthält. Im Eingabefeld *Host* geben Sie dazu jene URL oder IP-Adresse an, die Sie auf Sicherheitslücken oder brachliegende Dokumente untersuchen wollen.

---

9   Die englischsprachige Erstausgabe dieses Buches erschien 2004 bei Syngress Media. Ein zweiter englischsprachiger Band erschien 2007. Ebenfalls bei Syngress Media. Beide Bücher sind so populär, dass sie ins Deutsche übersetzt wurden: „Google Hacking" (2005) bzw. die gleichnamige zweite Auflage (2008) veröffentlichte in Deutschland der mitp-Verlag.

Der Spagat zwischen anonymisierten Datensätzen und der Qualität des Datenmaterials

Zu Forschungszwecken werden regelmäßig anonyme Datensätze benötigt. Doch wie anonym können solche Datensätze überhaupt sein? Tatsächlich können viele Menschen schon anhand der Kombination ihres Geburtsdatums, ihrer Postleitzahl und ihres Geschlechts eindeutig identifiziert werden.

2006 veröffentlichte der Internetprovider AOL die Suchabfragen von über 600.000 seiner amerikanischen Kunden. Die anonymisierte Datenbank enthielt die Abfragen in einem Zeitraum von rund drei Monaten und stand nur ein paar Tage Netz. Später räumte AOL ein, die Veröffentlichung sei ein Fehler gewesen. Trotzdem wurden die Daten etliche Male heruntergeladen und mehrfach in Blogs und anderen Medien analysiert.

Tatsächlich gelang es, einige AOL-Kunden allein anhand ihrer Suchanfragen eindeutig zu identifizieren. Möchten auch Sie einen Blick in den Datensatz werfen, sollten Sie die Webseite *http://www.aolpsycho.com* besuchen, deren Webmaster die Datenbank einfach durchsuchbar machten. Sogar Kommentare kann man dort zu den Suchergebnissen eines jeden Suchenden abgeben. Natürlich interessieren sich die Besucher der Webseite in erster Linie für die spektakulären Fälle, also für User, die bei AOL Search nach Kinderpornografie, Bombenbauanleitungen oder allerlei Antidepressiva und ähnlich hartem Tobak suchten. Klicken Sie mal rein, wenn kein guter Krimi im Fernsehen läuft.

Stichwortverzeichnis